数字艺术精品课程培训教材

中文版 Maya 2020 基础培训教程

来阳 编著

人民邮电出版社
北京

图书在版编目（CIP）数据

中文版Maya 2020基础培训教程 / 来阳编著. -- 北京 : 人民邮电出版社, 2022.4（2024.1重印）
ISBN 978-7-115-57541-8

Ⅰ. ①中… Ⅱ. ①来… Ⅲ. ①三维动画软件－教材
Ⅳ. ①TP391.414

中国版本图书馆CIP数据核字(2021)第204266号

内容提要

本书全面系统地介绍了 Maya 2020 的基本操作方法及实际运用，包含建模、灯光、摄影机、材质与纹理、渲染技术、动画技术、动力学与特效等。本书针对零基础读者编写，是入门级读者快速、全面掌握 Maya 2020 的实用参考书。

本书内容以课堂案例为主线，通过对案例的实际操作，读者可以快速上手，熟悉软件功能和实例制作思路。书中的软件功能解析部分可以使读者深入学习软件功能；课后习题可以拓展读者的实际应用能力，迅速掌握软件使用技巧；课堂练习是综合性较强的案例实训，可以帮读者快速掌握 Maya 的使用方法及案例的设计思路和方法，顺利达到实战水平。

本书附带配套学习资源，包括案例、练习和习题的实例文件和在线教学视频，以及 PPT 教学课件，读者可以通过在线方式获取这些资源。

本书适合作为院校和培训机构艺术专业课程的教材，也可以作为 Maya 自学人员的参考用书。

◆ 编　　著　来　阳
责任编辑　张丹丹
责任印制　马振武

◆ 人民邮电出版社出版发行　　北京市丰台区成寿寺路 11 号
邮编　100164　　电子邮件　315@ptpress.com.cn
网址　https://www.ptpress.com.cn
涿州市般润文化传播有限公司印刷

◆ 开本：787×1092　1/16
印张：14.75　　　　2022 年 4 月第 1 版
字数：486 千字　　　　2024 年 1 月河北第 5 次印刷

定价：59.90 元

读者服务热线：(010)81055410　印装质量热线：(010)81055316
反盗版热线：(010)81055315
广告经营许可证：京东市监广登字 20170147 号

前 言

Maya是Autodesk公司旗下的三维制作软件之一，是通用的三维制作平台，具有应用范围广、用户群体庞大、综合性能强等特点，深受CG艺术家的喜爱。Maya在模型塑造、场景渲染、动画及特效等方面都能制作出高品质的效果，这使其在影视特效制作中占据重要地位；快捷的工作流程和批量化的生产方式也使其成为游戏行业不可缺少的设计工具。

很多院校和培训机构的艺术专业将Maya作为一门重要的专业课程。为了帮助院校和培训机构的教师比较全面、系统地讲授这门课，同时使读者能够熟练使用Maya进行影视、动画制作，本书除个别章节外，其余均按照“课堂案例——软件功能解析——课堂练习——课后习题”这一顺序编写，力求通过课堂案例演练使读者快速熟悉软件功能与制作思路，通过软件功能解析使读者深入学习软件功能和制作特色，通过课堂练习和课后习题拓展读者的实际操作能力。

本书参考学时为64学时，其中教师讲授环节为40学时，学生实训环节为24学时，各章的参考学时如下表所示。

章序	课程内容	学时分配	
		讲授	实训
1	初识Maya 2020	2	1
2	曲面建模	2	2
3	多边形建模	4	2
4	灯光技术	4	2
5	摄影机技术	2	1
6	材质与纹理	6	3
7	渲染与输出	4	1
8	动画技术	4	3
9	流体动力学	4	3
10	群组动画技术	4	3
11	综合实例	4	3
学时总计		40	24

编著者

2021年8月

资源与支持

本书由“数艺设”出品，“数艺设”社区平台（www.shuyishe.com）为您提供后续服务。

配套资源

- **实例文件**：书中案例、练习和习题的场景文件和效果文件。
- **教学视频**：书中案例、练习和习题的制作过程和细节讲解视频。
- **PPT 教学课件**：11 章配套教学 PPT。

资源获取请扫码

“数艺设”社区平台，为艺术设计从业者提供专业的教育产品。

与我们联系

我们的联系邮箱是 szys@ptpress.com.cn。如果您对本书有任何疑问或建议，请您发邮件给我们，并请在邮件标题中注明本书书名及 ISBN，以便我们更高效地做出反馈。

如果您有兴趣出版图书、录制教学课程，或者参与技术审校等工作，可以发邮件给我们。如果学校、培训机构或企业想批量购买本书或“数艺设”出版的其他图书，也可以发邮件联系我们。

如果您在网上发现针对“数艺设”出品图书的各种形式的盗版行为，包括对图书全部或部分内容的非授权传播，请您将怀疑有侵权行为的链接通过邮件发给我们。您的这一举动是对作者权益的保护，也是我们持续为您提供有价值的内容的动力之源。

关于“数艺设”

人民邮电出版社有限公司旗下品牌“数艺设”，专注于专业艺术设计类图书出版，为艺术设计从业者提供专业的图书、视频电子书、课程等教育产品。出版领域涉及平面、三维、影视、摄影与后期等数字艺术门类，字体设计、品牌设计、色彩设计等设计理论与应用门类，UI 设计、电商设计、新媒体设计、游戏设计、交互设计、原型设计等互联网设计门类，环艺设计手绘、插画设计手绘、工业设计手绘等设计手绘门类。更多服务请访问“数艺设”社区平台 www.shuyishe.com。我们将提供及时、准确、专业的学习服务。

目录

第1章 初识Maya 2020

本章带领大家学习Maya 2020的界面组成及基本操作，通过实例的具体的操作过程让读者对Maya的常用工具及使用技巧有一个基本的认知和了解，并了解Maya 2020的应用领域及工作流程。

课堂学习目标

- 熟悉Maya的应用领域
- 掌握Maya的工作界面
- 掌握Maya的视图操作
- 掌握对象的基本操作方法
- 掌握常用快捷键的使用技巧

1.1 Maya概述

Maya是三维动画软件，是Autodesk公司面向数字动画领域推出的重要产品之一，旨在为全球的建筑设计、卡通动画设计、虚拟现实及影视特效等众多行业的不同领域提供先进的软件技术，并帮助各行各业的设计师设计制作出优秀的数字可视化作品。随着版本的不断更新和完善，Maya逐步获得了广大设计师及制作公司的高度认可，并帮助设计师荣获了业内的多项大奖。

Maya 2020的启动界面如图1-1所示。

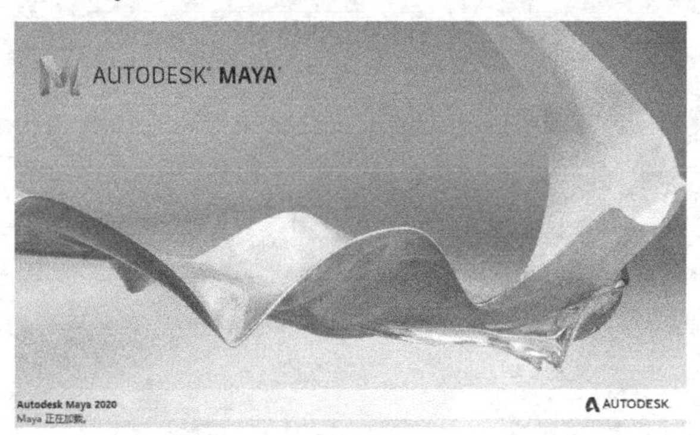

图1-1

1.1.1 Maya的应用领域

Maya 2020为用户提供了多种不同类型的建模方式，配合功能强大的Arnold渲染器，可以帮助从事影视制作、游戏美工、产品设计、建筑表现等工作的设计师顺利完成项目的制作。

1.影视制作

很多影片的特效镜头都需要使用三维软件帮助实现。例如，在街头拍摄一段枪战镜头，真实镜头可能需要封路完成拍摄，封路不仅会影响城市正常的道路状况，也会为影片增加拍摄成本，而使用Maya制作出的三维街景可以在不影响人们正常生活的前提下完成影片镜头的拍摄。另外，使用三维特效也可以制作出摄影机无法拍摄出来的虚拟特效场面，如电影《2012》中城市道路被毁、楼房倒塌的镜头效果。图1-2和图1-3所示为使用了三维动画软件技术制作的静帧图像（图片由福州天之谷网络科技有限公司授权）。

图1-2

图1-3

2.游戏美工

一款游戏是否成功不仅要靠精彩的剧情、便于上手的操作、合理的关卡，还要靠可以征服玩家视觉的美术设定。在多元化游戏快速发展的今天，美术设定的重要性更是不言而喻。无论是角色、场景、道具还是技能，华丽的游戏美术均离不开Maya这一三维表现制作平台，游戏中的视觉特效在游戏的宣传上也尤为重要。图1-4所示为使用三维软件制作的游戏画面。

图1-4

3.建筑表现

提起建筑表现，许多人认为只有使用3ds Max才可以完成，忽略了Maya既然可以轻松胜任电影场景的制作，当然也可以适用于建筑及室内空间这一领域。图1-5和图1-6所示为使用Maya制作的三维图像作品。

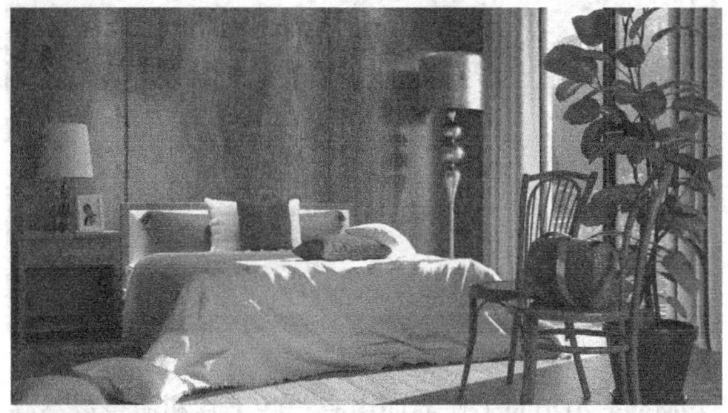

图1-5

图1-6

4.数字媒体

随着数字媒体艺术、环境艺术、动画等艺术专业的开设，三维软件图像技术课程已成了这些专业的必修课程，以此培养大批数字艺术创作人才。利用数字艺术创作出来的图形图像产品也逐渐得到了很多传统艺术家的认可，使数字艺术在美术创作比赛中占有一席之地。图1-7和图1-8所示为使用Maya创作的静帧图像。

图1-7

图1-8

1.1.2 Maya 2020的安装要求

本书采用的软件版本为Maya 2020，这一版本的安装要求如下。

1.目前可以安装在微软64位的 Windows 7（SP1）、Windows 10 Professional和更高版本的操作系统里，同时该软件还有用于安装在苹果系统及Linux系统的对应版本。

2.Autodesk公司建议用户安装并使用微软的IE浏览器、苹果的Safari浏览器、谷歌的Chrome浏览器或者Mozilla公司的火狐浏览器访问联机补充内容。

3.计算机硬件需要使用支持SSE4.2指令集的64位Intel或AMD多核处理器；最低要求8GB内存，建议使用16GB或更大内存。

1.2 Maya 2020的工作界面

Maya 2020内置多种工作界面以供用户选择，同时支持用户根据自己的工作习惯自由布置界面。

1.2.1 课堂案例：布置Maya工作界面

场景位置	无
实例位置	无
视频名称	1.2.1 课堂案例：布置Maya工作界面
技术掌握	选择适合自己的工作界面

本例讲解更改Maya界面颜色和选择工作界面的方法，引导读者选择适合自己的工作界面。

01 启动中文版Maya 2020，如图1-9所示。

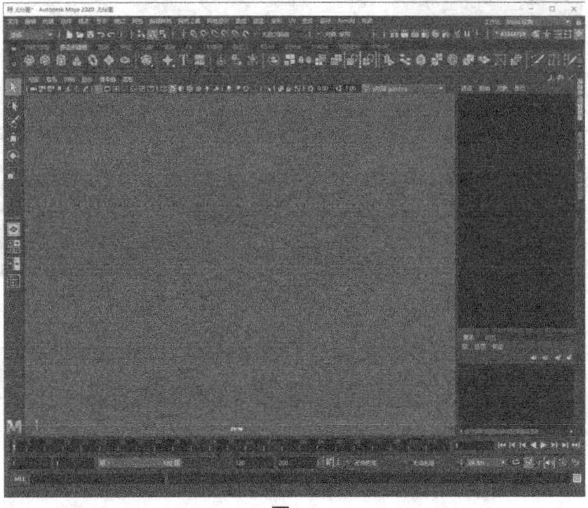

图1-9

02 Maya 2020的工作视图默认背景色为深灰色，按组合键Alt+B可以切换Maya的背景色，如将背景改成浅灰色，如图1-10所示。

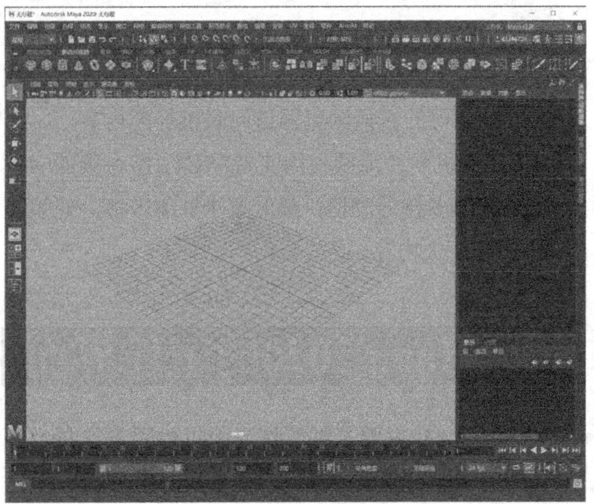

图1-10

03 单击菜单栏最右侧的“工作区”下拉列表，可以在其中选择工作界面，如图1-11所示。

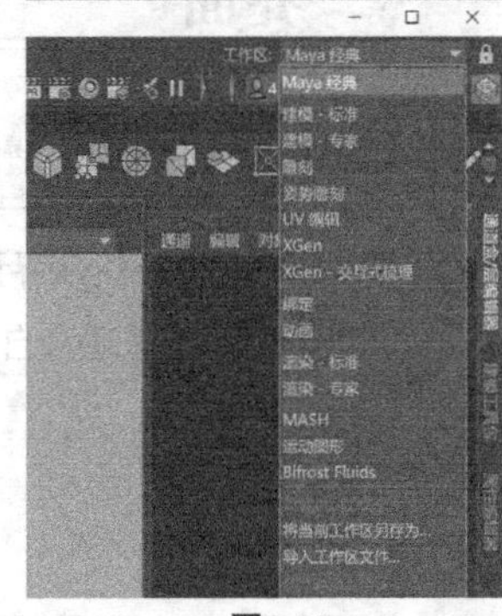

图1-11

04 选择“建模-标准”工作区，如图1-12所示。

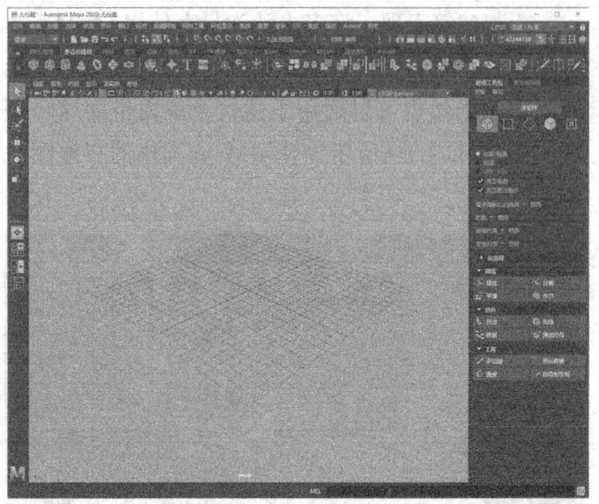

图1-12

05 Maya 2020的工作界面中有一些工具和命令以高亮度的绿色显示，代表这些工具和命令是当前版本的新功能，如图1-13所示。

图1-13

06 在菜单栏执行“帮助>新特性>亮显新特性”命令，可以取消Maya新功能的亮显状态，如图1-14所示。

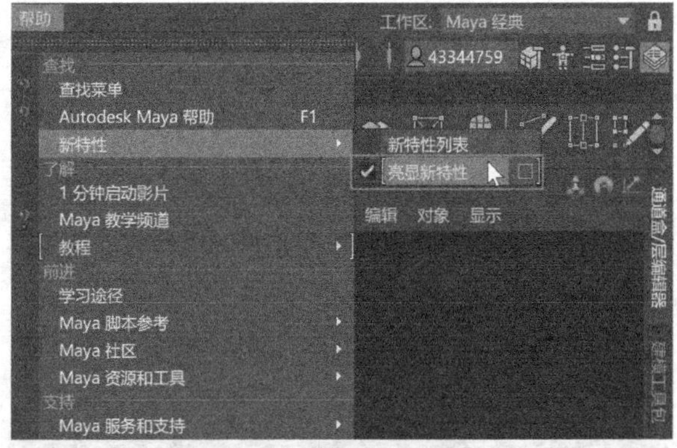

图1-14

技巧与提示

读者可以自行选择其他的工作区，观察Maya工作界面的变化。

1.2.2 菜单集

Maya与其他软件的一个不同之处在于Maya拥有多个不同的菜单栏，用户可以设置“菜单集”的类型，使Maya显示出对应的菜单命令，方便自己的工作，如图1-15所示。

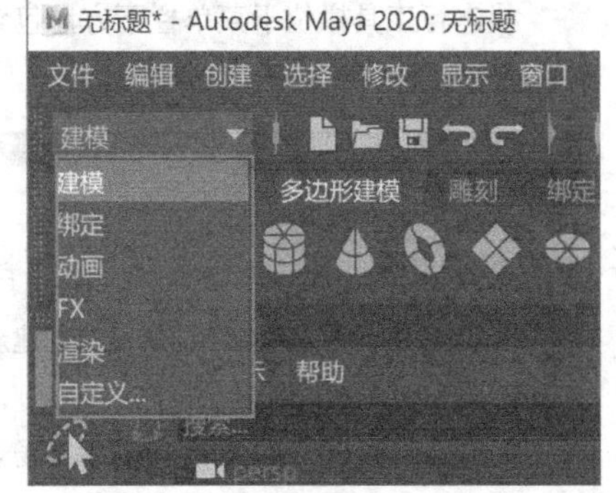

图1-15

当“菜单集”为“建模”选项时，菜单栏显示如图1-16所示。

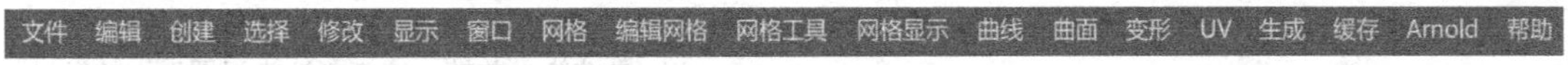

文件 编辑 创建 选择 修改 显示 窗口 网格 编辑网格 网格工具 网格显示 曲线 曲面 变形 UV 生成 缓存 Arnold 帮助

图1-16

当“菜单集”为“绑定”选项时，菜单栏显示如图1-17所示。

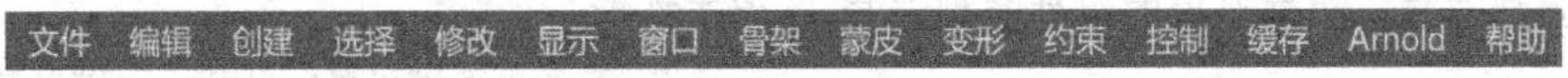

文件 编辑 创建 选择 修改 显示 窗口 骨架 蒙皮 变形 约束 控制 缓存 Arnold 帮助

图1-17

当“菜单集”为“动画”选项时，菜单栏显示如图1-18所示。

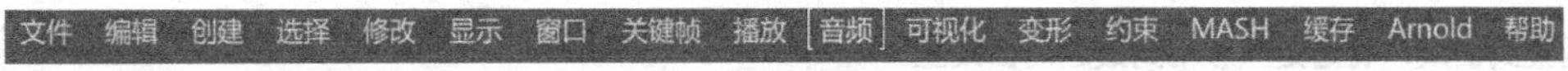

文件 编辑 创建 选择 修改 显示 窗口 关键帧 播放 音频 可视化 变形 约束 MASH 缓存 Arnold 帮助

图1-18

当“菜单集”为“FX”选项时，菜单栏显示如图1-19所示。

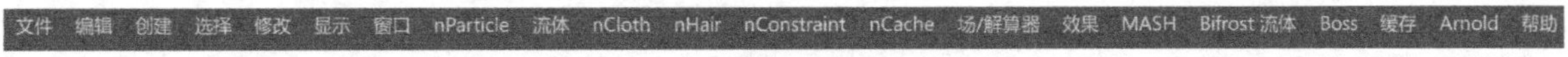

文件 编辑 创建 选择 修改 显示 窗口 nParticle 流体 nCloth nHair nConstraint nCache 场/解算器 效果 MASH Bifrost 流体 Boss 缓存 Arnold 帮助

图1-19

当“菜单集”为“渲染”选项时，菜单栏显示如图1-20所示。

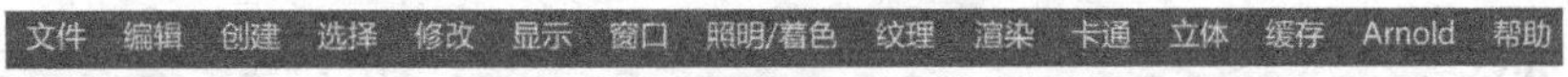

文件 编辑 创建 选择 修改 显示 窗口 照明/着色 纹理 渲染 卡通 立体 缓存 Arnold 帮助

图1-20

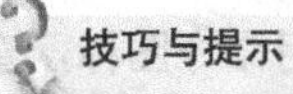

技巧与提示

菜单栏中并非所有命令都不一样，前7组菜单命令和后3组菜单命令是完全一样的。

单击菜单栏上方的双排虚线，可以将某一个菜单栏单独提出来，如图1-21所示。

图1-21

1.2.3 状态行工具栏

状态行工具栏位于菜单栏下方，包含常用的工具。这些工具图标被垂直分隔线隔开，单击垂直分隔线可以展开和收拢图标组，如图1-22所示。

图1-22

常用工具解析

※ 新建场景：清除当前场景并创建新的场景。

※ 打开场景：打开保存的场景。

※ 保存场景：使用当前名称保存场景。

※ 撤销：撤销上次的操作。

※ 重做：重做上次撤销的操作。

※ 按层次和组合选择：使用选择遮罩来选择节点层次顶层级的项目或某一其他组合。

※ 按对象类型选择：根据对象类型选择项目。

※ 按组件类型选择：根据对象的组件类型选择项目。

※ 捕捉到栅格：将选定项移动到最近的栅格相交点上。

※ 捕捉到曲线：将选定项移动到最近的曲线上。

※ 捕捉到点：将选定项移动到最近的控制顶点或枢轴点上。

※ 捕捉到投影中心：捕捉到选定对象的中心。

※ 捕捉到视图平面：将选定项移动到最近的视图平面上。

※ 激活选定对象：将选定的曲面转化为激活的曲面。

※ 选定对象的输入：控制选定对象的上游节点连接。

※ 选定对象的输出：控制选定对象的下游节点连接。

※ 构建历史：针对场景中的所有项目启用或禁止构建历史。

※ 打开渲染视图：单击此图标可打开“渲染视图”窗口。

※ 渲染当前帧：渲染“渲染视图”中的场景。

※ IPR渲染当前帧：使用交互式真实照片级渲染器渲染场景。

※ 显示渲染设置：打开“渲染设置”窗口。

※ 显示Hypershade窗口：单击此图标可以打开Hypershade窗口。

※ 启动“渲染设置”窗口：单击此图标将启动“渲染设置”窗口。

※ 打开灯光编辑器：弹出灯光编辑器面板。

※ 暂停Viewport2显示更新：单击此图标将暂停Viewport2显示更新。

1.2.4 工具架

Maya根据命令的类型及作用分多个标签显示工具架，其中，每个标签中包含了对应的常用命令图标，直接单击不同工具架中的标签名称，即可快速切换至相应的工具架。

1.“曲面/曲线”工具架

“曲线/曲面”工具架中的命令主要由创建曲线、修改曲线、创建曲面及修改曲面的相关命令组成，如图1-23所示。

图1-23

2.“多边形建模”工具架

“多边形建模”工具架中的命令主要由创建多边形、修改多边形及设置多边形贴图坐标的相关命令组成，如图1-24所示。

图1-24

3. “雕刻”工具架

“雕刻”工具架中的命令主要由对模型进行雕刻操作的相关命令组成，如图1-25所示。

图1-25

4. “绑定”工具架

“绑定”工具架中的命令主要由对角色进行骨骼绑定和设置约束动画的相关命令组成，如图1-26所示。

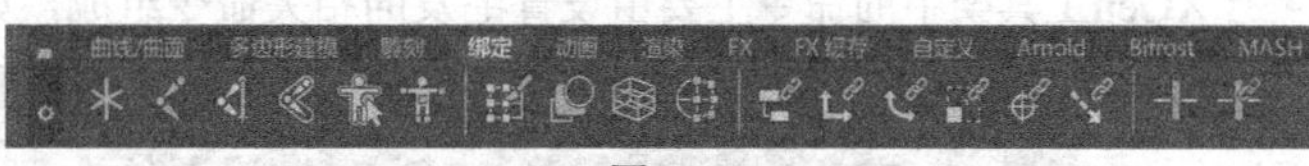

图1-26

5. “动画”工具架

“动画”工具架中的命令主要由制作动画和设置约束动画的相关命令组成，如图1-27所示。

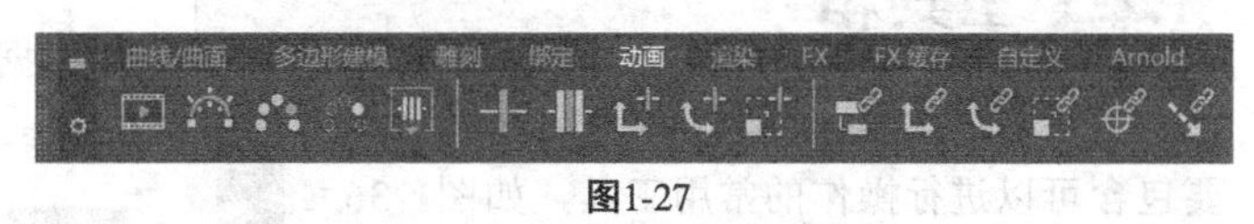

图1-27

6. “渲染”工具架

“渲染”工具架中的命令主要由灯光、材质和渲染的相关命令组成，如图1-28所示。

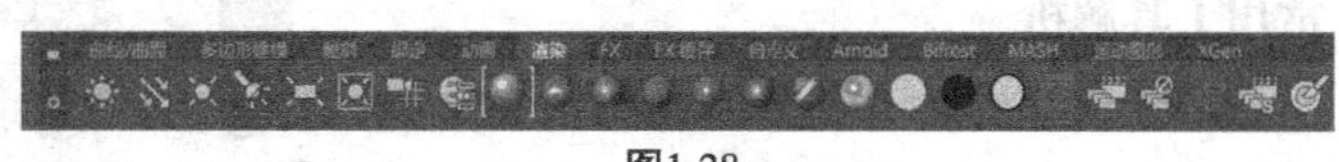

图1-28

7. FX工具架

FX工具架中的命令主要由粒子、流体及布料动力学的相关命令组成，如图1-29所示。

图1-29

8. “FX缓存”工具架

“FX缓存”工具架中的命令主要由设置动力学缓存动画的相关命令组成，如图1-30所示。

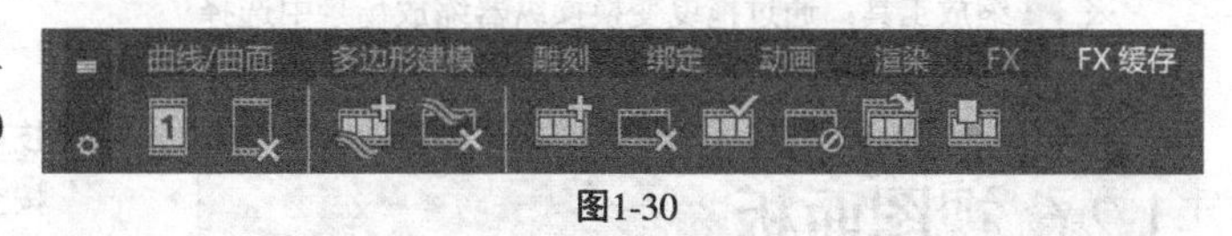

图1-30

9. Arnold工具架

Arnold工具架中的命令主要由设置真实的灯光及天空环境的相关命令组成，如图1-31所示。

图1-31

10. Bifrost工具架

Bifrost工具架中的命令主要由设置流体动力学的相关命令组成，如图1-32所示。

图1-32

11. MASH工具架

MASH工具架中的命令主要由创建MASH网格的相关命令组成，如图1-33所示。

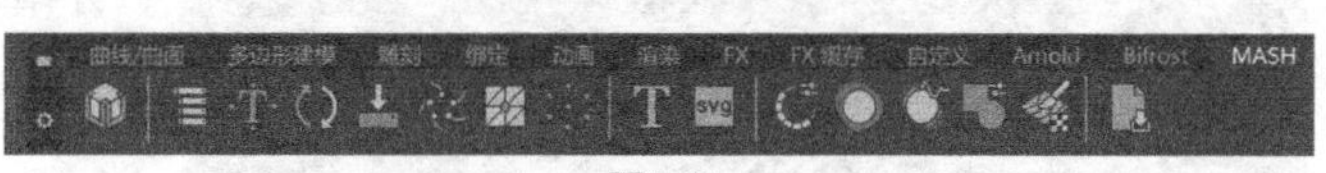

图1-33

12. “运动图形”工具架

“运动图形”工具架中的命令主要由创建几何体、曲线、灯光、粒子的相关命令组成，如图1-34所示。

图1-34

13. XGen工具架

XGen工具架中的命令主要由设置毛发的相关命令组成，如图1-35所示。

图1-35

1.2.5 工具箱

工具箱位于Maya 2020界面的左侧，主要包含可以进行操作的常用工具，如图1-36所示。

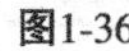

图1-36

常用工具解析

※ 选择工具：选择场景和编辑器中的对象及组件。

※ 套索工具：以绘制套索的方式选择对象。

※ 绘制选择工具：以用笔刷绘制的方式选择对象。

※ 移动工具：通过拖曳变换操纵器移动场景中选择的对象。

※ 旋转工具：通过拖曳变换操纵器旋转场景中选择的对象。

※ 缩放工具：通过拖曳变换操纵器缩放场景中选择的对象。

1.2.6 视图面板

“视图”面板是便于用户查看场景中模型对象的区域，既可以显示为一个视图，也可以显示为多个视图。打开Maya 2020后，操作视图默认显示为透视视图，如图1-37所示。

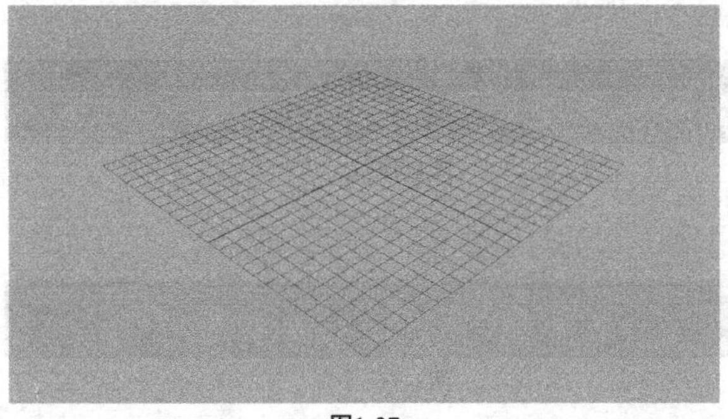

图1-37

单击“视图”面板菜单栏中的“面板”命令，可以根据自己的工作习惯随时切换操作视图，如图1-38所示。

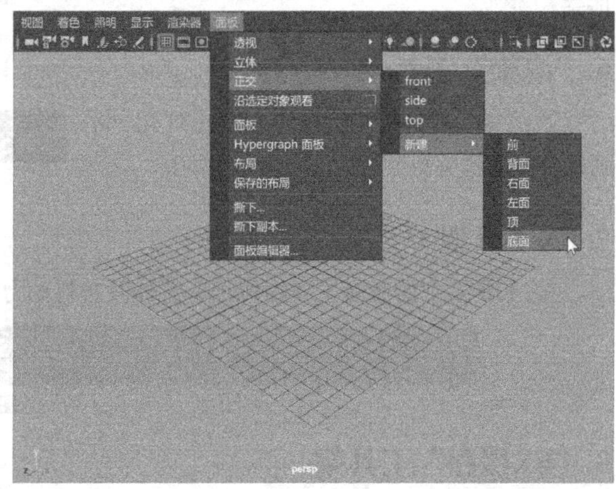

图1-38

技巧与提示

按空格键，可以使Maya在一个视图与4个视图同时显示之间进行切换，如图1-39和图1-40所示。

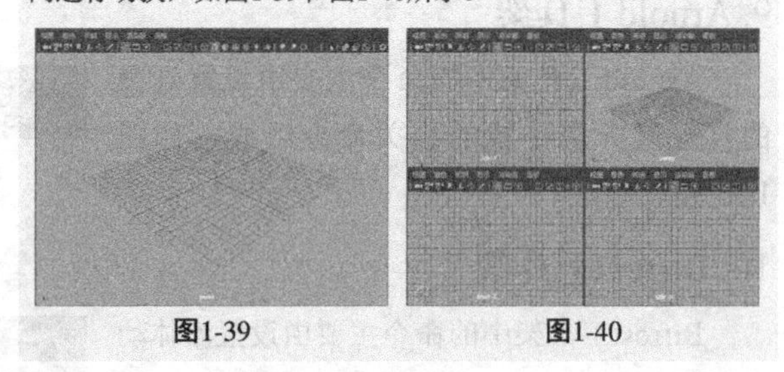

图1-39　　图1-40

Maya 2020的“视图”面板上方有一个工具栏，即“视图面板”工具栏，如图1-41所示。下面，详细介绍“视图面板”工具栏中较为常用的工具。

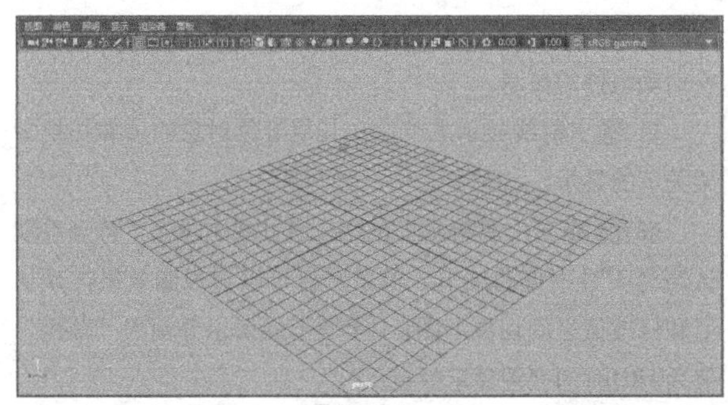

图1-41

常用工具解析

※ 选择摄影机：在面板中选择当前摄影机。

※ 锁定摄影机：锁定摄影机以避免意外更改摄影机位置并进而更改动画。

※ 摄影机属性：打开“摄影机属性编辑器”面板。

※ 书签：将当前视图设定为书签。

※ 图像平面：切换现有图像平面的显示方式。如果场景不包含图像平面，则会提示用户导入图像。

※ 二维平移/缩放：开启和关闭二维平移或缩放。

※ 油性铅笔：单击该图标可以打开“油性铅笔”工具栏，如图1-42所示。它允许用户使用虚拟绘制工具在屏幕上绘制图案，如图1-43所示。

图1-42

图1-43

※ 栅格：在视图面板中切换显示栅格，图1-44所示为Maya视图中显示栅格前后的效果对比。

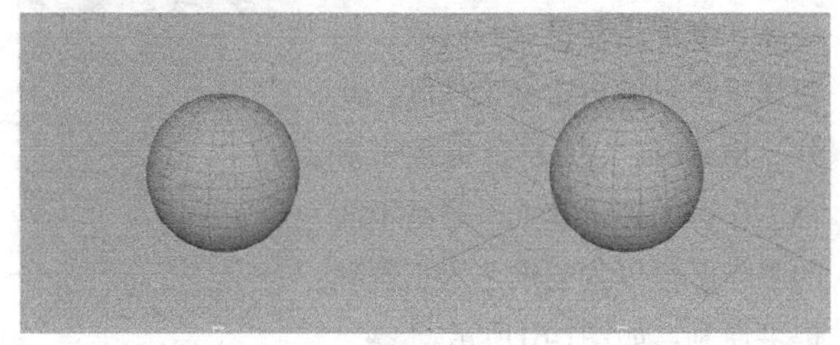

图1-44

※ 胶片门：切换胶片门边界的显示。

※ 分辨率门：切换分辨率门边界的显示，图1-45所示为该图标按下前后的Maya视图显示效果对比。

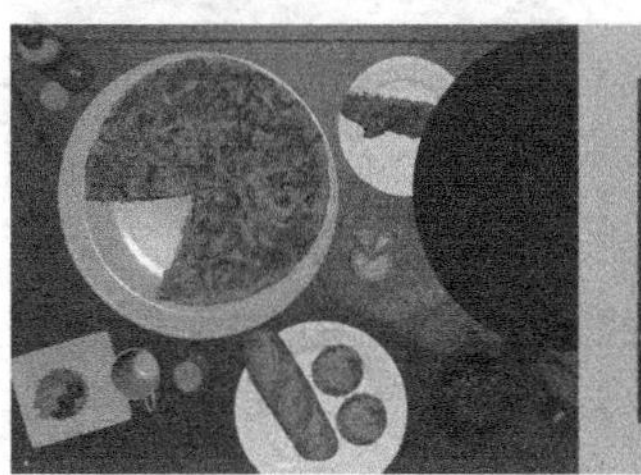

图1-45

※ 门遮罩：切换门遮罩边界的显示。

※ 区域图：切换区域图网格的显示，如图1-46所示。

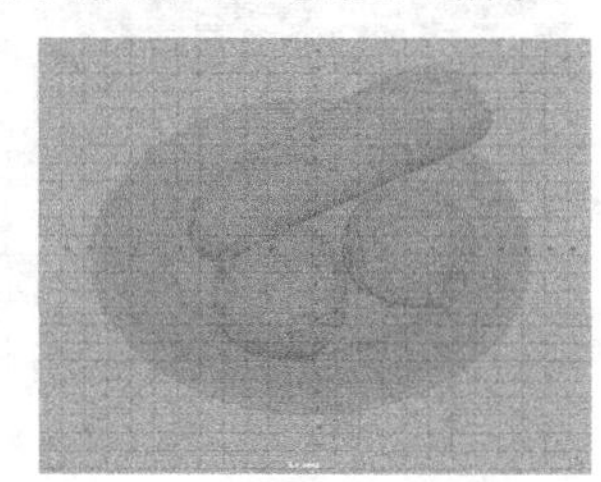

图1-46

※ 安全动作：切换安全动作边界的显示，如图1-47所示。

※ 安全标题：切换安全标题边界的显示，如图1-48所示。

图1-47

图1-48

※ 线框：单击该图标，Maya视图中的模型呈线框显示效果，如图1-49所示。

※ 对所有项目进行平滑着色处理：单击该图标，Maya视图中的模型呈平滑着色处理显示效果，如图1-50所示。

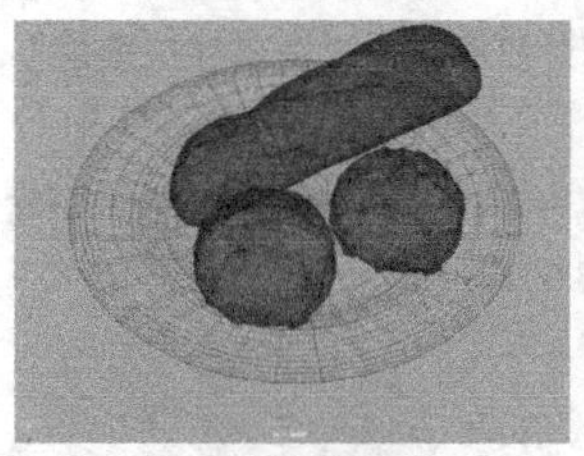

图1-49

图1-50

※ 使用默认材质：切换“使用默认材质”的显示，如图1-51所示。

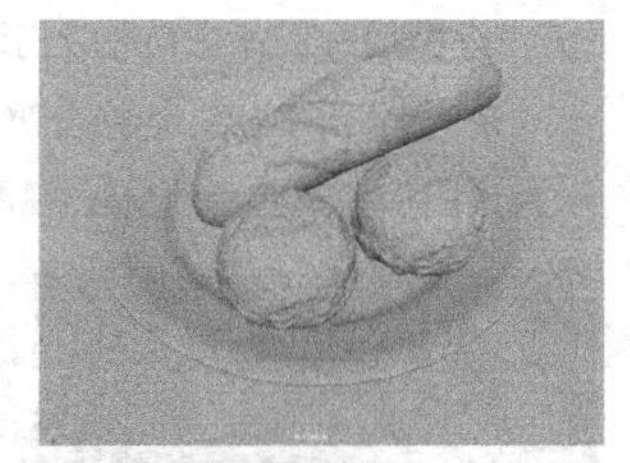

图1-51

※ 着色对象上的线框：切换所有着色对象上的线框显示，如图1-52所示。

※ 带纹理：切换“硬件纹理”的显示，图1-53所示为单击该图标后，模型上显示出的贴图纹理效果。

图1-52

图1-53

※ 使用所有灯光：通过场景中的所有灯光切换曲面的照明，如图1-54所示。

※ 阴影：切换“使用所有灯光”处于启用状态时的硬件阴影贴图，如图1-55所示。

图1-54

图1-55

※ 隔离选择：限制视图面板以仅显示选定对象。

※ 屏幕空间环境光遮挡：在开启和关闭“屏幕空间环境光遮挡”之间进行切换。

※ 运动模糊：在开启和关闭“运动模糊”之间进行切换。

※ 多采样抗锯齿：在开启和关闭“多采样抗锯齿”之间进行切换。

※ 景深：在开启和关闭“景深”之间进行切换。

※ X射线显示：单击该图标，Maya视图中的模型呈半透明显示效果，如图1-56所示。

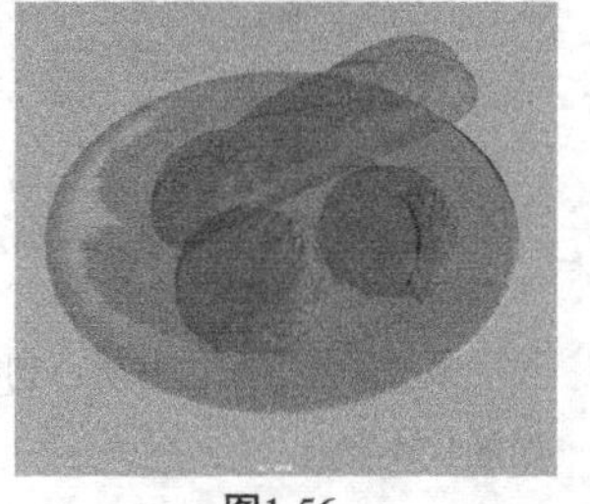

图1-56

※ X射线显示活动组件：在其他着色对象的顶部切换活动组件的显示。

※ X射线显示关节：在其他着色对象的顶部切换骨架关节的显示。

※ 曝光：调整显示亮度。通过减小曝光，可查看默认高光下看不见的细节。单击图标可以将视图效果在默认值和修改值之间切换。图1-57和图1-58所示分别为“曝光”值为0和1时的视图显示效果。

图1-57

图1-58

※ Gamma：调整要显示的图像的对比度和中间调亮度。增大Gamma值，可查看图像阴影部分的细节。图1-59和图1-60所示分别为Gamma值为1和2的视图显示效果。

图1-59

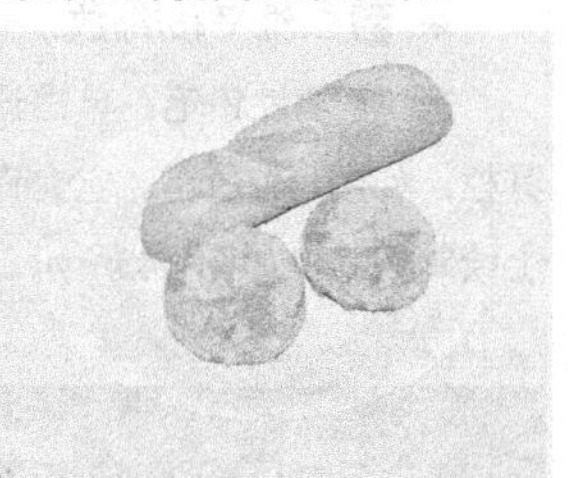

图1-60

※ 视图变换：控制用于显示的工作颜色空间转化颜色的视图变换。

1.2.7 工作区选择器

“工作区”可以理解为多种窗口、面板和其他界面选项根据不同的工作需要形成的一种排列方式。Maya允许用户根据自己的喜好随意更改当前工作区，如打开/关闭/移动窗口、面板和其他UI元素，以及停靠和取消停靠窗口和面板，创建属于自己的自定义工作区。此外，Maya还为用户了提供了多种工作区的显示模式，这些不同的工作区可以为三维艺术工作者提供便利，如图1-61所示。

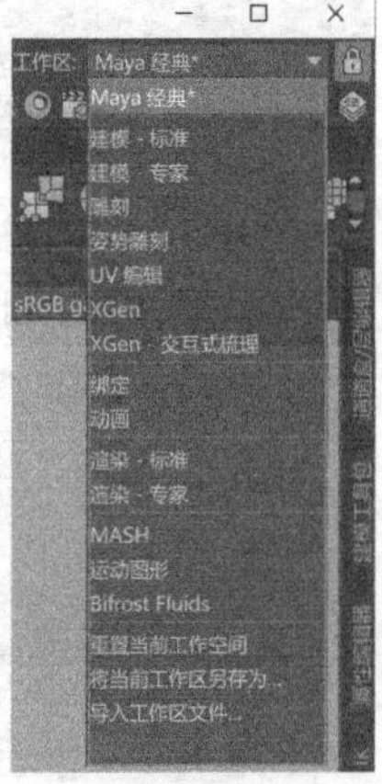

图1-61

1. “Maya经典”工作区

Maya默认工作区为“Maya经典”工作区，如图1-62所示。

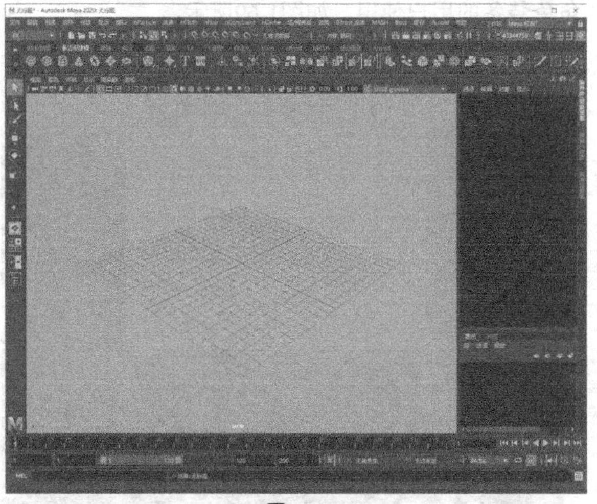

图1-62

2. “建模-标准”工作区

“建模-标准”工作区中的时间滑块及动画播放控件等部分将隐藏起来，这样会使Maya的视图工作区显示的更大一些，方便建模操作，如图1-63所示。

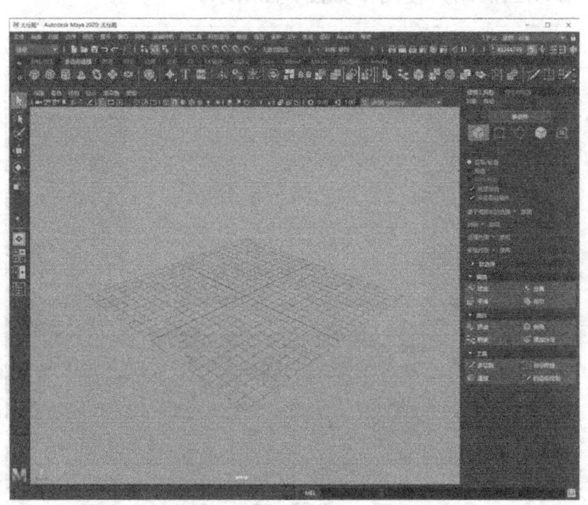

图1-63

3. “建模-专家”工作区

“建模-专家”工作区隐藏了大部分的图标工具，这一工作区适合对Maya相当熟悉的用户，方便其进行建模操作，如图1-64所示。

图1-64

4. “雕刻”工作区

“雕刻”工作区会自动显示出“雕刻”工具架，这一工作区适合用Maya进行雕刻建模的用户使用，如图1-65所示。

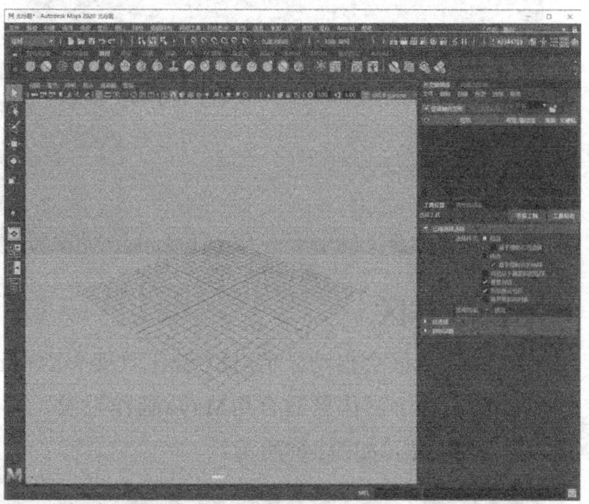

图1-65

5. “姿势雕刻”工作区

“姿势雕刻”工作区会自动显示出“雕刻”工具架和“姿势编辑器”面板，这一工作区适合用Maya进行姿势雕刻的用户使用，如图1-66所示。

6. “UV编辑”工作区

“UV编辑”工作区会自动显示出“UV编辑器”面板，这一工作区适合用Maya进行UV贴图编辑操作的用户使用，如图1-67所示。

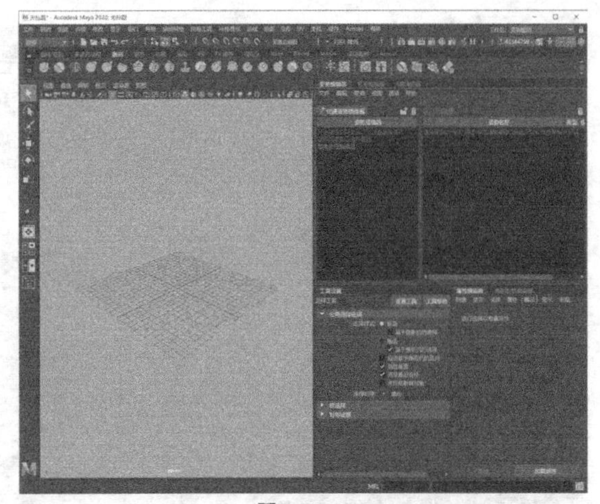

图1-66

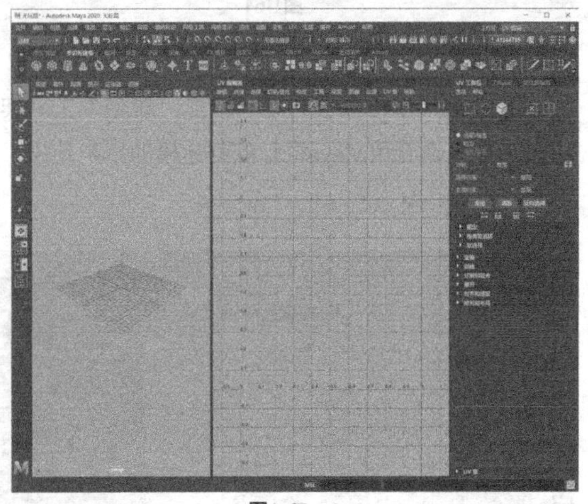

图1-67

7. XGen工作区

XGen工作区会自动显示出XGen工具架和XGen操作面板，这一工作区适合用Maya制作毛发、草地、岩石等对象，如图1-68所示。

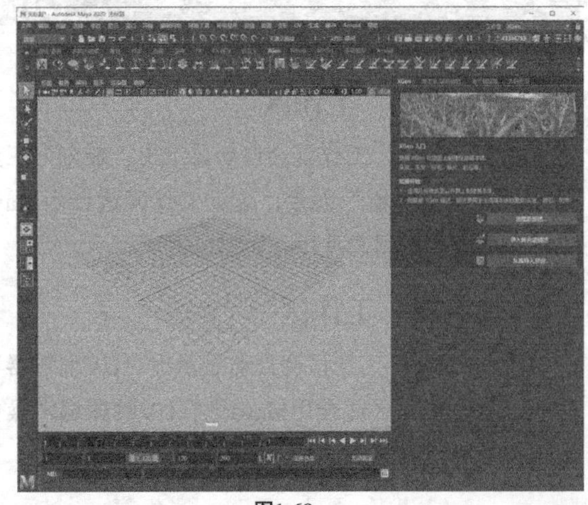

图1-68

8. “绑定”工作区

“绑定”工作区会自动显示出“装备”工具架和“节点编辑器”面板，这一工作区适合用Maya制作角色装备的用户使用，如图1-69所示。

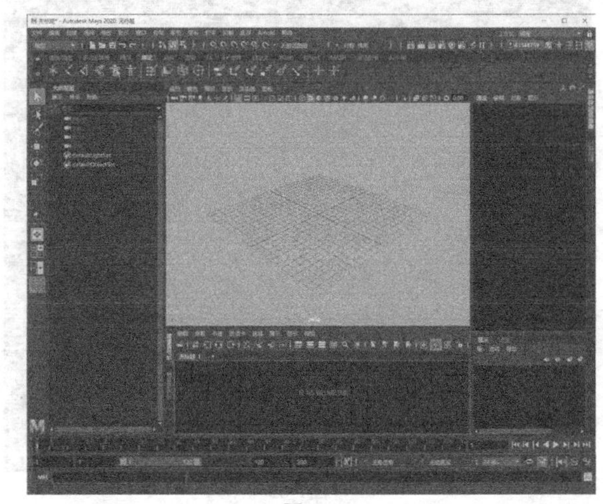

图1-69

9. “动画”工作区

“动画”工作区会自动显示出“动画”工具架和“曲线图编辑器”面板，这一工作区适合用Maya制作动画的用户使用，如图1-70所示。

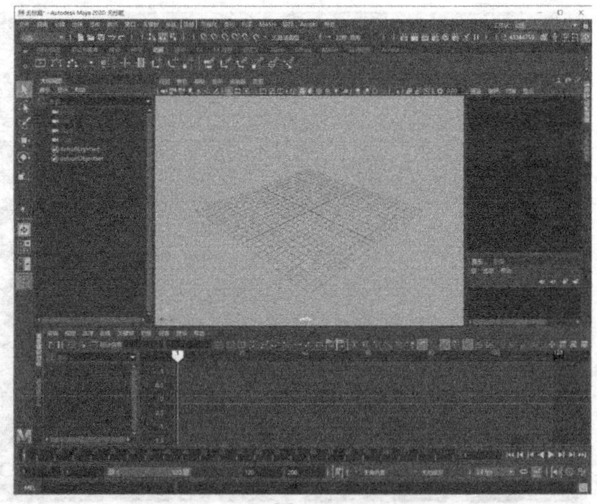

图1-70

1.2.8 通道盒/层编辑器

“通道盒/层编辑器”面板位于中文版Maya 2020界面的右侧，与“建模工具包”面板和“属性编辑器”面板排列在一起，是用于编辑对象属性的主要工具。它允许用户快速更改属性值，在可设置关键帧的属性上设置关键帧，锁定或解除锁定属性及创建属性的表达式。

“通道盒/层编辑器”面板在默认状态下是没有命令的，如图1-71所示。只有当用户在场景中选择了对象才会出现相应的命令，如图1-72所示。

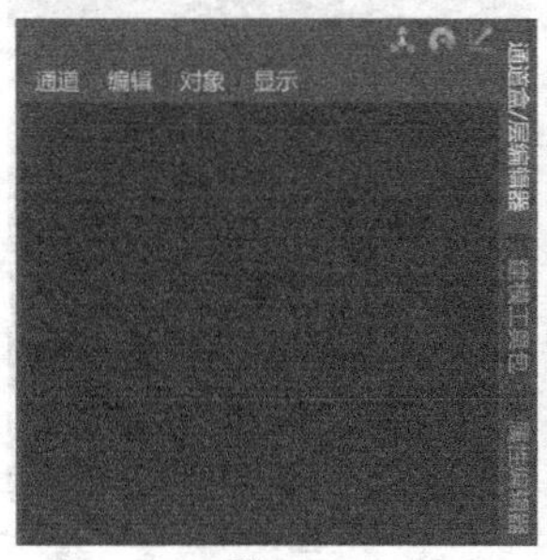

图1-71

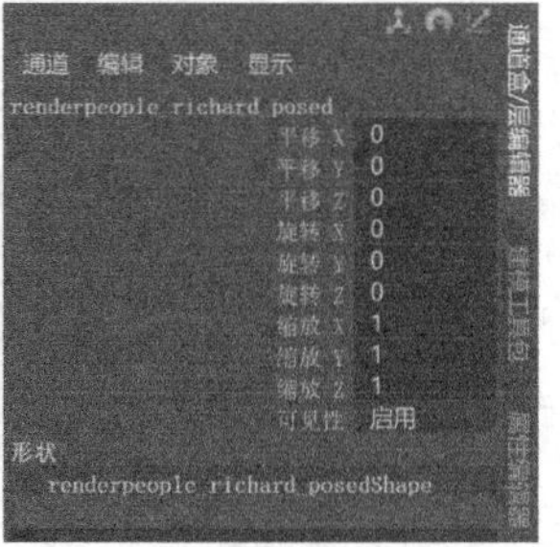

图1-72

“通道盒/层编辑器”面板内的参数可以通过输入的方式更改，如图1-73所示。将鼠标指针放置于想要修改的参数上，按住鼠标左键拖曳滑块也可以更改面板内的参数，如图1-74所示。

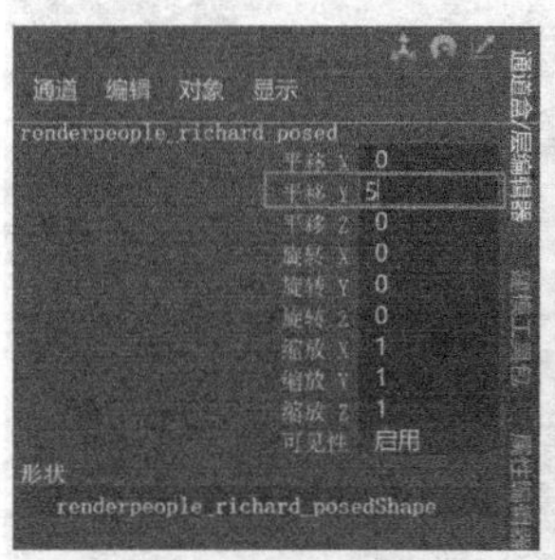

图1-73

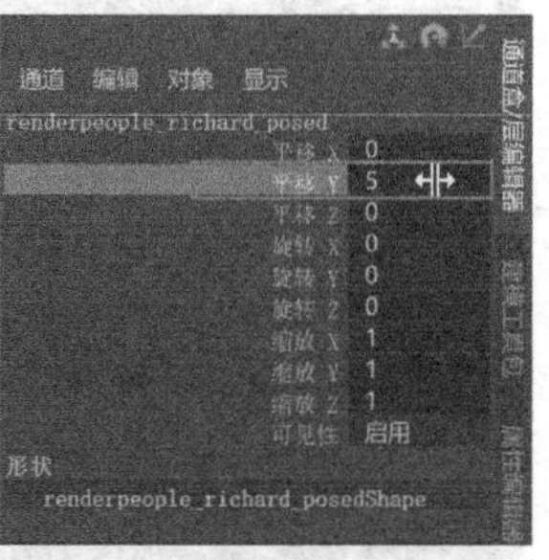

图1-74

1.2.9 建模工具包

“建模工具包”面板是Maya为用户提供的一个便于进行多边形建模的命令集合面板。通过这一面板，用户可以很方便地切换到多边形的顶点、边、面和UV模式对模型进行修改编辑，如图1-75所示。

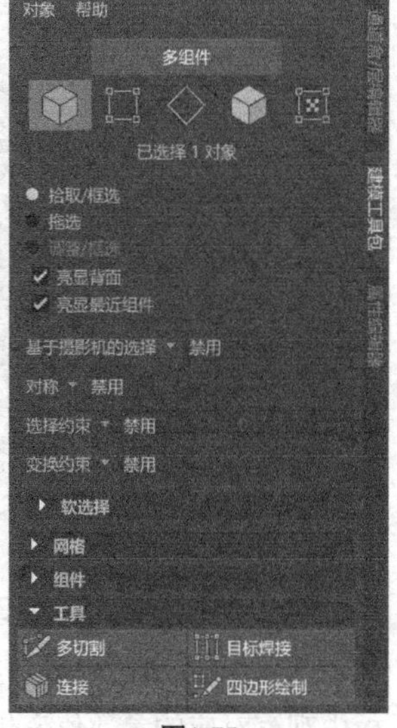

图1-75

1.2.10 属性编辑器

“属性编辑器”面板主要用来修改物体的自身属性，与“通道盒/层编辑器”面板的功能类似，但“属性编辑器”面板为用户提供了更加全面、完整的节点命令和图形控件，如图1-76所示。

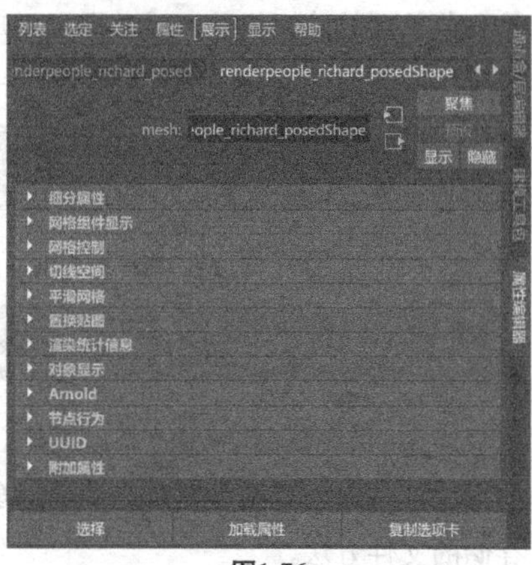

图1-76

技巧与提示

“属性编辑器”面板中各命令的数值可以在按住Ctrl键的同时，按住鼠标左键拖曳进行滑动更改。

1.2.11 播放控件

“播放控件”是一组播放动画和编辑动画的按钮，播放范围显示在时间滑块中，如图1-77所示。

图1-77

常用工具解析

※ 转至播放范围开头：单击图标转到播放范围的起点。

※ 后退一帧：单击图标后退一个时间或帧。

※ 后退到前一关键帧：单击图标后退一个关键帧。

※ 向后播放：单击图标可以反向播放。

※ 向前播放：单击图标可以正向播放。

※ 前进到下一关键帧：单击图标前进一个关键帧。

※ 前进一帧：单击图标前进一个时间或帧。

※ 转至播放范围末尾：单击图标转到播放范围的结尾。

1.2.12 命令行和帮助行

Maya界面的最下方是“命令行”和“帮助行”。“命令行”的左侧区域用于输入单个MEL命令，右侧区域用于提供反馈。如果用户熟悉Maya的MEL脚本语言，则可以使用这些区域。“帮助行”主要显示工具和菜单项的简短描述，以及提示用户使用工具或完成工作所需的步骤，如图1-78所示。

图1-78

1.3 Maya基本操作

本节讲解Maya 2020的基本操作，包括新建场景的方法，选择、变换、复制、测量对象的方法，以及存储的文件方法。

1.3.1 课堂案例：对模型进行变换操作

场景位置	无
实例位置	无
视频名称	1.3.1 课堂案例：对模型进行变换操作
技术掌握	更改模型的位置、角度及大小

本例讲解用“通道盒/层编辑器”面板和“属性编辑器”面板更改模型的位置、角度和大小，引导读者用“通道盒/层编辑器”面板和“属性编辑器”面板编辑、观察模型。

01 启动中文版Maya 2020，单击“多边形建模”工具架中的“多边形圆柱体”图标，如图1-79所示。在场景中创建一个圆柱体模型，如图1-80所示。

图1-79

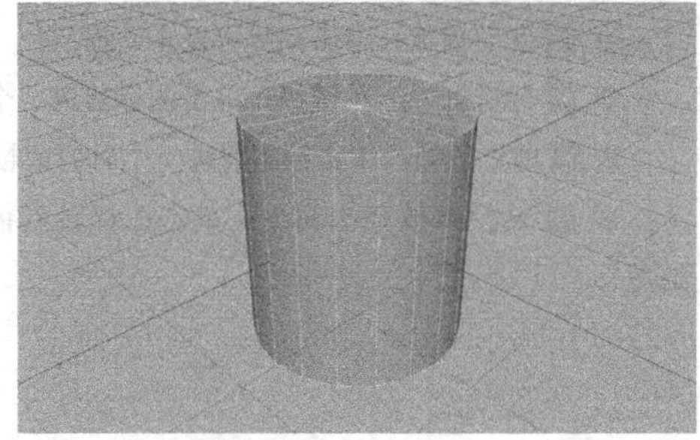

图1-80

02 在“通道盒/层编辑器”面板中，观察当前圆柱体模型的“变换属性”参数值，这些就是其在场景中的位置、旋转角度和缩放程度，如图1-81所示。

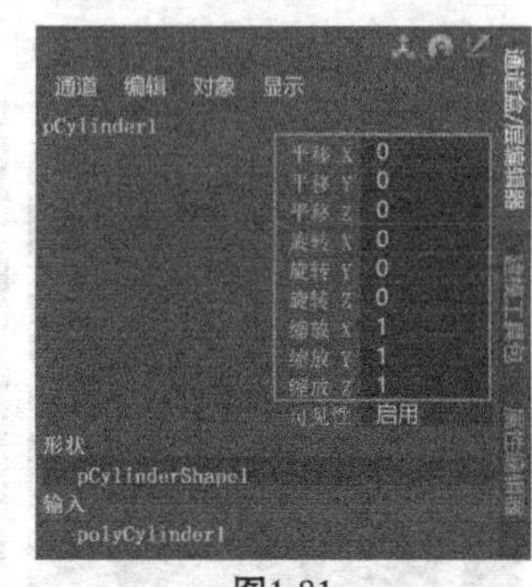

图1-81

03 按组合键Ctrl+A，打开“属性编辑器”面板，在“变换属性”卷展栏中也可以找到所选模型的这些“变换属性”参数，如图1-82所示。

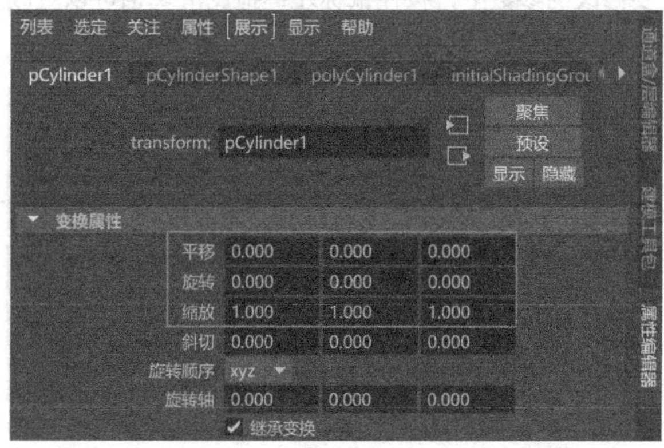

图1-82

04 单击“移动工具”图标，如图1-83所示。视图中即可显示出所选对象在“平移”状态下的控制柄，如图1-84所示。

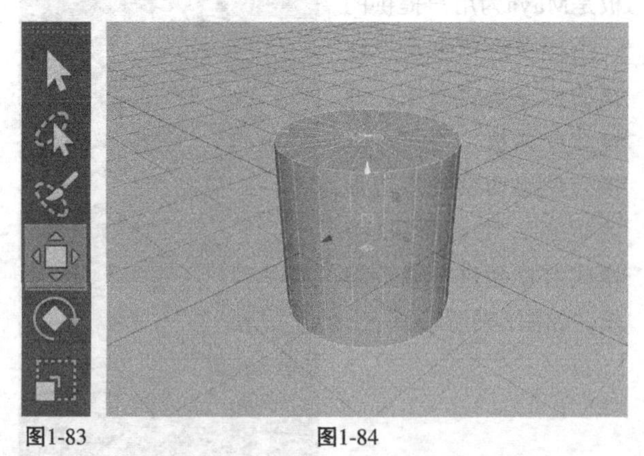

图1-83　图1-84

05 在场景中移动圆柱体，在“通道盒/层编辑器”面板中观察对应的参数值变化，如图1-85所示。

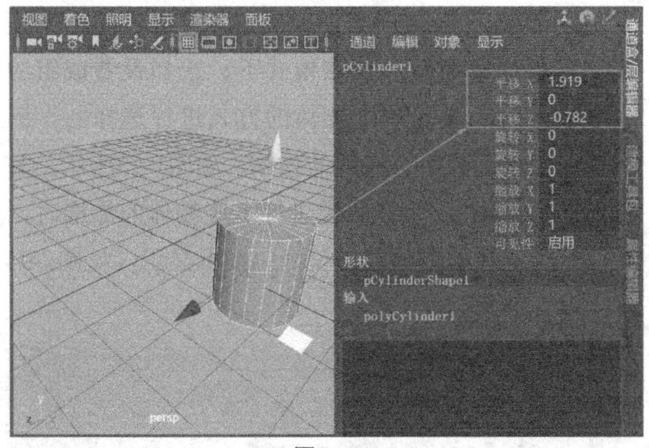

图1-85

06 使用“旋转工具”对圆柱体模型进行旋转操作，在“通道盒/层编辑器”面板中观察对应的参数值变化，如图1-86所示。

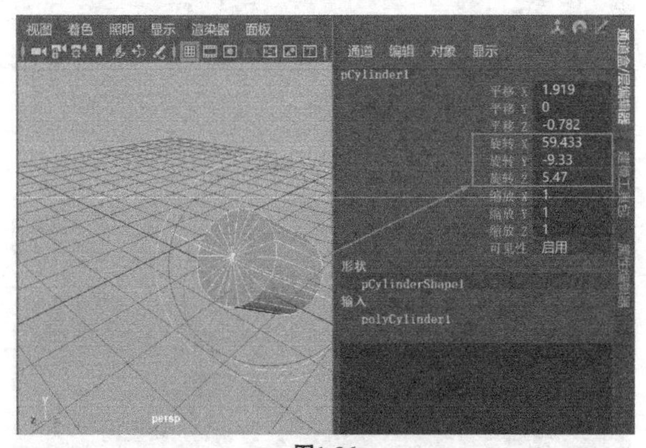

图1-86

07 使用“缩放工具”对圆柱体模型进行缩放操作，在“通道盒/层编辑器”面板中观察对应的参数值变化，如图1-87所示。

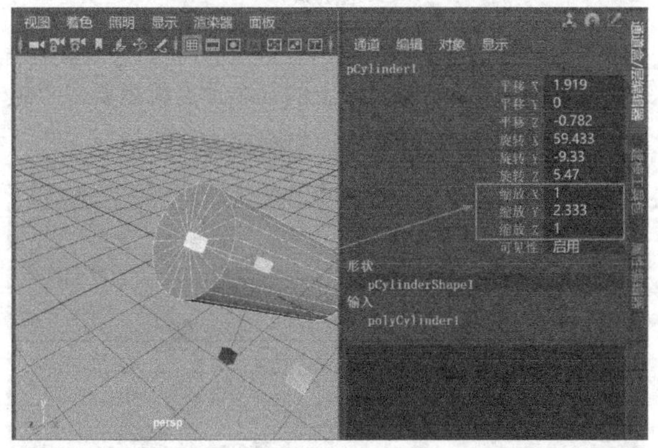

图1-87

08 在“通道盒/层编辑器”面板中，将“平移X”“平移Y”“平移Z”“旋转X”“旋转Y”和“旋转Z”的参数值设置为0，将“缩放X”“缩放Y”和“缩放Z”的参数值设置为1，即可让圆柱体模型以原来的大小回到最初的位置上，如图1-88所示。

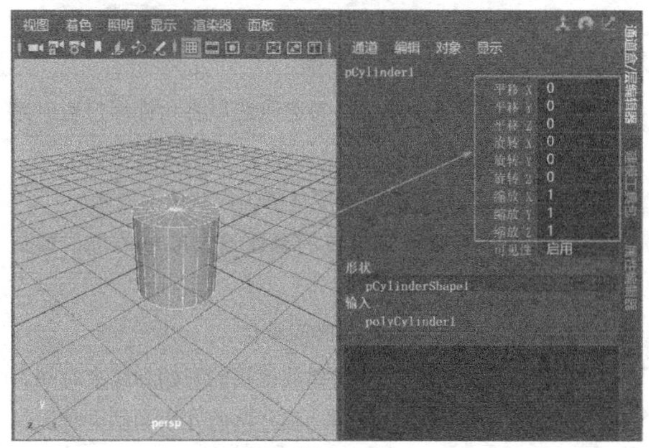

图1-88

1.3.2 新建场景

启动中文版Maya 2020，系统会直接新建一个场景。用户可以直接在这个场景中进行操作，这往往会使许多初学者忽略在Maya中“新建场景”时需要掌握的知识。单击菜单栏“文件>新建场景”命令后面的方块，如图1-89所示，打开“新建场景选项”面板，如图1-90所示。学习该面板中的参数可以让读者对Maya场景中的单位及时间帧的设置有一个基本的了解。

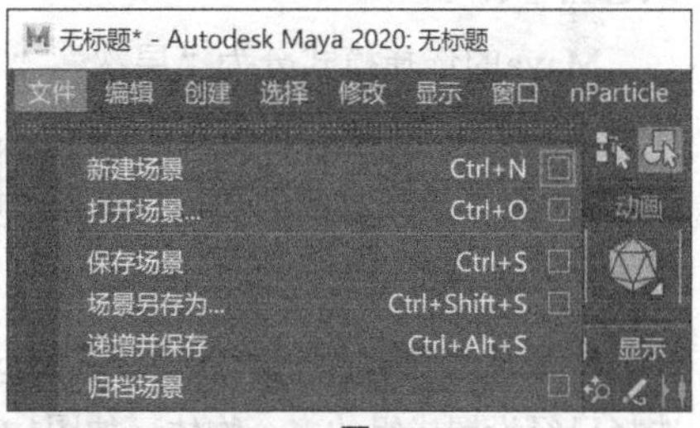

图1-89

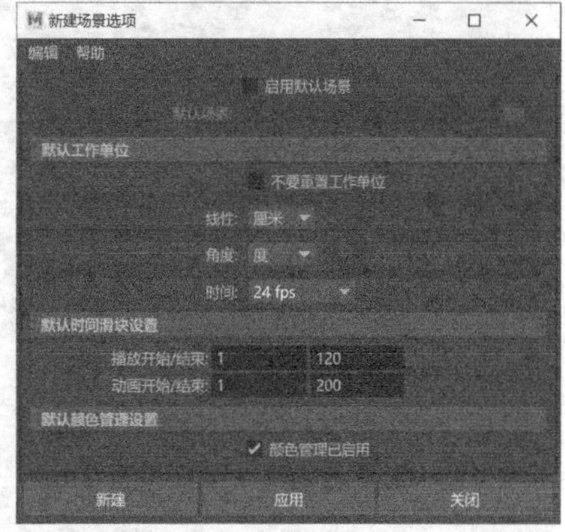

图1-90

常用参数解析

※ 启用默认场景：勾选该选项后，用户可以选择每次启动新场景时需要加载的特定文件，勾选的同时，还会激活下方的“默认场景”浏览功能。

※ 不要重置工作单位：勾选该选项将允许用户暂时禁用下方的单位设置命令。

※ 线性：为线性值设置度量单位，默认为厘米。

※ 角度：为使用角度值的操作设定度量单位，默认是度。

※ 时间：设定动画工作时间单位。

※ 播放开始/结束：指定播放范围的开始和结束时间。

※ 动画开始/结束：指定动画范围的开始和结束时间。

※ 颜色管理已启用：指定是否对新场景启用或禁用颜色管理。

1.3.3 选择对象

大多数情况下，在Maya中的任意物体上执行某个操作之前，首先要选中它们，也就是说选择对象的操作是建模和设置动画过程的基础。Maya 2020为用户提供了多种选择方式，如“选择工具”“变换对象”工具和在“大纲视图”面板中对场景中的物体进行选择等。

1.选择模式

Maya的选择模式分为“层次”“对象”和“组件”，用户可以在“状态行”中找到这3种选择模式对应的图标，如图1-91所示。

图1-91

“层次”选择模式一般用于在Maya场景中快速选择已经设置成组的多个物体，如图1-92所示。

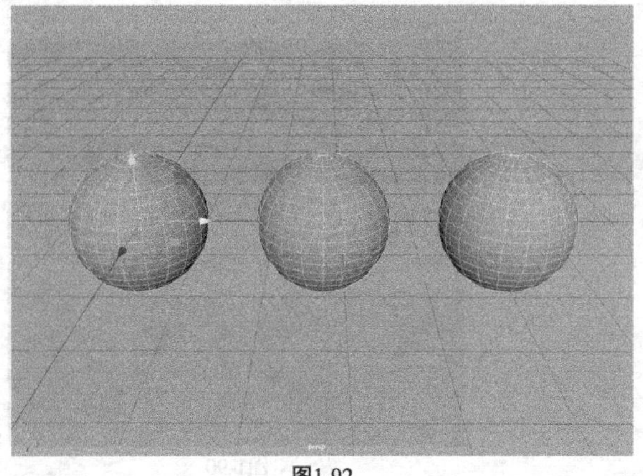

图1-92

“对象”选择模式是Maya默认的选择物体模式。需要注意的是，在该模式下，选择设置成组的多个物体时，是以单个物体的方式进行选择的，而不是一次就选择所有成组的物体，如图1-93所示。另外，在Maya中按住Shift键进行多个物体的加选时，最后一个选择的物体总是呈绿色线框显示，如图1-94所示。

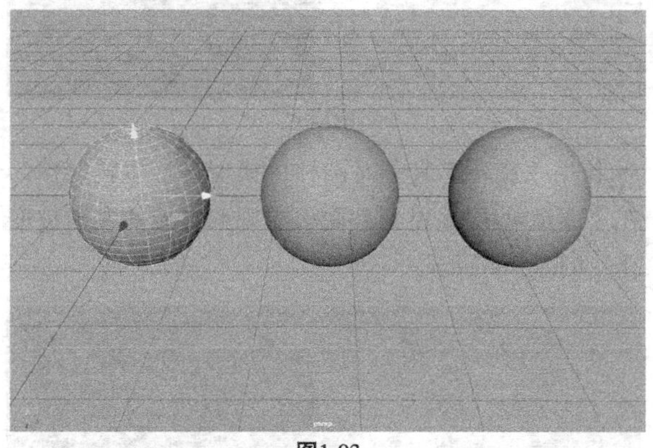

图1-93

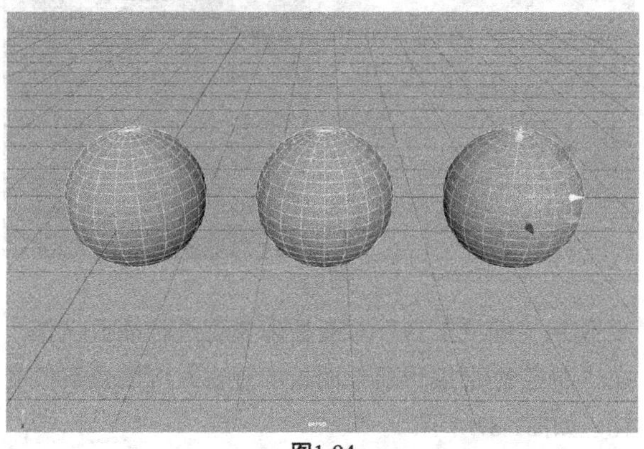

图1-94

“组件”选择模式是指对物体的单个组件进行选择。例如，选择一个对象上的几个顶点就需要在“组件”选择模式下进行操作，如图1-95所示。

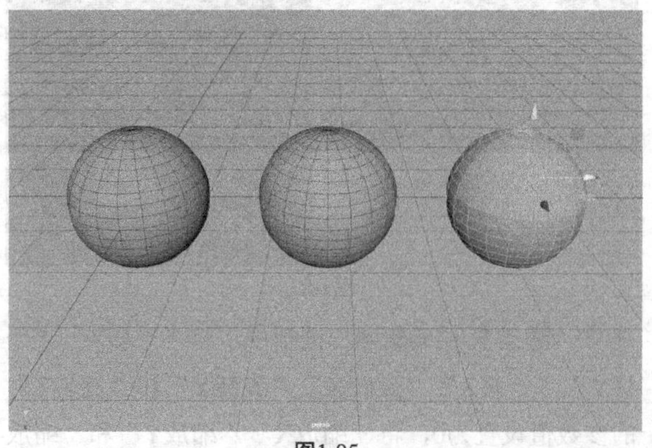

图1-95

技巧与提示

要想取消选择对象，在视图中的空白区域单击鼠标即可。

当前选择了一个对象，想增加选择其他对象，可以按住Shift键加选其他的对象。

当前选择了多个对象，想要减去某个不想选择的对象，可以按住Shift键减选对象。

2.在“大纲视图”面板中选择

Maya 2020中的“大纲视图”面板为用户提供了一种按对象名称选择物体的方式，使用户无须再在视图中单击物体即可选择正确的对象，如图1-96所示。

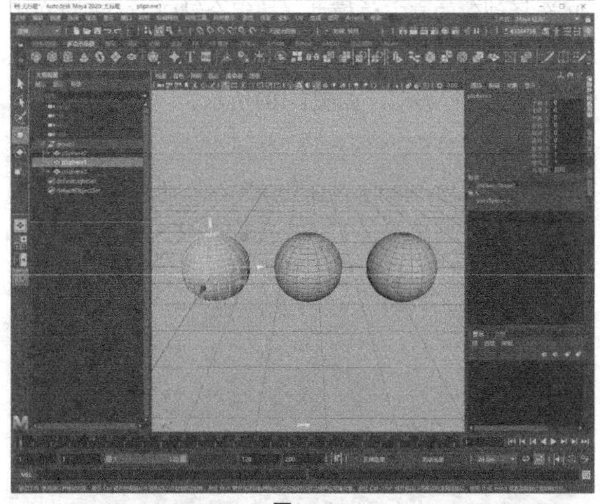

图1-96

如果不小心关闭了“大纲视图”面板，在菜单栏执行“窗口>大纲视图”命令，可以打开“大纲视图”面板，如图1-97所示。单击“视图”面板中的“大纲视图”按钮，也可以显示“大纲视图”面板，如图1-98所示。

图1-97　图1-98

1.3.4 变换对象

“变换操作”可以改变对象的位置、方向和大小，但是不会改变对象的形状。Maya的工具箱为用户提供了多种用于变换对象操作的工具，有“移动工具”“旋转工具”和“缩放工具”这3种，用户单击对应的工具图标可以在场景中进行相应的变换操作，如图1-99所示。

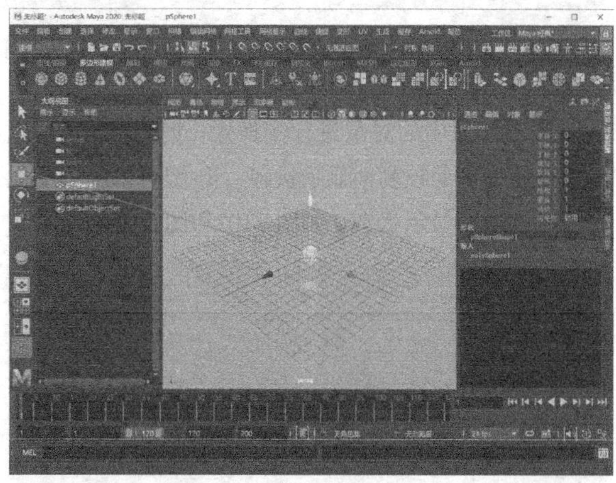

图1-99

技巧与提示

用户还可以按对应的快捷键进行变换操作。“移动工具”的快捷键是W，“旋转工具”的快捷键是E，“缩放工具”的快捷键是R。

在Maya 2020中，使用不同的变换操作工具，其变换命令的控制柄显示也有明显区别，图1-100~图1-102所示分别为变换命令是“移动”“旋转”和“缩放”状态下的控制柄显示状态。

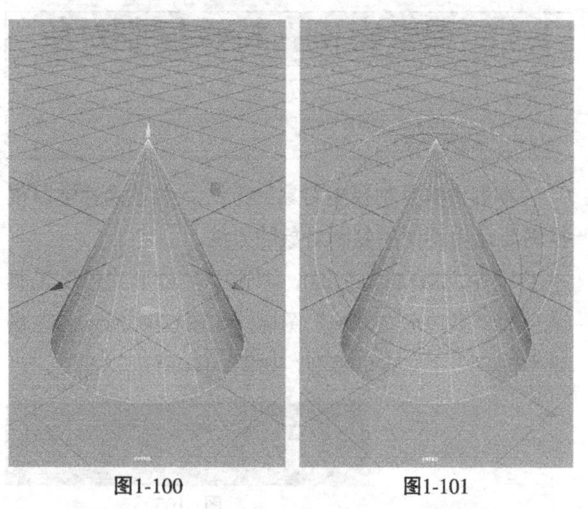

图1-100　图1-101

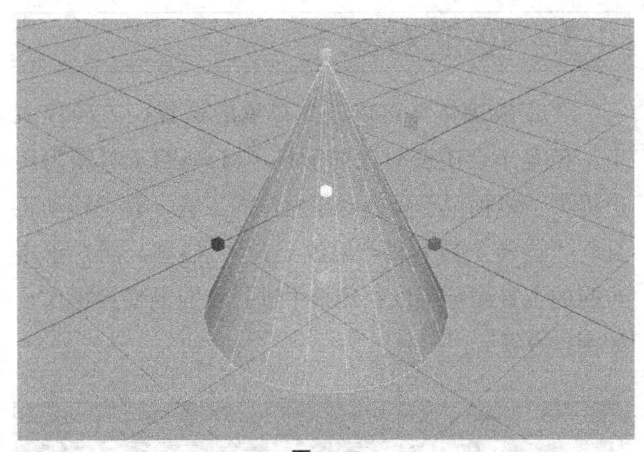

图1-102

当对场景中的对象进行变换操作时，按+键可以放大变换命令的控制柄显示状态，按-键可以缩小变换命令的控制柄显示状态，如图1-103和图1-104所示。

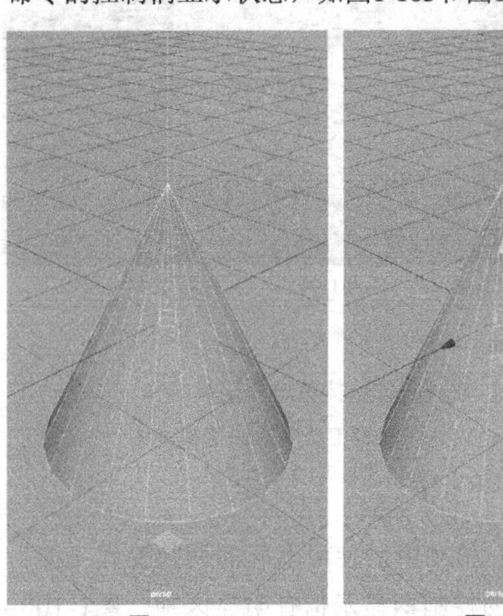

图1-103

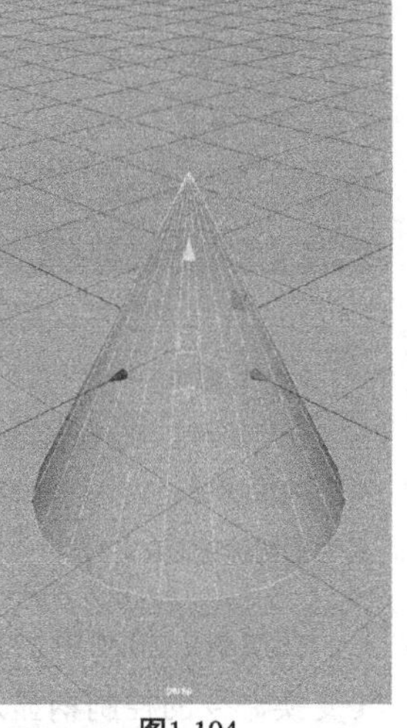

图1-104

1.3.5 课堂案例：特殊复制对象

场景位置	无
实例位置	无
视频名称	1.3.5 课堂案例：特殊复制对象
技术掌握	复制模型对象

本例讲解复制模型对象的方法，引导读者学习根据需要运用不同的复制对象的方法。

01 启动中文版Maya 2020，单击“多边形建模”工具架中的“多边形立方体”图标，如图1-105所示。在场景中创建一个立方体模型，如图1-106所示。

图1-105

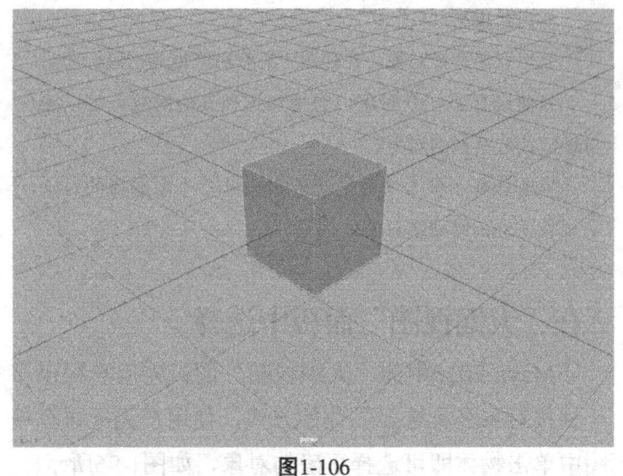

图1-106

02 选择创建的立方体模型，按组合键Ctrl+D即可在同样的位置复制出一个新的立方体模型，通过“移动工具”对其进行移动，如图1-107所示。

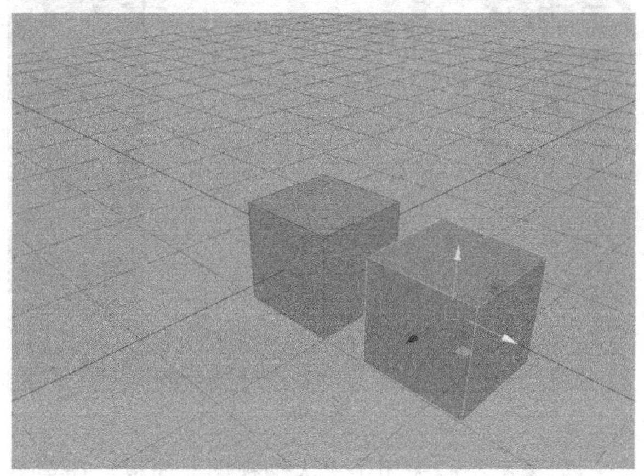

图1-107

03 按组合键Shift+D，进行“复制并变换”操作，这样新复制出来的第3个立方体模型会继承第2个立方体与第1个立方体之间的相对变换数据，如图1-108所示。

图1-108

04 删除复制出来的两个立方体模型，选择创建的第1个立方体模型，单击菜单栏“编辑/特殊复制”命令后面的正方形，打开“特殊复制选项”面板，将“几何体类型”的选项设置为“实例”，如图1-109所示。

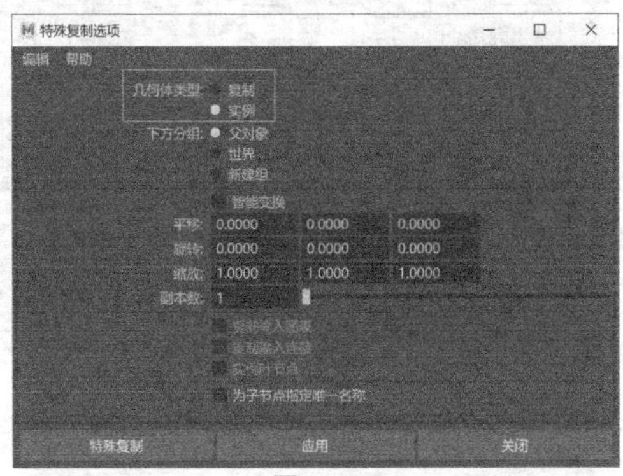

图1-109

05 单击“特殊复制选项”面板下方的“特殊复制”按钮，对选择的立方体模型进行特殊复制操作，再次使用“移动工具”对其进行移动。在“属性编辑器”面板中调整立方体的“高度”参数，如图1-110所示。这时，场景中的两个立方体模型都会出现对应的变化，如图1-111所示。

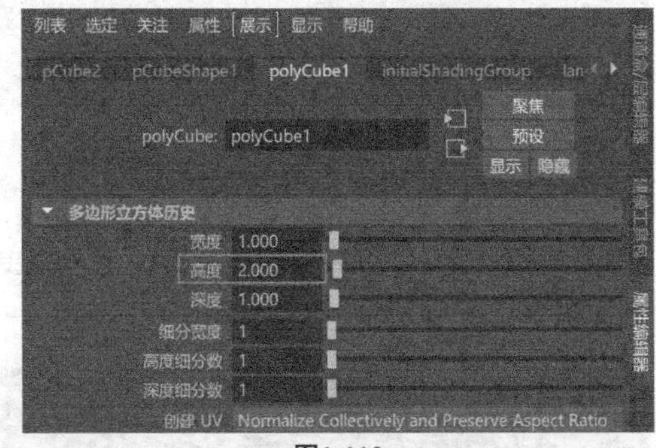

图1-110

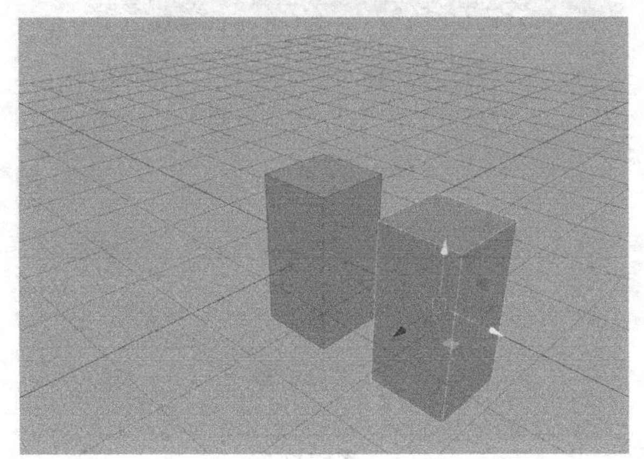

图1-111

1.3.6 复制对象

在场景模型的制作过程中，复制物体是一项必不可少的基本操作。例如，要快速地在一个餐厅空间中放置许多同样的桌椅模型，使用“复制”这一功能会使这一过程变得非常简单、高效。图1-112所示的吊灯模型中就包含了多个一模一样的灯泡模型。

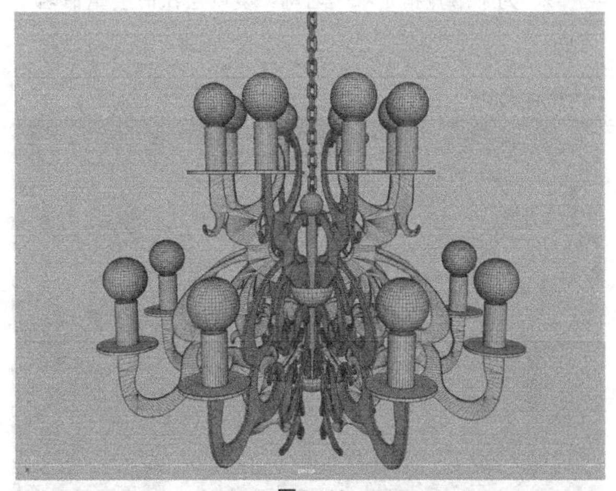

图1-112

在Maya 2020中复制对象主要有3种方式。

第1种：选择要复制的对象，在菜单栏执行“编辑>复制”命令，即可原地复制出一个相同的对象。

第2种：选择要复制的对象，按组合键Ctrl+D，也可原地复制出一个相同的对象。

第3种：选择要复制的对象，按住Shift键，并配合变换操纵器也可以复制对象。

1.3.7 特殊复制

使用“特殊复制”命令可以在预先设置好的变换属性下对物体进行复制；如果希望复制出来的物体与原物体属性关联，那么也需要使用此命令。“特殊复制选项”面板中的参数如图1-113所示。

常用参数解析

※ 几何体类型：选择希望如何复制选定对象。

※ 下方分组：将对象分组到父对象、世界或新建组对象之内。

※ 智能变换：当复制和变换对象的单一副本或实例时，Maya可将相同的变换应用至选定副本的全部后续副本。

※ 副本数：指定要复制的物体数量。

※ 复制输入图表：启用此选项后，可以强制对全部引导至选定对象的上游节点进行复制。

※ 复制输入连接：启用此选项后，除了复制选定节点，也会对为选定节点提供内容的相连节点进行复制。

※ 实例叶节点：对除叶节点之外的整个节点层次进行复制，而将叶节点实例化至原始层次。

※ 为子节点指定唯一名称：复制层次时会重命名子节点。

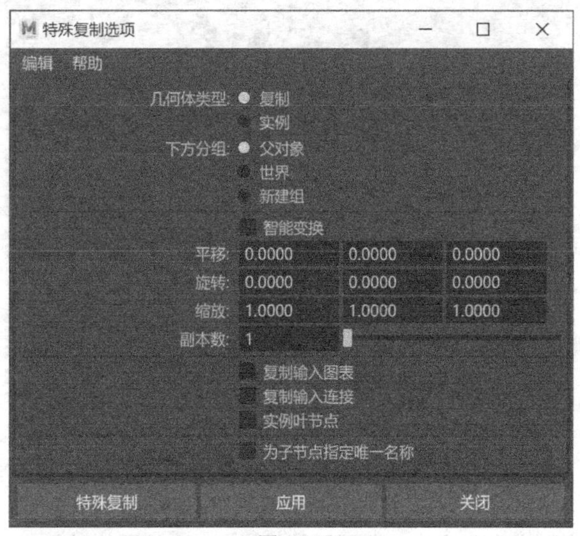

图1-113

1.3.8 测量对象

Maya 2020提供了3种用于测量的工具，分别是“距离工具”“参数工具”和“弧长工具”，如图1-114所示。

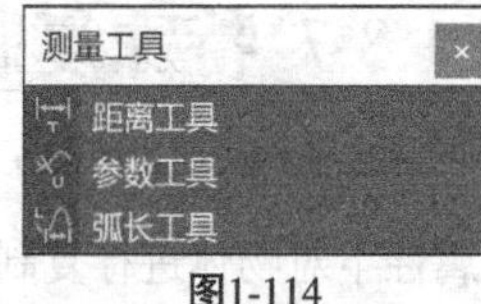

图1-114

1.距离工具

“距离工具”用于快速测量两点之间的距离。使用该工具时，Maya会在两个位置上分别创建一个定位器并生成一个距离度量，如图1-115所示。

图1-115

2.参数工具

“参数工具”可以在曲线或曲面上以拖曳的方式创建参数定位器，如图1-116所示。

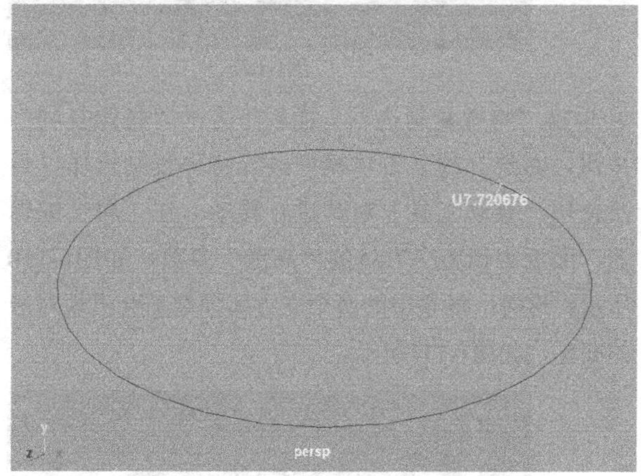

图1-116

3.弧长工具

“弧长工具”可以在曲线或曲面上以拖曳的方式创建弧长定位器，如图1-117所示。

图1-117

1.3.9 存储文件

1.保存文件

Maya2020为用户提供了多种保存文件的途径，主要有以下3种方法。

第1种：单击Maya界面中的“保存”按钮，如图1-118所示，即可完成对当前文件的存储。

图1-118

第2种：在菜单栏执行“文件>保存场景”命令，如图1-119所示，即可保存该Maya文件。

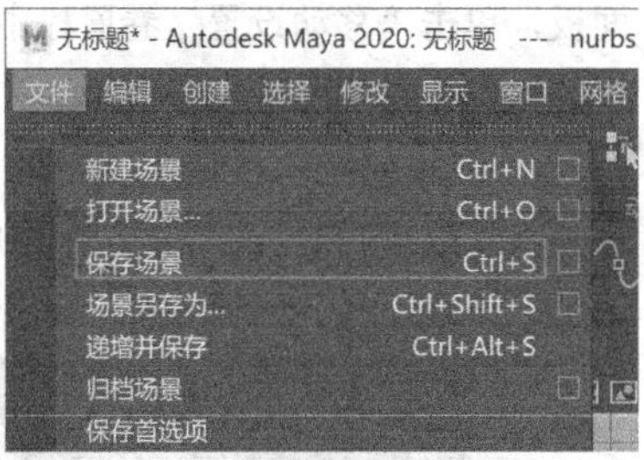

图1-119

第3种：按组合键Ctrl+S，可以完成对当前文件的存储。

2.自动保存文件

Maya为用户提供了一种以一定的时间间隔自动保存场景的方法。如果用户确定要使用该功能，则需要先在Maya的“首选项”对话框中进行设置保存文件的路径和相关参数。在菜单栏执行“窗口>设置/首选项>首选项”命令，如图1-120所示，即可打开“首选项”对话框。

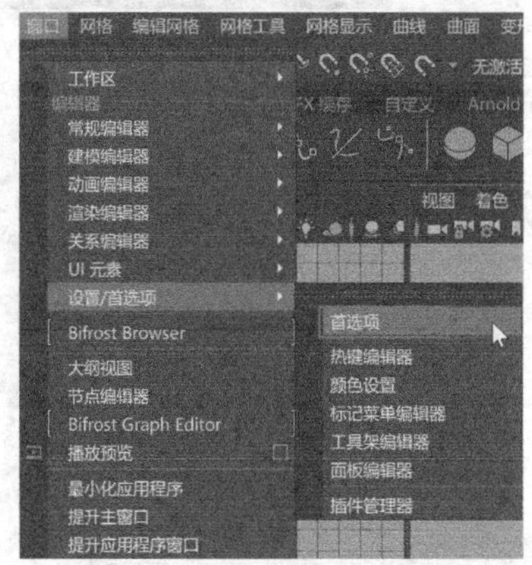

图1-120

在“类别”选项中，选择“文件/项目”，勾选“自动保存”选项区中的“启用”选项，即可在下方设置项目自动保存的路径、保存的文件个数和保存时间间隔等，如图1-121所示。

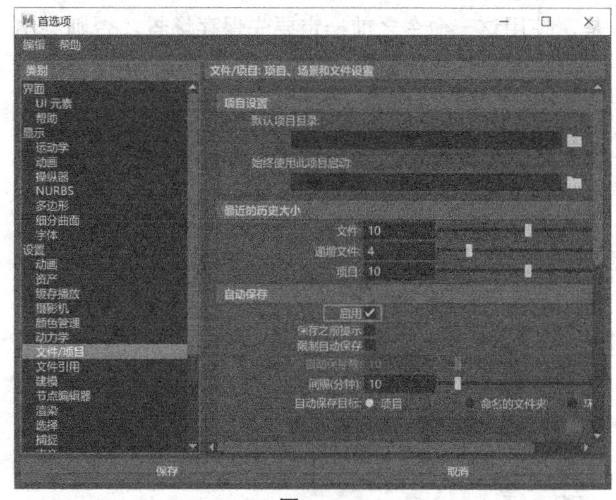

图1-121

3.保存增量文件

Maya为用户提供了一种叫作“保存增量文件”的存储方法，即以当前文件的名称后添加数字扩展名的方式不断地对工作中的文件进行存储，具体操作步骤如下。

01 将场景文件进行本地存储，然后在菜单栏执行“文件>递增并保存”命令，如图1-122所示，即可在该文件保存的路径目录下另存一个新的Maya工程文件。默认情况下，新场景文件的名称为<filename>.0001.mb。每次创建新场景文件时，文件名就会递增1。

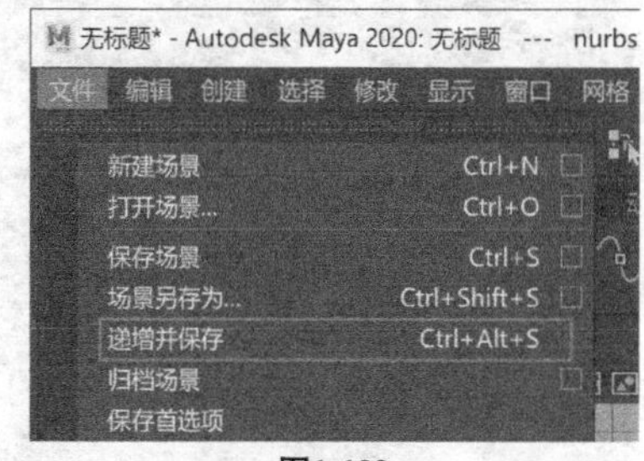

图1-122

02 保存后，原始文件将关闭，新文件将成为当前文件。

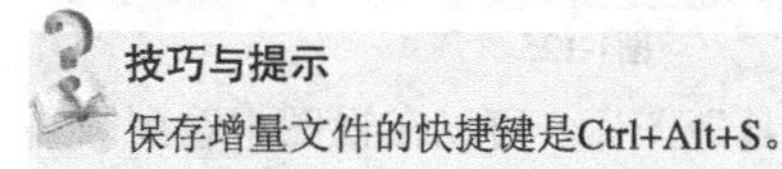

技巧与提示

保存增量文件的快捷键是Ctrl+Alt+S。

4.归档场景

使用“归档场景”命令可以很方便地将与当前场景相关的文件打包为一个压缩包文件，这一命令对于快速收集场景中所用到贴图非常有用。需要注意的是，使用这一命令之前一定要先保存场景，否则会出现错误提示，如图1-123所示。

// 错误: line 1: 场景未保存，必须在归档之前保存它。

图1-123

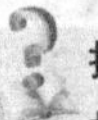

技巧与提示

打包的文件将与当前场景文件放置在同一目录下。

1.4 课堂练习：更改对象的坐标轴

场景位置	无
实例位置	无
视频名称	1.4 课堂练习：更改对象的坐标轴
技术掌握	更改模型的坐标轴

本例讲解用“工具设置”面板中的“编辑枢轴”更改模型的坐标轴，帮助读者熟悉坐标轴的相关操作。

01 启动中文版Maya 2020，单击“多边形建模”工具架中的“多边形圆环”图标，如图1-124所示。在场景中创建一个圆环模型，如图1-125所示。

图1-124

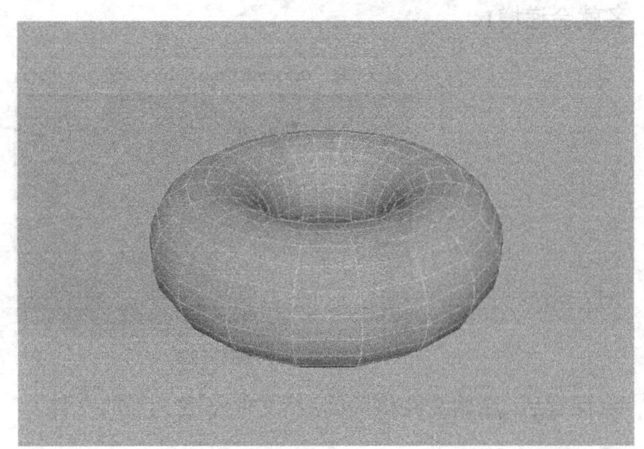

图1-125

02 单击“移动工具”图标，可以在视图中看到圆环模型的坐标轴位于模型的中心，如图1-126所示。

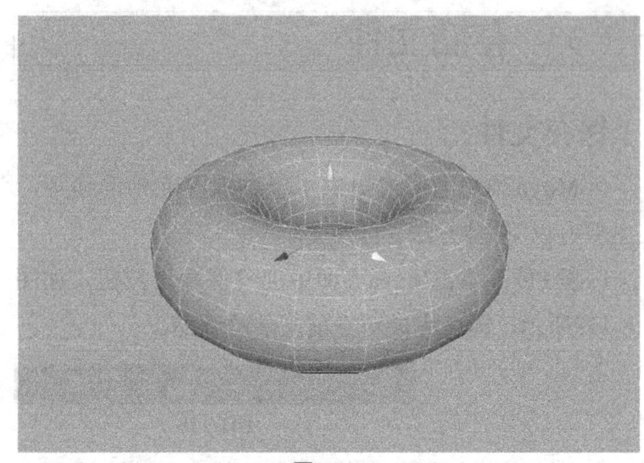

图1-126

03 双击“移动工具”图标，可以打开“工具设置”面板，单击“移动设置”卷展栏中的“编辑枢轴”按钮，如图1-127所示。

04 当“编辑枢轴”按钮呈按下的状态时，即可对圆环的坐标轴进行更改，如图1-128所示。

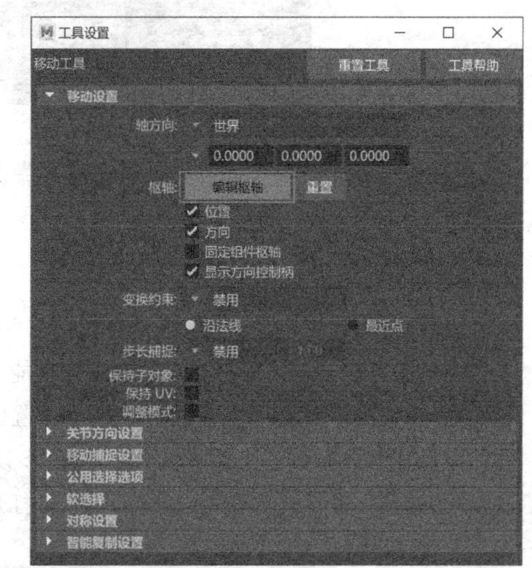

图1-127

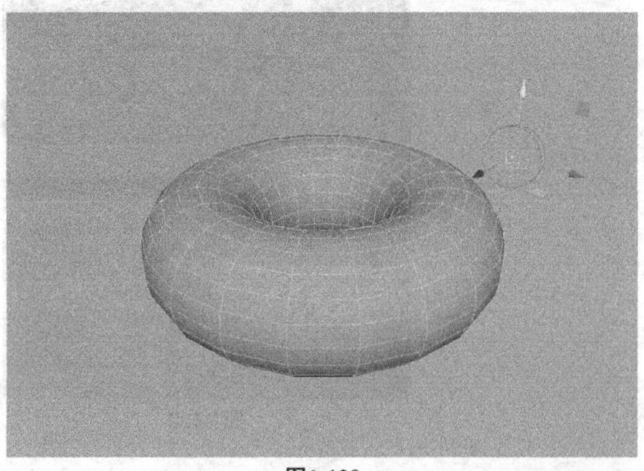

图1-128

05 调整完成后，再次单击“编辑枢轴”按钮，这时观察视图，可以看到圆环模型的坐标轴位置已经发生了更改，如图1-129所示。

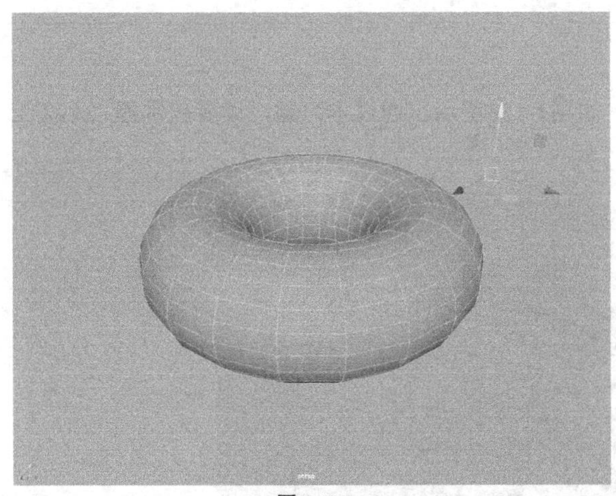

图1-129

06 更改模型的坐标轴位置是非常有用的一个功能，在制作模型时会经常用到该功能。如果想快速地将模型的坐标轴位置更改至模型的中心上，可以在菜单栏执行“修改>中心枢轴”命令，如图1-130所示。

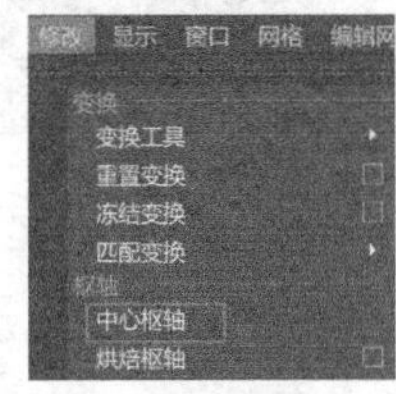

图1-130

07 执行“中心枢轴”命令后的圆环模型坐标位置恢复，如图1-131所示。

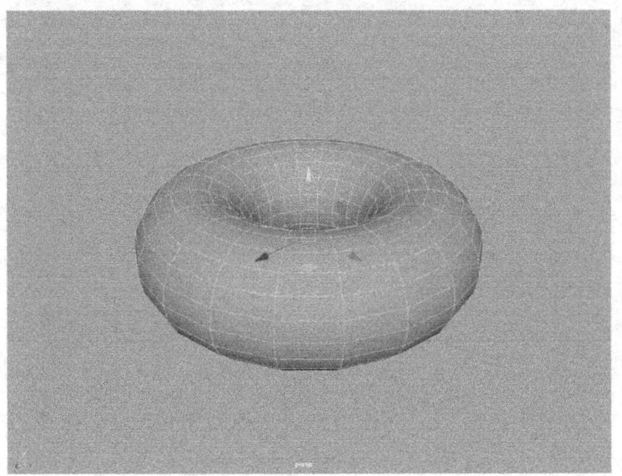

图1-131

1.5 本章小结

本章主要讲解了Maya 2020的应用领域、工作界面和基本操作，是初学者学习Maya 2020的入门章节，希望读者对Maya 2020的各种常用工具的操作多加练习，为学习后面的章节打下坚实的基础。

1.6 课后习题

通过本章的学习，相信读者对Maya 2020已经有了一个基本的认识，本节为读者准备了两个习题，帮助读者更好地掌握该软件的基本操作。

1.6.1 课后习题：隐藏对象及显示被隐藏的对象

场景位置	实例文件>CH01>1_1.mb
实例位置	无
视频名称	1.6.1 课后习题：隐藏对象及显示被隐藏的对象
技术掌握	隐藏对象及显示被隐藏的对象

操作指南

在制作场景模型中的某一个物体时，常常需要将一些不必要的模型先隐藏起来，最后再将被隐藏的模型显示出来，本习题准备了一个模型供读者进行操作练习，如图1-132所示。通过本习题，读者应熟练掌握隐藏对象及显示被隐藏对象的快捷键，并熟悉“大纲视图”面板的使用方法。

图1-132

1.6.2 课后习题：测量对象的间距

场景位置 实例文件>CH01>1_2.mb
实例位置 无
视频名称 1.6.2 课后习题：测量对象的间距
技术掌握 测量对象的间距

操作指南

本习题准备了一个场景模型供读者进行操作练习，如图1-133所示。通过本习题，读者应掌握“距离工具”的使用方法。

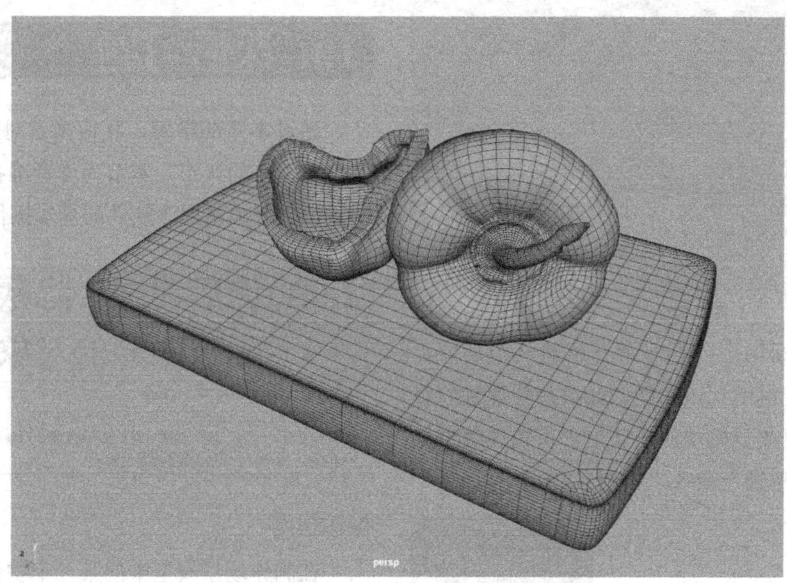

图1-133

第2章 曲面建模

本章将介绍Maya 2020的曲面建模技术，包含曲线编辑、NURBS基本体及常用的曲面建模工具等。希望读者能够通过本章的学习，掌握曲面建模的技巧及建模思路。此外，本章还涉及很多常用编辑命令，希望读者勤加练习，熟练掌握。

课堂学习目标

- 掌握曲线的创建方法
- 掌握曲线的编辑方法
- 掌握NURBS基本体的创建方法
- 掌握常用曲面建模工具的使用方法
- 掌握曲面建模的思路

2.1 曲面概述

曲面建模，也叫作NURBS建模，是一种基于几何基本体和绘制曲线的3D建模方式。其中，NURBS是英文Non-Uniform Rational B-Splines的缩写，意为“非均匀有理B样条”。通过Maya 2020的“曲线/曲面”工具架中的工具集合，用户有两种方式可以创建曲面模型。一是先通过创建曲线的方式构建曲面的基本轮廓，再配合相应的命令生成模型；二是先通过创建曲面基本体的方式绘制简单的三维对象，再使用相应的工具修改其形状获得想要的几何形体。图2-1和图2-2所示是使用曲面建模技术制作出来的模型。

图2-1

图2-2

NURBS用于构建曲面的曲线具有平滑和最小的特性，这对于构建各种有机3D形状十分有用。NURBS曲面类型广泛运用于动画、游戏、科学可视化和工业设计等领域。使用曲面建模可以制作出任何形状的、精度非常高的三维模型，这一优势使曲面建模慢慢成了一个广泛应用于工业建模领域的标准。同时，这一建模方式非常方便，也非常容易被掌握及使用，用户通过较少的控制点即可得到复杂的流线型几何形体。

2.2 曲线工具

Maya 2020为用户提供了多种曲线工具，一些常用的与曲线有关的工具可以在“曲线/曲面”工具架中找到，如图2-3所示。

图2-3

常用工具解析

※ NURBS圆形：创建NURBS圆形。

※ NURBS方形：创建一个由4条线组成的NURBS方形组合。

※ EP曲线工具：通过指定编辑点创建曲线。

※ 铅笔曲线工具：通过移动鼠标创建曲线。

※ 三点圆弧：通过指定3个点创建圆弧。

※ 附加曲线：将所选择的两条曲线附加在一起。

※ 分离曲线：根据曲线参数点的位置将曲线断开。

※ 插入结：根据曲线参数点的位置插入编辑点。

※ 延伸曲线：延伸所选择的曲线长度。

※ 偏移曲线：偏移所选择的曲线。

※ 重建曲线：重建所选择的曲线。

※ 添加点工具：通过添加指定点的位置延长所选择的曲线。

※ 曲线编辑工具：编辑所选择的曲线。

※ Bezier曲线工具：创建Bezier曲线。

2.2.1 课堂案例：制作杯子模型

场景位置	实例文件>CH02>2_1.mb
实例位置	实例文件>CH02>2_1_完成.mb
视频名称	2.2.1 课堂案例：制作杯子模型
技术掌握	使用曲线工具制作曲面模型

本例将使用“曲线/曲面”工具架中的工具制作杯子模型，最终效果如图2-4所示。

图2-4

01 启动中文版Maya 2020，按住空格键，单击“Maya”按钮，如图2-5所示，在弹出的命令中选择右视图，即可将当前视图切换至右视图。

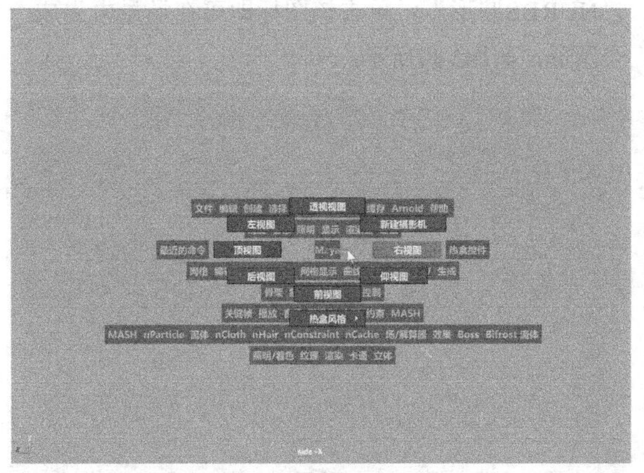

图2-5

02 单击“曲线/曲面”工具架中的“EP曲线工具”图标，如图2-6所示。

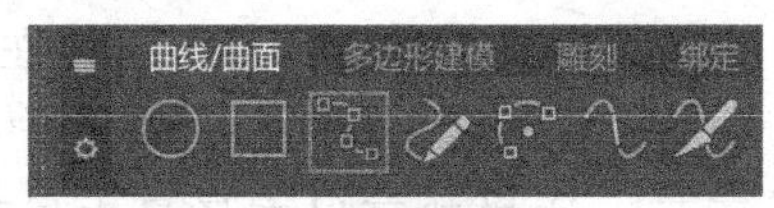

图2-6

03 在右视图中绘制出杯子的剖面图形，如图2-7所示。

04 单击鼠标右键，在弹出的菜单中执行“控制顶点”命令，如图2-8所示。

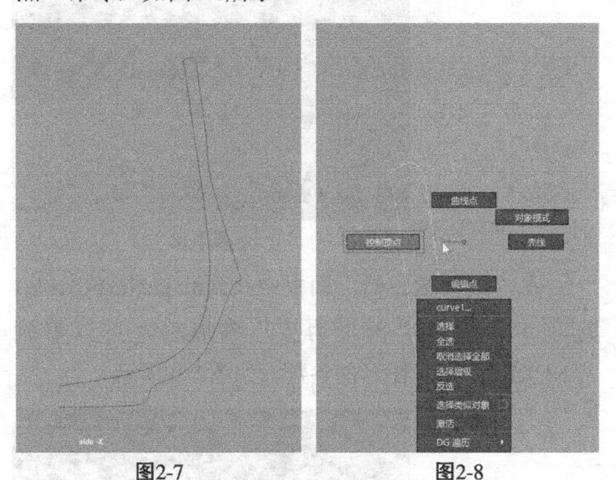

图2-7　图2-8

05 调整曲线的控制顶点位置，修改曲线的形态细节，如图2-9所示。

06 调整完成后，单击鼠标右键，在弹出的菜单中执行“对象模式”命令，如图2-10所示，即可退出曲线编辑状态。

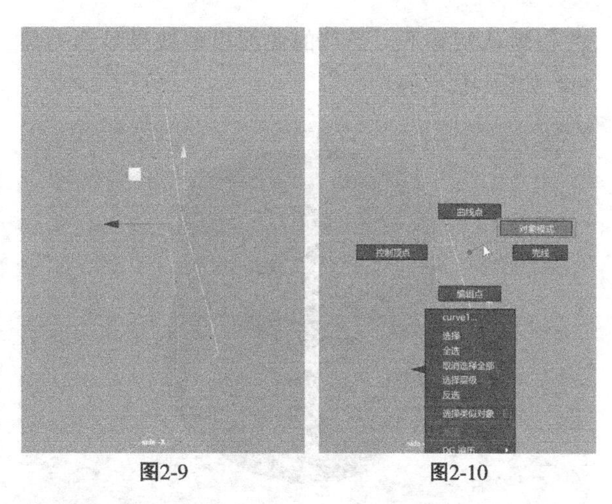

图2-9　图2-10

07 观察绘制完成的曲线形态，如图2-11所示。

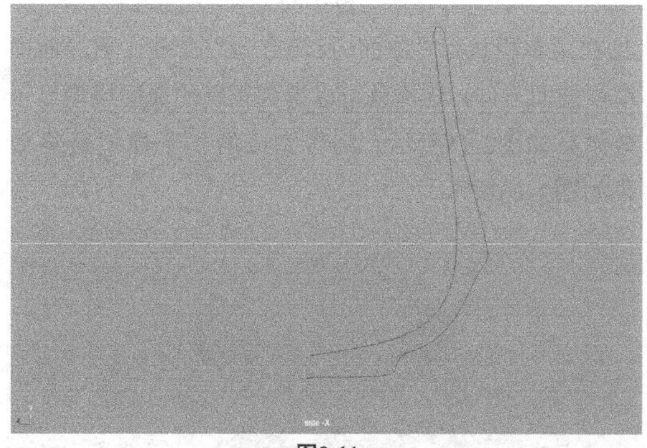

图2-11

08 选择场景中绘制完成的曲线，单击“曲线/曲面”工具架中的“旋转”图标，如图2-12所示，即可在场景中看到曲线经过“旋转”命令而得到的曲面模型，如图2-13所示。

图2-12

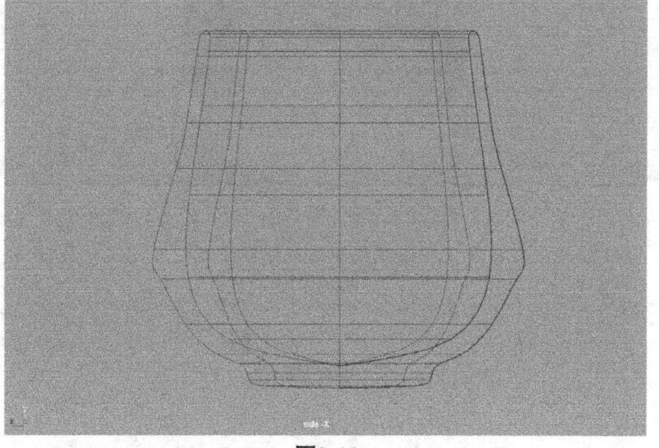

图2-13

09 在默认状态下，当前的曲面模型效果显示为黑色，如图2-14所示。

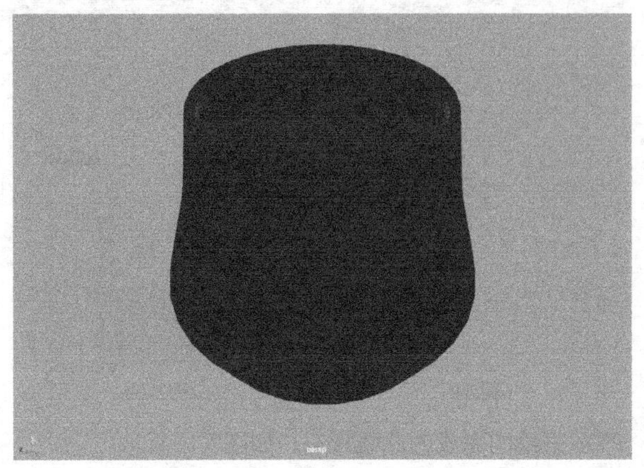

图2-14

10 在菜单栏执行“曲面>反转方向”命令，更改曲面模型的面方向，这样就可以得到正确的曲面模型显示效果，如图2-15所示。制作完成的杯子模型最终效果如图2-16所示。

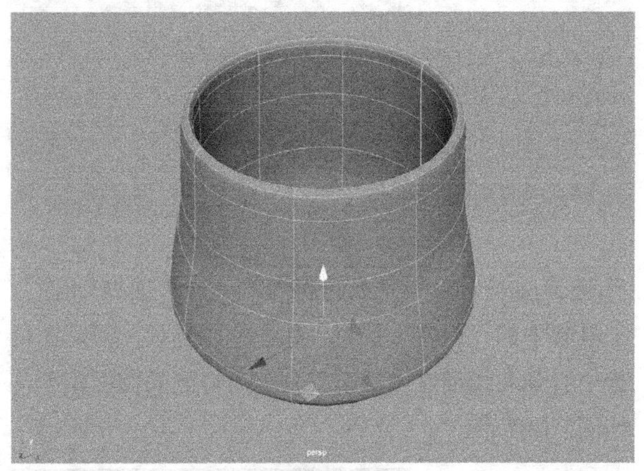

图2-15

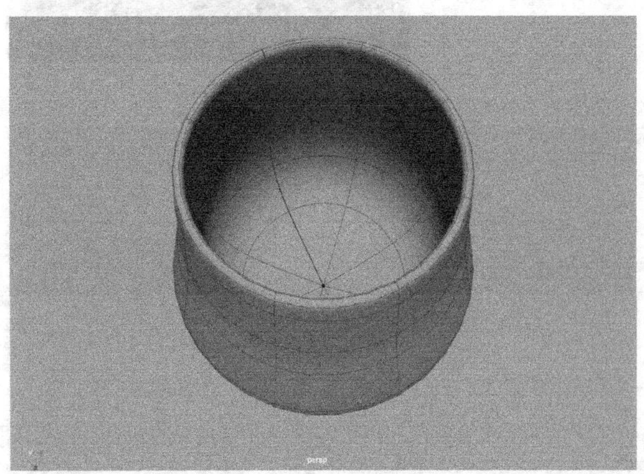

图2-16

2.2.2 NURBS圆形

“曲线/曲面”工具架中的第一个图标就是“NURBS圆形”，单击该图标即可在场景中生成一个圆形，如图2-17所示。

图2-17

Maya默认状态是关闭用户“交互式创建”命令的，如需开启此命令，需要在菜单栏执行“创建>NURBS基本体>交互式创建”命令，如图2-18所示，这样就可以在场景中以绘制的方式创建“NURBS圆形”图形了。

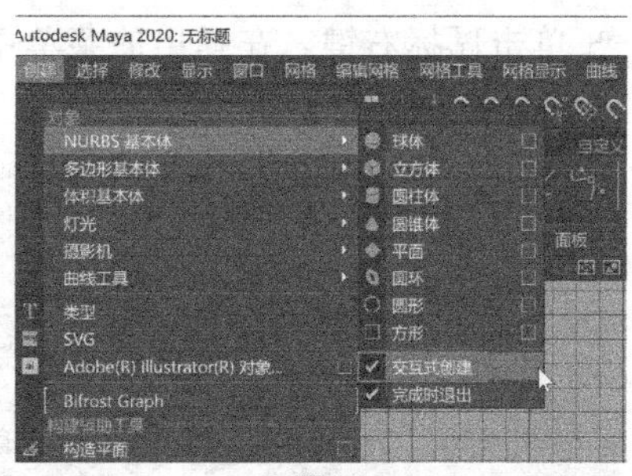

图2-18

在“属性编辑器”面板中找到makeNurbCircle1选项卡，展开“圆形历史”卷展栏，可以看到“NURBS圆形”图形的参数，如图2-19所示。

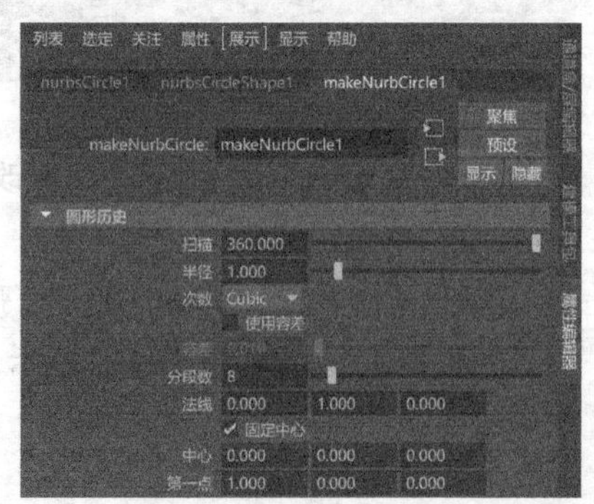

图2-19

常用参数解析

※ 扫描：用于设置NURBS圆形的弧长范围，最大值为360，为一个圆形，较小的值可以得到一段圆弧，图2-20所示为此值是180和360时的图形对比。

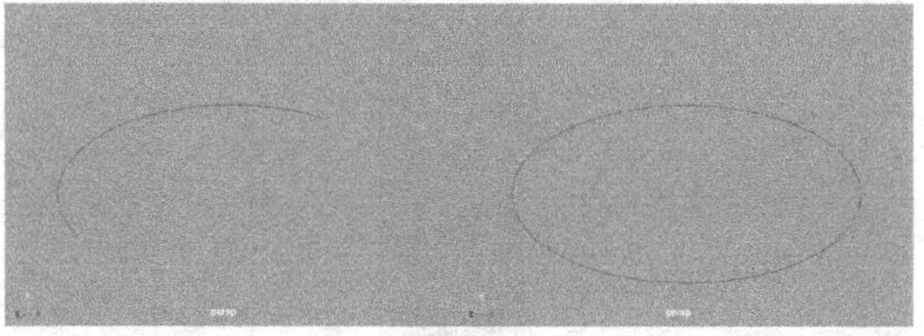

图2-20

※ 半径：用于设置NURBS圆形的半径大小。

※ 次数：用于设置NURBS圆形的显示方式，有“Linear（线性）”和“Cubic（立方）”两种选项可选，图2-21所示为“次数”分别是“Linear（线性）”和“Cubic（立方）”方式的图形效果对比。

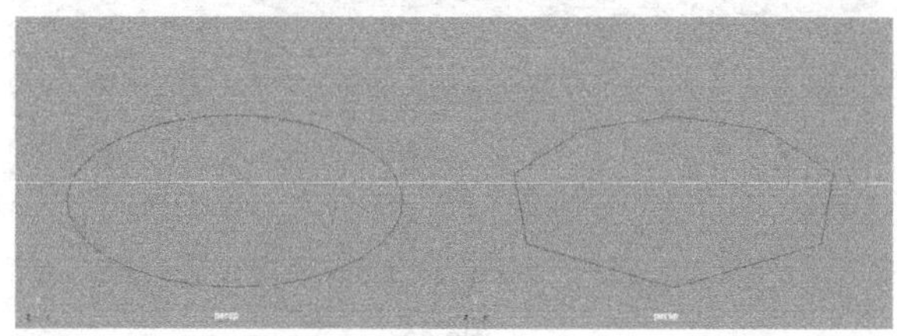

图2-21

※ 分段数：当NURBS圆形的“次数”设置为“Linear（线性）”时，NURBS圆形显示为一个多边形，通过设置“分段数”可以改变边数，图2-22所示为“分段数”是5和12时的图形效果对比。

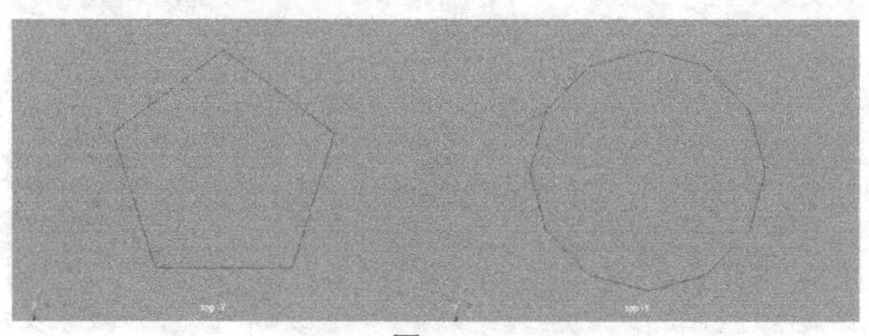

图2-22

技巧与提示

“分段数”最小值可以设置为1，但是此值无论是1，还是2，图形显示效果均与3相同。另外，如果创建出来的“NURBS圆形”对象的“属性编辑器”面板中没有makeNurbCircle1选项卡，可以单击图标，打开“构建历史”功能后，再重新创建NURBS圆形，这样“属性编辑器”面板中就会有该选项卡了。

2.2.3 NURBS方形

单击“曲线/曲面”工具架中的“NURBS方形”图标，即可在场景中创建一个四边形，如图2-23所示。

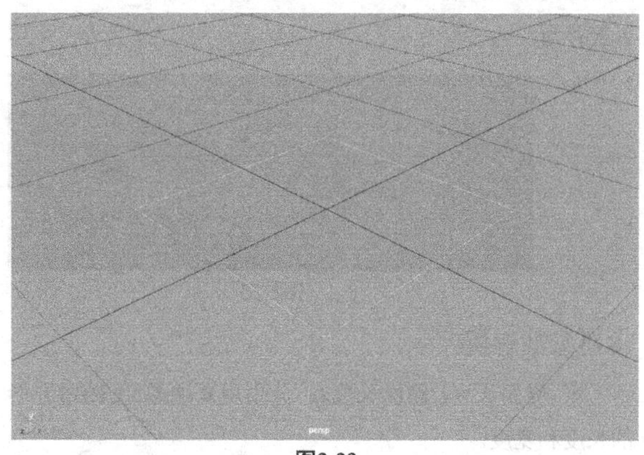

图2-23

在“大纲视图”面板中可以看到NURBS方形实际是一个包含了4条线的组合，如图2-24所示。NURBS方形创建完成后，在默认状态下，选择的是这个组合的名称，所以此时打开“属性编辑器”面板后，只有nurbsSquare1选项卡，如图2-25所示。

图2-24

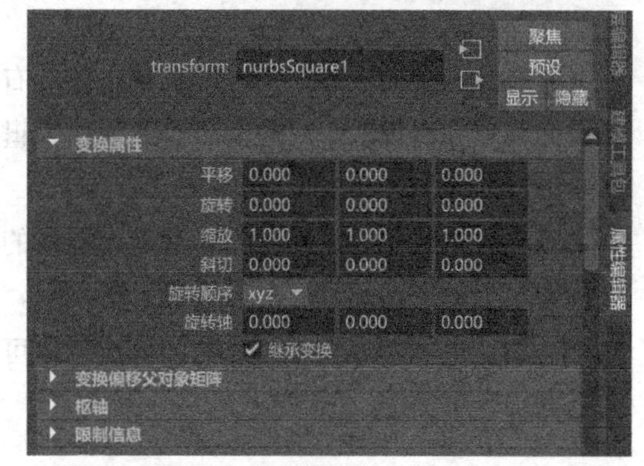

图2-25

在场景中选择构成NURBS方形的任意一条边线，在“属性编辑器”面板中找到makeNurbsSquare1选项卡，展开“方形历史”卷展栏，通过修改该卷展栏的相应参数可以更改NURBS方形的大小，如图2-26所示。

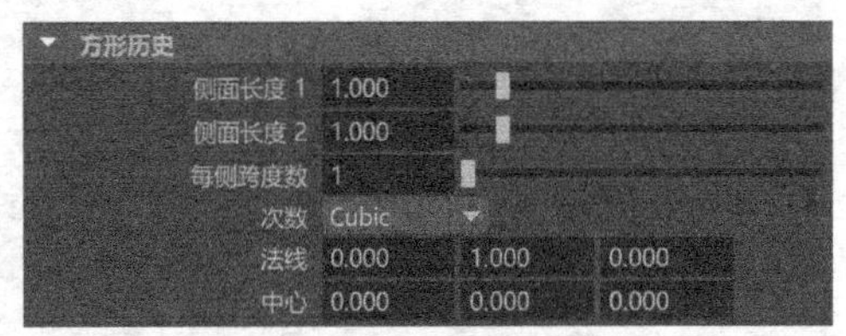

图2-26

常用参数解析

※ 侧面长度1/侧面长度2：分别用来调整NURBS方形的长度和宽度。

2.2.4 EP曲线工具

单击“曲线/曲面”工具架中的“EP曲线工具”图标，即可在场景中以鼠标单击创建编辑点的方式绘制曲线，绘制完成后，需要按Enter键结束曲线绘制操作，如图2-27所示。

图2-27

绘制完成后的曲线，可以通过单击鼠标右键，在弹出的菜单中选择进入“控制顶点”或“编辑点”层级，进行曲线的修改操作，如图2-28所示。

在“控制顶点”层级中，通过更改曲线的控制顶点位置可以改变曲线的弧度，如图2-29所示。在“编辑点”层级中，通过更改曲线的编辑点位置可以改变曲线的形状，如图2-30所示。

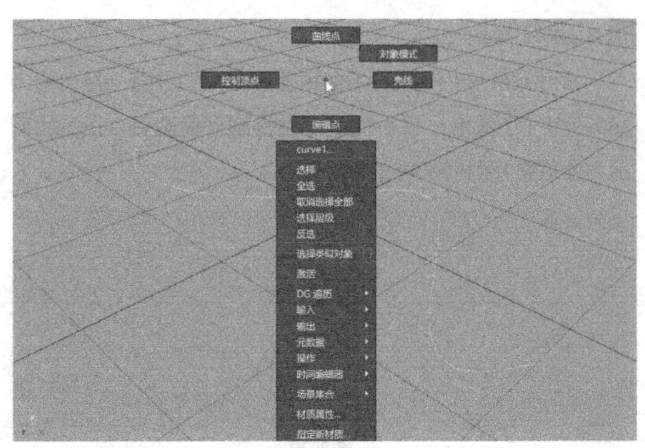

图2-28

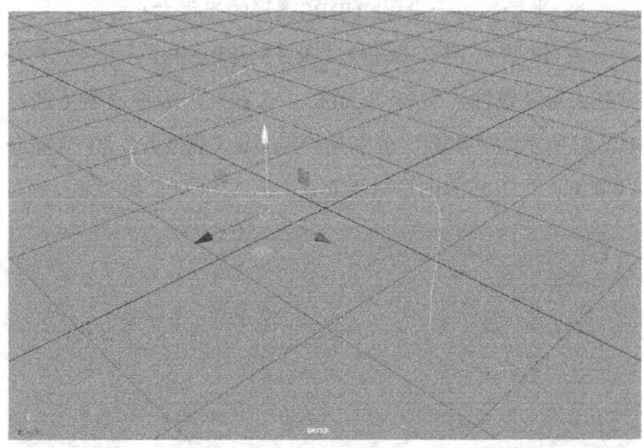

图2-29

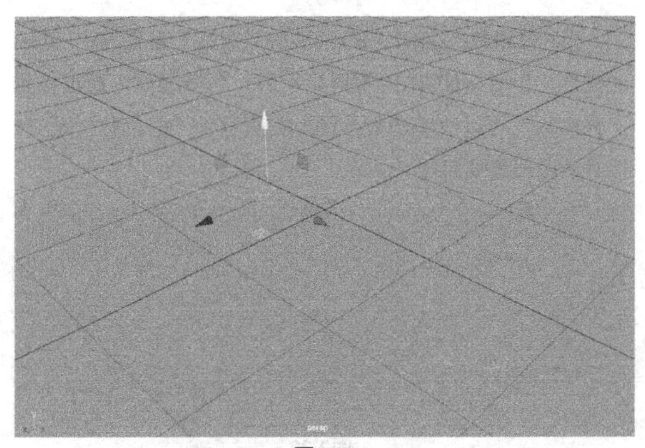

图2-30

在创建EP曲线前，还可以在工具架中双击“EP曲线工具”图标，打开“工具设置”对话框，其参数如图2-31所示。

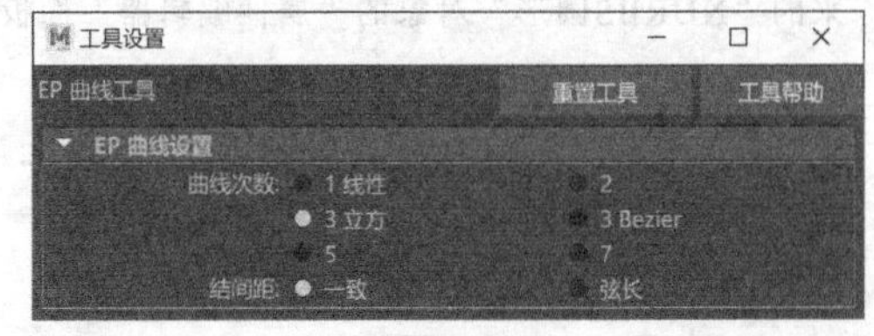

图2-31

常用参数解析

※ 曲线次数：“曲线次数”的值越高，曲线越平滑，默认设置（3立方）适用于大多数曲线。

※ 结间距：结间距指定Maya如何将U位置值指定给结。

2.2.5 三点圆弧

单击“曲线/曲面”工具架中的“三点圆弧”图标，即可在场景中以鼠标单击创建编辑点的方式绘制圆弧曲线，绘制完成后，需要按Enter键结束曲线绘制操作，如图2-32所示。

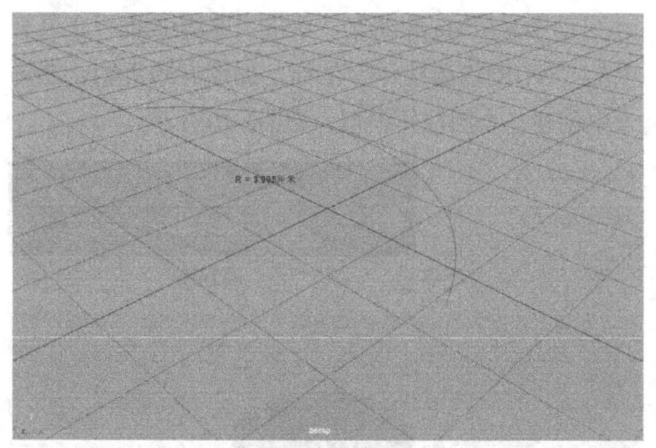

图2-32

在“属性编辑器”面板中展开“三点圆弧历史”卷展栏，其参数如图2-33所示。

▼ 三点圆弧历史

点 1	-0.235	0.000	0.448
点 2	0.147	0.000	0.116
点 3	0.657	0.000	0.246
次数	Cubic		
分段数	8		

图2-33

常用参数解析

※ 点1/点2/点3：更改这些点的坐标值可以微调圆弧的形状。

2.2.6 Bezier曲线工具

单击“曲线/曲面”工具架中的“Bezier曲线工具”图标，即可在场景中以鼠标单击或拖曳的方式绘制曲线，绘制完成后，需要按Enter键结束曲线绘制操作，这一绘制曲线的方式与在3ds Max中绘制线的方式一样，如图2-34所示。

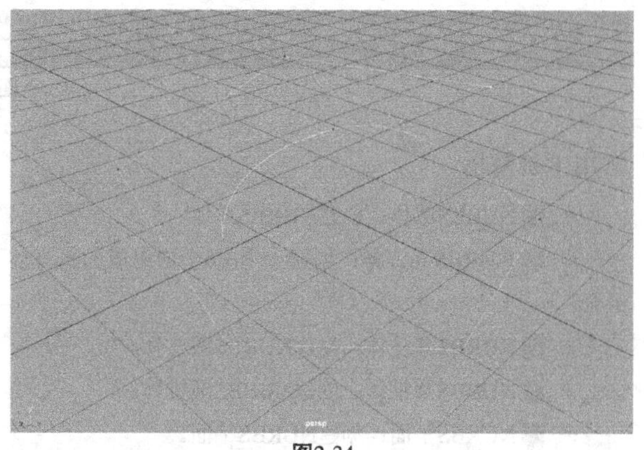

图2-34

绘制完成后的曲线，可以通过单击鼠标右键，在弹出的菜单中，选择进入“控制顶点”层级，进行曲线的修改操作，如图2-35和图2-36所示。

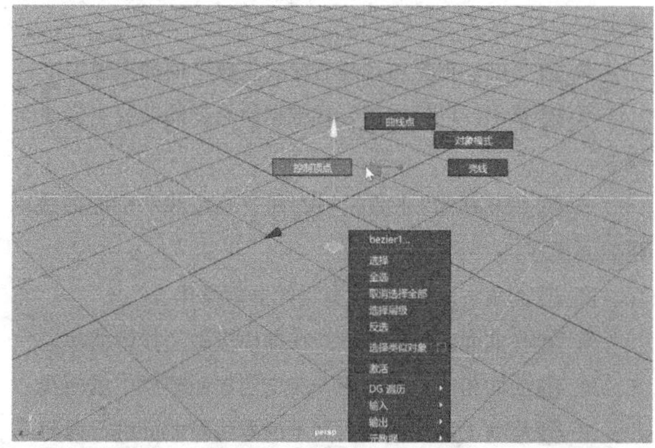

图2-35

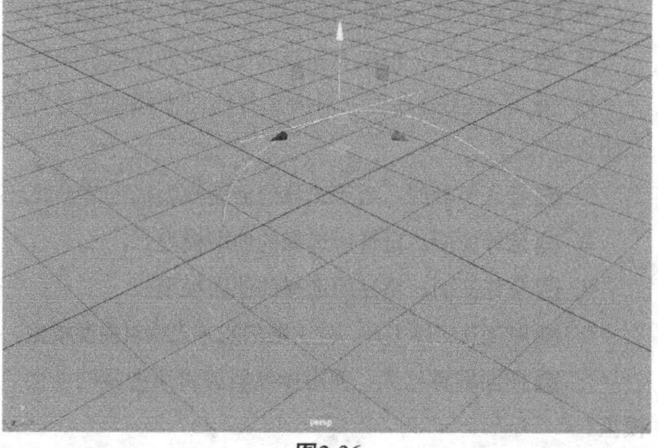

图2-36

2.3 曲面工具

Maya 2020为用户提供了多种基本几何形体的曲面工具，一些常用的与曲面有关的工具可以在“曲线/曲面”工具架的后半部分找到，如图2-37所示。

图2-37

常用工具解析

※ NURBS球体：创建NURBS球体。

※ NURBS立方体：创建一个由6个面组成的长方体组合。

※ NURBS圆柱体：创建NURBS圆柱体。

※ NURBS圆锥体：创建NURBS圆锥体。

※ NURBS平面：创建NURBS平面。

※ NURBS圆环：创建NURBS圆环。

※ 旋转：以旋转的方式根据所选择的曲线生成曲面模型。

※ 放样：以放样的方式根据所选择的曲线生成曲面模型。

※ 平面：根据所选择的曲线生成平面曲面模型。

※ 挤出：以挤出的方式根据所选择的曲线生成曲面模型。

※ 双轨成形1工具：根据两条轨道线和剖面曲线创建曲面模型。

※ 倒角+：对曲面模型进行倒角操作。

※ 在曲面上投影曲线：在曲面模型上投影曲线。

※ 曲面相交：根据两个相交的曲面模型生成曲线。

※ 修剪工具：根据曲面上的曲线对曲面进行修剪。

※ 取消修剪曲面：用于取消修剪曲面操作。

※ 附加曲面：将两个曲面模型附加为一个曲面模型。

※ 分离曲面：根据等参线的位置将曲面模型断开。

※ 开放/闭合曲面：对所选择的曲面模型进行开放或闭合操作。

※ 插入等参线：对所选择的曲面模型插入等参线。

※ 延伸曲面：延伸所选择的曲面模型。

※ 重建曲面：重建所选择的曲面模型。

※ 雕刻几何体工具：使用雕刻的方式编辑曲面模型。

※ 曲面编辑工具：使用操纵器编辑所选择的曲面模型。

2.3.1 课堂案例：制作落地灯模型

场景位置	实例文件>CH02>2_2.mb
实例位置	实例文件>CH02>2_2_完成.mb
视频名称	2.3.1 课堂案例：制作落地灯模型
技术掌握	使用NURBS基本体制作曲面模型

本例将使用“曲线/曲面”工具架中的工具制作一个落地灯的模型，最终效果如图2-38所示。

图2-38

01 启动中文版Maya 2020，单击“曲线/曲面”工具架中的“NURBS圆柱体”图标，如图2-39所示，在场景中创建一个圆柱体模型，如图2-40所示。

图2-39

图2-40

02 在“属性编辑器”面板中设置“半径”的值为25，如图2-41所示。

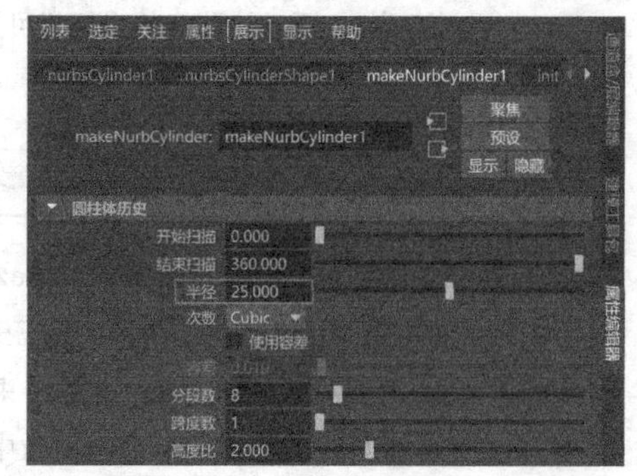

图2-41

03 选择圆柱体模型，单击鼠标右键，在弹出的菜单中执行“等参线”命令，如图2-42所示。

04 在图2-43所示的位置添加一条等参线。

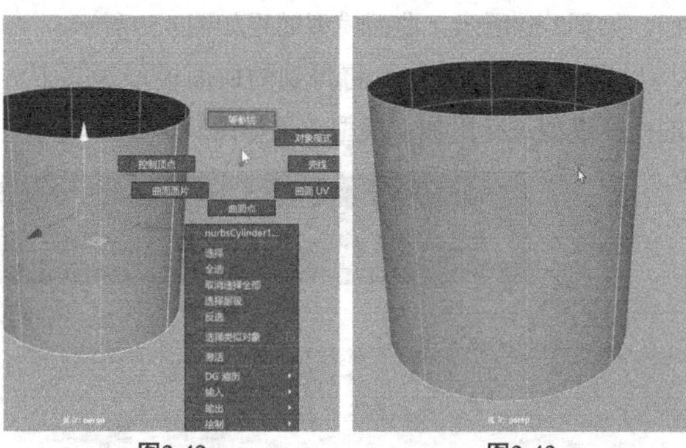

图2-42　　　　图2-43

05 单击“曲线/曲面”工具架中的“插入等参线”图标，如图2-44所示。操作完成后，圆柱体的对应位置会多出一条等参线，如图2-45所示。

图2-44

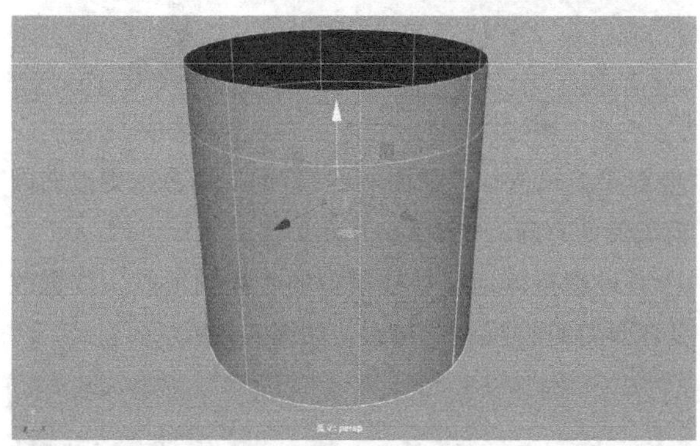

图2-45

06 选择圆柱体模型，单击鼠标右键，在弹出的菜单中执行“控制顶点”命令，如图2-46所示。

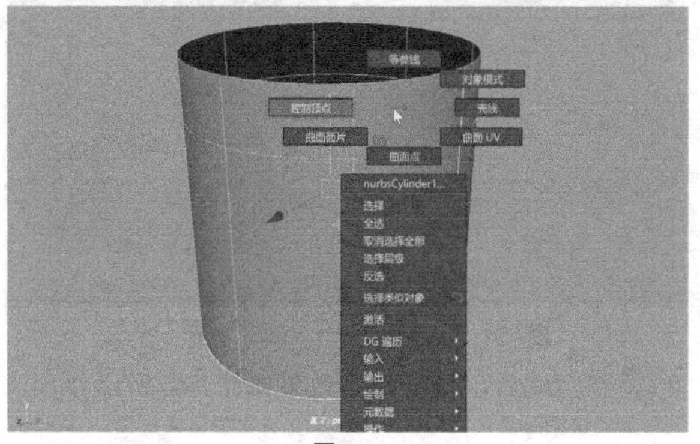

图2-46

07 选择图2-47所示的顶点，对其进行位移和缩放操作，制作出图2-48所示的模型，完成灯罩模型的制作。

图2-47　　　　图2-48

08 单击“曲线/曲面”工具架中的“NURBS球体”图标，如图2-49所示，在场景中创建一个球体模型。

09 在“属性编辑器”面板中，展开“球体历史”卷展栏，设置“半径”的值为4，如图2-50所示。

图2-49

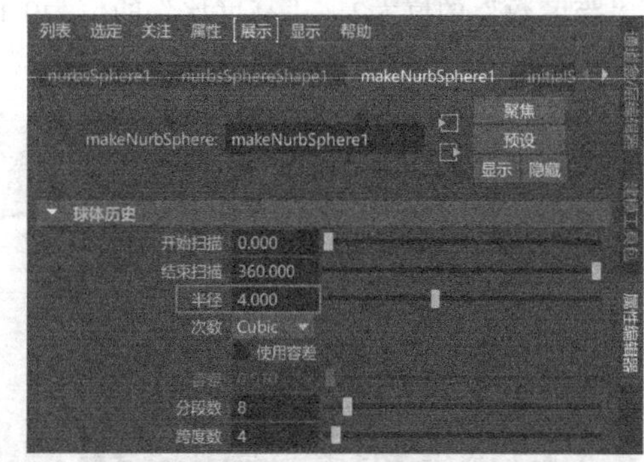

图2-50

10 在透视视图中移动球体模型的位置，如图2-51所示。

11 按住Shift键，以拖曳的方式复制多个球体，并缩放它们的大小，如图2-52所示。

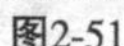

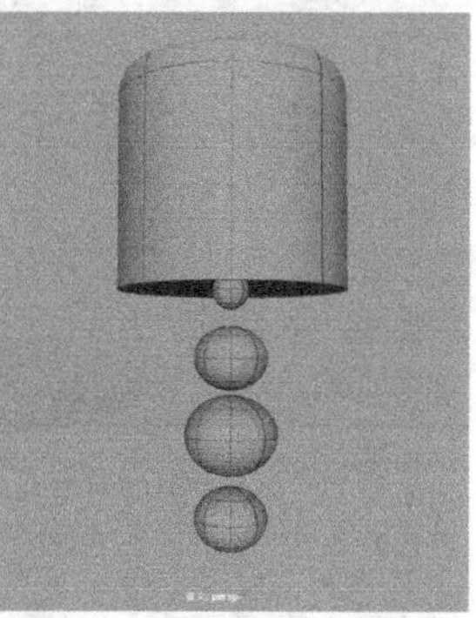

图2-51　　　　图2-52

⑫单击“曲线/曲面”工具架中的“NURBS圆柱体”图标，在场景中创建一个圆柱体模型，并在“属性编辑器”面板中，设置“半径”的值为2，“跨度数”的值为5，“高度比”的值为40，如图2-53所示。

⑬在透视视图中，调整其位置，效果如图2-54所示。

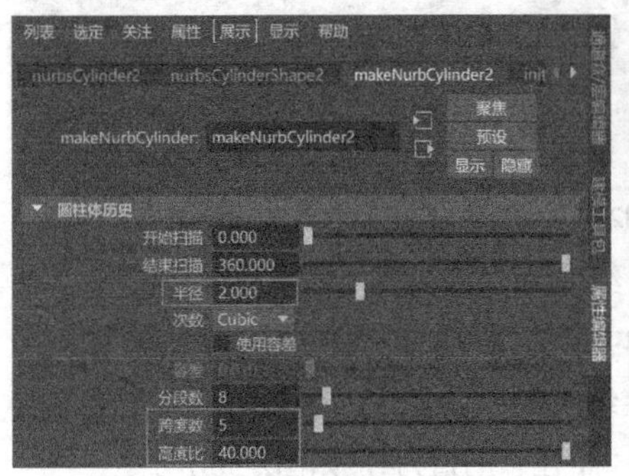

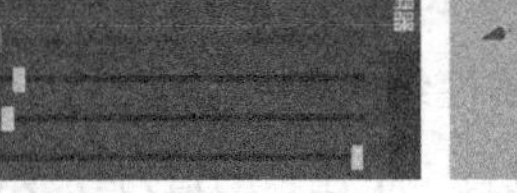

图2-53　　图2-54

⑭以同样的方式再次创建一个曲面圆柱体模型，在“属性编辑器”面板中，设置“半径”的值为20，“跨度数”的值为2，“高度比”的值为0.1，如图2-55所示，模型效果如图2-56所示。

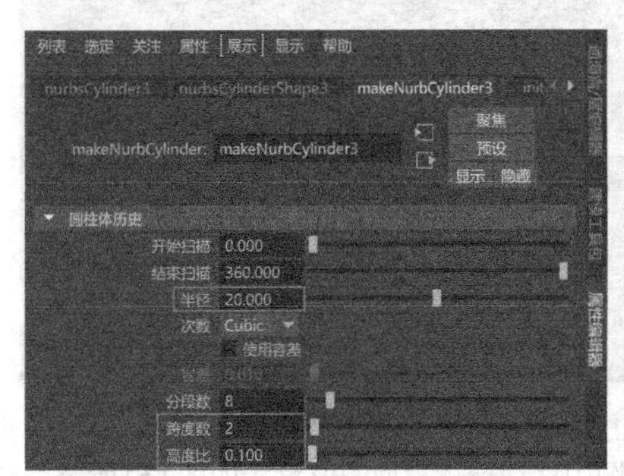

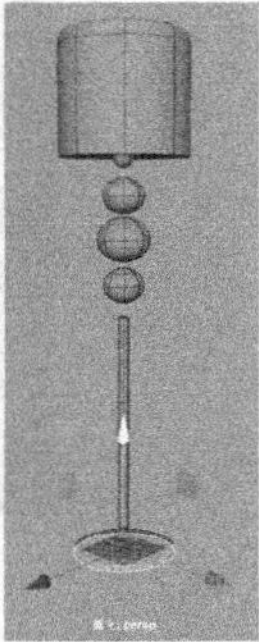

图2-55　　图2-56

⑮选择图2-57所示的两个曲面球体模型。

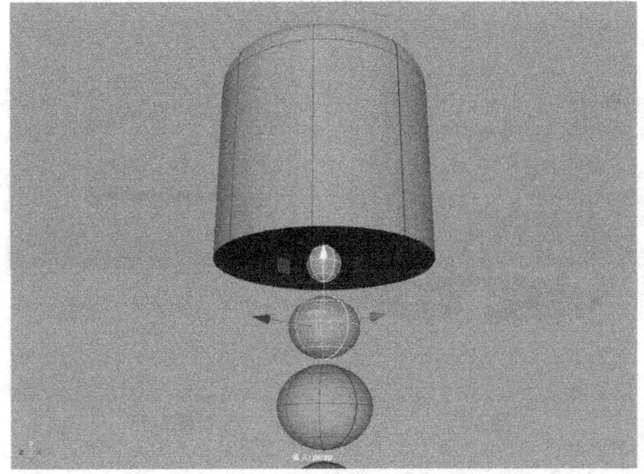

图2-57

⑯单击“曲线/曲面”工具架中的“附加曲面”图标，如图2-58所示，曲面模型效果如图2-59所示。

⑰以同样的操作方法，将得到的曲面模型与其下方的曲面模型进行附加，模型效果如图2-60所示。

图2-58

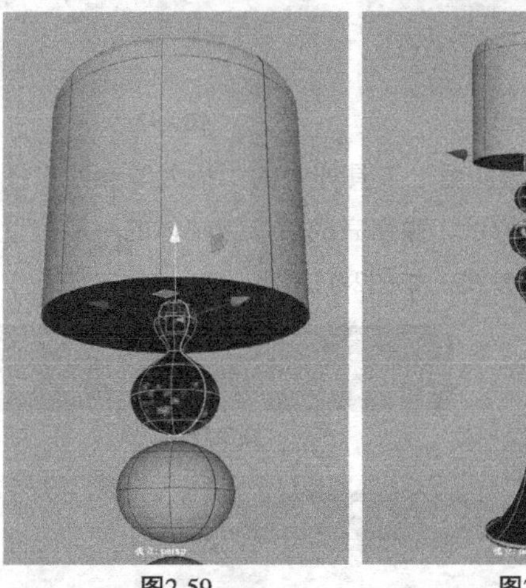
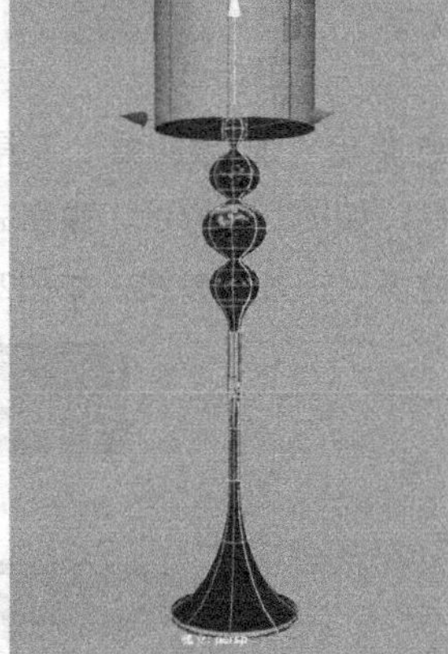

图2-59　　图2-60

⑱在菜单栏执行“曲面>反转方向”命令，更改曲面模型的面方向，如图2-61所示。

⑲通过调整落地灯灯柱模型的“控制顶点”位置改变落地灯灯柱模型的形态，如图2-62所示。

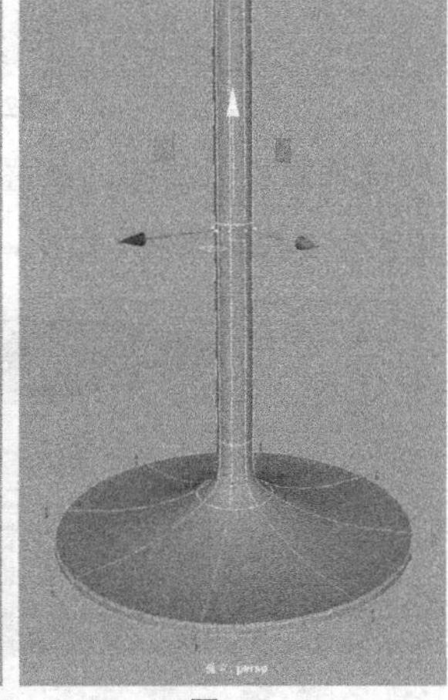

图2-61　　图2-62

⑳调整完成后，模型最终效果如图2-63所示。

图2-63

2.3.2 NURBS球体

单击“曲线/曲面”工具架中的“NURBS球体”图标，即可在场景中生成一个球形曲面模型，如图2-64所示。

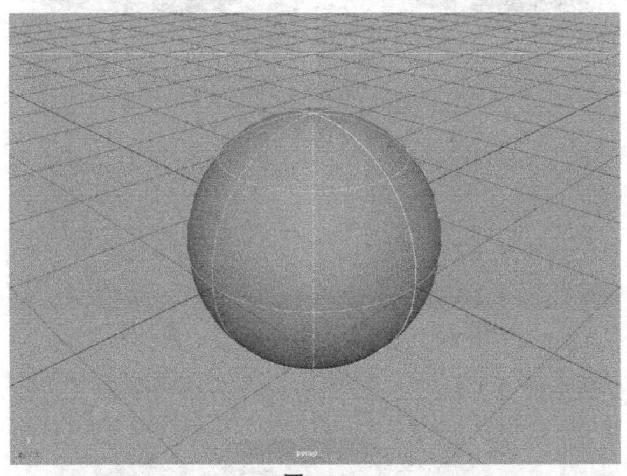

图2-64

在“属性编辑器”面板中选择makeNurbSphere1选项卡，展开“球体历史”卷展栏，可以看到“NURBS球体”模型的参数，如图2-65所示。

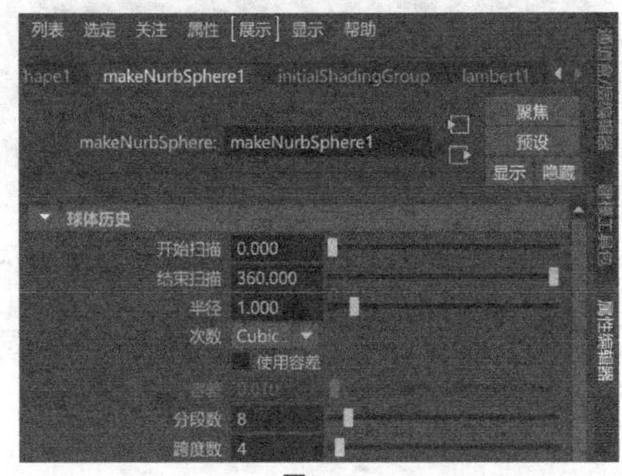

图2-65

常用参数解析

※ 开始扫描：设置球体曲面模型的起始扫描度数，默认值为0。

※ 结束扫描：设置球体曲面模型的结束扫描度数，默认值为360。

※ 半径：设置球体模型的半径大小。

※ 次数：有“Linear（线性）”和“Cubic（立方）”两种方式可选，用来控制球体的显示效果。

※ 分段数：设置球体模型的竖向分段。

※ 跨度数：设置球体模型的横向分段。

2.3.3 NURBS立方体

单击“曲线/曲面”工具架中的“NURBS立方体”图标，即可在场景中生成一个长方体模型。在“大纲视图”面板中，可以看到NURBS立方体实际是一个由6个平面组成的，这6个平面被放置于一个名称叫nurbsCube1的组里，如图2-66所示，并且在视图中单击选中任意一个曲面可以移动它的位置，如图2-67所示。

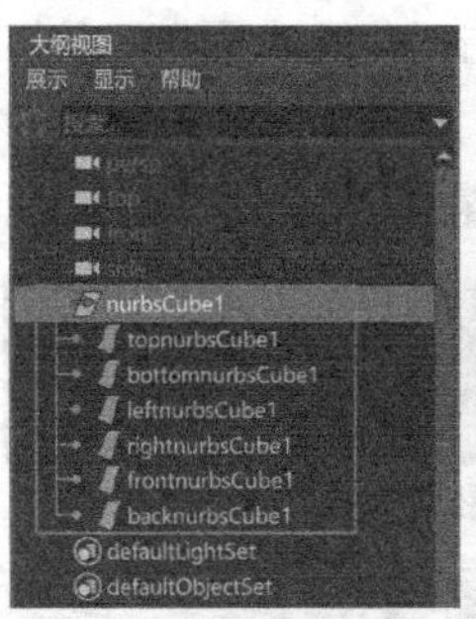

图2-66　图2-67

在场景中选择构成NURBS立方体的任意一个面，在“属性编辑器”面板中找到makeNurbCube1选项卡，展开“立方体历史”卷展栏，通过修改该卷展栏中的相应参数可以更改NURBS立方体的大小，如图2-68所示。

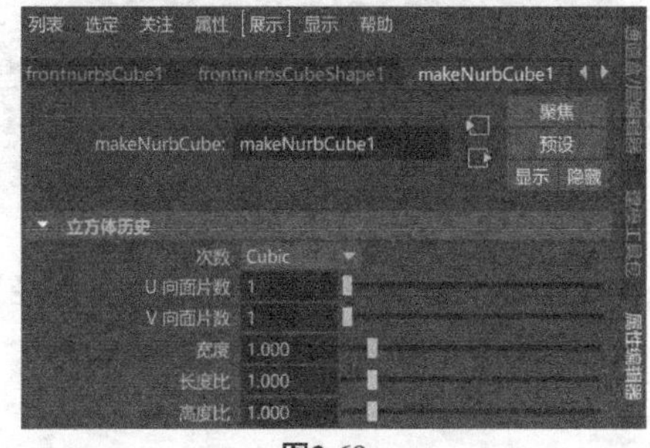

图2-68

常用参数解析

※ U向面片数：用来控制NURBS立方体U向的分段数。

※ V向面片数：用来控制NURBS立方体V向的分段数。

※ 宽度：用来控制NURBS立方体的整体比例大小。

※ 长度比/高度比：分别用来调整NURBS立方体的长度和高度。

2.3.4 课堂案例：制作帽子模型

场景位置	实例文件>CH02>2_3.mb
实例位置	实例文件>CH02>2_3_完成.mb
视频名称	2.3.4 课堂案例：制作帽子模型
技术掌握	使用NURBS基本体制作曲面模型

本例将使用“曲线/曲面”工具架中的工具制作一个帽子的模型，最终效果如图2-69所示。

图2-69

01 启动中文版Maya 2020，单击“曲线/曲面”工具架中的“NURBS圆柱体”图标，如图2-70所示，在场景中创建一个圆柱体模型，如图2-71所示。

图2-70

图2-71

02 在“属性编辑器”面板中设置“半径”的值为5，“跨度数”的值为4，如图2-72所示。

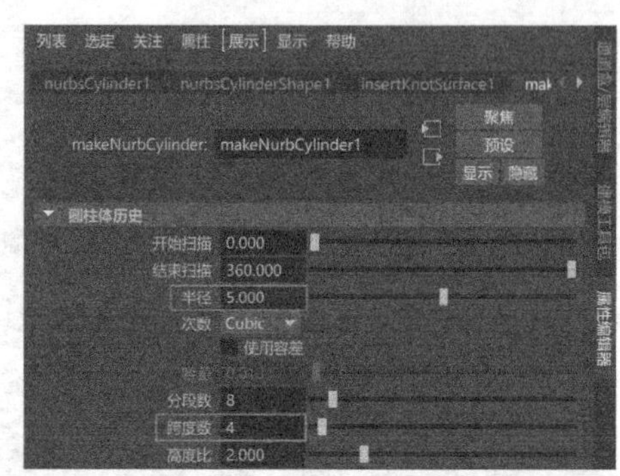

图2-72

03 选择圆柱体模型，单击鼠标右键，在弹出的菜单中执行“壳线”命令，如图2-73所示。

04 选择图2-74所示的壳线，使用“缩放工具”调整其形态，如图2-75所示。

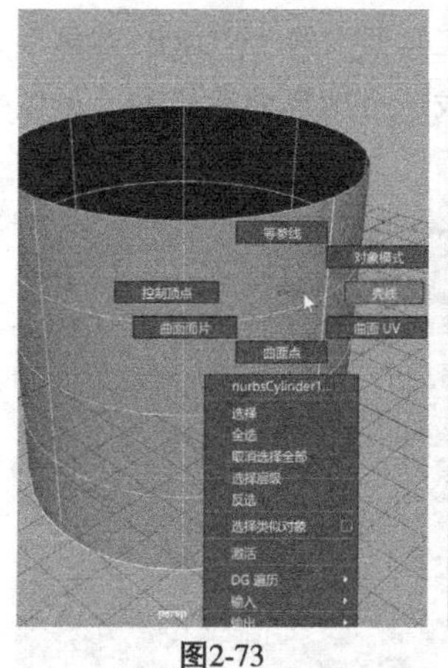

图2-73

图2-74

图2-75

05 单击鼠标右键，在弹出的菜单中执行“控制顶点”命令，如图2-76所示。

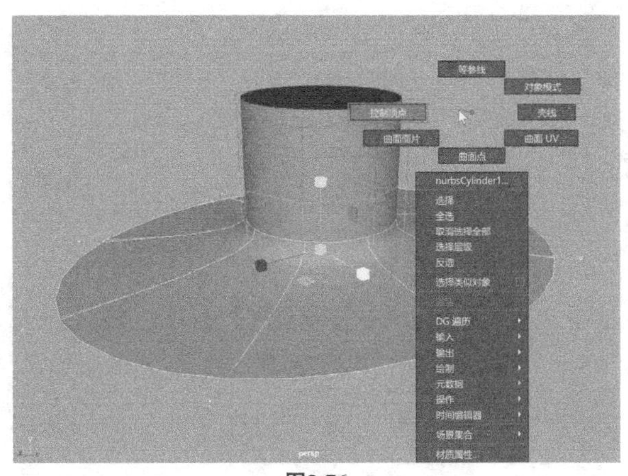

图2-76

06 调整模型的顶点位置，如图2-77所示，制作出帽檐的细节。

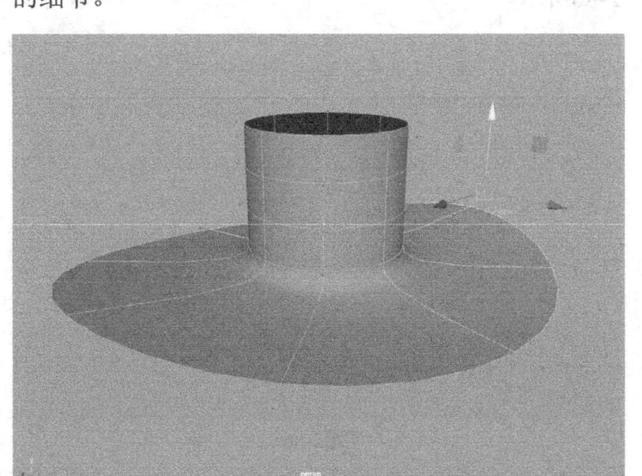

图2-77

07 单击鼠标右键，在弹出的菜单中执行“壳线”命令，选择图2-78所示的壳线，使用“缩放工具”调整其形态，如图2-79所示。

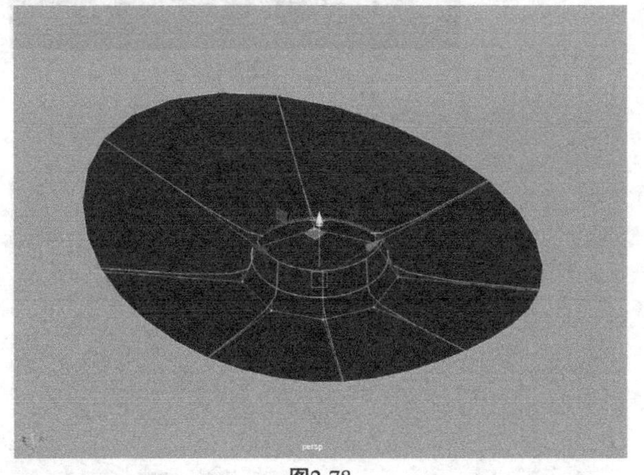

图2-78

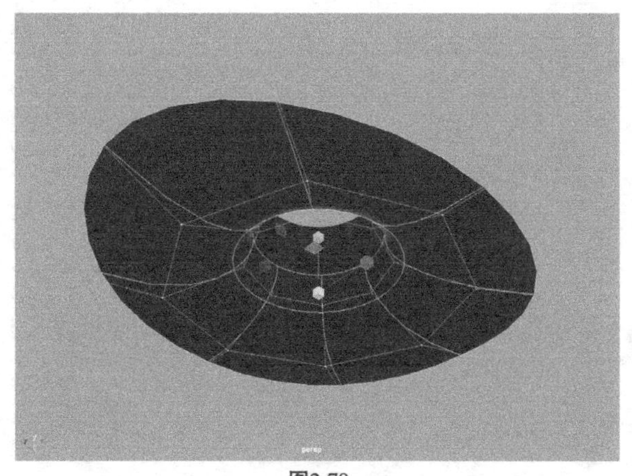

图2-79

08 使用同样的操作方法，继续调整帽子模型的壳线位置及大小，如图2-80所示，制作出帽子顶端的形态。

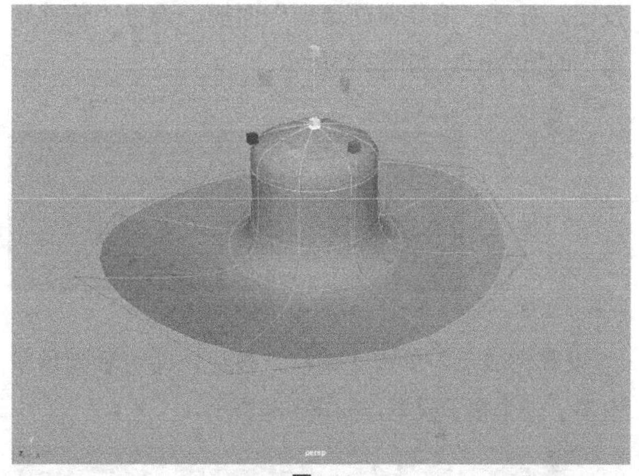

图2-80

09 微调其他的壳线位置及大小，不断调整帽子的形态，如图2-81所示。

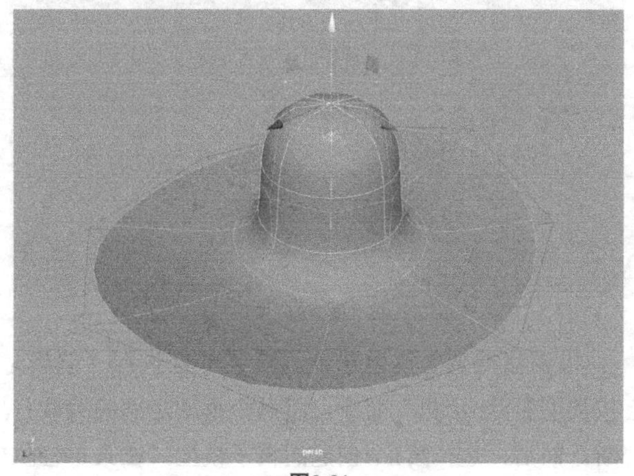

图2-81

10 在图2-82所示的位置添加一条等参线，细化帽子模型。

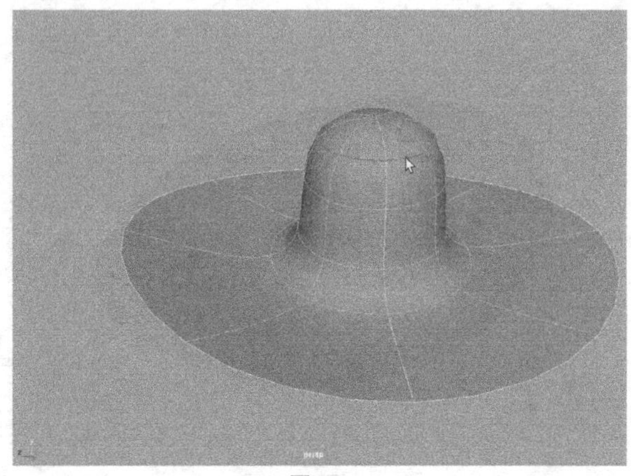

图2-82

11 接下来，给帽子模型制作出厚度效果。选择帽子模型，单击菜单栏“曲面>偏移”命令后面的正方形按钮，打开“偏移曲面选项”面板，设置“偏移距离”的值为0.2，如图2-83所示。

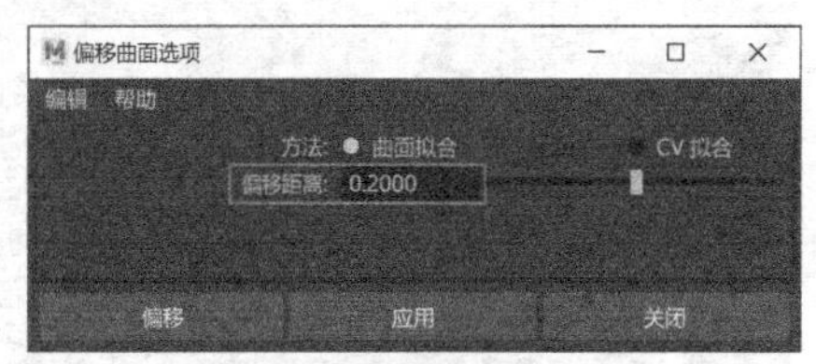

图2-83

12 设置完成后，单击“偏移”按钮，即可看到场景中多了一个帽子模型，如图2-84所示。

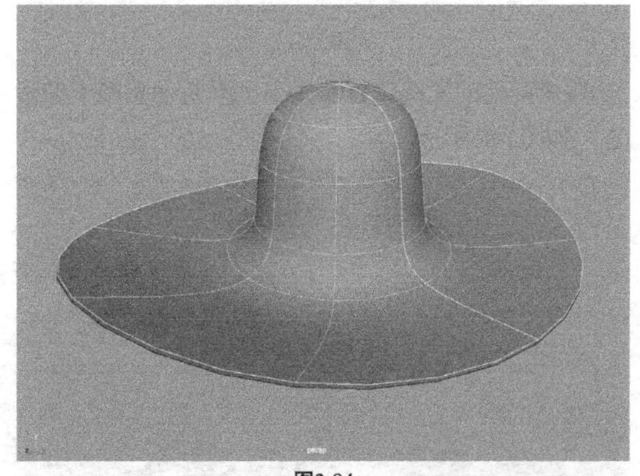

图2-84

13 将偏移得到的模型选中，在菜单栏执行“编辑>按类型删除>历史”命令，将两个模型之间的关联打断。然后，选择第1个创建的帽子模型，在菜单栏执行“曲面>反转方向”命令。从下方观察帽子模型，如图2-85所示。

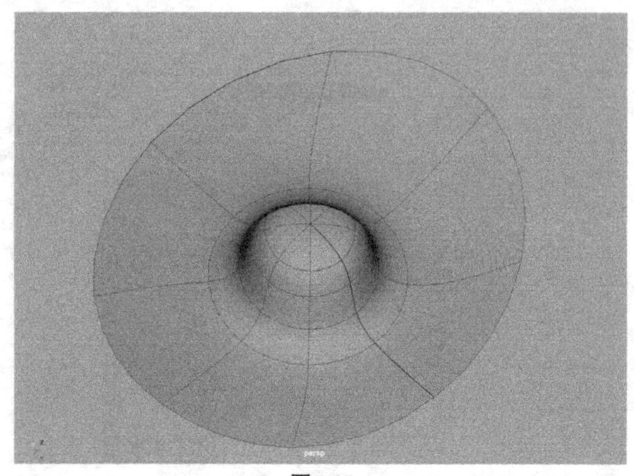

图2-85

14 在场景中，选择这两个帽子模型的等参线，如图2-86所示。

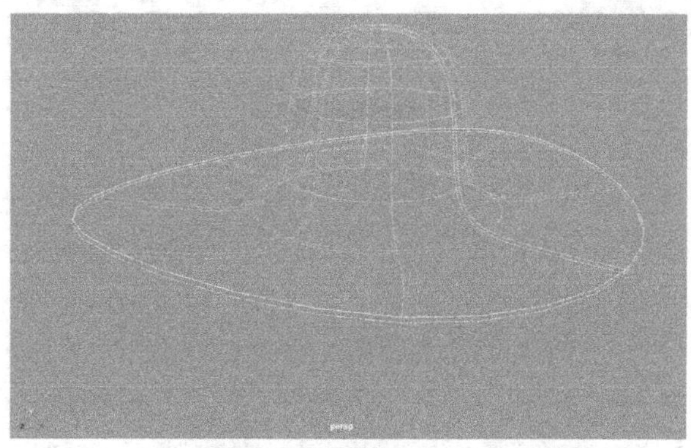

图2-86

15 单击“曲线/曲面”工具架中的“放样”图标，如图2-87所示，在选择的两条等参线间创建一个曲面模型，如图2-88所示。帽子模型最终效果如图2-89所示。

图2-87

图2-88

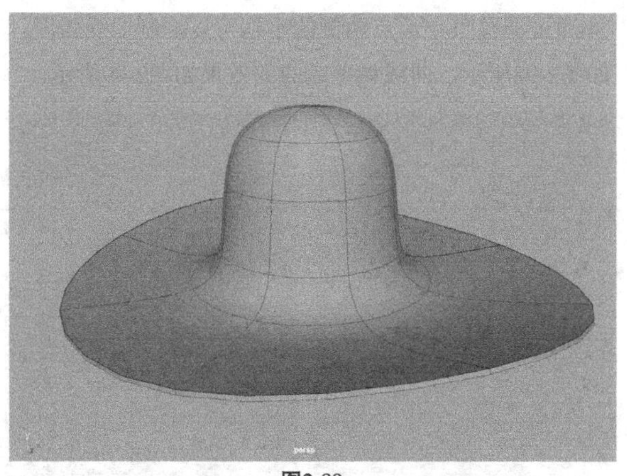

图2-89

2.3.5 NURBS圆柱体

在“曲线/曲面”工具架中单击“NURBS圆柱体”图标，即可在场景中生成一个圆柱形的曲面模型，如图2-90所示。

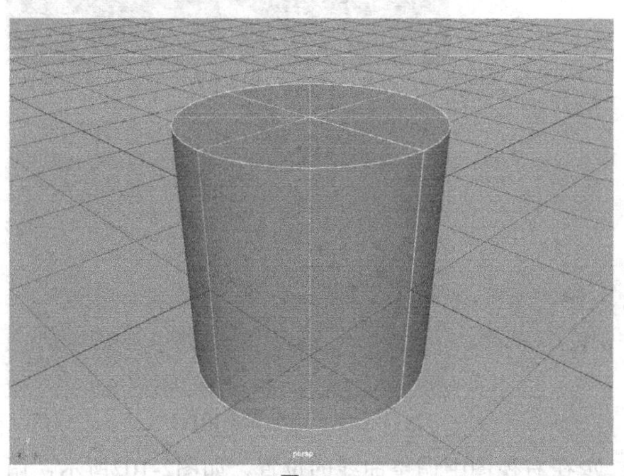

图2-90

在makeNurbCylinder1选项卡中展开“圆柱体历史”卷展栏，其参数如图2-91所示。

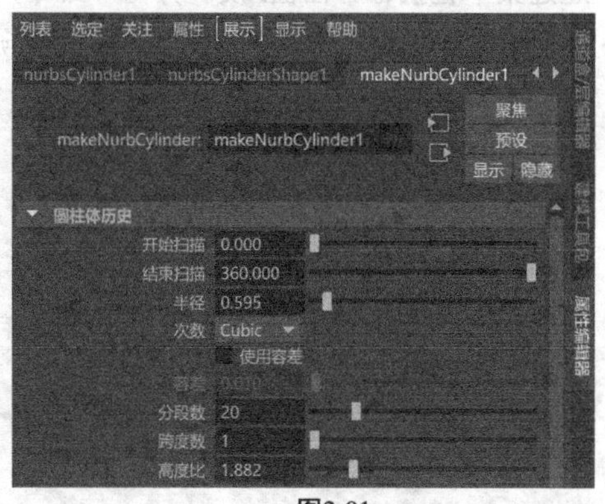

图2-91

常用参数解析

※ 开始扫描：设置NURBS圆柱体的起始扫描度数，默认值为0。

※ 结束扫描：设置NURBS圆柱体的结束扫描度数，默认值为360。

※ 半径：设置NURBS圆柱体的半径大小。注意，调整此值的同时也会影响NURBS圆柱体的高度。

※ 分段数：设置NURBS圆柱体的竖向分段。

※ 跨度数：设置NURBS圆柱体的横向分段。

※ 高度比：可以用来调整NURBS圆柱体的高度。

2.3.6 NURBS圆锥体

单击“曲线/曲面”工具架中的“NURBS圆锥体”图标，即可在场景中生成一个圆锥形的曲面模型，如图2-92所示。

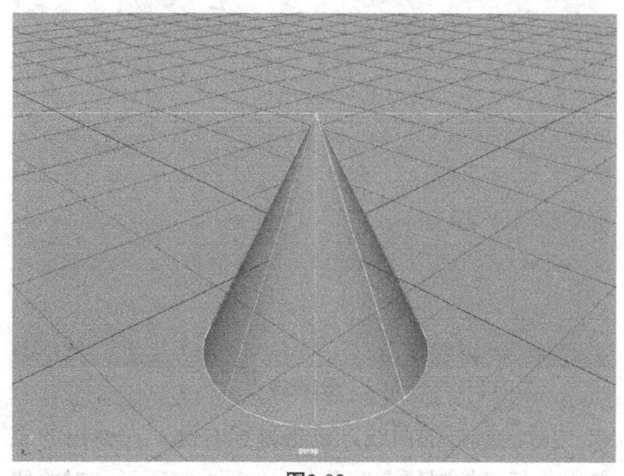

图2-92

技巧与提示

NURBS圆锥体在“属性编辑器”中的修改参数与NURBS圆柱体相似，这里不再重复讲解。

2.4 课堂练习：制作茶几模型

场景位置	实例文件>CH02>2_4.mb
实例位置	实例文件>CH02>2_4_完成.mb
视频名称	2.4 课堂练习：制作茶几模型
技术掌握	使用“曲线/曲面”工具架中的工具制作曲面模型

本例将使用“曲线/曲面”工具架中的工具制作一个茶几的模型，最终效果如图2-93所示。

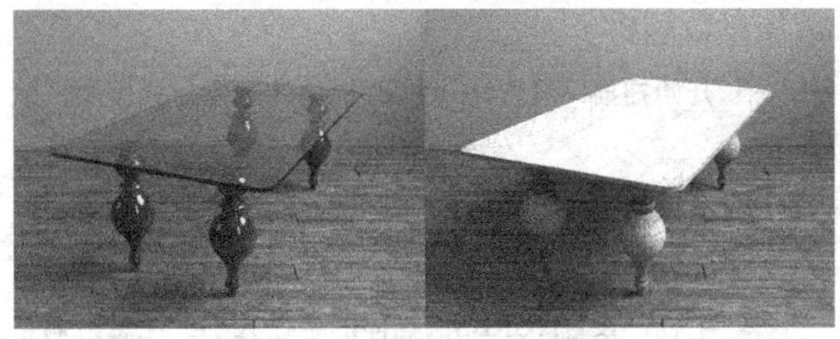

图2-93

01 启动中文版Maya 2020，单击“曲线/曲面”工具架中的“Bezier曲线工具”图标，如图2-94所示。

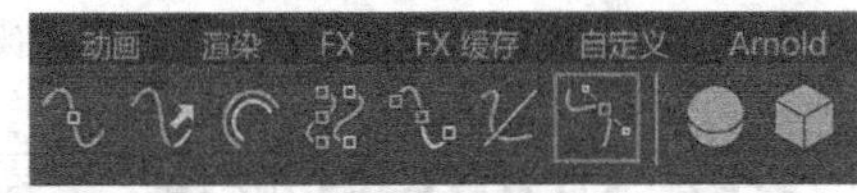

图2-94

02 在右视图中绘制出茶几桌腿的剖面曲线，如图2-95所示。

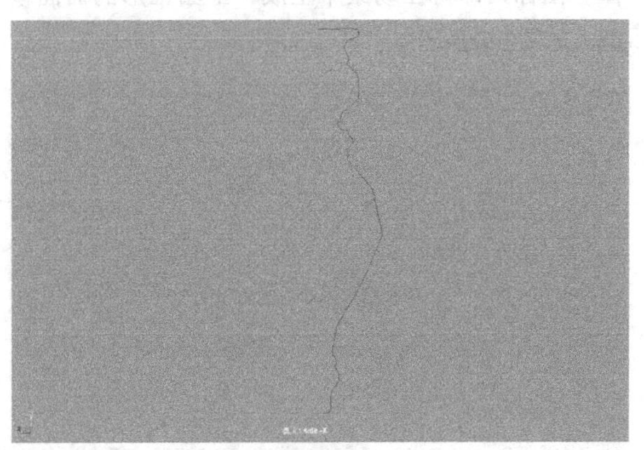

图2-95

03 选择绘制好的曲线，单击鼠标右键，在弹出的菜单中执行“控制顶点”命令，如图2-96所示，对曲线上的顶点进行编辑。

04 选择曲线上的所有顶点，按住Shift键，单击鼠标右键，在弹出的菜单中执行“Bezier角点”命令，将所选择的顶点类型更改为“Bezier角点”，如图2-97所示。

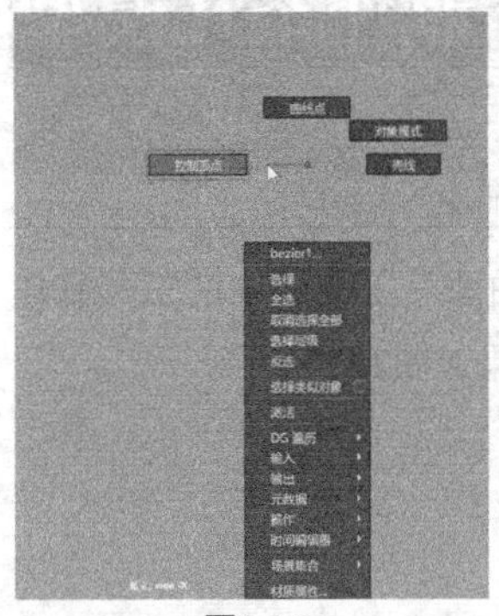

图2-96　图2-97

05 通过调整每个顶点两侧的手柄可以控制曲线弧度，如图2-98所示，曲线调整完成的效果如图2-99所示。

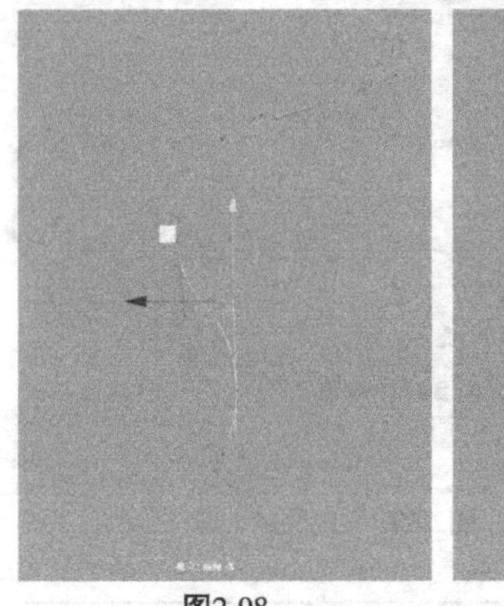

图2-98　图2-99

06 选择调整完成的曲线，单击“曲线/曲面”工具架中的“旋转”图标，如图2-100所示，生成的曲面模型效果如图2-101所示。

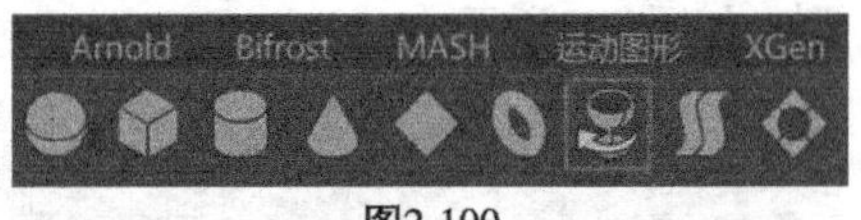

图2-100

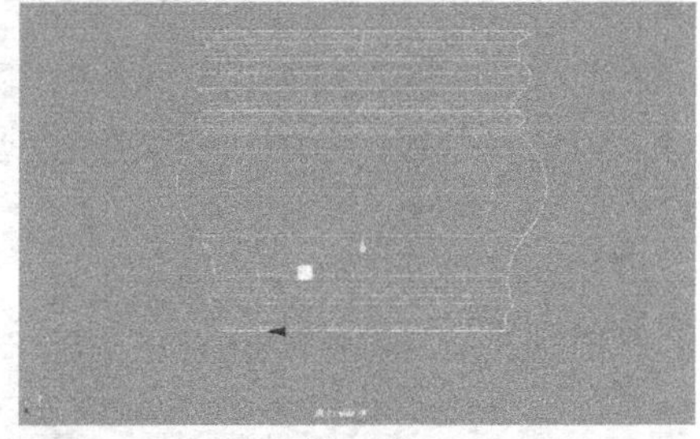

图2-101

07 在右视图中调整曲线的位置，如图2-102所示，调整茶几桌腿的模型效果。

08 在透视视图中观察到生成的曲面模型显示为黑色，通过菜单栏执行“曲面>反转方向”命令，可以更改曲面模型的法线方向，模型效果如图2-103所示。

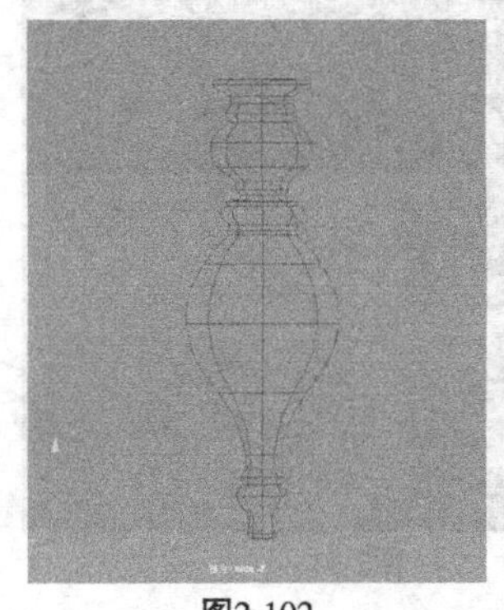

图2-102　图2-103

⑨ 单击“曲线/曲面”工具架中的“NURBS方形”图标，如图2-104所示。

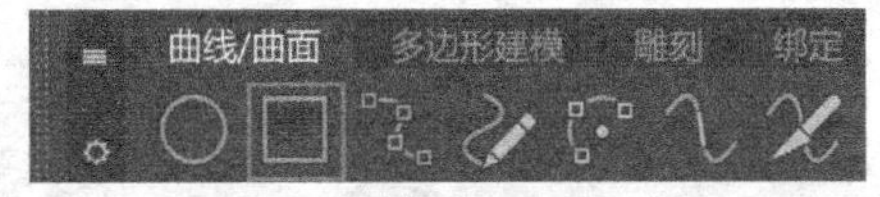

图2-104

⑩ 在场景中创建一个长方形，其大小和位置如图2-105所示。

图2-105

⑪ 选择图2-106所示的两条线。

图2-106

⑫ 单击菜单栏“曲线>圆角”命令后面的正方形按钮，打开“圆角曲线选项”面板，设置“半径”的值为3，并勾选“修剪”选项，如图2-107所示。

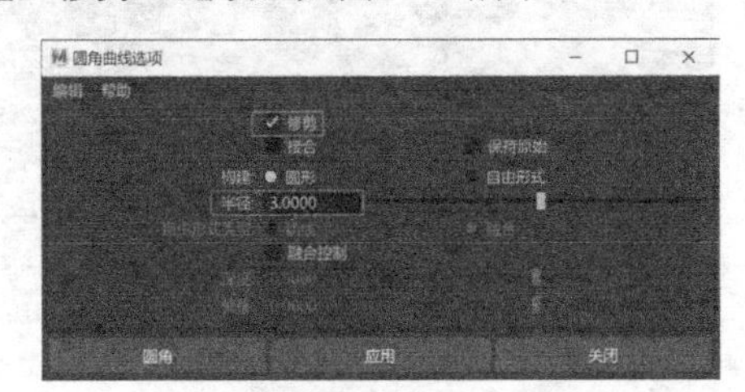

图2-107

⑬ 设置完成后，单击“圆角曲线选项”面板左下方的“圆角”按钮，执行该命令，得到图2-108所示的圆角效果。

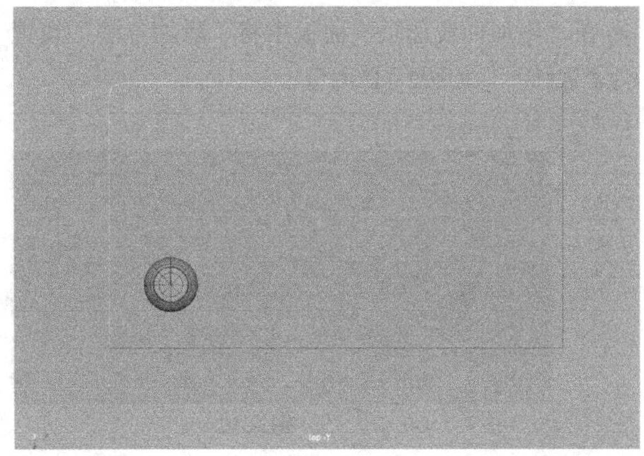

图2-108

⑭ 使用同样的操作方法，制作出长方形的其他角的圆角效果，如图2-109所示。

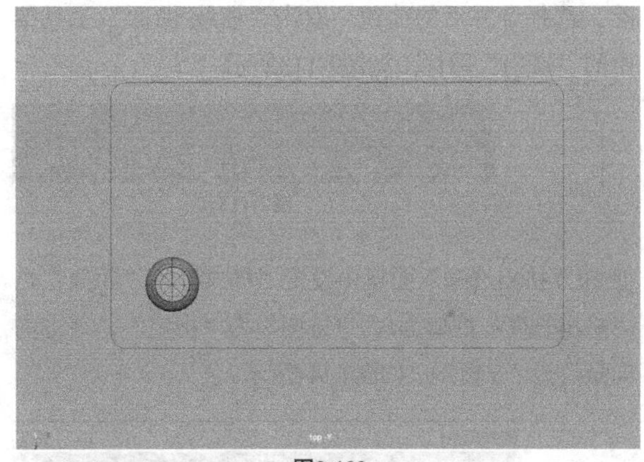

图2-109

⑮ 选择图2-110所示的曲线，双击“曲线/曲面”工具架中的“附加曲线”图标，如图2-111所示。

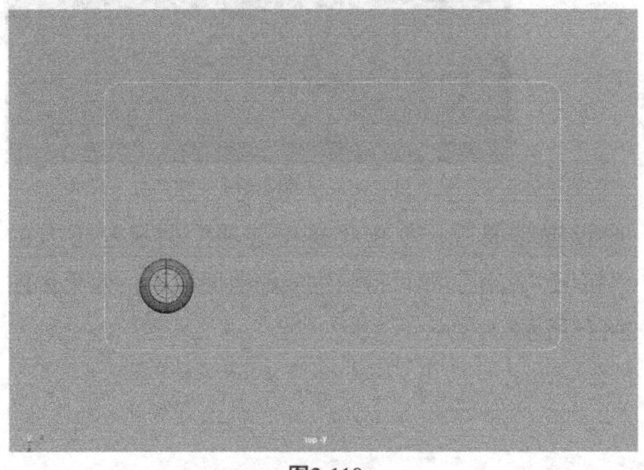

图2-110

图2-111

⑯在“附加曲线选项”面板中将“附加方法”设置为“连接”，如图2-112所示。

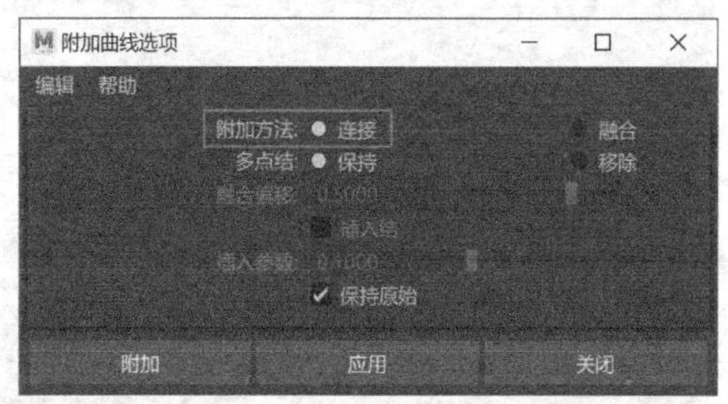

图2-112

⑰设置完成后，单击“附加曲线选项”面板左下方的“附加”按钮，即可将所选择的曲线合并为一条曲线。合并完成后，可以将之前所选择的曲线全部删除。选择合并后的曲线，双击“曲线/曲面”工具架中的“挤出”图标，如图2-113所示。

图2-113

⑱在“挤出选项”面板中设置“样式”为“距离”，“挤出长度”的值为1，“方向”为“指定”，“方向向量”为“Y轴”，如图2-114所示。

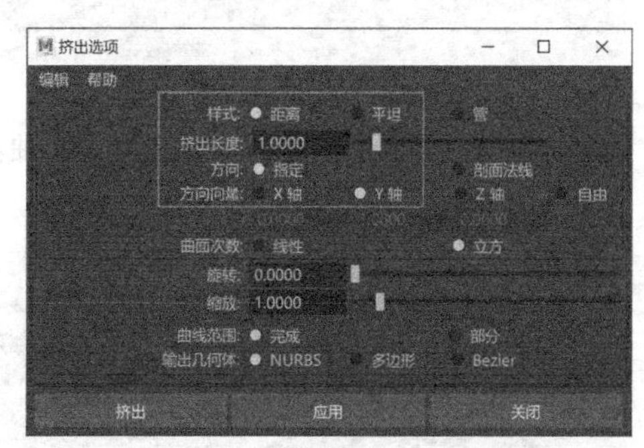

图2-114

⑲设置完成后，单击“挤出选项”面板左下方的“挤出”按钮，即可得到生成的曲面模型，效果如图2-115所示。

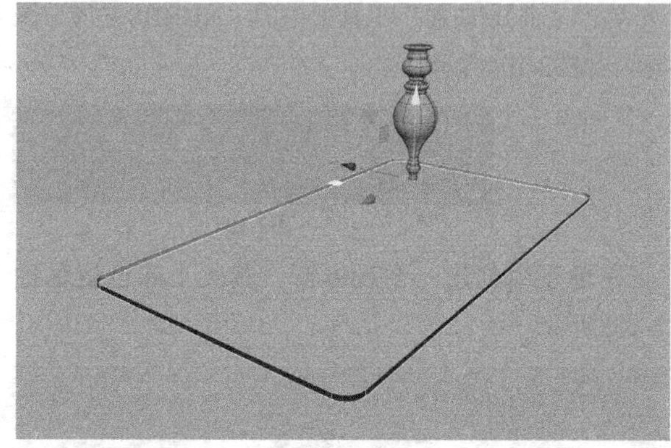

图2-115

⑳选择曲面模型的等参线，如图2-116所示。

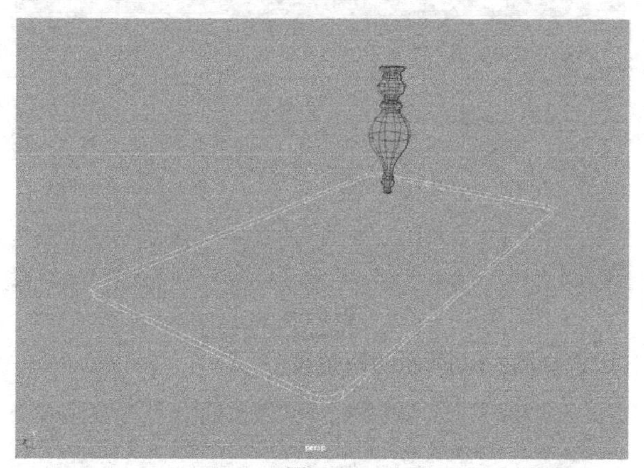

图2-116

㉑单击“曲线/曲面”工具架中的“平面”图标，如图2-117所示，模型效果如图2-118所示。

图2-117

图2-118

㉒以同样的操作方法，制作出桌面下方的面，如图2-119所示。

图2-119

㉓将制作完成的桌面模型选中，调整其位置，如图2-120所示。

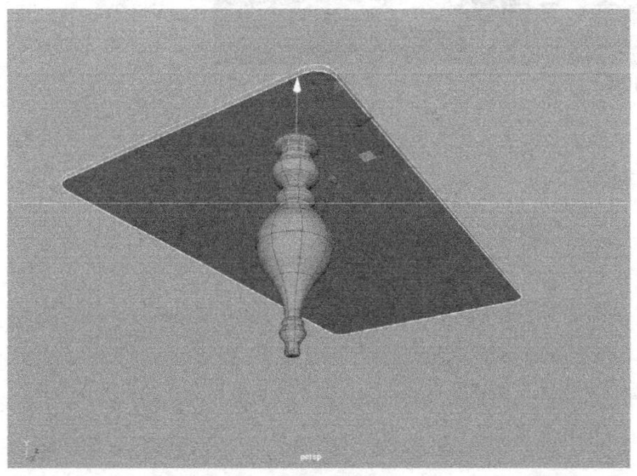
图2-120

㉔在顶视图中复制出3个桌腿模型，并分别调整其位置，如图2-121所示。最终模型效果如图2-122所示。

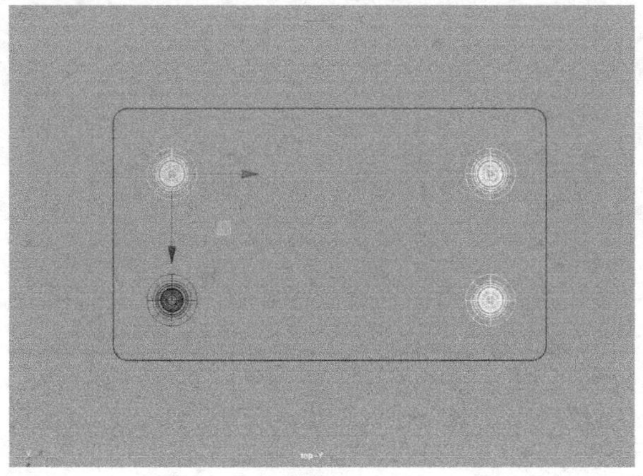
图2-121

图2-122

2.5 本章小结

本章主要讲解了曲线和曲面模型的创建方法和编辑方法，并通过实例详细讲解了“曲线/曲面”工具架中一些常用图标工具的使用技巧，希望读者可以熟练掌握它们，并在实际工作中灵活运用。

2.6 课后习题

通过本章的学习，相信读者对用Maya进行曲面建模已经有所掌握，本节为读者准备了两个习题，帮助读者更好地掌握该软件的基本操作。

2.6.1 课后习题：制作高脚杯模型

场景位置	实例文件>CH02>2_5.mb
实例位置	实例文件>CH02>2_5_完成.mb
视频名称	2.6.1 课后习题：制作高脚杯模型
技术掌握	使用“曲线/曲面”工具架中的工具制作曲面模型

操作指南

首先使用“曲线/曲面”工具架中的“Bezier曲线工具”绘制出高脚杯的剖面曲线，然后使用“旋转”工具生成曲面，微调曲面模型，最后完善高脚杯的模型细节，模型完成效果如图2-123所示。

图2-123

2.6.2 课后习题：制作花瓶模型

场景位置　实例文件>CH02>2_6.mb
实例位置　实例文件>CH02>2_6_完成.mb
视频名称　2.6.2 课后习题：制作花瓶模型
技术掌握　使用“曲线/曲面”工具架中的工具制作曲面模型

操作指南

首先使用“曲线/曲面”工具架中的“NURBS圆形”绘制出花瓶的剖面曲线，然后使用“放样”工具生成曲面，微调曲面模型，最后完善花瓶的模型细节，模型完成效果如图2-124所示。

图2-124

第3章 多边形建模

本章将介绍Maya 2020的多边形建模技术，以较为典型的实例为读者详细讲解常用多边形建模工具的使用方法。本章非常重要，请读者认真学习。

课堂学习目标

- 了解多边形建模的思路
- 掌握多边形组件的切换方式
- 掌握多边形建模技术
- 学习创建规则的多边形模型
- 学习创建不规则的多边形模型

3.1 多边形建模概述

大多数三维软件都提供了多种建模方式以供广大建模师选择使用，Maya 2020也不例外。读者学习了上一章的建模技术之后，对于曲面建模已经有了一个大概的了解，同时也会慢慢发现曲面建模技术中的一些不太方便的地方。例如，在Maya中创建出来的NURBS长方体模型、NURBS圆柱体模型和NURBS圆锥体模型不是一个对象，而是由多个结构拼凑而成的，这就导致使用曲面建模技术处理这些形体边角连接的地方时略微麻烦。这时如果使用多边形建模技术进行建模，这些问题处理起来将变得非常简单。多边形由顶点和连接它们的边定义形体的结构，内部区域称为面，这些要素的命令编辑就构成了多边形建模技术。经过几十年的应用发展，如今多边形建模技术已经被广泛用于电影、游戏、虚拟现实等动画模型的开发制作。图3-1和图3-2所示为使用多边形建模技术创建的较为优秀的三维场景作品。

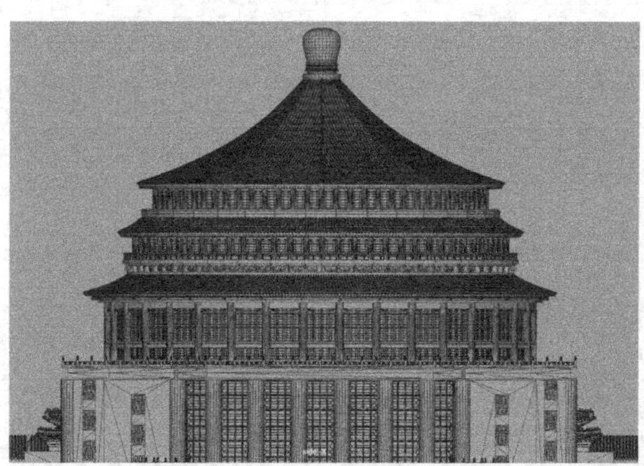

图3-1

图3-2

多边形建模技术与曲面建模技术差异明显。曲面模型有严格的UV走向，编辑时略微麻烦。而多边形模型是三维空间里的多个顶点相互连接而成的一种立体拓扑结构，编辑时非常自由。Maya 2020的多边形建模技术已经较为成熟，用户使用“建模工具包”面板中的多边形编辑命令可以快速地完成模型的制作。

3.2 创建多边形模型

初学建模时，用户可以使用Maya提供的多边形几何体图标以拼凑堆砌的方式得到自己想要的几何形体。Maya 2020为用户提供了多种多边形基本几何体的创建工具，在“多边形建模”工具架中可以找到这些图标，如图3-3所示。

图3-3

常用工具解析

※ 多边形球体：用于创建多边形球体。

※ 多边形立方体：用于创建多边形立方体。

※ 多边形圆柱体：用于创建多边形圆柱体。

※ 多边形圆锥体：用于创建多边形圆锥体。

※ 多边形圆环：用于创建多边形圆环。

※ 多边形平面：用于创建多边形平面。

※ 多边形圆盘：用于创建多边形圆盘。

※ 柏拉图多面体：用于创建柏拉图多面体。

※ 超形状：用于创建多边形超形状。

※ 多边形类型：用于创建多边形文字模型。

※ SVG：使用剪贴板中的可扩展向量图形或导入的SVG文件创建多边形模型。

此外，按住Shift键，单击鼠标右键，在弹出的菜单中还可以找到创建多边形对象的相关命令，如图3-4所示。

更多关于创建多边形的命令可以在菜单栏“创建>多边形基本体”中找到，如图3-5所示。

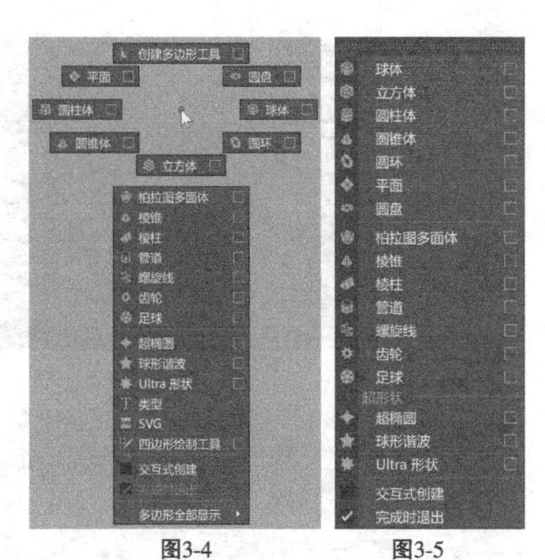

图3-4　　图3-5

3.2.1 课堂案例：制作一组石膏模型

场景位置	实例文件>CH03>3_1.mb
实例位置	实例文件>CH03>3_1_完成.mb
视频名称	3.2.1 课堂案例：制作一组石膏模型
技术掌握	多边形几何体的创建及修改

本例将使用“多边形建模”工具架中的图标制作一组石膏模型，最终效果如图3-6所示。

图3-6

01 启动中文版Maya 2020，单击“多边形圆锥体”图标，如图3-7所示。在场景中创建一个圆锥体模型，如图3-8所示。

图3-7

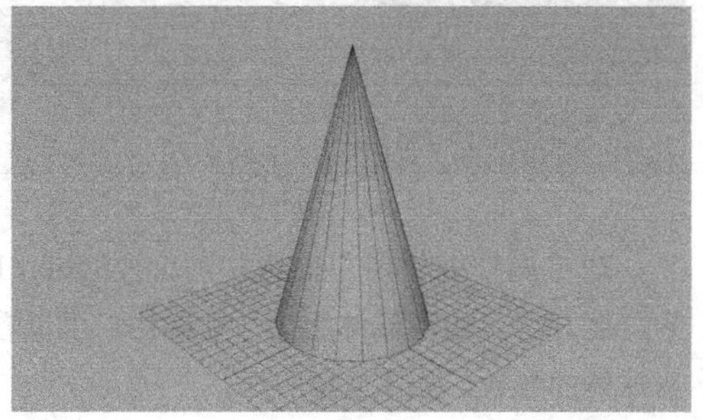

图3-8

02 在“属性编辑器”面板中，展开“多边形圆锥体历史”卷展栏，设置“半径”的值为6，“高度”的值为20，如图3-9所示。

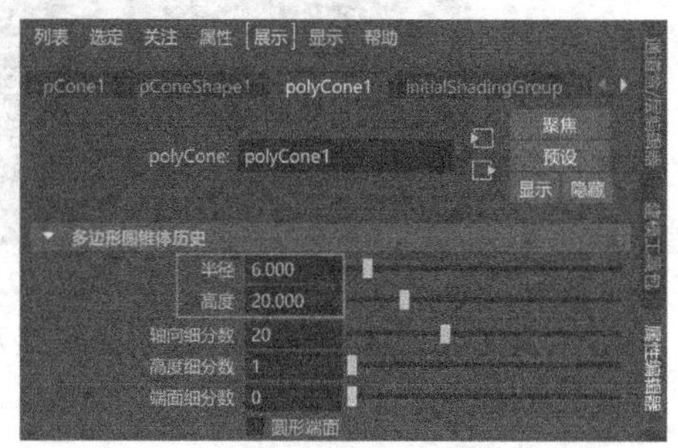

图3-9

03 展开“变换属性”卷展栏，设置圆锥体的变换属性，如图3-10所示，调整圆锥体在场景中的位置。

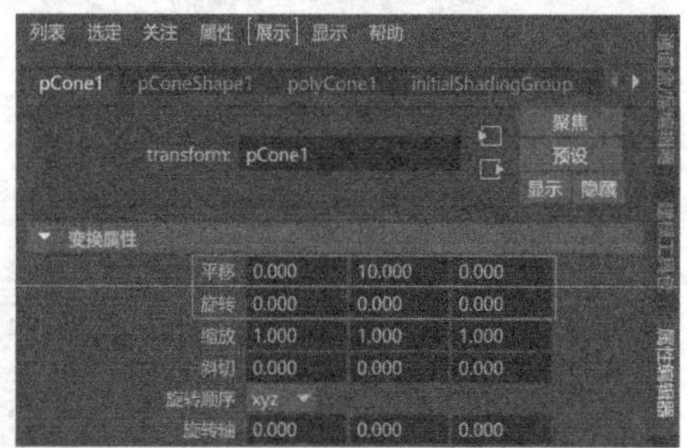

图3-10

04 在“多边形建模”工具架中单击“多边形圆柱体”图标，如图3-11所示，在场景中创建一个圆柱体模型。

图3-11

05 在“属性编辑器”面板中，展开“多边形圆柱体历史”卷展栏，设置“半径”的值为3，“高度”的值为16，如图3-12所示。

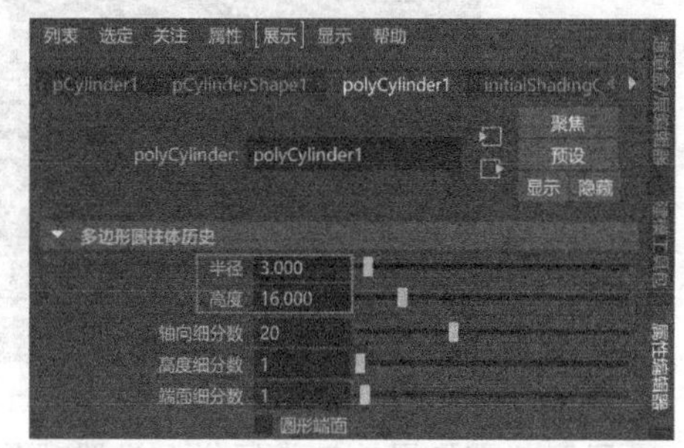

图3-12

06 展开“变换属性”卷展栏，设置圆柱体的变换属性，如图3-13所示。

图3-13

07 设置完成后，圆柱体在场景中的位置及旋转角度如图3-14所示。

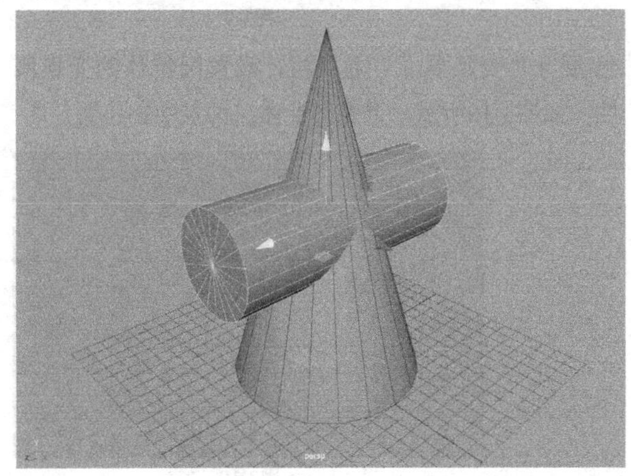

图3-14

08 在“多边形建模”工具架中单击“多边形球体”图标，如图3-15所示，在场景中创建一个球体模型。

图3-15

09 在“属性编辑器”面板中，展开“多边形球体历史”卷展栏，设置“半径”的值为6，如图3-16所示。

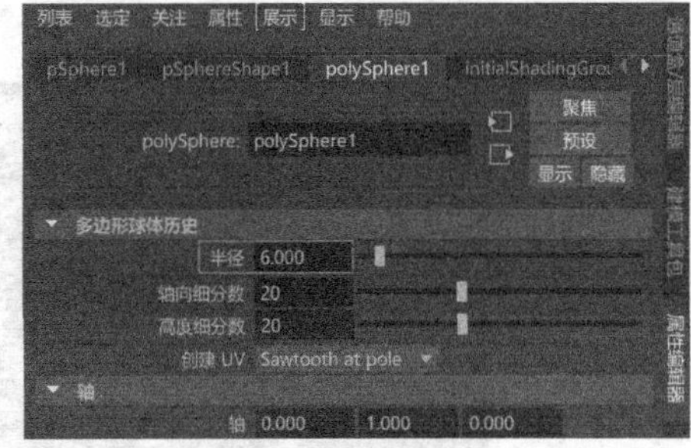

图3-16

10 展开“变换属性”卷展栏，设置球体的变换属性，如图3-17所示。最终模型效果如图3-18所示。

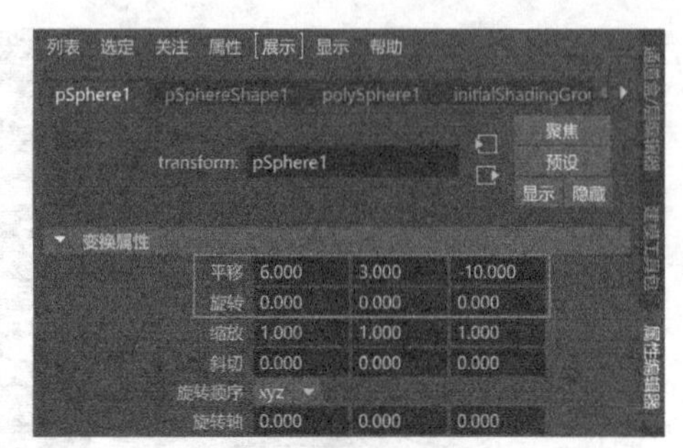

图3-17

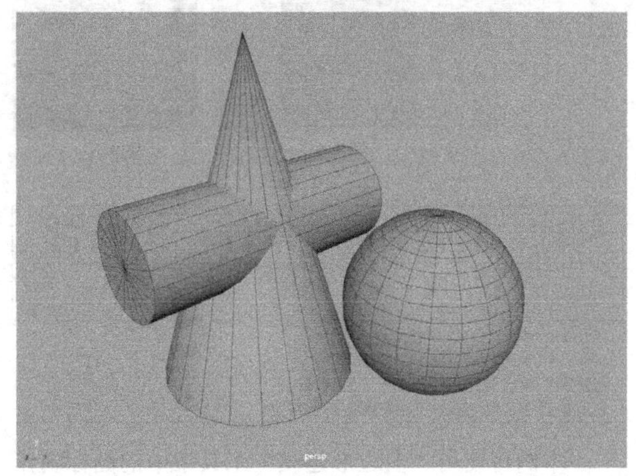

图3-18

3.2.2 多边形球体

在“多边形建模”工具架中单击“多边形球体”图标，即可在场景中创建一个多边形球体模型，如图3-19所示。

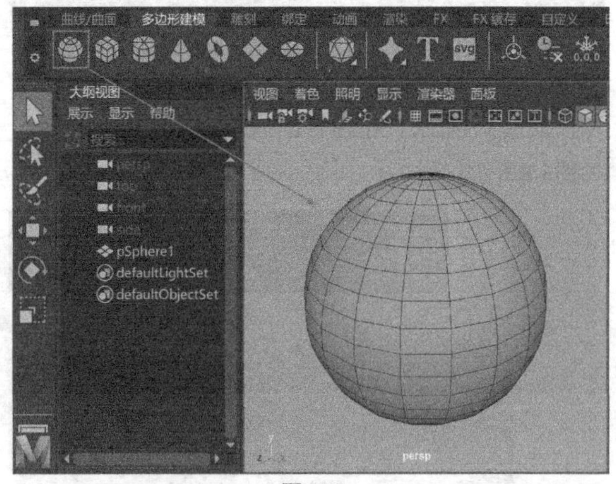

图3-19

在“属性编辑器”面板中的polySphere1选项卡中，展开“多边形球体历史”卷展栏，可以看到多边形球体的参数，如图3-20所示。

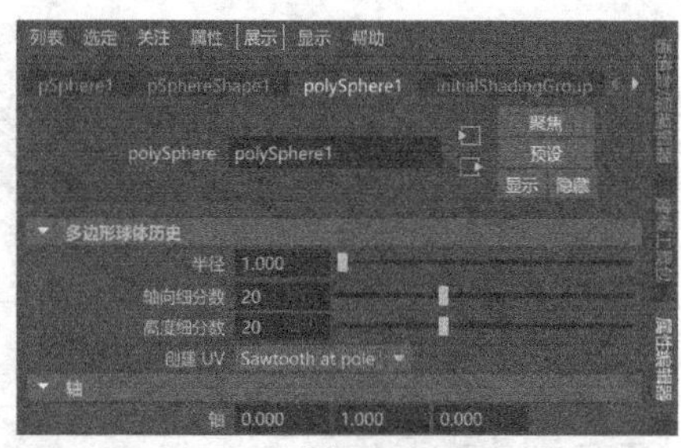

图3-20

常用参数解析

※ 半径：用于控制多边形球体的半径大小。

※ 轴向细分数：用于设置多边形球体轴向方向上的细分段数。

※ 高度细分数：用于设置多边形球体高度上的细分段数。

3.2.3 多边形立方体

在“多边形建模”工具架中单击“多边形立方体”图标，即可在场景中创建一个多边形立方体模型，如图3-21所示。

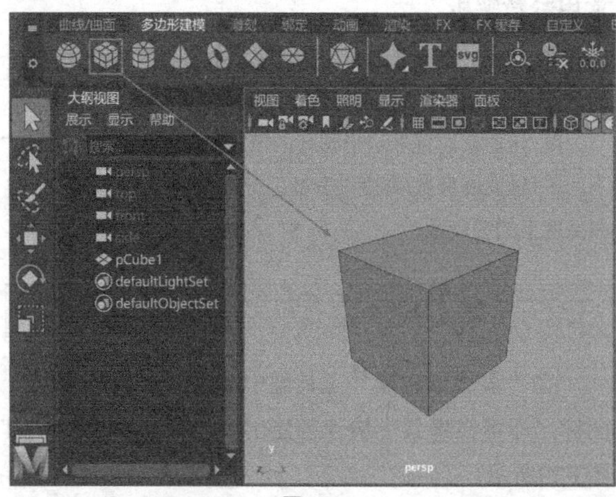

图3-21

在“属性编辑器”面板的“多边形立方体历史”卷展栏中可以看到多边形立方体的参数，如图3-22所示。

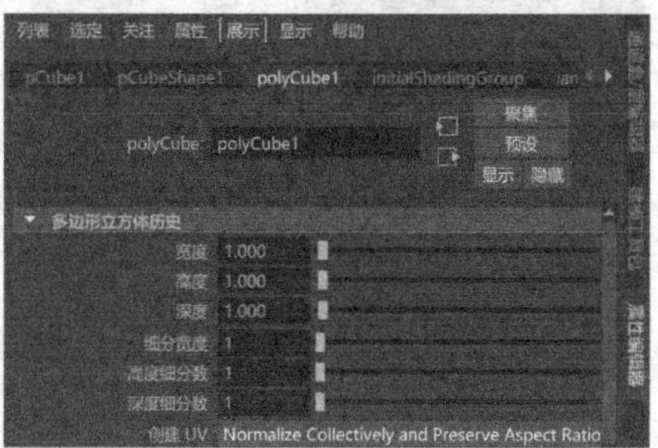

图3-22

常用参数解析

※ 宽度：设置多边形立方体的宽度。

※ 高度：设置多边形立方体的高度。

※ 深度：设置多边形立方体的深度。

※ 细分宽度：设置多边形立方体宽度上的分段数。

※ 高度细分数/深度细分数：分别用于设置多边形立方体高度和深度上的分段数。

3.2.4 多边形圆柱体

在“多边形建模”工具架中单击“多边形圆柱体”图标，即可在场景中创建一个多边形圆柱体模型，如图3-23所示。

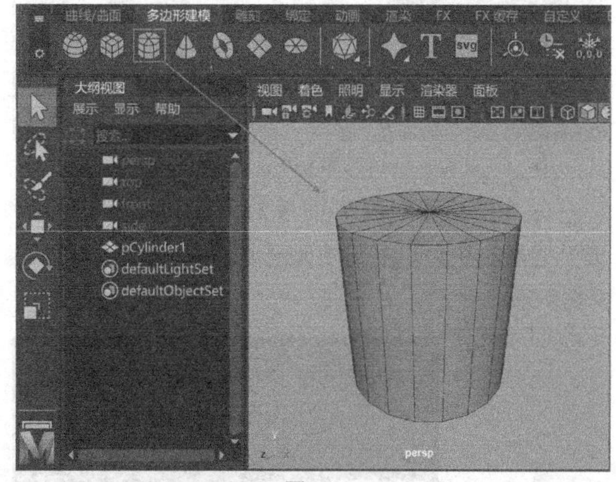

图3-23

在“属性编辑器”面板的“多边形圆柱体历史”卷展栏中可以看到多边形圆柱体的参数，如图3-24所示。

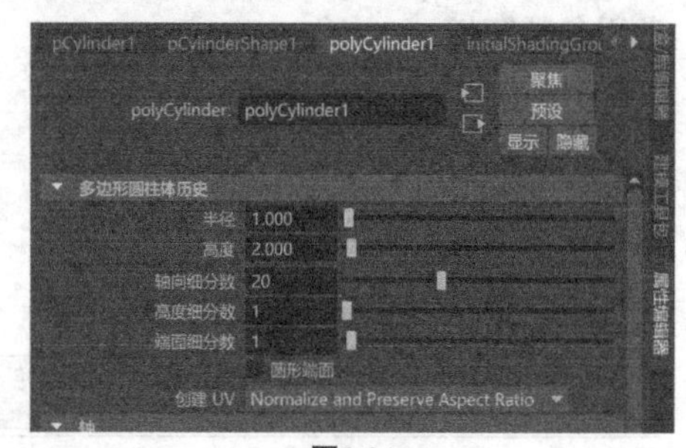

图3-24

常用参数解析

※ 半径：设置多边形圆柱体的半径大小。

※ 高度：设置多边形圆柱体的高度。

※ 轴向细分数/高度细分数/端面细分数：设置多边形圆柱体轴向、高度和端面上的分段数。

3.2.5 多边形圆锥体

在“多边形建模”工具架中单击“多边形圆锥体”图标，即可在场景中创建一个多边形圆锥体模型，如图3-25所示。

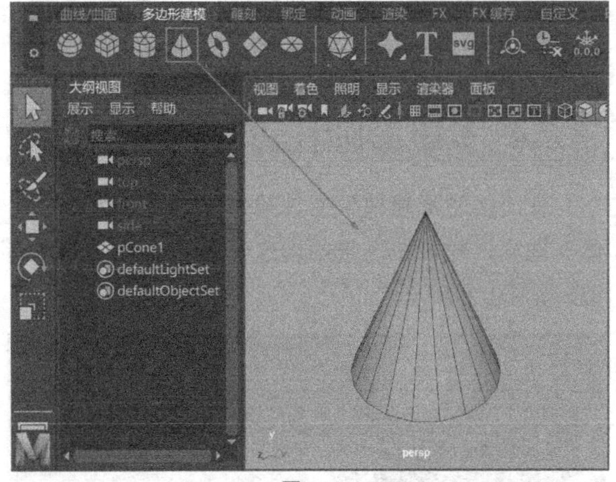

图3-25

在“属性编辑器”面板的“多边形圆锥体历史”卷展栏中可以看到多边形圆锥体的参数，如图3-26所示。

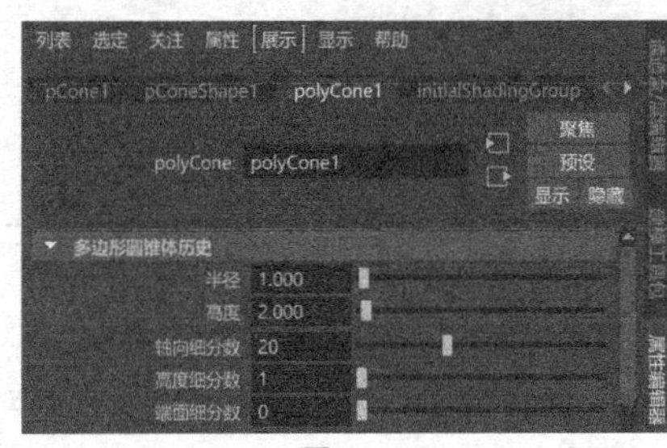

图3-26

常用参数解析

※ 半径：设置多边形圆锥体的半径。

※ 高度：设置多边形圆锥体的高度。

※ 轴向细分数/高度细分数/端面细分数：分别用于设置多边形圆锥体轴向、高度和端面上的分段数。

3.2.6 多边形圆环

在“多边形建模”工具架中单击“多边形圆环”图标，即可在场景中创建一个多边形圆环模型，如图3-27所示。

在“属性编辑器”面板的“多边形圆环历史”卷展栏中可以看到多边形圆环的参数，如图3-28所示。

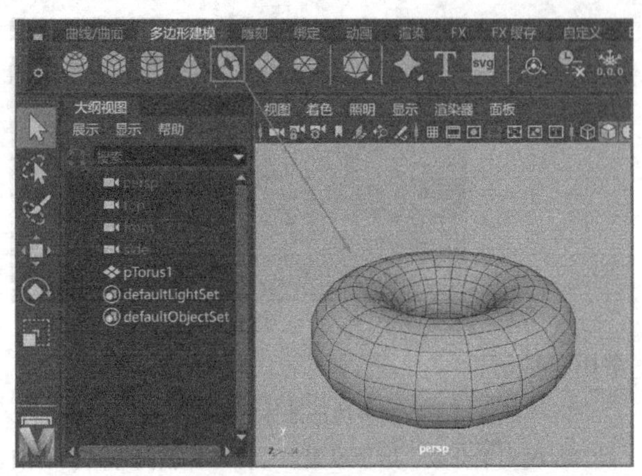

图3-27

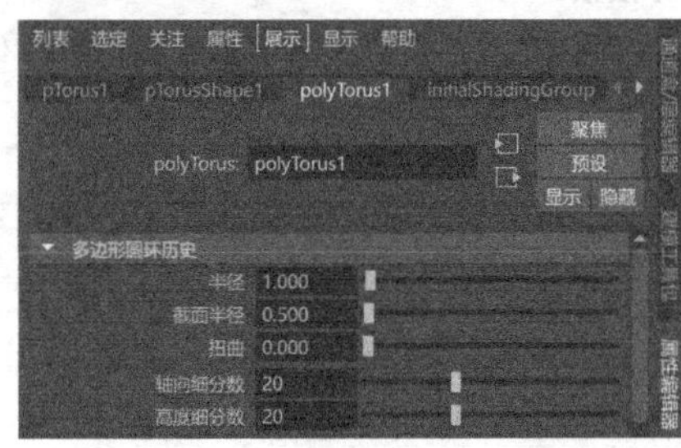

图3-28

常用参数解析

※ 半径：设置多边形圆环的半径大小。

※ 截面半径：设置多边形圆环的截面半径。

※ 扭曲：设置多边形圆环的扭曲。

※ 轴向细分数/高度细分数：分别设置多边形圆环轴向和高度上的分段数。

3.2.7 多边形类型

在“多边形建模”工具架中单击“多边形类型”图标，即可在场景中快速创建出多边形文本模型，如图3-29所示。

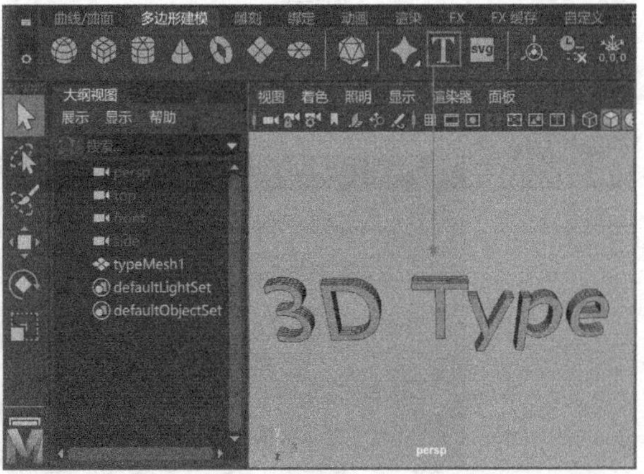

图3-29

在“属性编辑器”面板中找到type1选项卡，即可看到“多边形类型”工具的基本参数，如图3-30所示。

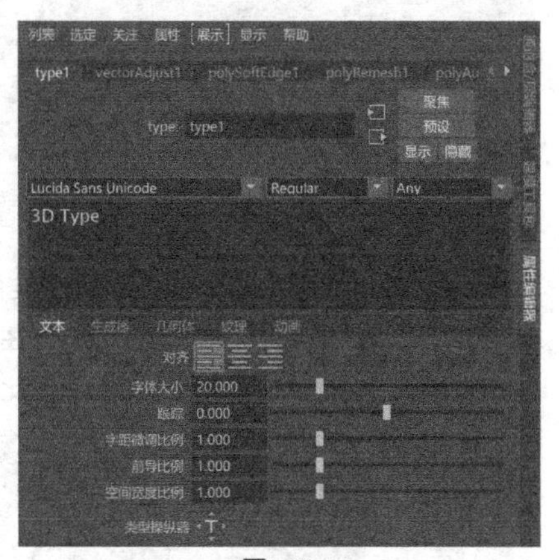

图3-30

常用参数解析

※ “选择字体和样式”列表：在该下拉列表中，用户可以更改文字的字体及样式，如图3-31所示。

※ “选择写入系统”列表：在该下拉列表中，用户可以更改文字语言，如图3-32所示。

图3-31

图3-32

※ “输入一些类型”文本框：该文本框中允许用户随意更改输入的文字。

1.“文本”选项卡

“文本”选项卡内的参数如图3-33所示。

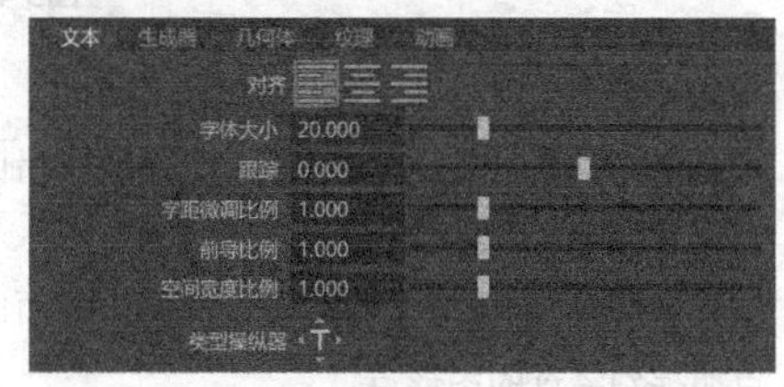

图3-33

常用参数解析

※ 对齐：Maya为用户提供了“类型左对齐”“中心类型”“类型右对齐”3种对齐方式。

※ 字体大小：设置文字的大小。

※ 跟踪：根据相同的方形边界框均匀地调整所有字符之间的水平间距。

※ 字距微调比例：根据每个字符的特定形状均匀地调整所有字符之间的水平间距。

※ 前导比例：均匀地调整所有线之间的垂直间距。

※ 空间宽度比例：手动调整空间的宽度。

2.“几何体”选项卡

“几何体”选项卡中主要包含“网格设置”“挤出”“倒角”3个卷展栏，如图3-34所示。

图3-34

展开“网格设置”卷展栏，可以看到其中还细分出一个“可变形类型”卷展栏，参数如图3-35所示。

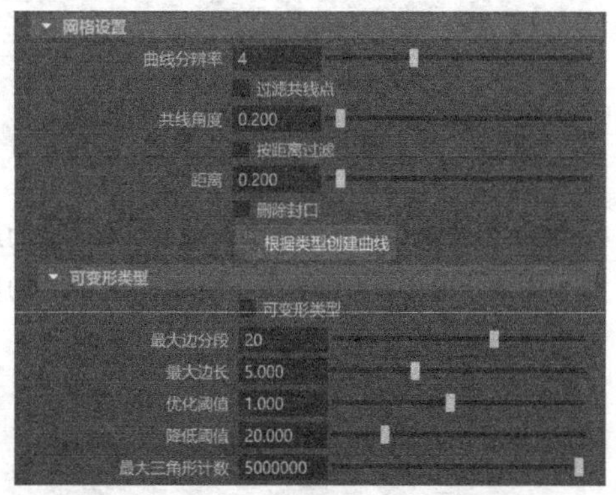

图3-35

常用参数解析

①“网格设置”卷展栏

※ 曲线分辨率：用来指定每个文字的平滑部分的边数。图3-36所示为“曲线分辨率”值是1和6时的模型效果显示对比。

图3-36

※ 过滤共线点：移除位于由“共线角度”所指定容差内的共线顶点，其中相邻顶点位于沿网格宽度或高度方向的同一条边。

※ 共线角度：指定启用“过滤共线点”后，某个顶点与相邻顶点共线时所处的容差角度。

※ 按距离过滤：移除位于由“距离”属性所指定某一距离内的顶点。

※ 距离：指定启用“按距离过滤”后，移除顶点所依据的距离。

※ 删除封口：移除多边形网格前后的面。

※ 根据类型创建曲线：单击该按钮，可以根据当前类型网格的封口边创建一组NURBS曲线。

②“可变形类型”卷展栏

※ 可变形类型：根据“可变形类型”部分中的属性，通过边分割和收拢操作来三角形化网格，勾选该选项前后的模型布线效果对比如图3-37所示。

图3-37

※ 最大边分段：指定可以按顶点拆分边的最大次数，图3-38所示为“最大边分段”数值是1和15时的模型布线效果对比。

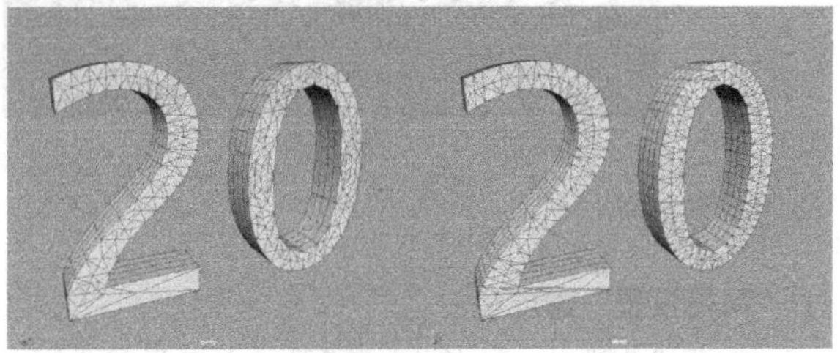

图3-38

※ 最大边长：沿类型网格的剖面分割所有长于此处且以世界单位指定的长度的边，图3-39所示为“最大边长”值是2和15时的模型布线效果对比。

图3-39

※ 优化阈值：分割类型网格正面和背面所有长于此处且以世界单位指定的长度的边，主要用于控制端面细分的密度，图3-40所示为“优化阈值”值是0.5和1.3时的模型布线效果对比。

图3-40

※ 降低阈值：收拢所有短于此处指定的“优化阈值”值百分比的边，主要用于清理端面细分，图3-41所示为“降低阈值”值是5和100时的模型布线效果对比。

图3-41

※ 最大三角形计数：限制生成的网格中允许的三角形数。

展开“挤出”卷展栏，参数如图3-42所示。

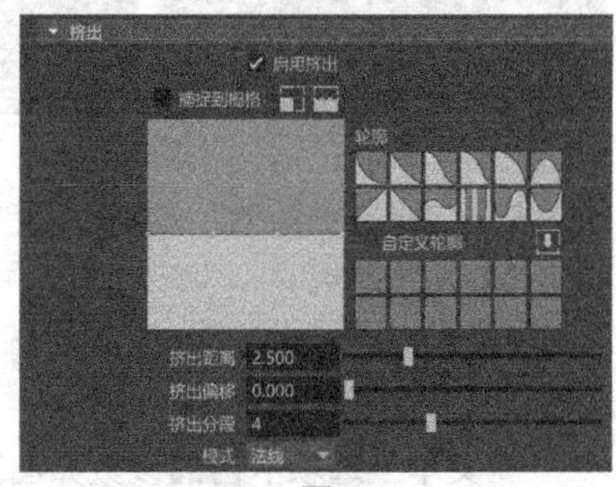

图3-42

常用参数解析

※ 启用挤出：启用时，文字向前挤出以增加深度，否则保持为平面，默认设置为启用。

※ 捕捉到栅格：启用时，“挤出剖面曲线”中的控制点捕捉到经过的图形点。

※ 轮廓：Maya 2020为用户提供了12个预设的图形控制挤出的形状，如图3-43所示。

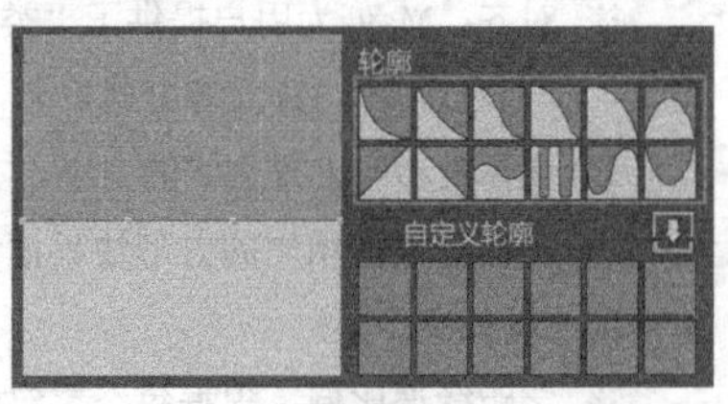

图3-43

※ 自定义轮廓：Maya 2020最多允许用户保存12个自定义“挤出剖面曲线”形状。

※ 挤出距离：控制挤出多边形的距离。

※ 挤出偏移：设置网格挤出偏移。

※ 挤出分段：控制沿挤出面的细分数。

展开“倒角”卷展栏，可以看到其中还细分出一个“倒角剖面”卷展栏，其中的参数如图3-44所示。

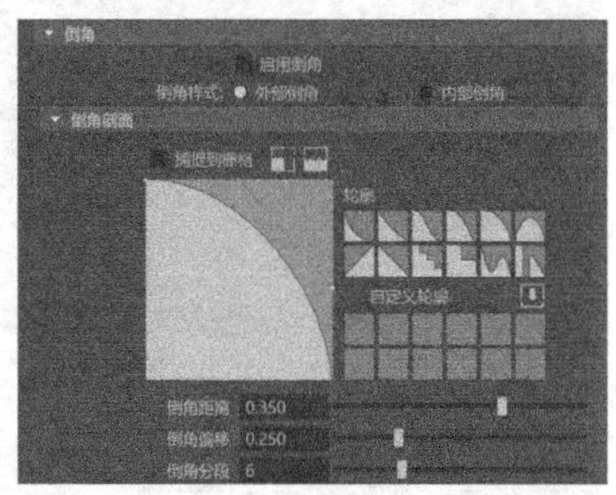

图3-44

常用参数解析

※ 倒角样式：确定要应用的倒角类型。

技巧与提示

“倒角剖面”卷展栏中的参数与“挤出”卷展栏中的参数相似，不再重复讲解。

3.3 建模工具包

“建模工具包”是Maya为模型师提供的一个用于快速查找建模命令的工具集合。用户通过单击“状态行”中的“显示或隐藏建模工具包”按钮可以找到建模工具包的面板，在Maya 2020工作区的右边通过单击“建模工具包”选项卡的名称也可以找到建模工具包的面板，如图3-45所示。

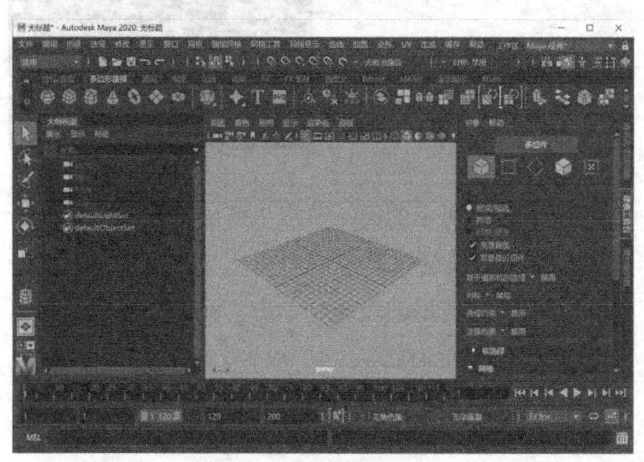

图3-45

“建模工具包”分为“菜单”“选择模式”“选择选项”和“命令和工具”4个部分，如图3-46所示。

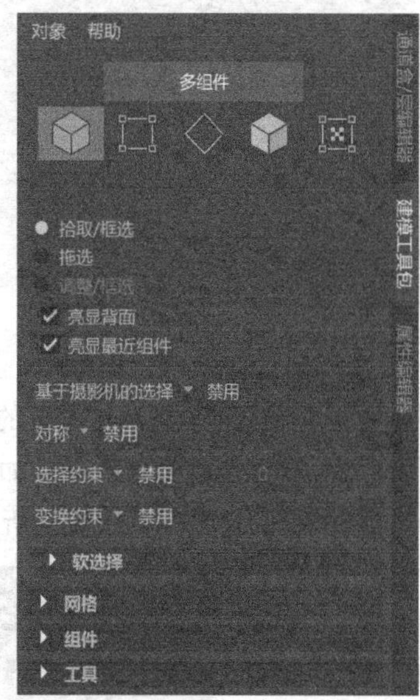

图3-46

3.3.1 课堂案例：制作儿童椅子模型

场景位置	实例文件>CH03>3_2.mb
实例位置	实例文件>CH03>3_2_完成.mb
视频名称	3.3.1 课堂案例：制作儿童椅子模型
技术掌握	使用建模工具包制作模型

本例将使用“建模工具包”面板中的命令制作儿童椅子模型，最终效果如图3-47所示。

图3-47

01 启动中文版Maya 2020，单击“多边形立方体”图标，如图3-48所示。在场景中创建一个立方体模型，如图3-49所示。

图3-48

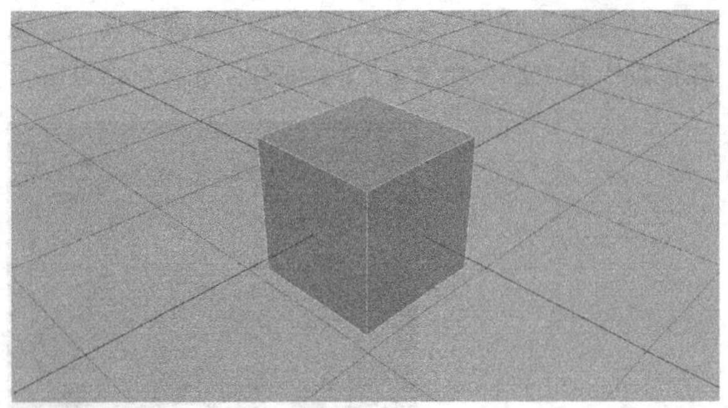

图3-49

02 在“属性编辑器”面板中，展开“多边形立方体历史”卷展栏，设置“宽度”的值为38，“高度”的值为2，“深度”的值为38，如图3-50所示，并调整立方体模型的位置，如图3-51所示。

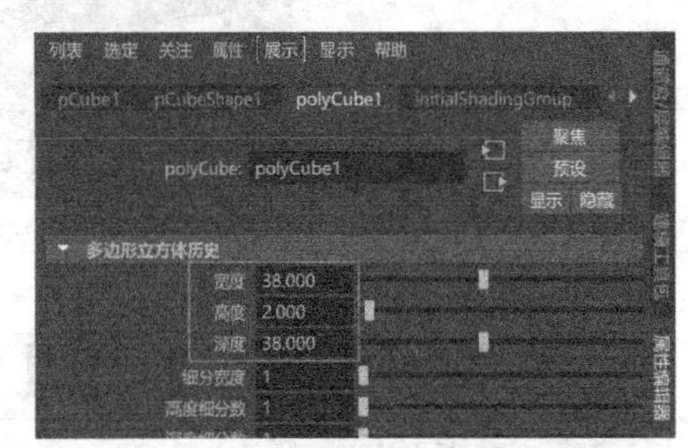

图3-50

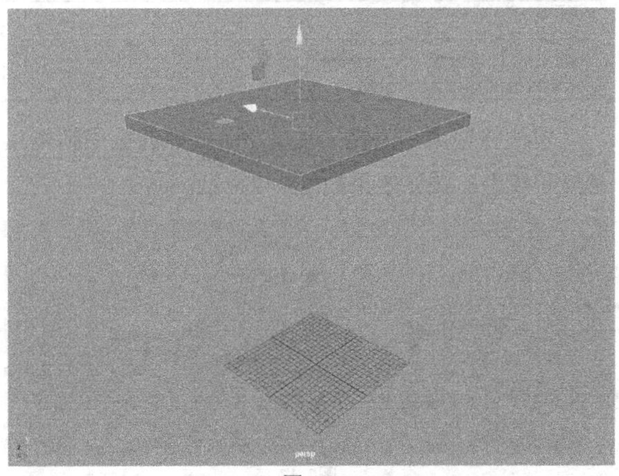

图3-51

03 单击“建模工具包”面板中的“边选择”图标，如图3-52所示。

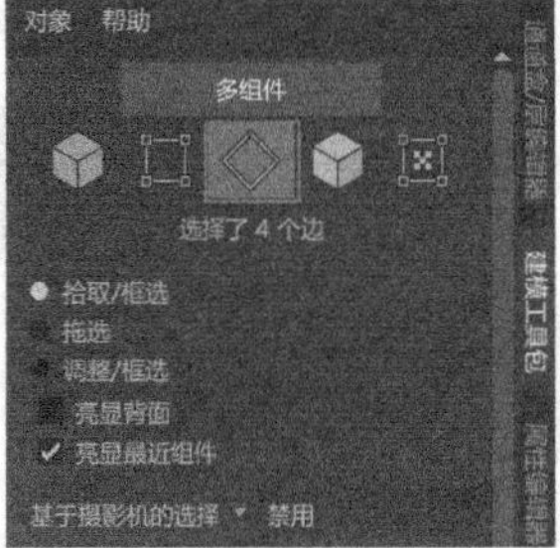

图3-52

04 选择图3-53所示的边线，单击“建模工具包”面板中的“连接”按钮，制作出图3-54所示的边线。

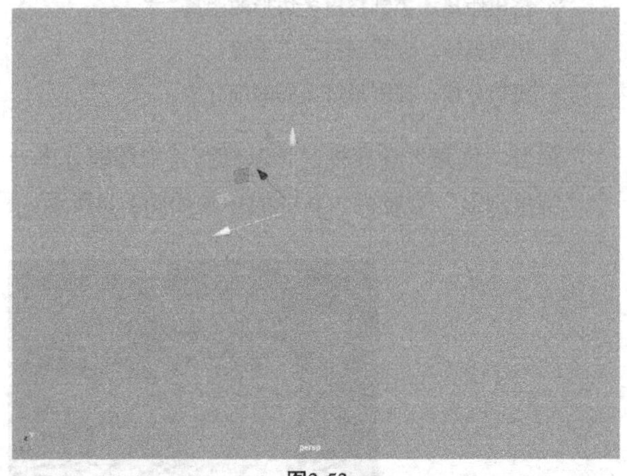

图3-53

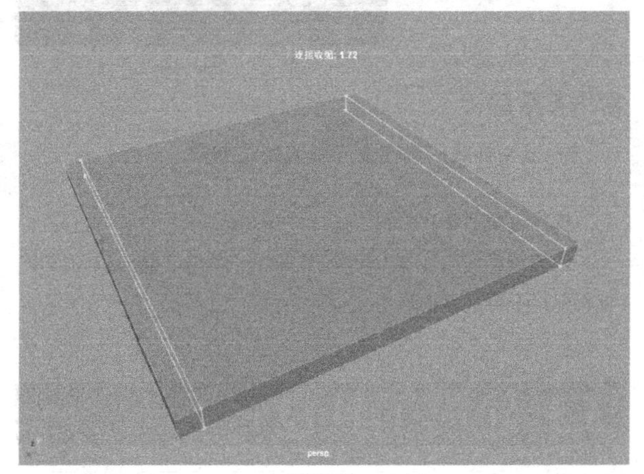

图3-54

05 单击“建模工具包”面板中的“面选择”图标，如图3-55所示。

图3-55

06 选择图3-56所示的面，单击“挤出”按钮，制作出图3-57所示的模型效果。

07 选择图3-58所示的边线，单击“连接”按钮，制作出图3-59所示的边线。

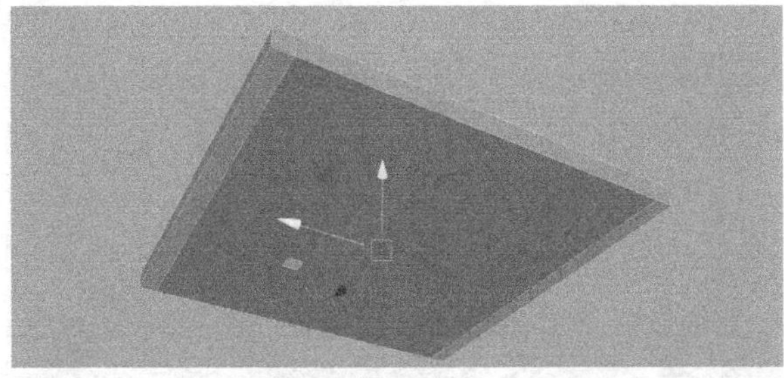
图3-56

图3-57

图3-58

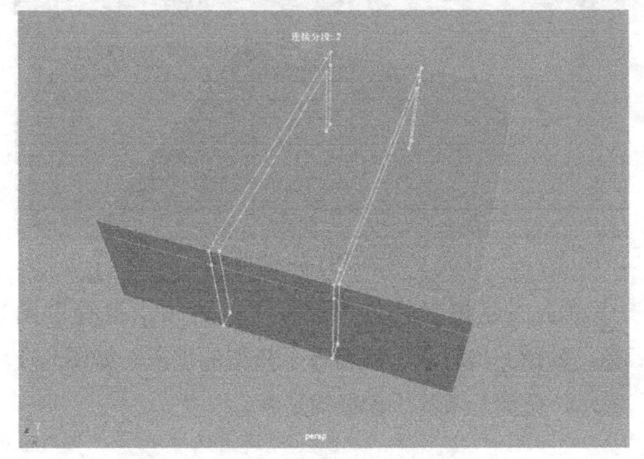

图3-59

08 选择图3-60所示的面，再次单击“挤出”按钮，制作出图3-61所示的模型效果。

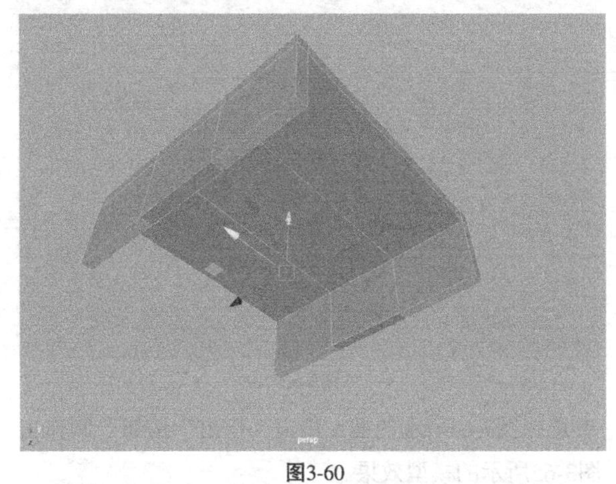

图3-60

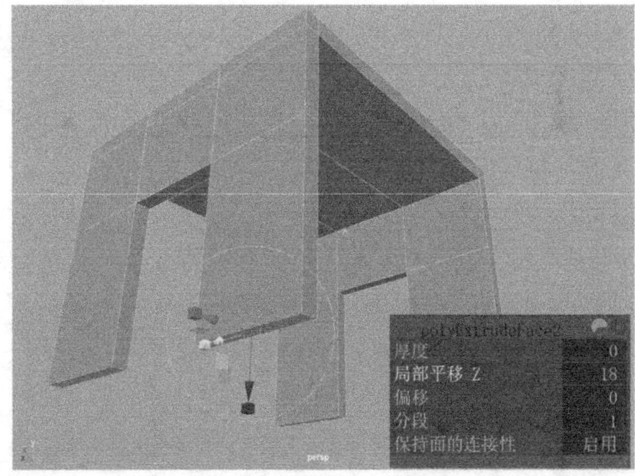

图3-61

09 选择图3-62所示的边线，单击“连接”按钮，制作出图3-63所示的边线。

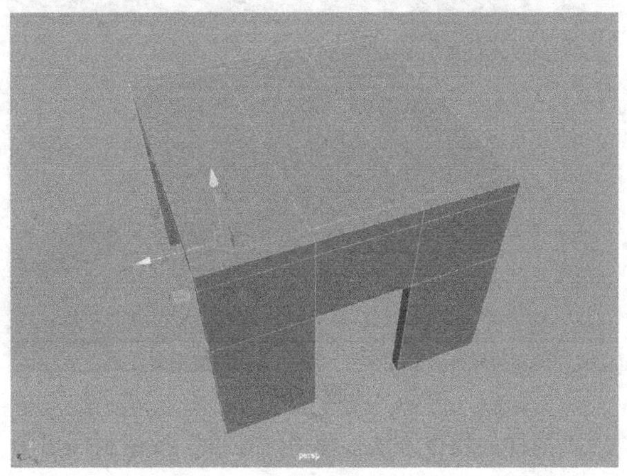

图3-62

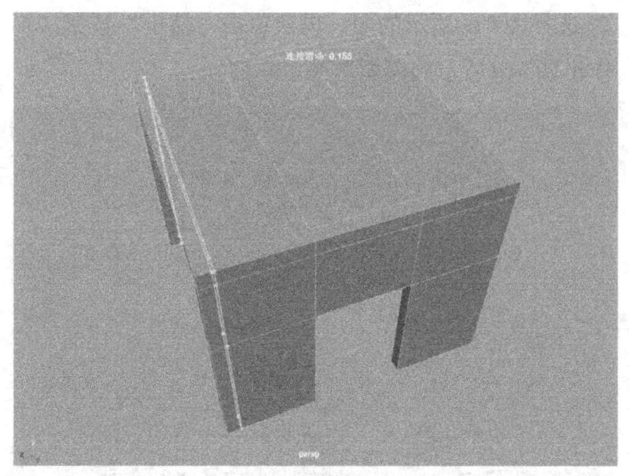

图3-63

⑩选择图3-64所示的面，单击“挤出”按钮，制作出图3-65所示的模型效果。

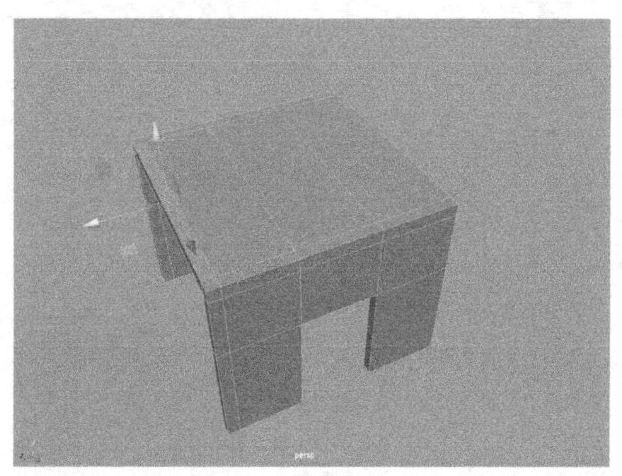

图3-64

图3-65

⑪以同样的操作方法，使用“连接”按钮制作出图3-66和图3-67所示的边线效果。

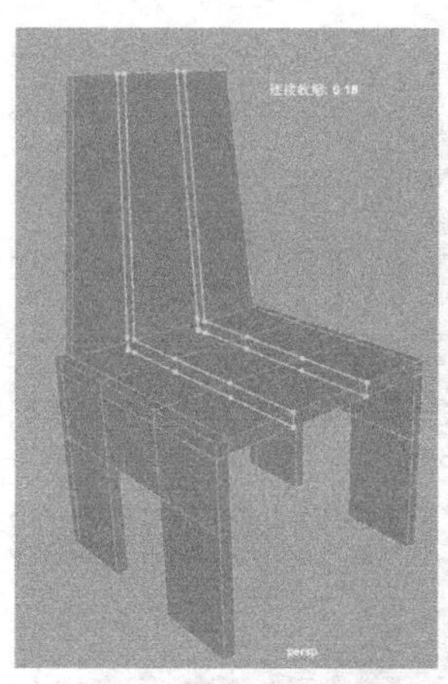

图3-66

图3-67

⑫选择图3-68所示的面，单击“桥接”按钮，制作出图3-69所示的模型效果。

图3-68

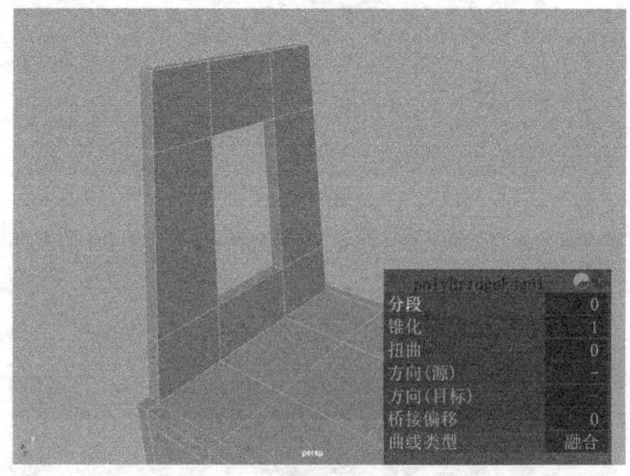

图3-69

⑬单击“建模工具包”面板中的“顶点选择”图标，如图3-70所示。调整椅子模型的顶点，如图3-71所示，微调儿童椅子模型的形状。

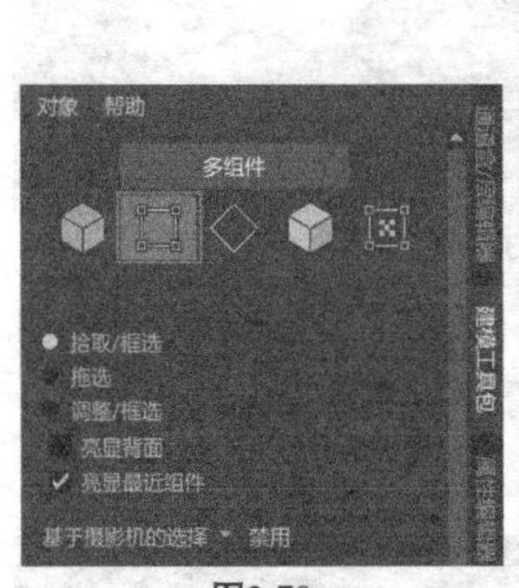

图3-70

图3-71

⑭ 单击“多边形建模”工具架中的“多边形立方体”图标，再次在场景中创建一个长方体模型，并调整位置和大小，如图3-72所示，制作出儿童椅子模型的坐垫部分。模型最终效果如图3-73所示。

图3-72

图3-73

3.3.2 多边形选择模式

“建模工具包”的选择模式分为选择对象、多组件和UV选择3种，其中，单击“多组件”按钮，可以看到“多组件”又分为“顶点选择”“边选择”和“面选择”3种方式，如图3-74所示。单击对应的工具按钮，可以很方便地进入多边形的不同选择模式对多边形进行编辑。

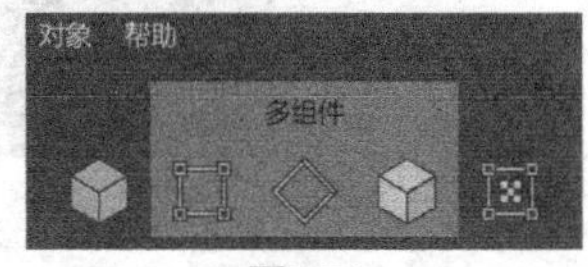

图3-74

技术拓展

对象选择模式的快捷键：F8

顶点选择模式的快捷键：F9

边选择模式的快捷键：F10

面选择模式的快捷键：F11

UV选择模式的快捷键：F12

按住Ctrl键，单击对应的多组件按钮，可以将当前选择的对象转换为该组件类型，如图3-75所示。

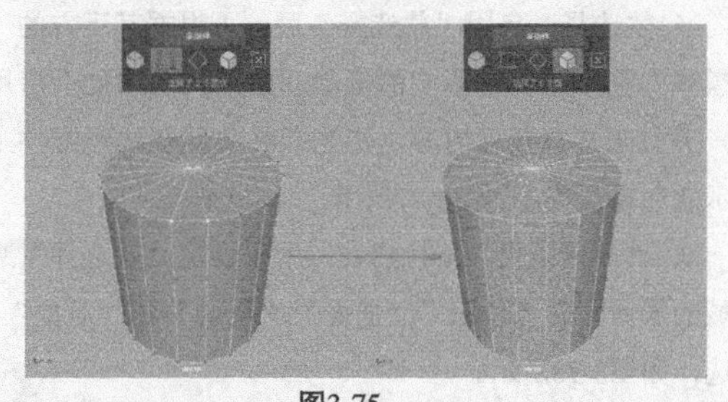

图3-75

3.3.3 选择选项及软选择

“建模工具包”选择模式按钮的下方是选择选项和“软选择”卷展栏，如图3-76所示。

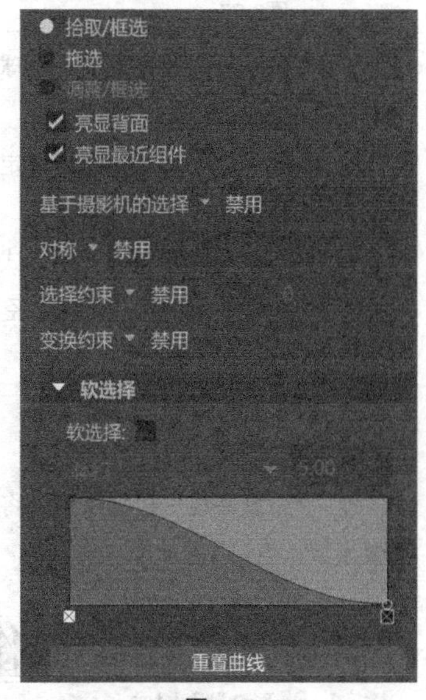

图3-76

常用参数解析

※ 拾取/框选：在选择的组件上绘制一个矩形框选择对象。

※ 拖选：在多边形对象上通过按住鼠标左键的方式进行选择。

※ 调整/框选：可用于调整组件进行框选。

※ 亮显背面：启用时，背面组件将被预先选择亮显并可供选择。

※ 亮显最近组件：启用时，亮显距光标最近的组件，供用户选择。

※ 基于摄影机的选择：启动该命令后，可以根据摄影机的角度选择对象组件。

※ 对称：启用该命令后，可以以“对象X/Y/Z”“世界X/Y/Z”的方式对称选择对象组件。

※ 软选择：启用“软选择”后，可根据其下方的“衰减模式”选项来确定影响的范围。如果此选项处于启用状态，并且未选择任何内容，将光标移动到多边形组件上会显示软选择预览，如图3-77所示。

※ “衰减模式”下拉列表：用于设定“软选择”衰减区域的形状，有“体积”“曲面”“全局”和“对象”4种可选，如图3-78所示。

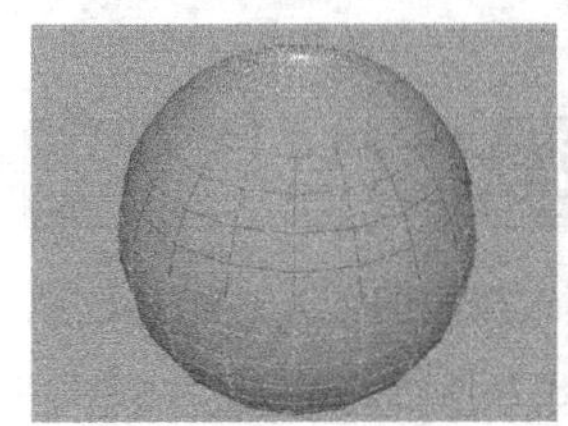

图3-77

图3-78

※ 体积：围绕选择延伸一个球形半径，并逐渐影响球形范围内的所有顶点。

※ 曲面：当“衰减模式”设定为“曲面”时，衰减基于符合曲面轮廓的圆形区域。

※ 全局：衰减区域的确定方式与“体积”设置相同，只是“软选择”会影响“衰减半径”中的任何网格，包括不属于原始选择的网格。

※ 对象：可以使用衰减平移、旋转或缩放场景中的对象，而无需对对象本身进行变形。

※ “重置曲线”按钮：用于将所有“软选择”的设置重置为默认值。

3.3.4 课堂案例：制作咖啡杯模型

场景位置	实例文件>CH03>3_3.mb
实例位置	实例文件>CH03>3_3_完成.mb
视频名称	3.3.4 课堂案例：制作咖啡杯模型
技术掌握	使用建模工具包制作模型

本例将使用“建模工具包”面板中的命令制作一个咖啡杯的模型，最终效果如图3-79所示。

图3-79

01 启动中文版Maya 2020，单击“多边形圆柱体”图标，如图3-80所示。在场景中创建一个圆柱体模型，如图3-81所示。

图3-80

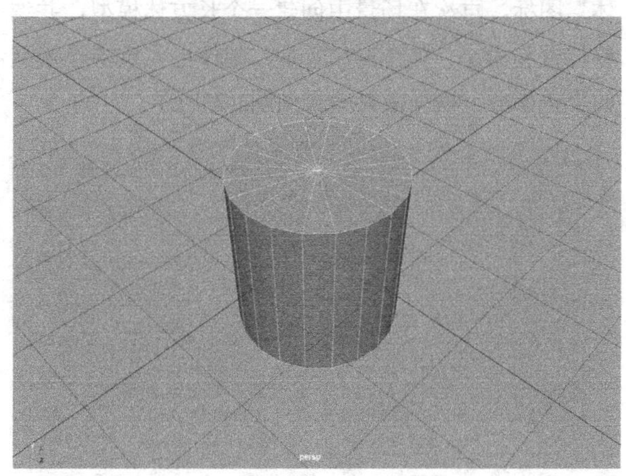

图3-81

02 在“属性编辑器”面板中，展开“多边形圆柱体历史”卷展栏，设置“半径”的值为6，“高度”的值为6，“轴向细分数”的值为38，“高度细分数”的值为5，“端面细分数”的值为1，如图3-82所示，并调整其位置，如图3-83所示。

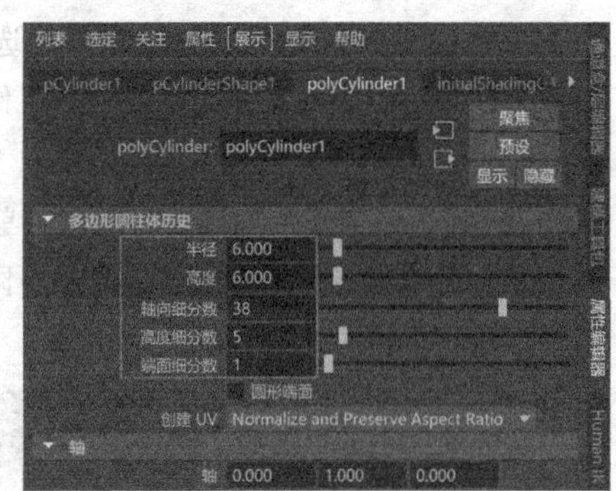

图3-82

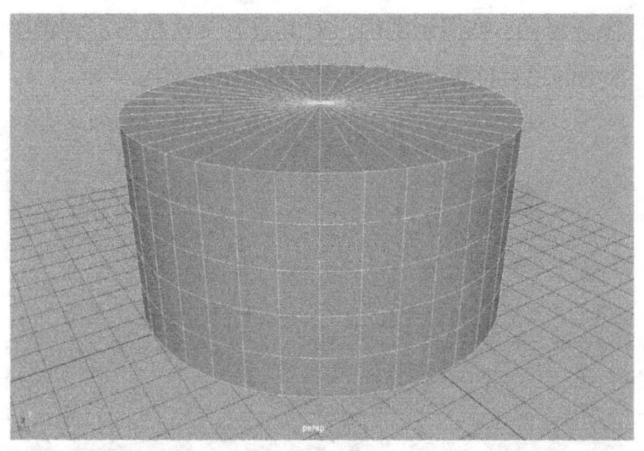

图3-83

03 单击“建模工具包”面板中的“边选择”图标，如图3-84所示。

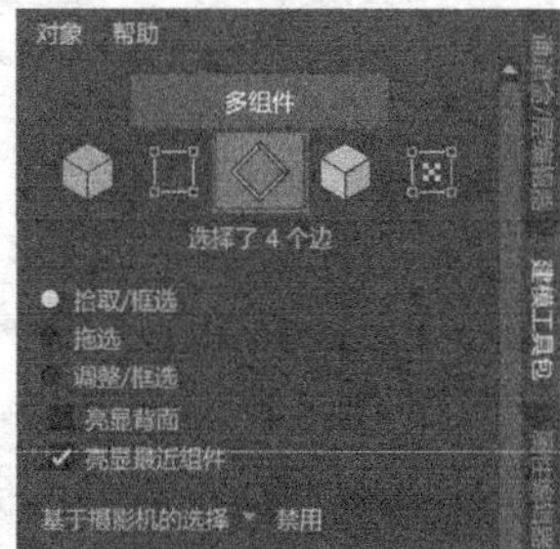

图3-84

04 使用“缩放工具”调整圆柱体的形状，如图3-85所示，制作出咖啡杯的大概形状。

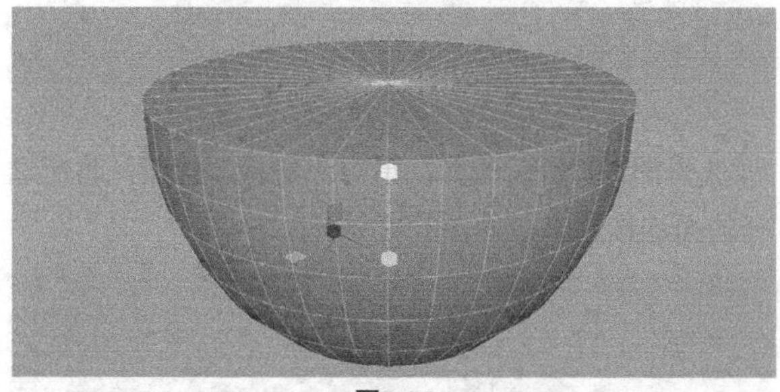

图3-85

05 选择图3-86所示的顶点，按组合键Ctrl+F11，根据所选择的顶点选择面，如图3-87所示。然后对其进行“删除”操作，如图3-88所示。

图3-86

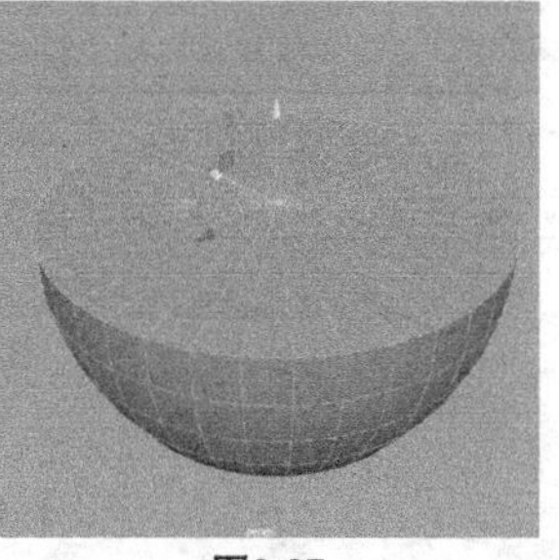

图3-87

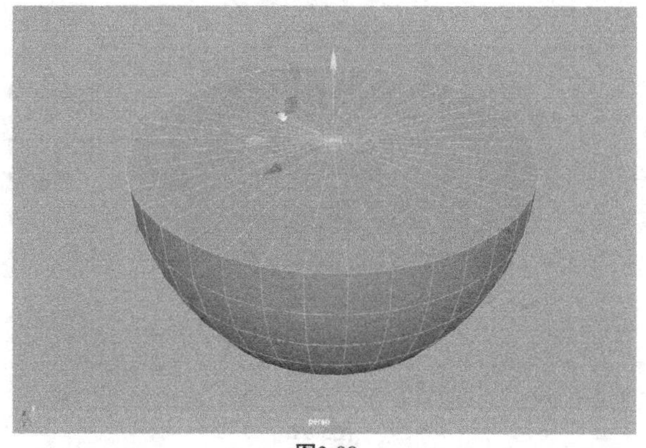

图3-88

06 选择图3-89所示的边线，单击“建模工具包”面板中的“倒角”按钮，制作出图3-90所示的模型效果。

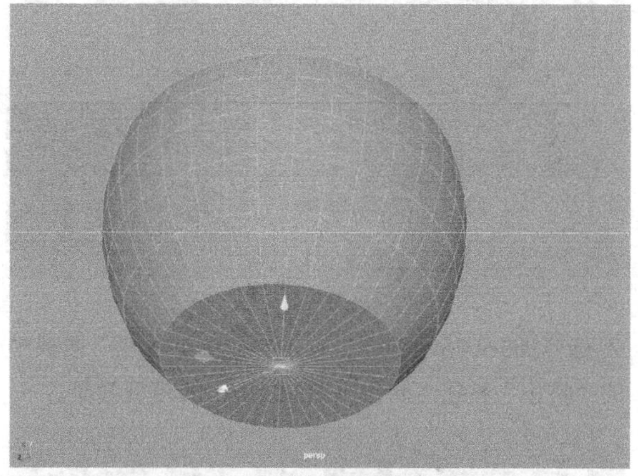

图3-89

图3-90

07 选择图3-91所示的面，单击“建模工具包”面板中的“挤出”按钮，制作出咖啡杯模型的厚度，如图3-92所示。

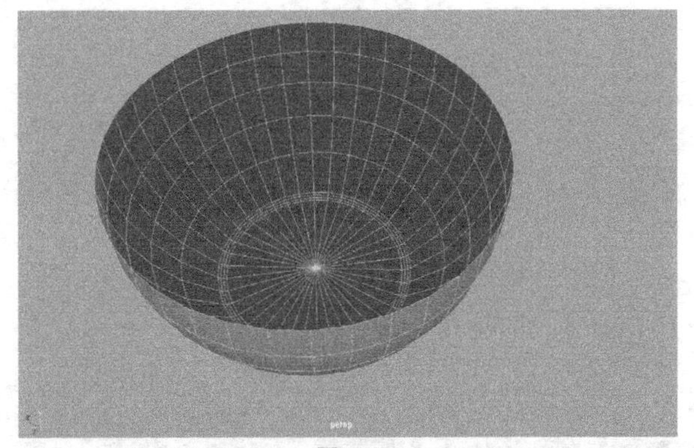

图3-91

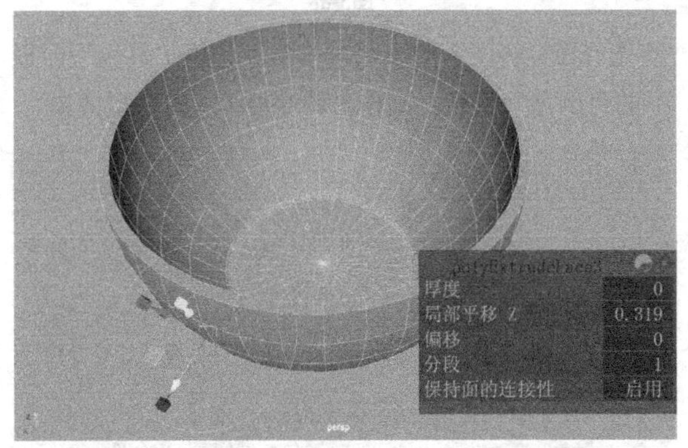

图3-92

08 选择图3-93所示的面，单击“建模工具包”面板中的“挤出”按钮，制作出图3-94所示的模型效果。

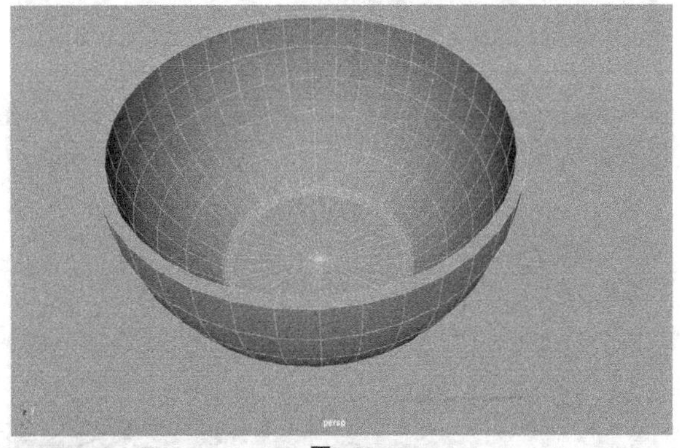

图3-93

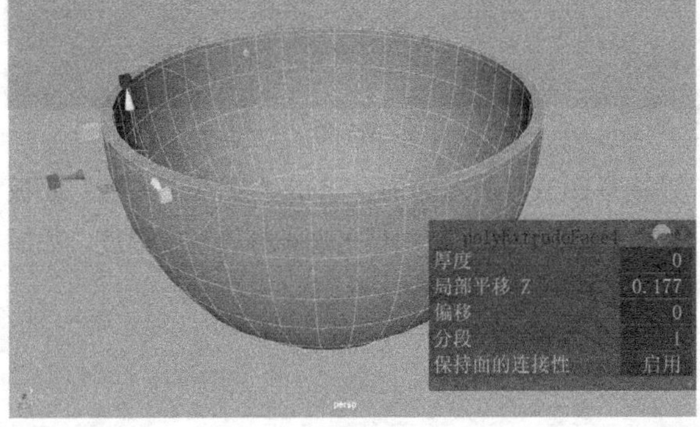

图3-94

09 选择图3-95所示的面，对其进行多次挤出，并调整模型的顶点位置，制作出图3-96所示的结构。

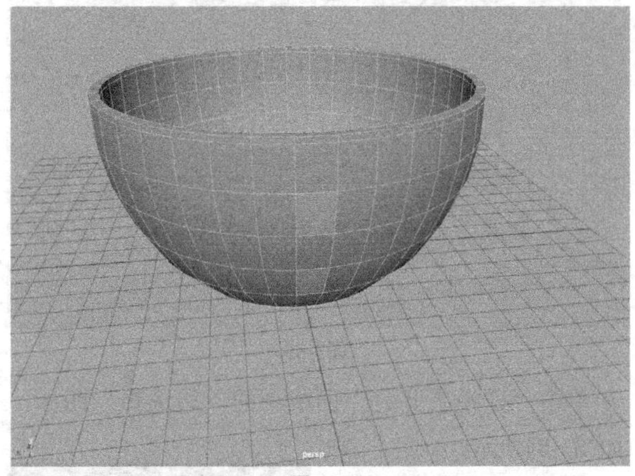

图3-95

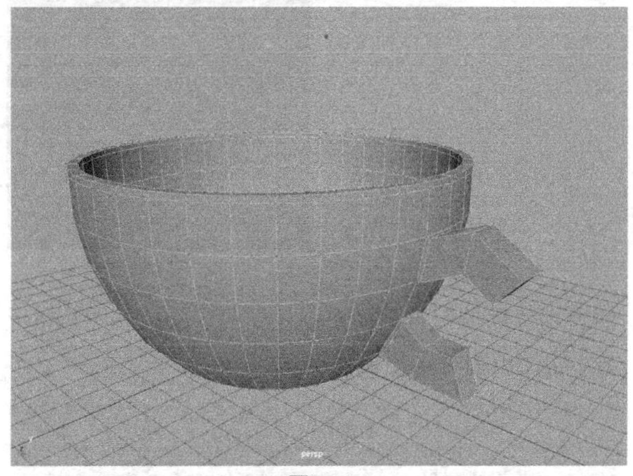

图3-96

10 选择图3-97所示的面，单击“桥接”按钮，将所选择的面连接起来，如图3-98所示。

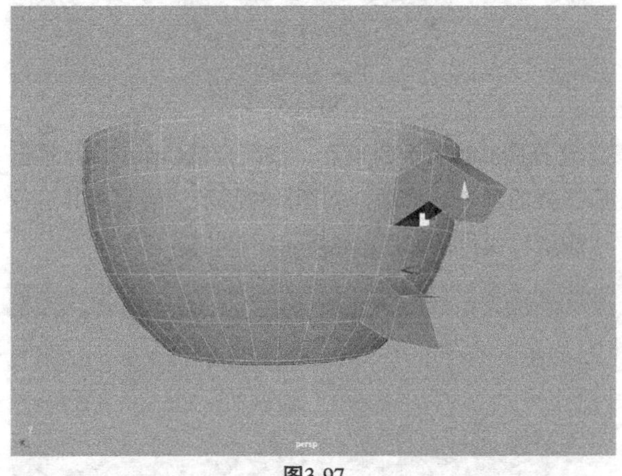

图3-97

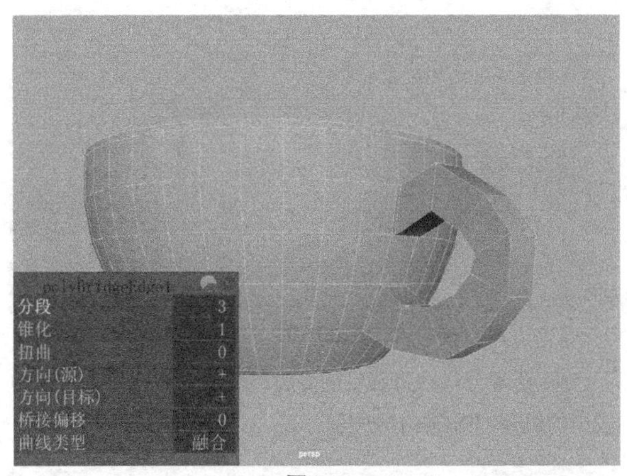

图3-98

⑪ 对咖啡杯模型的顶点进行微调，使其把手部分更圆滑一些，如图3-99所示。

图3-99

⑫ 调整完成后，按快捷键3，对模型进行光滑显示，模型最终效果如图3-100所示。

图3-100

3.3.5 多边形编辑工具

多边形编辑工具位于选择选项的下方，分为“网格”卷展栏、“组件”卷展栏和“工具”卷展栏，如图3-101所示。

图3-101

常用参数解析

①“网格”卷展栏

※ 结合：将选定的网格组合到单个多边形网格中，如图3-102所示。

图3-102

※ 分离：将网格中断开的壳分离为单独的网格，可以立即分离所有壳，通过选择要分离的壳上的某些面也可以指定要分离的壳，如图3-103所示。

图3-103

※ 平滑：通过向网格上的多边形添加分段平滑选定多边形网格，如图3-104所示。

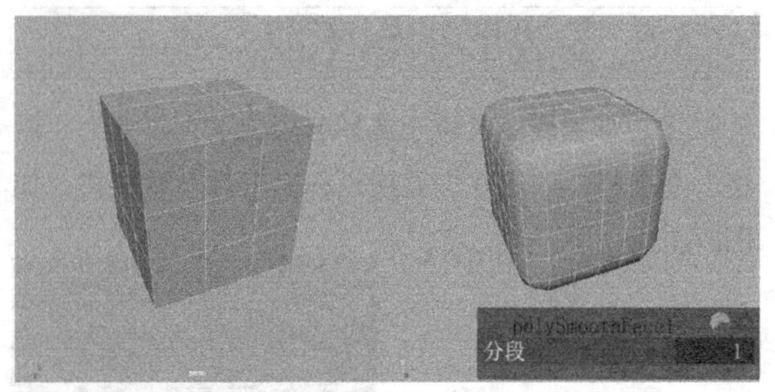

图3-104

※ 布尔：执行布尔并集可以组合所选网格的体积，原始的两个对象均保留，并减去交集，如图3-105所示。

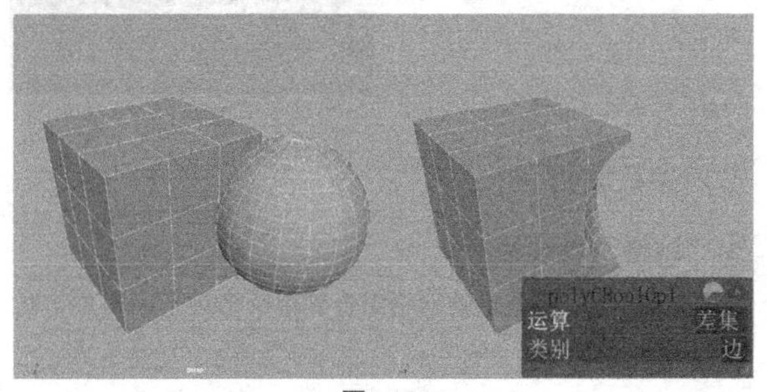

图3-105

②“组件”卷展栏

※ 挤出：可以从现有面、边或顶点挤出新的多边形，如图3-106所示。

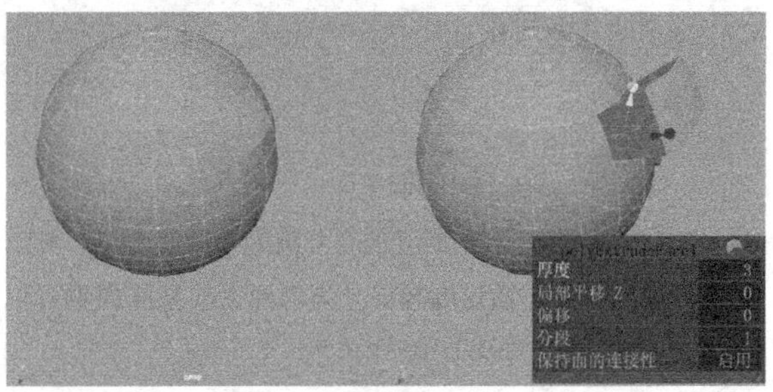

图3-106

※ 倒角：可以对多边形网格的顶点进行切角处理，或使其边成为圆角边，如图3-107所示。

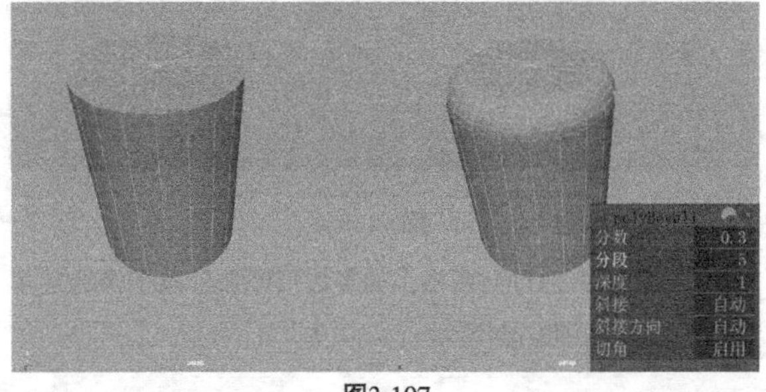

图3-107

※ 桥接：用于在现有多边形网格上的两组面或边之间创建桥接（其他面），如图3-108所示。

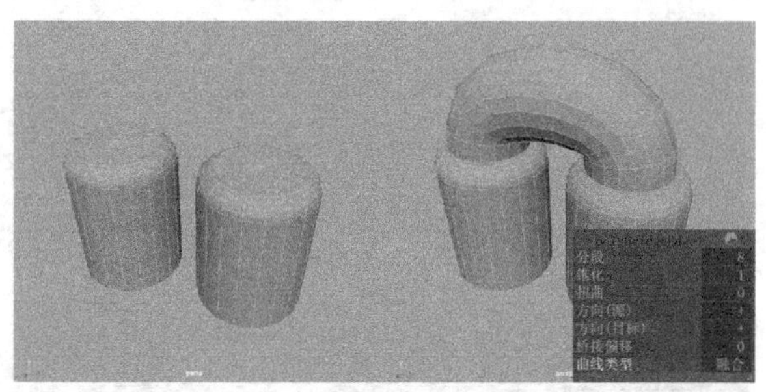

图3-108

※ 添加分段：将选定的多边形组件（边或面）分割为较小的组件，如图3-109所示。

图3-109

③“工具”卷展栏

※ 多切割：对循环边进行切割、切片和插入，如图3-110所示。

图3-110

※ 目标焊接：合并顶点或边以在它们之间创建共享顶点或边，只能在组件属于同一网格时进行合并，如图3-111所示。

图3-111

※ 连接：可以通过其他边连接顶点、边，如图3-112所示。

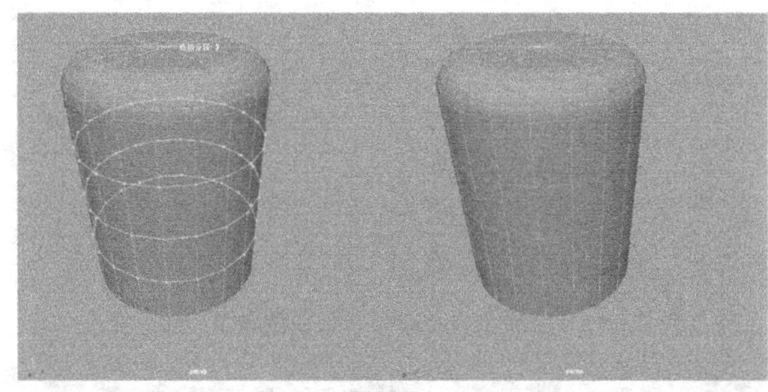

图3-112

※ 四边形绘制：该工具需要先选择网格模型才能激活。按Shift键以创建顶点的方式确定面的生成，按Ctrl键可以在绘制面上以加线的方式细化模型，同时按Ctrl+Shift+鼠标左键可以删除不需要的面，如图3-113所示。

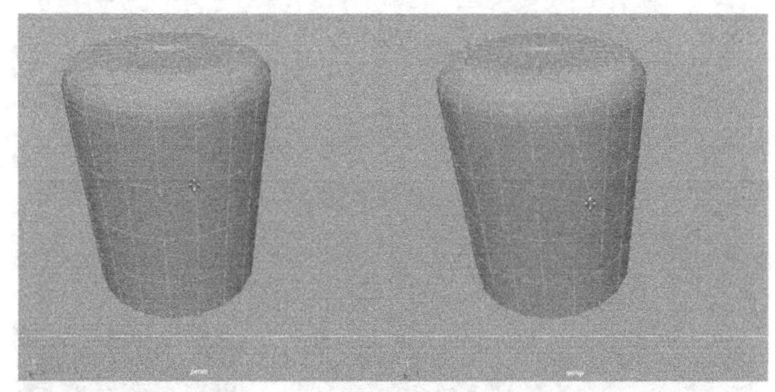

图3-113

3.4 常用建模工具

本节讲解常用的建模工具，包括“结合”“提取”“镜像”“圆形圆角”等。

3.4.1 课堂案例：制作沙发模型

场景位置	实例文件>CH03>3_4.mb
实例位置	实例文件>CH03>3_4_完成.mb
视频名称	3.4.1 课堂案例：制作沙发模型
技术掌握	使用“建模工具包”面板和“多边形建模”工具架中的命令制作模型

本例将使用“建模工具包”面板和“多边形建模”工具架中的命令制作一个双人沙发模型，最终效果如图3-114所示。

图3-114

01 启动中文版Maya 2020，在菜单栏执行“创建>多边形基本体>交互式创建”命令，如图3-115所示，开启“交互式创建”功能。

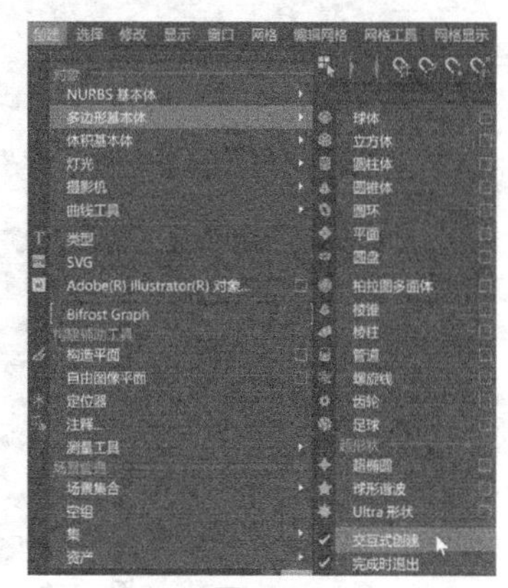

图3-115

02 单击“多边形建模”工具架中的“多边形立方体”图标，如图3-116所示。在场景中创建一个长方体模型，如图3-117所示。

图3-116

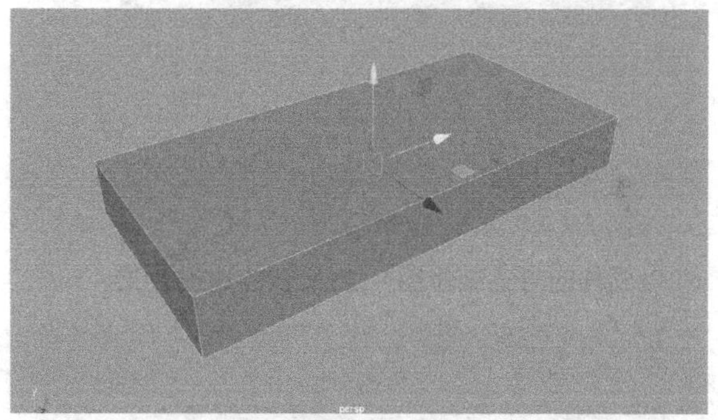

图3-117

03 在“属性编辑器”面板中，展开“多边形立方体历史”卷展栏，设置“宽度”的值为210，“高度”的值为25，“深度”的值为100，如图3-118所示。

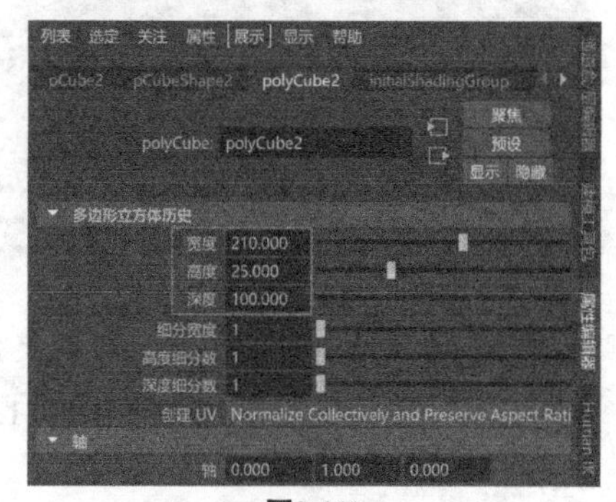

图3-118

04 选择图3-119所示的边线，单击“建模工具包”面板中的“连接”按钮，制作出图3-120所示的边线。

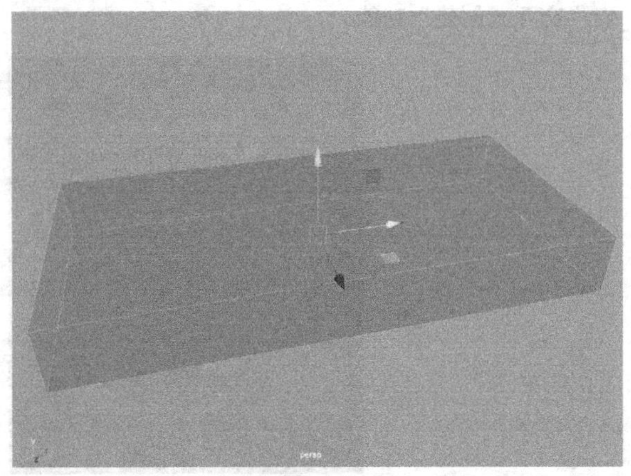

图3-119

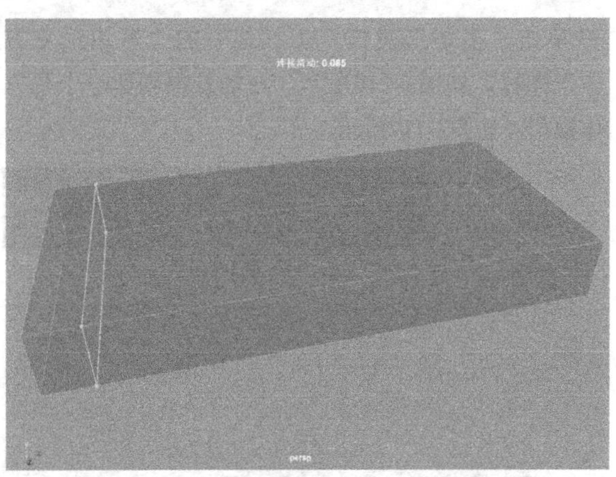

图3-120

05 以同样的方式制作图3-121所示的边线效果。

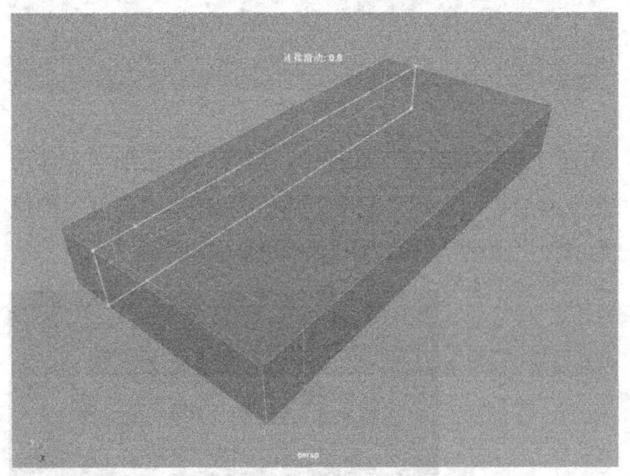

图3-121

06 选择图3-122所示的边线，单击“建模工具包”面板中的“倒角”按钮，制作出图3-123所示的模型效果。

图3-122

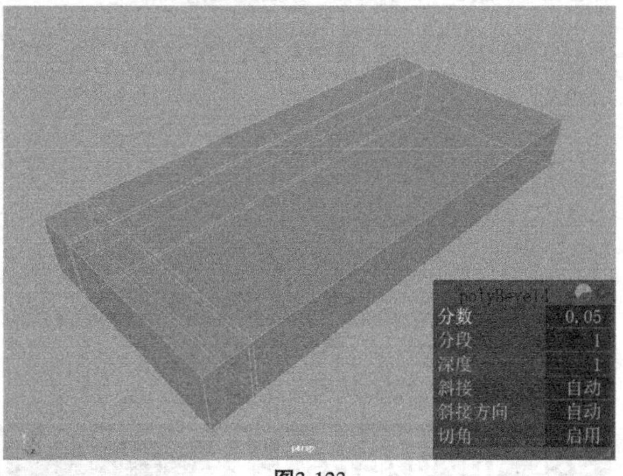

图3-123

07 选择图3-124所示的面，单击“建模工具包”面板中的“挤出”按钮，制作出图3-125所示的模型效果。

08 选择模型所有的边线，如图3-126所示。单击“建模工具包”面板中的“倒角”按钮，制作出图3-127所示的模型效果。

图3-124

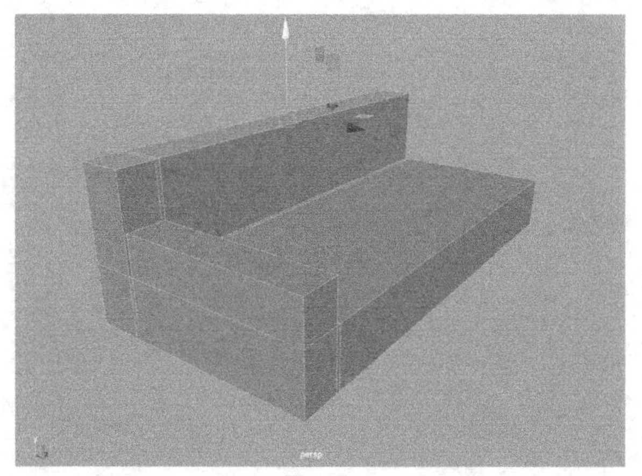
图3-125

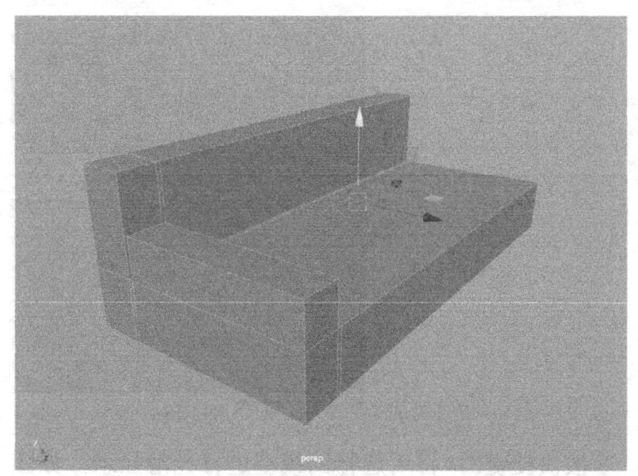
图3-126

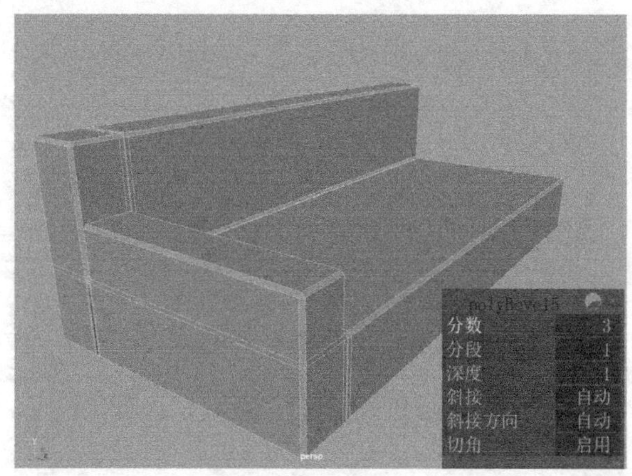

图3-127

⑨单击“多边形建模”工具架中的“镜像”图标，如图3-128所示，制作出图3-129所示的模型效果。

图3-128

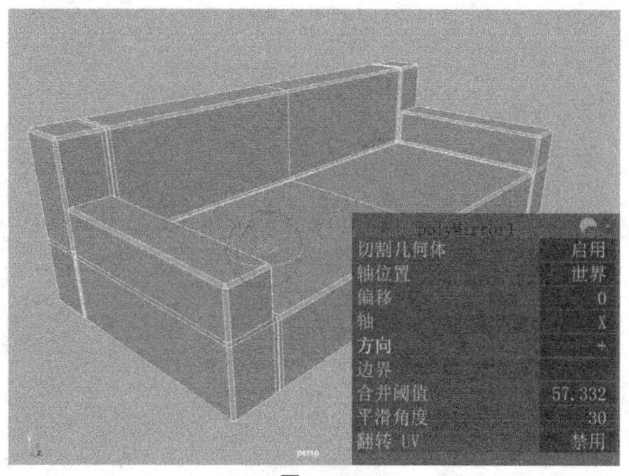

图3-129

⑩在场景中创建两个长方体模型，调整其大小和位置，分别用来制作沙发的靠背和坐垫，如图3-130所示。

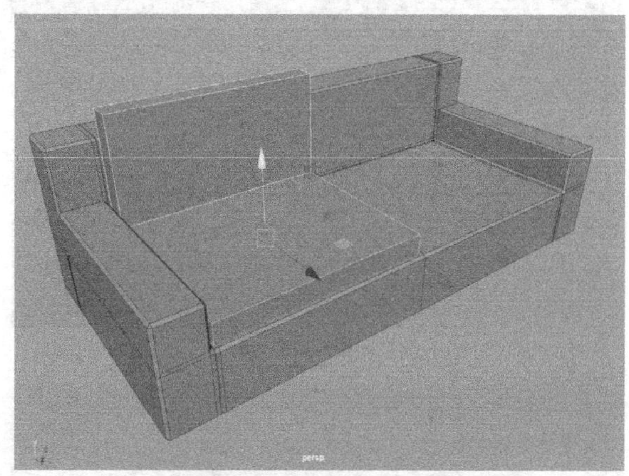
图3-130

⑪选择这两个长方体模型，单击“多边形建模”工具架中的“结合”图标，如图3-131所示，将这两个模型合并为一个模型。

图3-131

⑫选择模型上所有的边线，如图3-132所示。单击“建模工具包”面板中的“倒角”按钮，制作出图3-133所示的模型效果。

⑬按住Shift键，以拖曳的方式复制出另一边的坐垫模型，如图3-134所示。

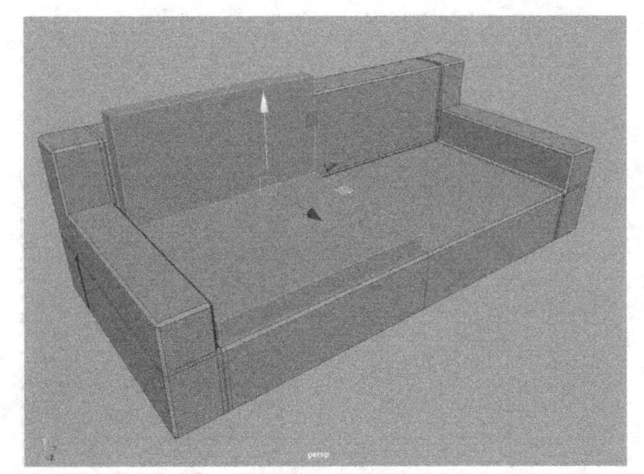

图3-132

图3-133

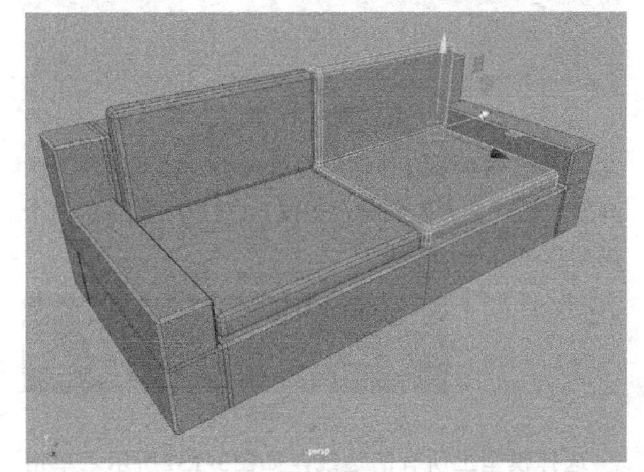

图3-134

⑭选择所有的模型，再次单击“多边形建模”工具架中的“结合”图标，将所选择的模型合并为一个模型，如图3-135所示。

⑮在菜单栏执行“编辑>按类型删除>历史”命令，如图3-136所示，删除沙发的建模数据过程。

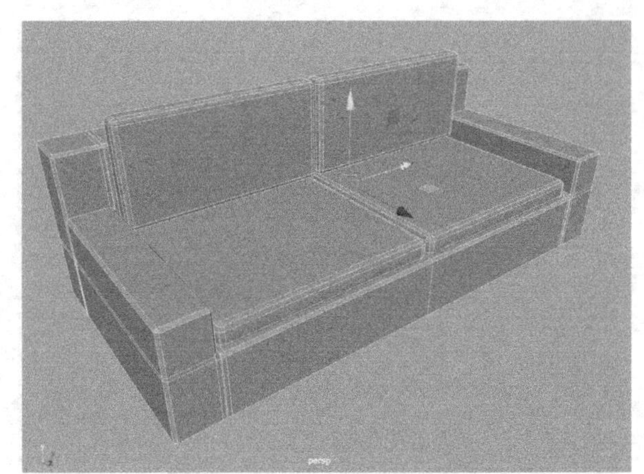

图3-135

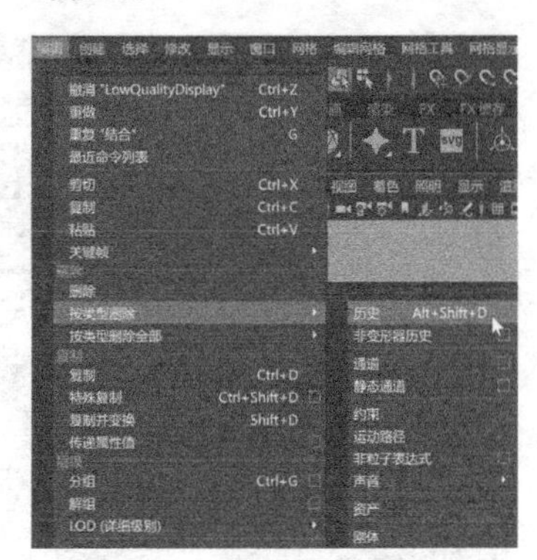

图3-136

⑯按快捷键3，将所选择的模型进行光滑显示，如图3-137所示。

图3-137

⑰单击“多边形建模”工具架中的“多边形圆柱体”图标，如图3-138所示。

图3-138

⑱在场景中创建一个圆柱体模型，其大小如图3-139所示。

图3-139

⑲选择图3-140所示的面，单击“建模工具包”面板中的“挤出”按钮，对其进行多次挤出操作，制作出图3-141所示的模型效果。

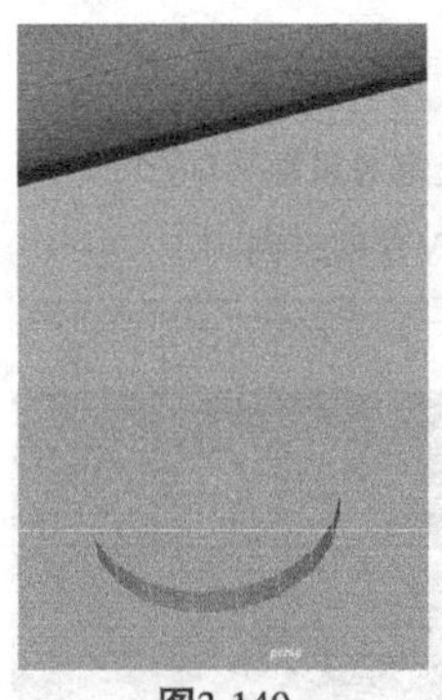

图3-140　图3-141

⑳选择图3-142所示的边线，单击“建模工具包”面板中的“倒角”按钮，制作出图3-143所示的模型效果。

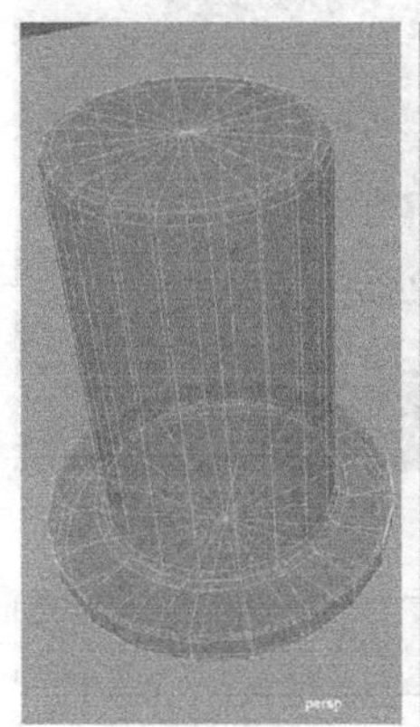

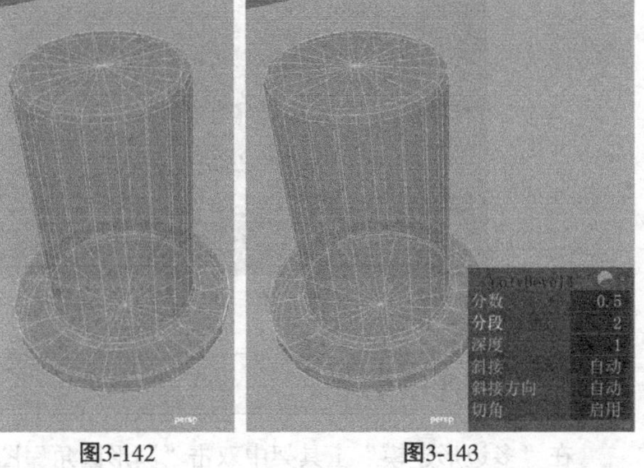

图3-142　图3-143

㉑将制作完成的沙发腿模型复制出3个，分别放置于沙发模型的对应位置，如图3-144所示。

㉒将4个沙发腿模型选中，单击“多边形建模”工具架中的“结合”图标，将其合并为一个模型，如图3-145所示。

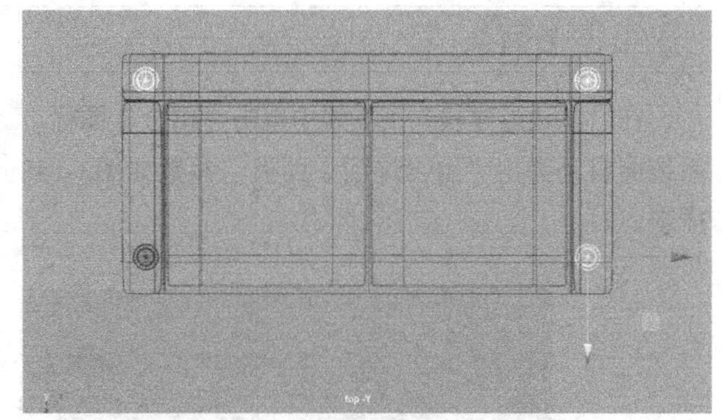

图3-144

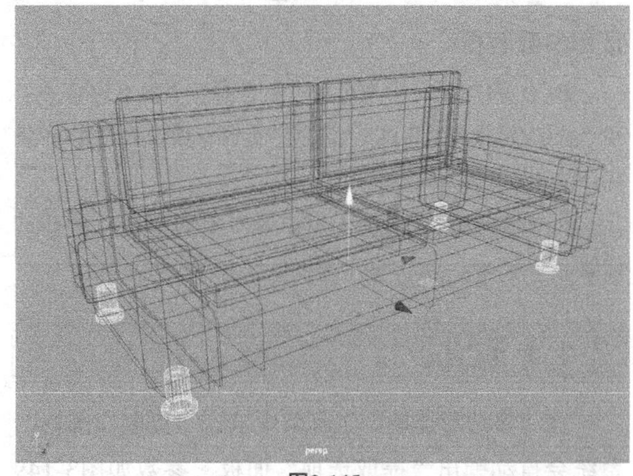

图3-145

㉓在菜单栏执行“编辑>按类型删除>历史”命令后，再按快捷键3，对所选择的模型进行平滑效果显示，如图3-146所示。模型最终效果如图3-147所示。

图3-146

图3-147

3.4.2 结合

在“多边形建模”工具架中双击“结合”图标，系统会自动弹出“组合选项”面板，参数如图3-148所示。

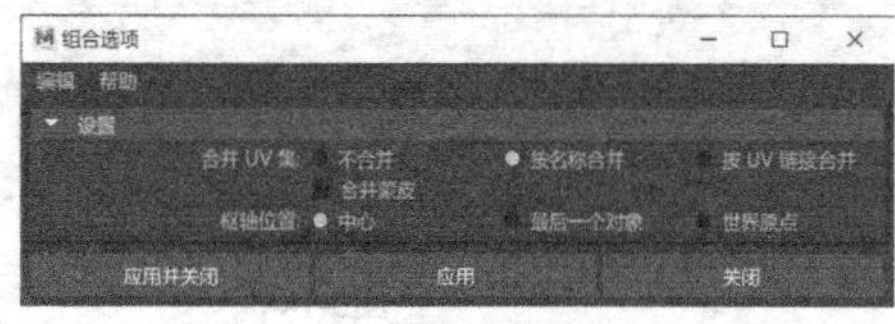

图3-148

常用参数解析

※ 合并UV集：用户可在“不合并”“按名称合并”和“按UV链接合并”这3个选项中选择一项作为设置UV集在合并时的行为方式。

※ 枢轴位置：用于确定组合对象的枢轴点所在的位置。

3.4.3 提取

在“多边形建模”工具架中双击“提取”图标，系统会自动弹出“提取选项”面板，参数如图3-149所示。

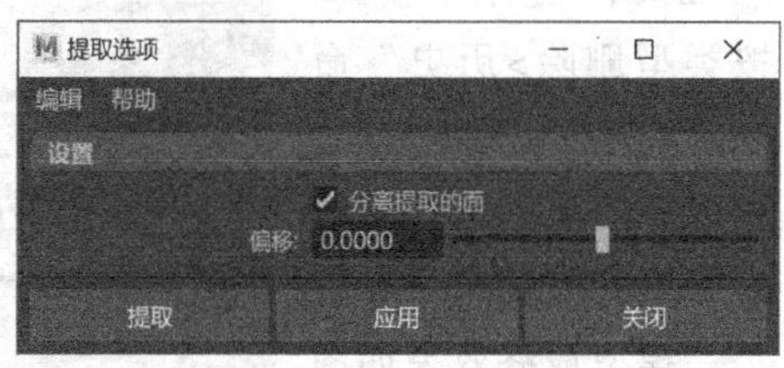

图3-149

常用参数解析

※ 分离提取的面：勾选该选项后该命令可以在提取面后自动进行分离操作。

※ 偏移：通过输入数值偏移提取的面。

3.4.4 镜像

在“多边形建模”工具架中双击“镜像”图标，系统会自动弹出“镜像选项”面板，参数如图3-150所示。

常用参数解析

①“镜像设置”卷展栏

※ 切割几何体：勾选该选项后，系统会对模型进行切割操作。

※ 几何体类型：用于确定使用该工具后，Maya生成的网格类型。

※ 镜像轴位置：用于设置要镜像模型的对称平面的位置，有“边界框”“对象”和“世界”3项可选。

※ 镜像轴：用于设置要镜像模型的轴。

※ 镜像方向：用于设置“镜像轴”镜像模型的方向。

②“合并设置”卷展栏

※ 与原始对象组合：默认该选项为勾选状态，指将镜像出来的模型与原始模型组合为一个单个的网格。

※ 边界：用于设置使用何种方式将镜像模型合到原始模型之中，有“合并边界顶点”“桥接边界边”和“不合并边界”3项可选。

③“UV设置”卷展栏

※ 翻转UV：控制使用副本或选定对象翻转UV。

※ 方向：指定UV空间中翻转UV壳的方向。

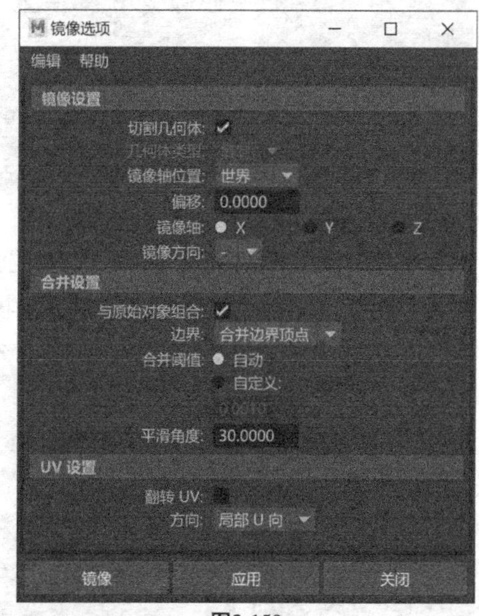

图3-150

3.4.5 圆形圆角

在“多边形建模”工具架中双击“圆形圆角”图标，系统会自动弹出“多边形圆形圆角选项”面板，参数如图3-151所示。

常用参数解析

※ 法线偏移：根据所有选定组件的平均法线调整初始挤出量。

※ 径向偏移：调整圆的初始半径。

※ 扭曲：确定组件绕圆心旋转的程度。

※ 松弛内部：调整组件之间的间距，使它们保持在圆内，同时保持均匀分布。

※ 对齐：用于控制生成圆形的面的方向。

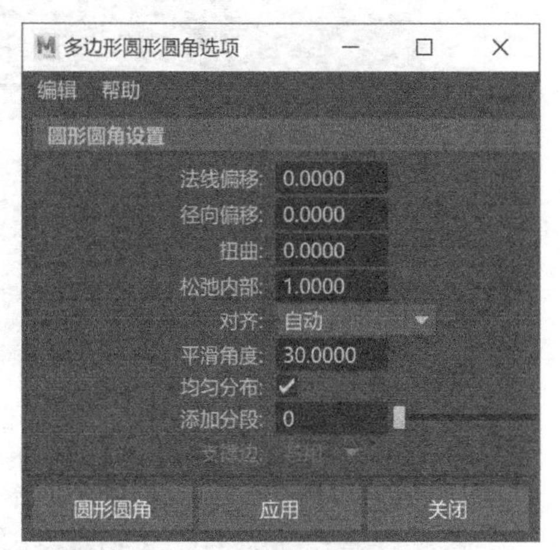

图3-151

3.5 课堂练习：制作短剑模型

场景位置	实例文件>CH03>3_5.mb
实例位置	实例文件>CH03>3_5_完成.mb
视频名称	3.5 课堂练习：制作短剑模型
技术掌握	使用"建模工具包"面板和"多边形建模"工具架中的命令制作模型

本例将使用"建模工具包"面板和"多边形建模"工具架中的命令制作一柄短剑的模型，最终效果如图3-152所示。

图3-152

3.5.1 制作剑刃模型

01 启动中文版Maya 2020，单击"多边形立方体"图标，如图3-153所示。在场景中创建一个长方体模型，如图3-154所示。

图3-153

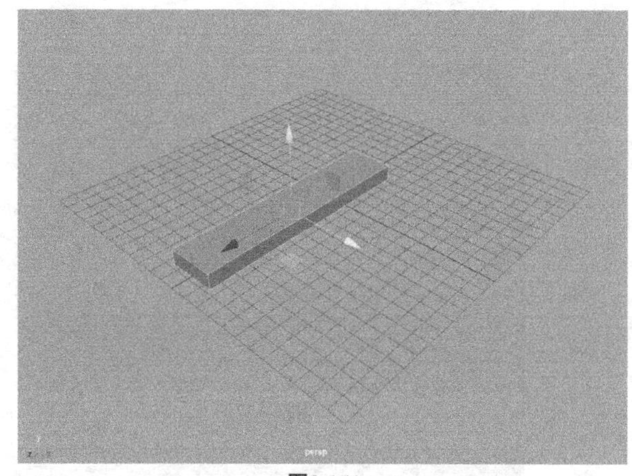

图3-154

02 在"属性编辑器"面板中，展开"多边形立方体历史"卷展栏，设置"宽度"的值为3，"高度"的值为1，"深度"的值为15，"细分宽度"的值为2，"高度细分数"的值为2，"深度细分数"的值为4，如图3-155所示，模型效果如图3-156所示。

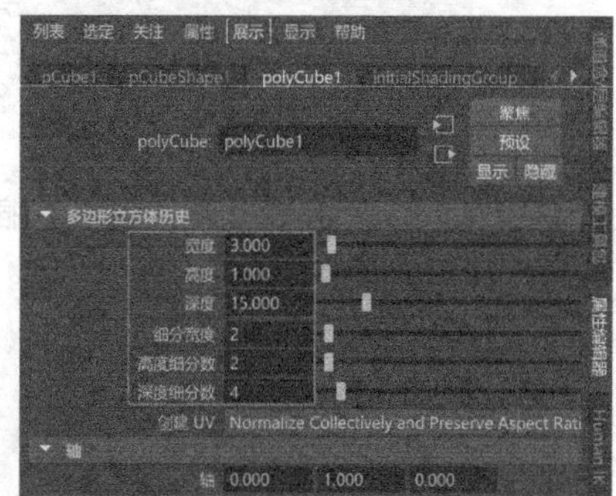

图3-155

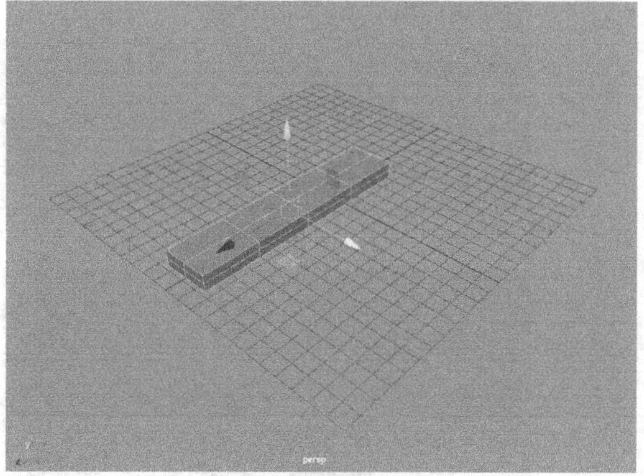

图3-156

03 选择图3-157所示的边线，调整其位置，制作出剑的尖头结构，如图3-158所示。

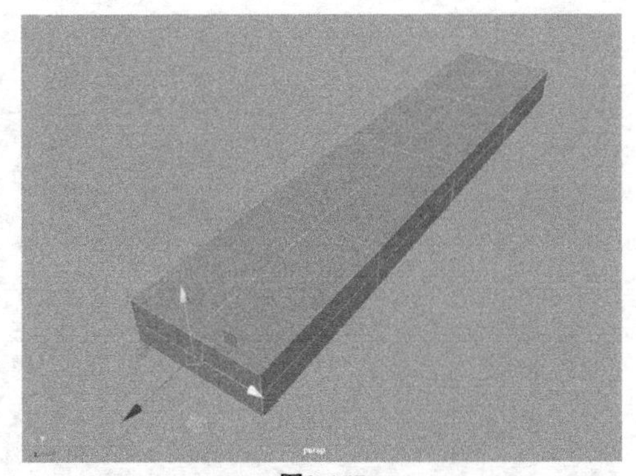
图3-157

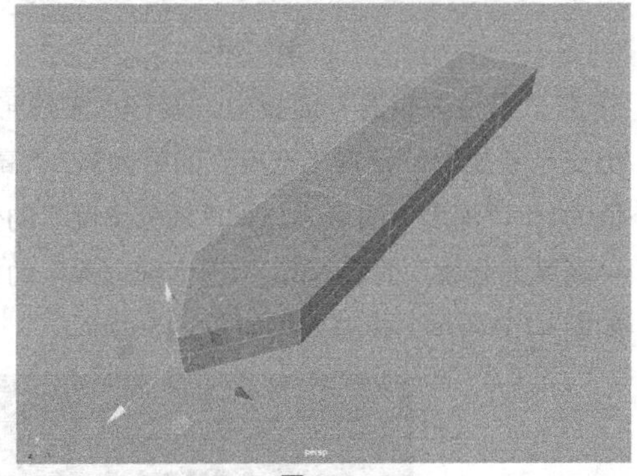
图3-158

04 选择图3-159所示的边线，使用“缩放工具”进行调整，如图3-160所示。

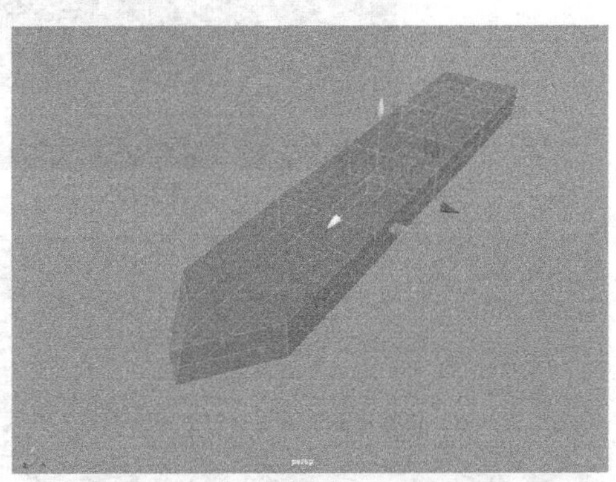
图3-159

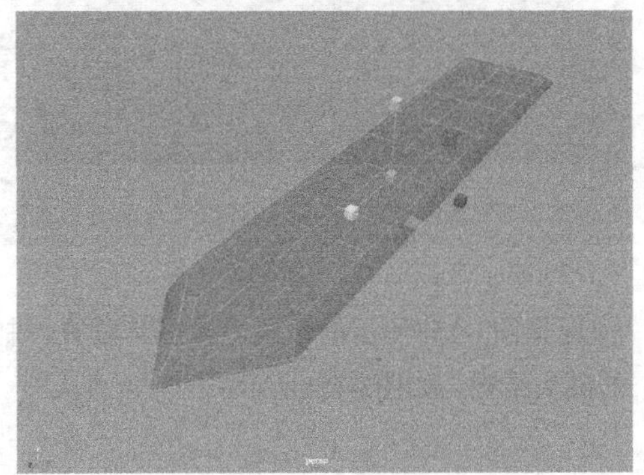
图3-160

05 选择图3-161所示的边线，单击“建模工具包”面板中的“倒角”按钮，制作出图3-162所示的模型效果。

图3-161

图3-162

06 选择图3-163所示的顶点，使用“移动工具”调整其位置，如图3-164所示。

图3-163

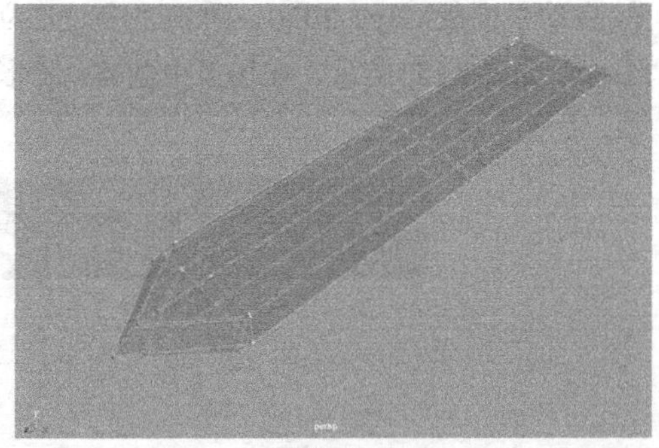
图3-164

07 选择图3-165所示的顶点，使用“缩放工具”进行调整，如图3-166所示。

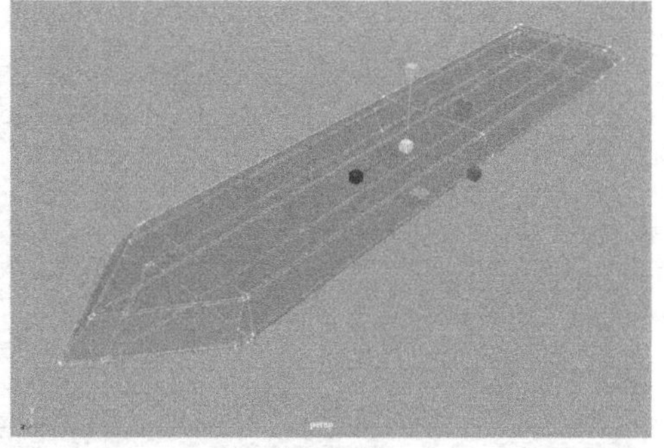
图3-165

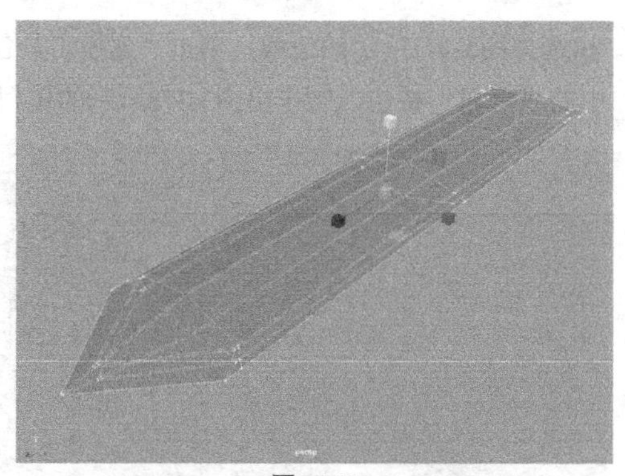
图3-166

08 选择图3-167所示的边线，单击“建模工具包”面板中的“连接”按钮，细化剑刃模型，如图3-168所示。

图3-167

图3-168

09 制作完成后，按快捷键3，查看剑刃模型平滑后的效果，如图3-169所示。

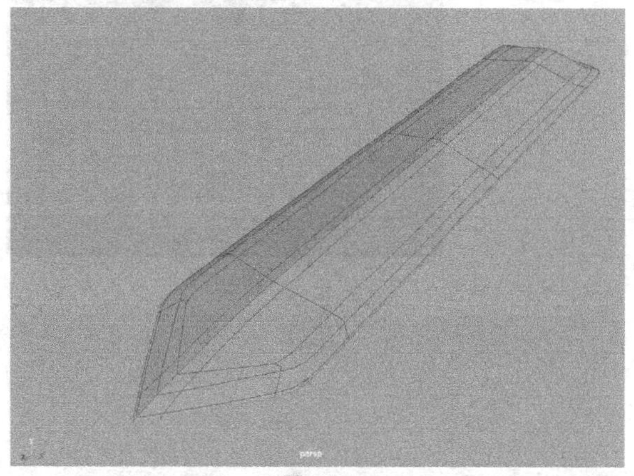
图3-169

3.5.2 制作剑柄模型

01 单击“多边形建模”工具架中的“多边形圆柱体”图标，如图3-170所示。在前视图中创建一个圆柱体，如图3-171所示。

图3-170

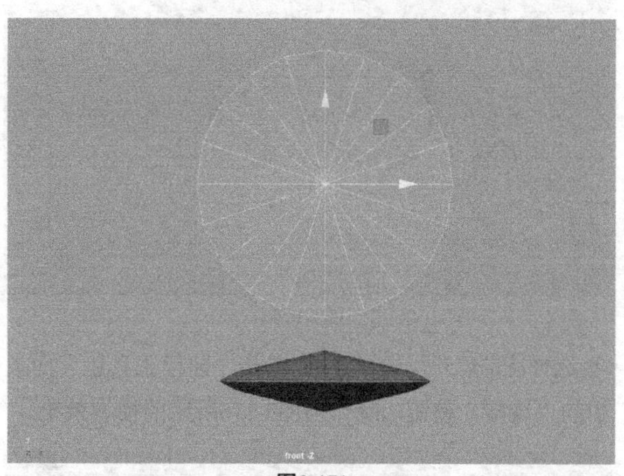
图3-171

02 在“属性编辑器”面板中，展开“多边形圆柱体历史”卷展栏，设置“半径”的值为2，“高度”的值为15，如图3-172所示。

03 选择模型上所有的面，如图3-173所示，使用“缩放工具”调整其形状，如图3-174所示。

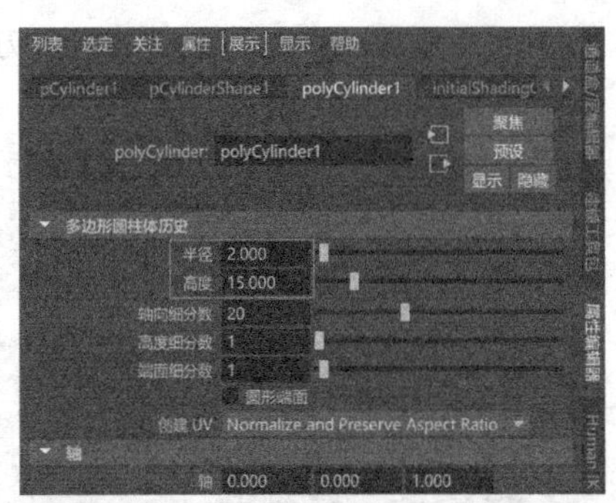

图3-172

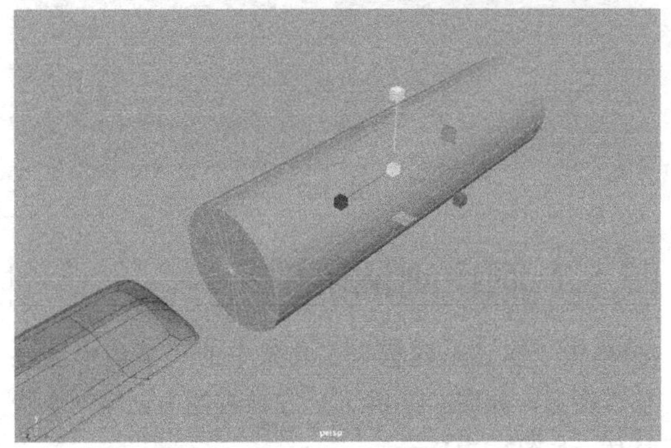

图3-173

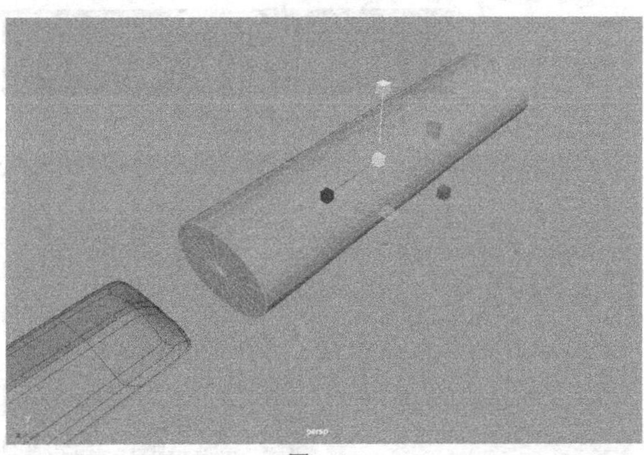

图3-174

04选择图3-175所示的边线，单击“建模工具包”面板中的“连接”按钮，制作出图3-176所示的模型效果。

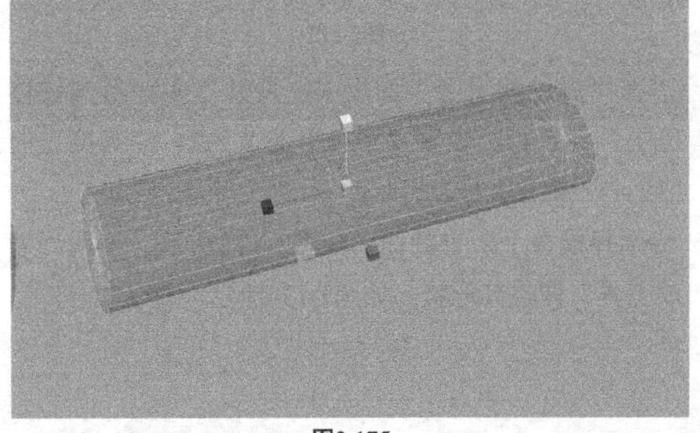

图3-175

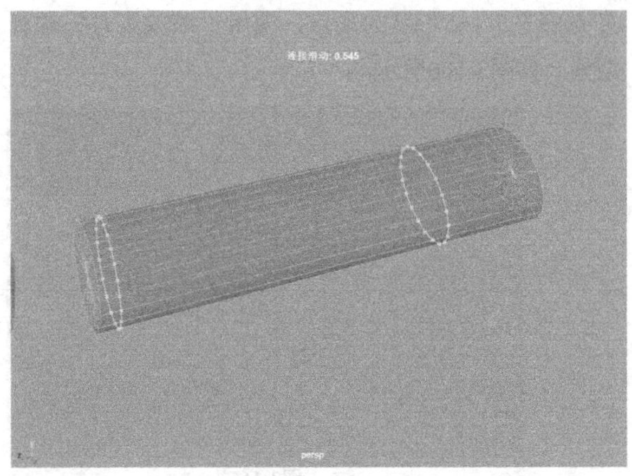

图3-176

05选择图3-177所示的边线，单击“建模工具包”面板中的“倒角”按钮，制作出图3-178所示的模型效果。

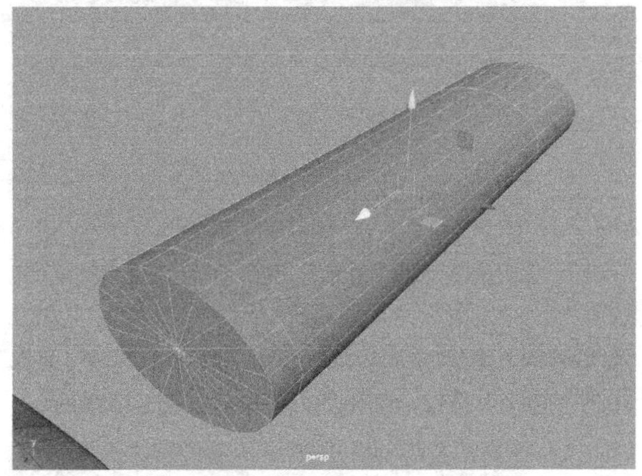

图3-177

图3-178

06选择图3-179所示的边线，单击“建模工具包”面板中的“连接”按钮，制作出图3-180所示的模型效果。

07选择图3-181所示的面，单击“建模工具包”面板中的“挤出”按钮，制作出图3-182所示的模型效果。

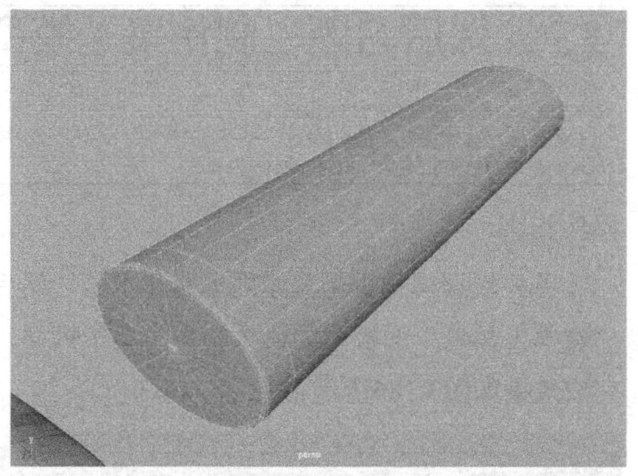
图3-179

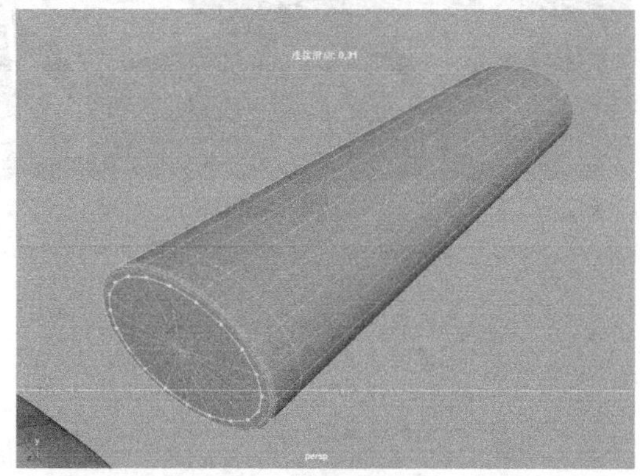
图3-180

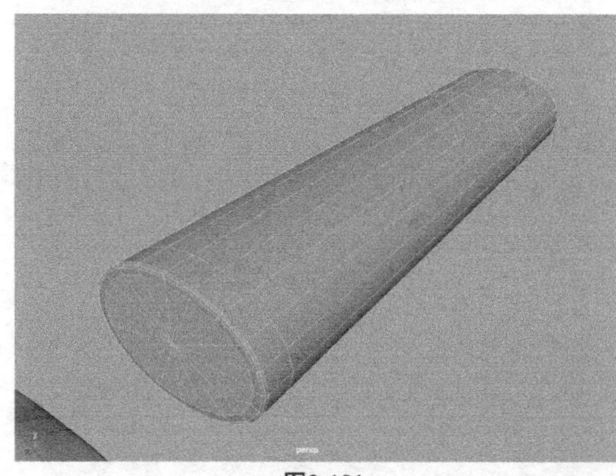
图3-181

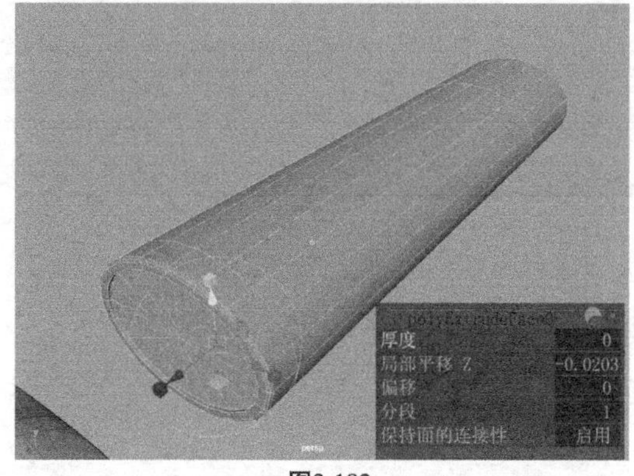

图3-182

08 制作完成后，按快捷键3，剑柄模型的平滑显示效果如图3-183所示。

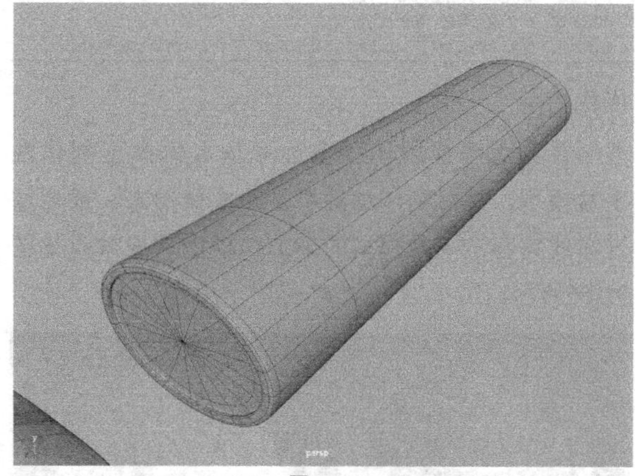
图3-183

09 调整制作好的剑柄位置，模型最终效果如图3-184所示。

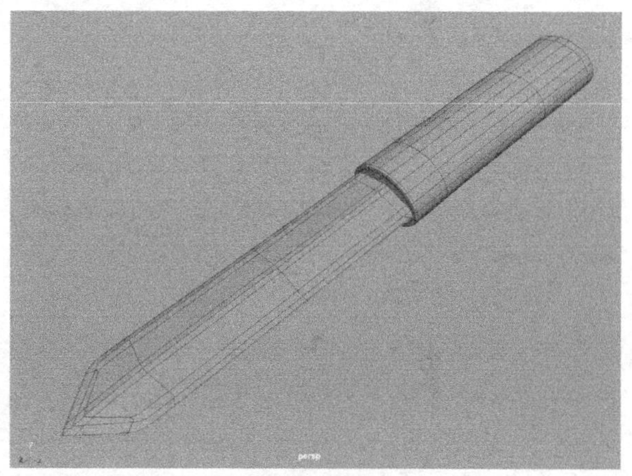
图3-184

3.6 本章小结

本章重点讲解了多边形对象的创建方法、编辑技巧和布线原理，主要以实例的形式介绍了多边形建模相关的常用命令，读者应熟练掌握本章所讲命令的使用方法，举一反三，制作出更好的模型效果。

3.7 课后习题

为了方便读者巩固本章所学习的知识，本节准备了两个习题供大家练习。

3.7.1 课后习题：制作洗手盆模型

场景位置	实例文件>CH03>3_6.mb
实例位置	实例文件>CH03>3_6_完成.mb
视频名称	3.7.1 课后习题：制作洗手盆模型
技术掌握	使用“建模工具包”面板和“多边形建模”工具架中的命令制作模型

操作指南

首先思考使用何种多边形基本体模型制作洗手盆模型，然后制作出洗手盆的大概形态，最后通过布线完善洗手盆模型的细节，模型完成效果如图3-185所示。

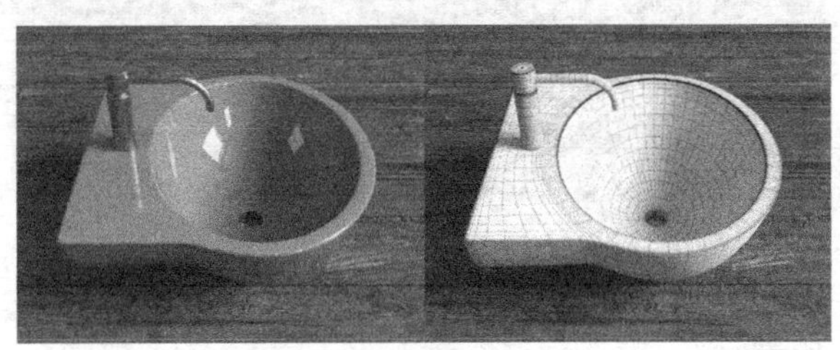

图3-185

3.7.2 课后习题：制作桌子模型

场景位置	实例文件>CH03>3_7.mb
实例位置	实例文件>CH03>3_7_完成.mb
视频名称	3.7.2 课后习题：制作桌子模型
技术掌握	使用“建模工具包”面板中的命令制作模型

操作指南

首先根据模型思考建模的思路和步骤，然后使用“建模工具包”面板中的命令制作出桌子模型，模型完成效果如图3-186所示。

图3-186

第4章 灯光技术

本章将介绍Maya 2020的灯光技术，包含布光的原则、灯光的类型和灯光的参数设置等。灯光在Maya中非常重要，Maya中如果没有灯光，那么什么都不会渲染出来。在本章中，以常见的灯光场景为例，为读者详细讲解常用灯光的使用方法。

课堂学习目标

- 掌握灯光的类型
- 掌握Area Light（区域光）的使用方法
- 掌握Physical Sky（物理天空）的使用方法
- 掌握Mesh Light（网格灯光）的使用方法
- 掌握区域光的使用方法
- 掌握通过后期的方式调整渲染图像亮度的技巧

4.1 灯光概述

灯光的设置是三维制作表现中非常重要的一环。灯光不仅可以照亮物体，还可以在表现场景气氛、天气效果等方面起至关重要的作用，如清晨的室外天光、室内自然光、阴雨天的光照效果和午后的阳光等。

中文版Maya 2020的默认渲染器是Arnold渲染器，如果场景中没有灯光，场景的渲染效果将会是一片漆黑，什么都看不到。所以，在学习完建模技术之后，学习材质技术之前，熟练掌握灯光的设置尤为重要。学习灯光技术前，要对模拟的灯光环境有所了解，建议读者多留意身边的光影现象并拍下照片用来当作项目制作时的重要参考素材。图4-1~图4-4所示为几张光影特效的照片素材。

图4-1

图4-2

图4-3

图4-4

4.2 Arnold灯光

中文版Maya 2020内整合了全新的Arnold灯光系统，使用这一套灯光系统并配合Arnold渲染器，可以渲染出超写实的画面效果。在Arnold工具架中可以找到并使用这些灯光，如图4-5所示。

在菜单栏执行“Arnold>Lights”命令，也可以找到这些灯光，如图4-6所示。

图4-5

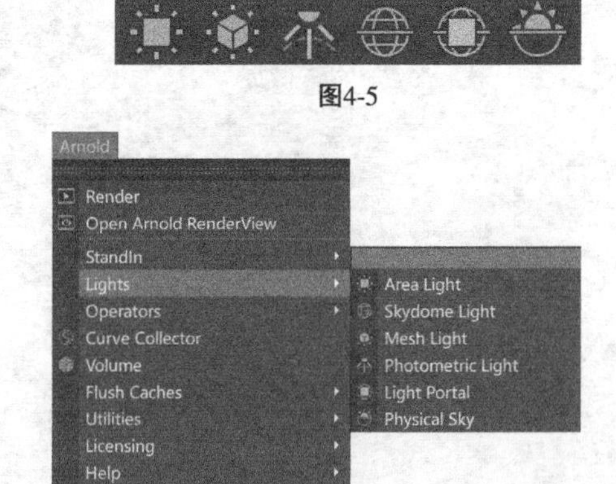

图4-6

4.2.1 课堂案例：制作产品表现灯光照明效果

场景位置　实例文件>CH04>4_1.mb
实例位置　实例文件>CH04>4_1_完成.mb
视频名称　4.2.1 课堂案例：制作产品表现灯光照明效果
技术掌握　Area Light（区域光）的使用方法

本例将通过制作产品表现灯光照明效果学习Area Light的使用方法，最终渲染效果如图4-7所示。

图4-7

01 启动中文版Maya 2020，打开本书配套场景资源文件“4_1.mb”，场景中有一只蟋蟀的玩具产品模型，并且已经设置好了材质及摄影机，如图4-8所示。

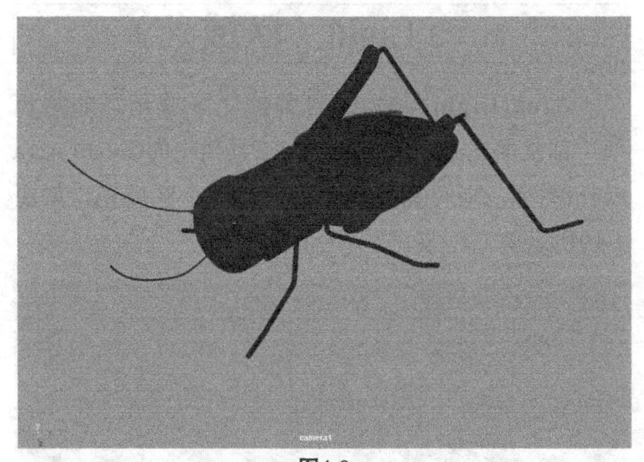

图4-8

02 将工具架切换至Arnold，单击Create Area Light（创建区域光）图标，如图4-9所示，在场景中即可创建一个区域灯光。

图4-9

03 在透视视图中调整区域灯光的位置、大小及旋转角度，如图4-10所示，使灯光从产品模型的正上方向下照射。灯光的变换属性如图4-11所示。

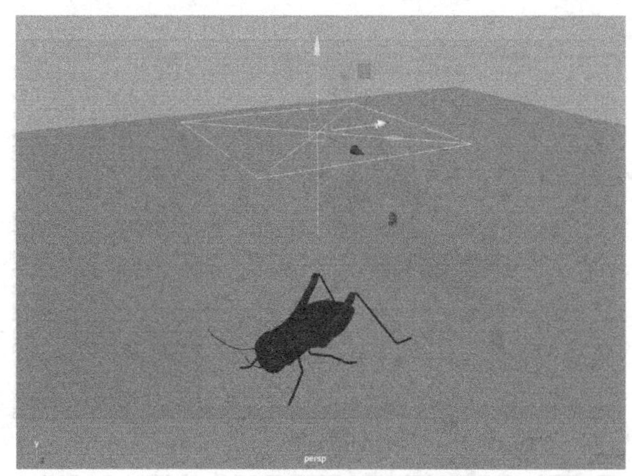

图4-10

图4-11

04 在“属性编辑器”面板中，展开Arnold Area Light Attributes（Arnold区域光属性）卷展栏，设置灯光的Intensity（倍增）值为30，Exposure（曝光）值为10，增加灯光的照射强度，设置Samples（采样）值为5，如图4-12所示。

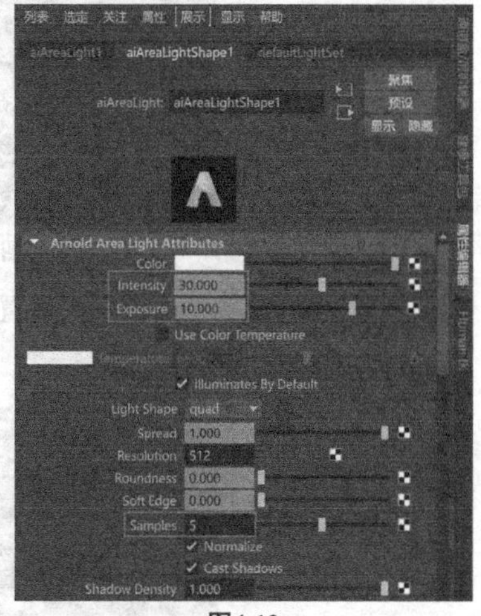

图4-12

05 设置完成后，渲染场景，渲染效果如图4-13所示。

06 选择场景中的区域灯光，按住Shift键，以拖曳的方式复制出一个区域灯光，并调整其位置和旋转角度，如图4-14所示，用来当作辅助照明灯光。灯光的变换属性如图4-15所示。

图4-13

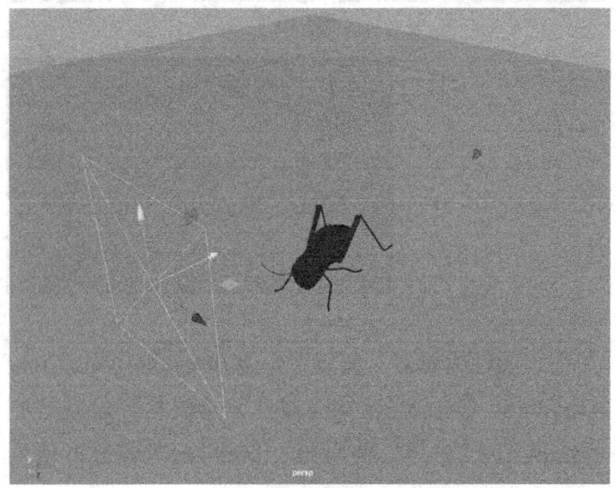

图4-14

图4-15

07 在“属性编辑器”面板中，设置灯光的Intensity值为15，如图4-16所示。

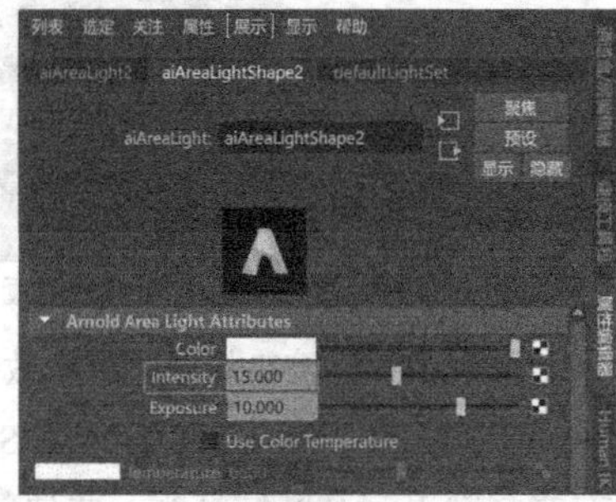

图4-16

08 设置完成后，渲染场景，可以看到添加辅助灯光前后的渲染效果对比，如图4-17所示。最终渲染效果如图4-18所示。

图4-17

图4-18

4.2.2 Area Light（区域光）

Area Light与Maya自带的“区域光”非常相似，都是面光源，单击Arnold工具架中的Create Area Light图标，即可在场景中创建出一个区域光，如图4-19所示。

图4-19

在“属性编辑器”面板中，展开Arnold Area Light Attributes卷展栏，可以查看Arnold区域光的参数，如图4-20所示。

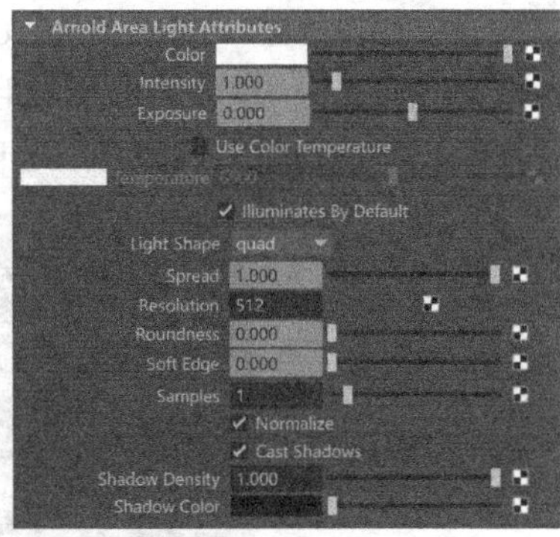

图4-20

常用参数解析

※ Color（颜色）：用来控制灯光的颜色。

※ Intensity（倍增）：用来设置灯光的倍增值。

※ Exposure（曝光）：用来设置灯光的曝光值。

※ Use Color Temperature（使用色温）：勾选该选项可以使用色温控制灯光的颜色。

技术拓展

色温以开尔文（K）为单位，主要用于控制灯光的颜色。默认值为6500K，是国际照明委员会（CIE）认定的白色。当色温值小于6500K时会偏向于红色，当色温值大于6500K时则会偏向于蓝色，图4-21所示显示了不同单位的色温值对场景所产生的光照色彩影响。另外，需要注意的是，当勾选了使用色温选项后，将覆盖掉灯光的默认颜色（包括指定给颜色属性的任何纹理）。

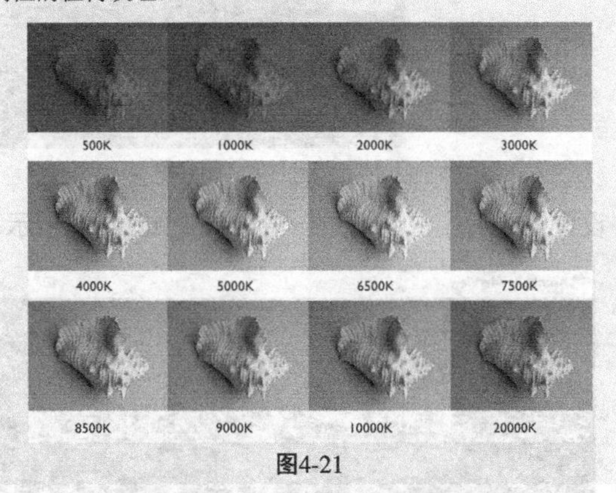

图4-21

※ Temperature（温度）：用于输入色温值。

※ Illuminates By Default（默认照明）：勾选该选项开启默认照明设置。

※ Light Shape（灯光形状）：用于设置灯光的形状。

※ Resolution（细分）：设置灯光计算的细分值。

※ Samples（采样）：设置灯光的采样值，值越高，渲染图像的噪点越少，反之亦然，图4-22所示为该值是1和10时的图像渲染效果对比。通过对比可以看出，较高的采样值可以渲染得到更加细腻的光影效果。

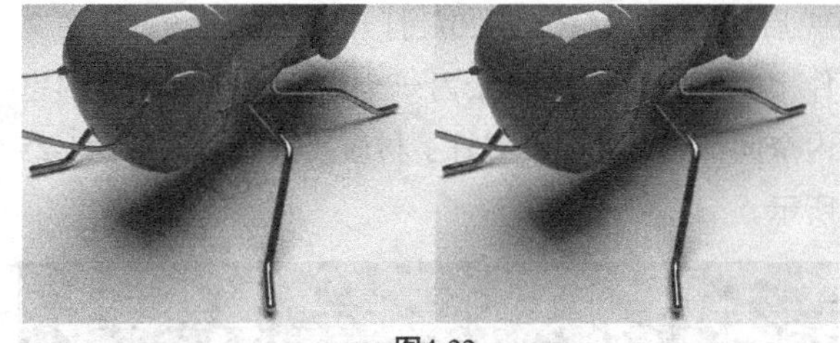

图4-22

※ Cast Shadows（投射阴影）：勾选该选项可以开启灯光的阴影计算。

※ Shadow Density（阴影密度）：设置阴影的密度，值越低，影子越淡，图4-23所示为该值是0.8和1时的图像渲染效果对比，需要注意的是，较低的密度值可能会导致图像看起来不太真实。

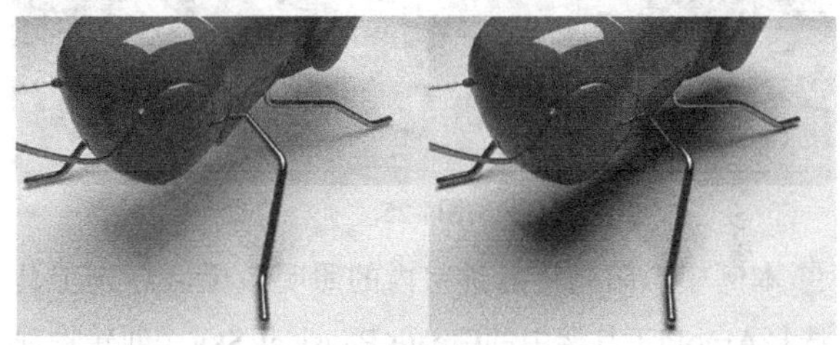

图4-23

※ Shadow Color（阴影颜色）：用于设置阴影颜色。

4.2.3 课堂案例：制作室内日光照明效果

场景位置	实例文件>CH04>4_2.mb
实例位置	实例文件>CH04>4_2_完成.mb
视频名称	4.2.3 课堂案例：制作室内日光照明效果
技术掌握	Physical Sky（物理天空）的使用方法

本例将通过制作室内日光照明效果学习Physical Sky的使用方法，最终渲染效果如图4-24所示。

图4-24

01 启动中文版Maya 2020，打开本书配套场景资源文件“4_2.mb”，本场景为一个放置了简单家具的室内空间，并且已经设置好了材质及摄影机，如图4-25所示。

图4-25

02 本例模拟阳光直射进室内的照明效果，灯光工具选择Arnold工具架中的Create Physical Sky（创建物理天空）图标，如图4-26所示。

图4-26

03 单击Create Physical Sky图标后，系统会在场景中创建一个Physical Sky灯光，如图4-27所示。

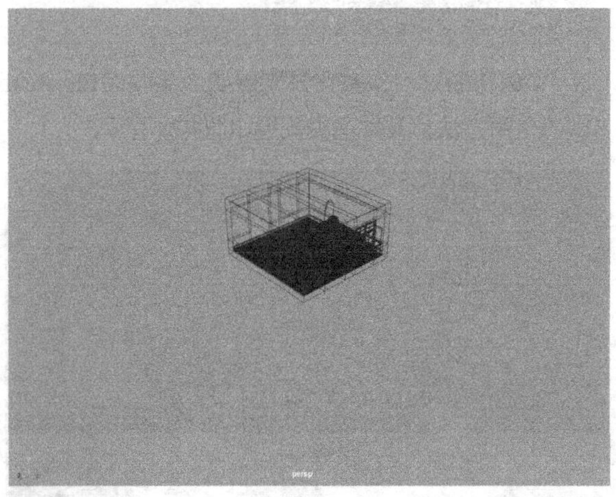

图4-27

04 打开“属性编辑器”面板，展开aiPhysicalSky1选项卡，设置Elevation的值为25，Azimuth的值为30，调整出阳光的照射角度；设置Intensity的值为15，增加阳光的亮度；设置Sun Size的值为0.6，增加太阳的大小，该值可以影响阳光对模型产生的阴影效果，Sky Tint和Sun Tint的颜色保持默认，如图4-28所示。

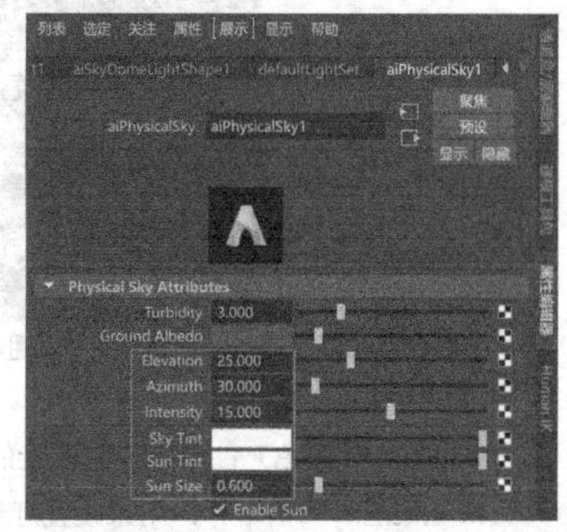

图4-28

05 在aiSkyDomeLightShape1选项卡中，展开SkyDomeLight Attributes卷展栏，设置Samples的值为10，如图4-29所示。

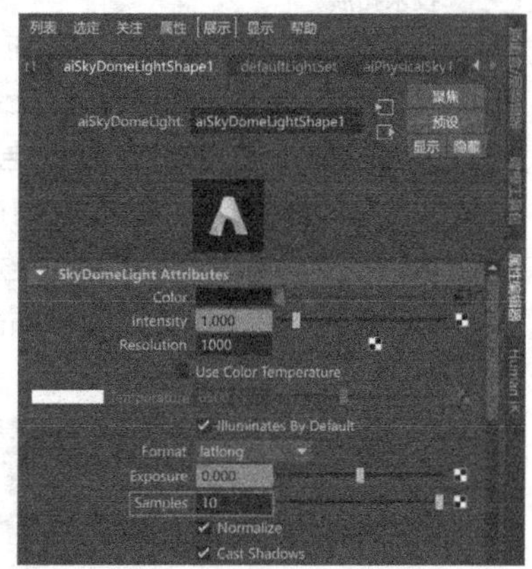

图4-29

06 设置完成后，渲染场景，渲染效果如图4-30所示。

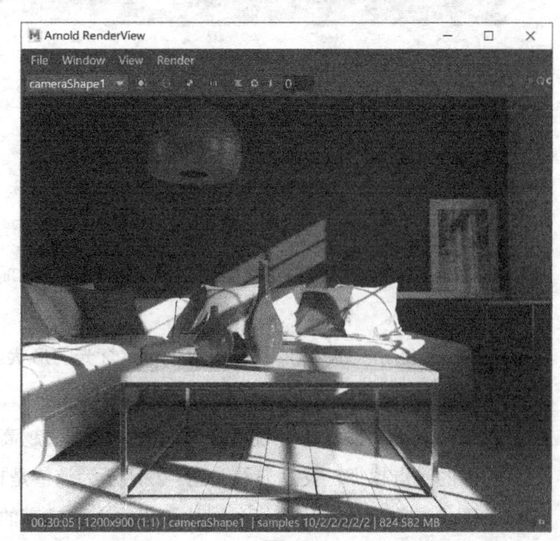

图4-30

⑦ 观察渲染效果，可以看出渲染出来的图像还是略微偏暗，这时可以调整渲染窗口右边Display（显示）选项卡中的Gamma值为2，将渲染图像调亮，得到较为理想的光影渲染效果，如图4-31所示。

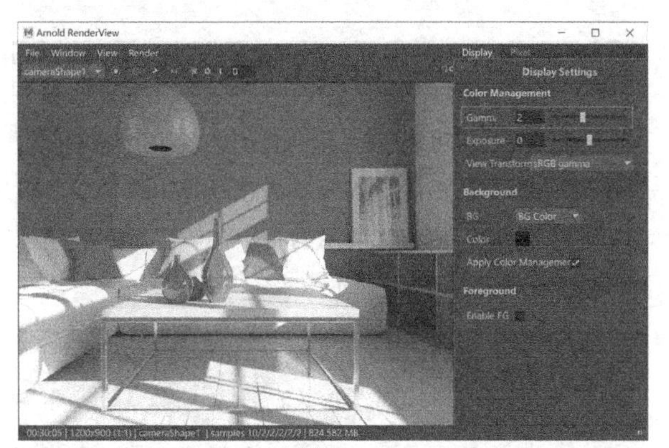

图4-31

⑧ 执行“渲染”窗口上方的“File>Save Image Options”命令，如图4-32所示。

⑨ 在弹出的Save Image Options对话框中，勾选Apply Gamma/Exposure选项，如图4-33所示。这样在保存渲染图像时，就可以将调整了图像Gamma值的渲染效果保存到本地硬盘上了。最终渲染效果如图4-34所示。

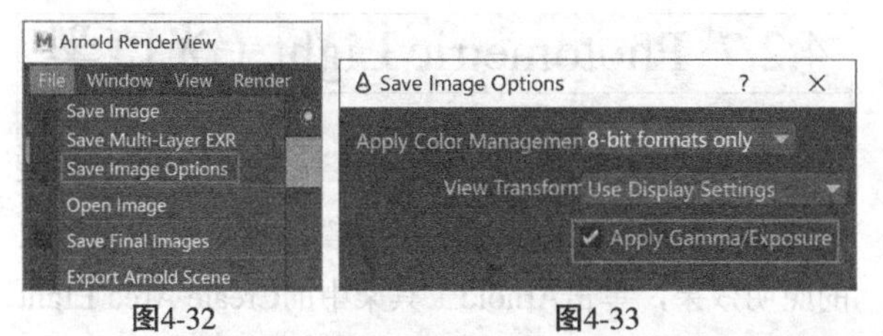

图4-32　图4-33

图4-34

4.2.4 Physical Sky（物理天空）

Physical Sky主要用来模拟真实的日光照明及天空效果。在Arnold工具架中单击“创建物理天空”图标，即可在场景中添加物理天空，如图4-35所示，其参数如图4-36所示。

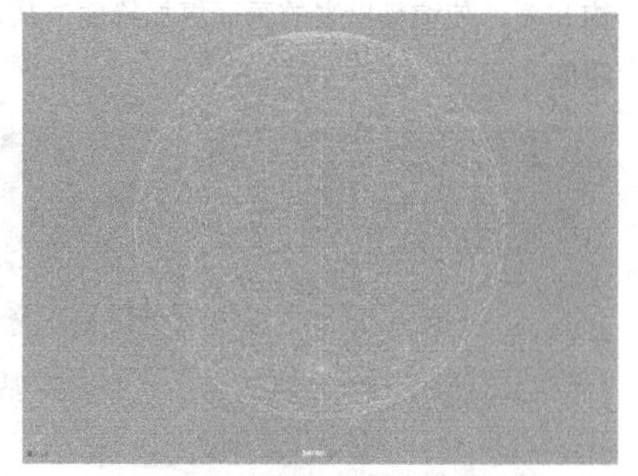

图4-35

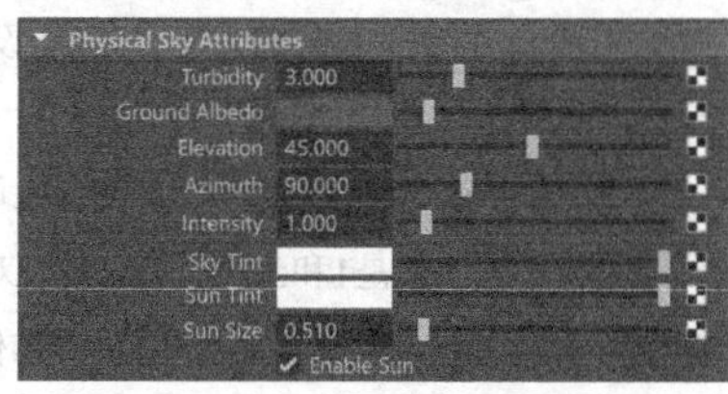

图4-36

常用参数解析

※ Turbidity（浊度）：控制天空的大气浊度，图4-37和图4-38所示为该值是1和10时的渲染图像效果对比。

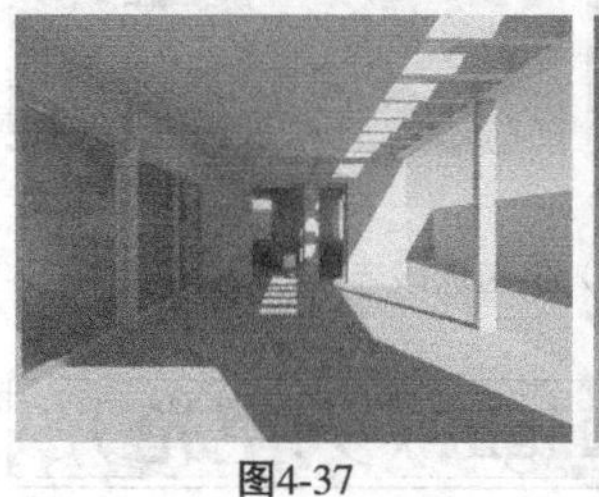

图4-37

图4-38

※ Ground Albedo（地面反射）：控制地平面以下的大气颜色。

※ Elevation（高度）：设置太阳的高度，值越高，太阳的位置越高，天空越亮，物体的影子越短；反之太阳的位置越低，天空越暗，物体的影子越长。图4-39和图4-40所示为该值是70和10时的渲染效果对比。

图4-39

图4-40

※ Azimuth（方位）：设置太阳的方位。

※ Intensity（强度）：设置太阳的倍增值。

※ Sky Tint（天空色彩）：用于设置天空的色调，默认为白色，将Sky Tint的颜色调试为黄色，渲染效果如图4-41所示，可以用来模拟沙尘天气效果；将Sky Tint的颜色调试为蓝色，渲染效果如图4-42所示，可以加强天空的色彩饱和度，使渲染出来的画面更加艳丽，从而显得天气更加晴朗。

图4-41

图4-42

※ Sun Tint（太阳色彩）：用于设置太阳色调，使用方法与Sky Tint相似。

※ Sun Size（太阳大小）：设置太阳的大小，图4-43和图4-44所示为该值是1和5时的渲染效果对比。此外，该值还会对物体的阴影产生影响，值越大，物体的投影越虚。

图4-43

图4-44

※ Enable Sun（启用太阳）：勾选该选项开启太阳计算。

4.2.5 Skydome Light（天空光）

在Maya中，创建Skydome Light可以用来模拟阴天环境下的室外光照，如图4-45所示。

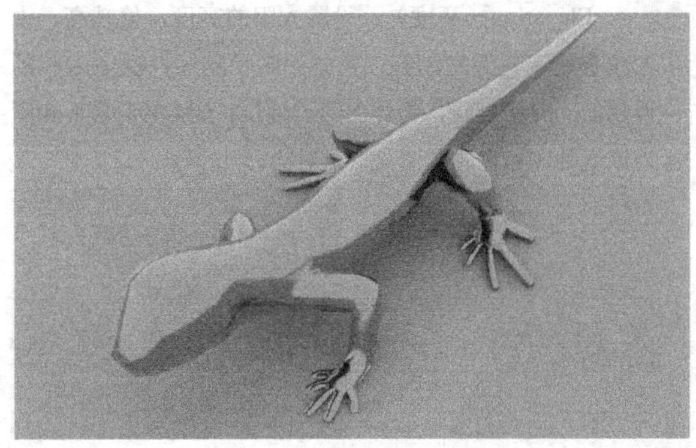

图4-45

技巧与提示

Skydome Light、Mesh Light（网格灯光）和Photometric Light（光度学灯光）的设置与Area Light非常相似，不再重复讲解。

4.2.6 Mesh Light（网格灯光）

Mesh Light可以将场景中的任意多边形对象设置为光源，执行该命令之前需要先在场景中选择一个多边形模型对象，图4-46所示为将一个多边形圆环模型设置为Mesh Light后的显示效果。

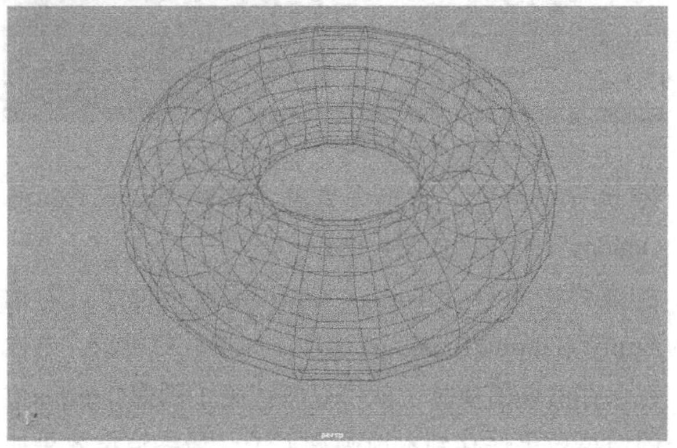

图4-46

4.2.7 Photometric Light（光度学灯光）

Photometric Light常常用来模拟制作射灯所产生的照明效果，单击Arnold工具架中的Create Area Light图标，即可在场景中创建出一个区域光，如图4-47所示。通过在“属性编辑器”面板中添加光域网文件，可以制作出形状各异的光线效果，如图4-48所示。

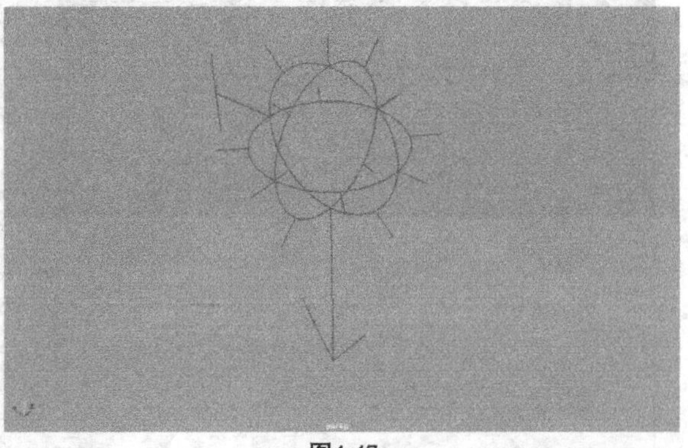

图4-47

图4-48

4.3 Maya灯光

本节讲解Maya常用的灯光类型，包括环境光、平行光、点光源、聚光灯、区域光和体积光等。读者了解灯光类型，学习布光技巧，可以更好地渲染场景。

4.3.1 课堂案例：制作室内天光照明效果

场景位置 实例文件>CH04>4_3.mb
实例位置 实例文件>CH04>4_3_完成.mb
视频名称 4.3.1 课堂案例：制作室内天光照明效果
技术掌握 区域光的使用方法

本例通过制作室内天光照明效果学习“区域光”的使用方法，最终渲染效果如图4-49所示。

图4-49

01 启动中文版Maya 2020，打开本书配套场景资源文件“4_3.mb”，本场景为一个放置了简单家具的室内空间，并且已经设置好了材质及摄影机，如图4-50所示。

图4-50

02 单击“渲染”工具架中的“区域光”图标，如图4-51所示，在场景中创建一个区域光。

03 在场景中调整区域光的大小、位置及角度，如图4-52所示，使灯光从窗户外面向房间里面进行照明。

图4-51

图4-52

04 在“属性编辑器”面板中，展开“区域光属性”卷展栏，设置灯光“强度”的值为200，如图4-53所示。

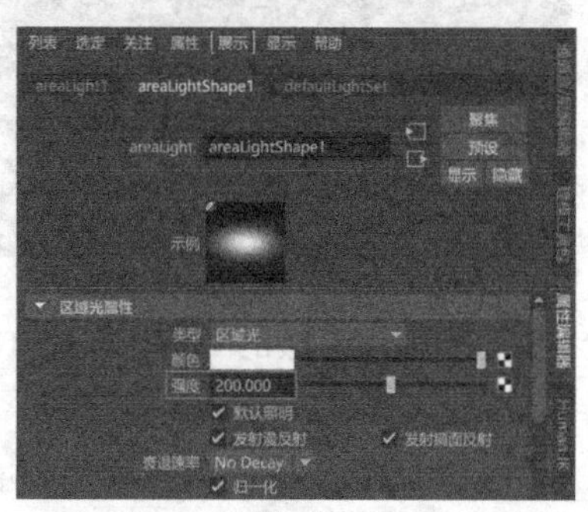

图4-53

05 展开Arnold卷展栏，设置Exposure的值为10，如图4-54所示。

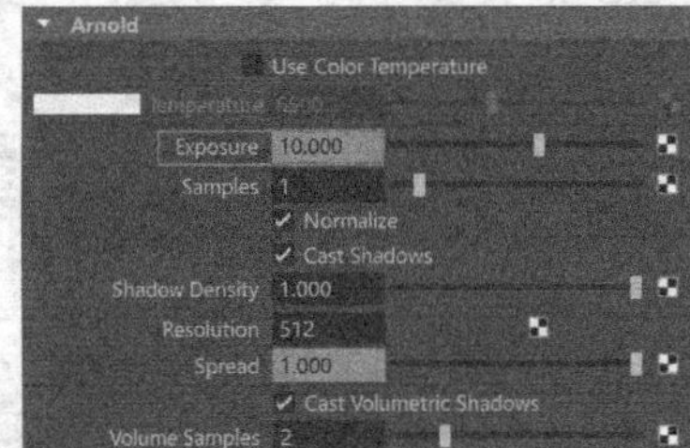

图4-54

06 参数设置完成后，按住Shift键，以拖曳的方式复制该灯光，并调整其位置，如图4-55所示，将其放置于场景中另一处窗户模型位置。

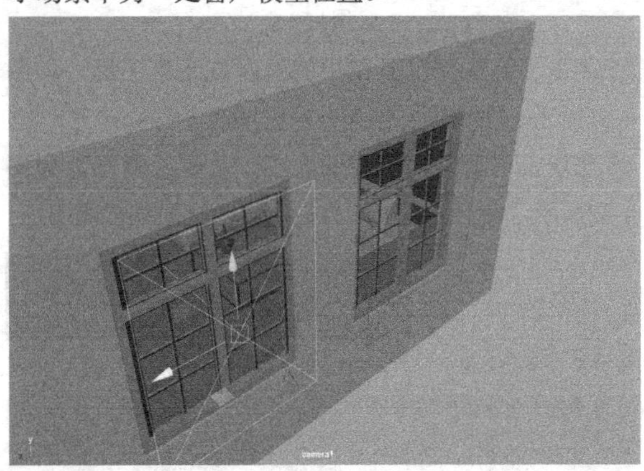

图4-55

07 设置完成后，渲染场景，此时默认状态下，渲染出来的画面略微偏暗，如图4-56所示。

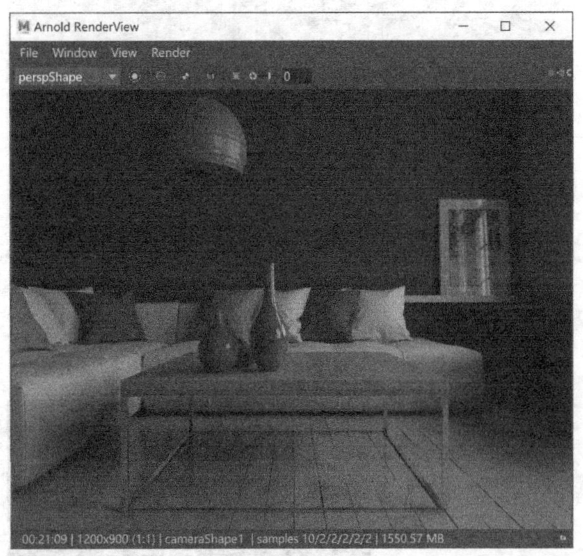

图4-56

08 设置渲染图像的View Transform选项为sRGB gamma，设置Gamma的值为2，Exposure的值为1.25，此时渲染画面的亮度明显增加了许多，如图4-57所示。最终渲染效果如图4-58所示。

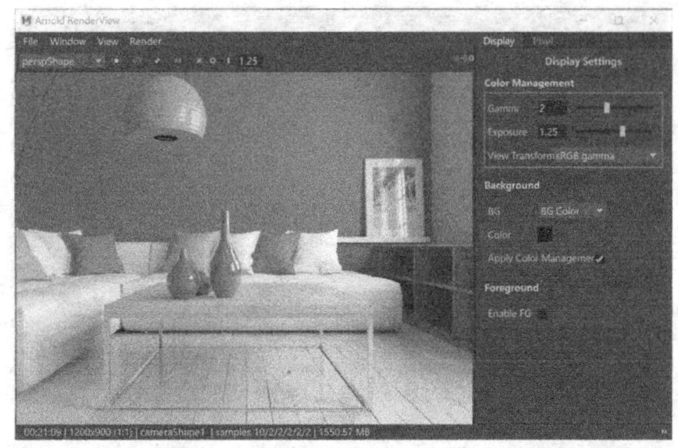

图4-57

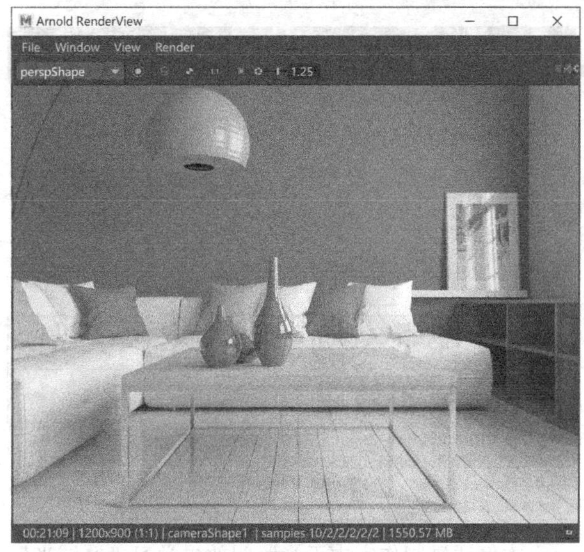

图4-58

4.3.2 环境光

“环境光”通常用来模拟场景中的对象受到来自四周环境的均匀光线照射，单击“渲染”工具架中的“环境光”图标，即可在场景中创建出一个环境灯光，如图4-59所示。

在“属性编辑器”面板中，展开“环境光属性”卷展栏，可以查看环境光的参数设置，如图4-60所示。

图4-59

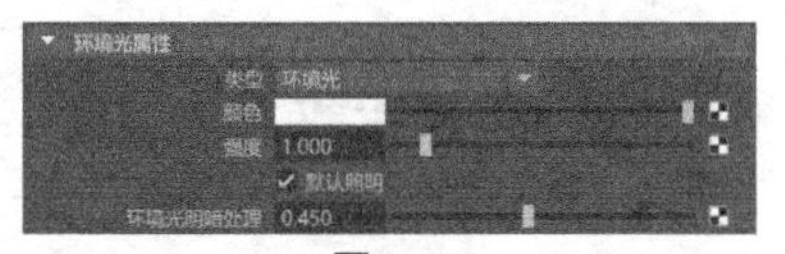

图4-60

常用参数解析

※ 类型：此处用于切换当前所选灯光的类型。

※ 颜色：设置灯光的颜色。

※ 强度：设置灯光的光照强度。

※ 环境光明暗处理：设置平行光与泛向（环境）光的比例。

4.3.3 平行光

“平行光”通常用来模拟日光直射时的、接近平行光线照射的照明效果，平行光的箭头代表灯光的照射方向，缩放平行光图标和移动平行光的位置均对场景照明没有任何影响，单击“渲染”工具架中的“平行光”图标，即可在场景中创建出一个平行光，如图4-61所示。

图4-61

1.“平行光属性”卷展栏

在“属性编辑器”面板中，展开“平行光属性”卷展栏，可以查看平行光的参数设置，如图4-62所示。

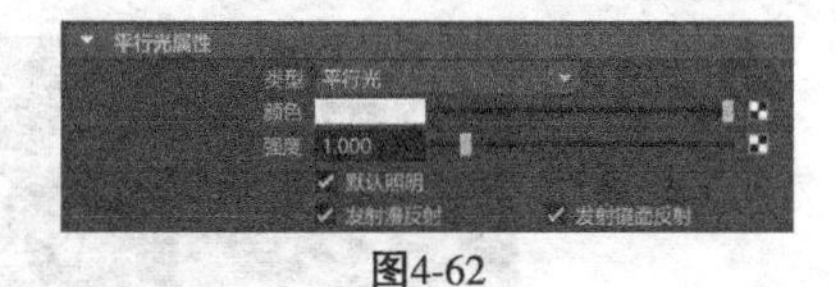

图4-62

常用参数解析

※ 类型：用于更改灯光的类型。

※ 颜色：设置灯光的颜色。

※ 强度：设置灯光的亮度。

2.“深度贴图阴影属性”卷展栏

展开“深度贴图阴影属性”卷展栏，参数如图4-63所示。

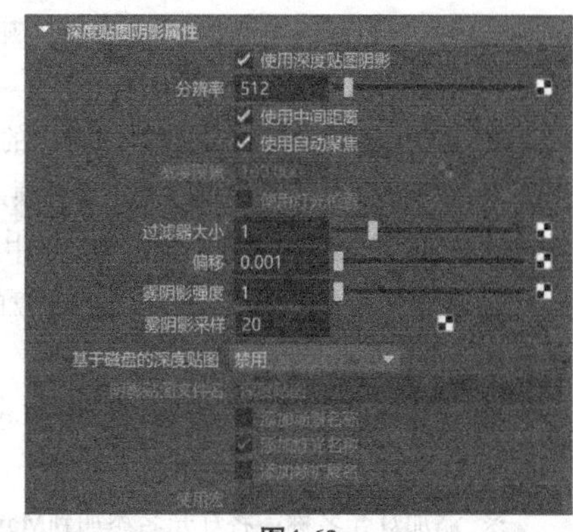

图4-63

常用参数解析

※ 使用深度贴图阴影：该选项处于启用状态时，灯光会产生深度贴图阴影。

※ 分辨率：设置灯光的阴影深度贴图的分辨率，过低的数值会产生明显的锯齿化或像素化效果，过高的数值则会增加不必要的渲染时间，图4-64所示为分辨率数值为512和2048时的渲染效果对比。

图4-64

※ 使用中间距离：如果禁用，Maya会为深度贴图中的每个像素计算灯光与最近阴影投射曲面之间的距离。

※ 使用自动聚焦：如果启用，Maya会自动缩放深度贴图，使其仅填充灯光所照明的区域中包含阴影投射对象的区域。

※ 宽度聚焦：用于在灯光照明的区域内缩放深度贴图的角度。

※ 过滤器大小：控制阴影边的柔和度，图4-65所示为该值是1和4时的阴影渲染效果对比。

图4-65

※ 偏移：深度贴图移向或远离灯光的偏移。

※ 雾阴影强度：控制出现在灯光雾中的阴影的黑暗度，有效范围为1~10，默认值为1。

※ 雾阴影采样：控制出现在灯光雾中的阴影的精度。

※ 基于磁盘的深度贴图：通过该选项，可以将灯光的深度贴图保存到磁盘，并在后续渲染过程中重用它们。

※ 阴影贴图文件名：Maya保存到磁盘的深度贴图文件的名称。

※ 添加场景名称：将场景名添加到Maya保存到磁盘的深度贴图文件的名称中。

※ 添加灯光名称：将灯光名添加到Maya保存到磁盘的深度贴图文件的名称中。

※ 添加帧扩展名：如果启用，Maya会为每帧保存一个深度贴图，然后将帧扩展名添加到深度贴图文件的名称中。

※ 使用宏：仅当“基于磁盘的深度贴图”设置为“重用现有深度贴图”时才可用，它是指宏脚本的路径和名称，Maya会运行该宏脚本以在从磁盘中读取深度贴图时更新该深度贴图。

3.“光线跟踪阴影属性”卷展栏

展开“光线跟踪阴影属性”卷展栏，参数如图4-66所示。

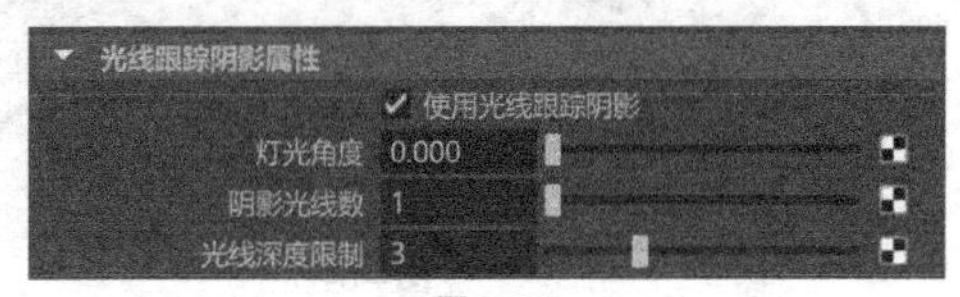

图4-66

常用参数解析

※ 使用光线跟踪阴影：勾选该选项，Maya将使用光线跟踪阴影计算。

※ 灯光角度：控制阴影边的柔和度，图4-67所示为该值是0和5时的阴影渲染效果对比。

图4-67

※ 阴影光线数：控制软阴影边的粒度。值越大，阴影边缘处的颗粒效果越柔和；值越小，颗粒感越明显。

※ 光线深度限制：光线深度指定可以反射或折射光线但仍然导致对象投射阴影的最长时间，在这些点之间（光线会改变方向）的透明对象将不会对光线的终止造成影响。

4.3.4 点光源

“点光源”可以用来模拟灯泡、蜡烛等由一个小范围的点照明环境的灯光效果，单击“渲染”工具架中的“点光源”图标，即可在场景中创建出一个点光源，如图4-68所示。

图4-68

1.“点光源属性”卷展栏

展开“点光源属性”卷展栏，命令如图4-69所示。

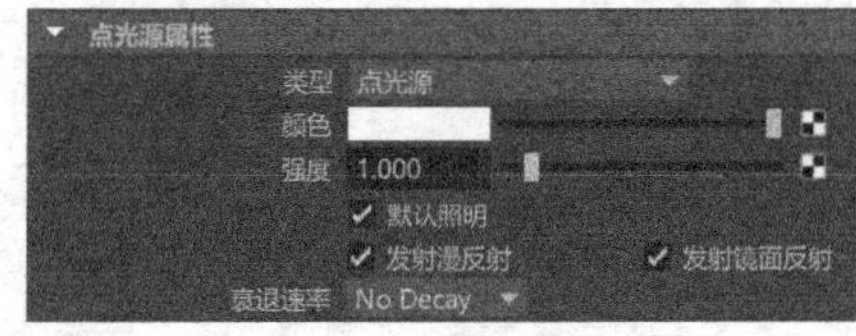

图4-69

常用参数解析

※ 类型：用于切换当前所选灯光的类型。

※ 颜色：设置灯光的颜色。

※ 强度：设置灯光的光照强度。

2.“灯光效果”卷展栏

展开“灯光效果”卷展栏，参数如图4-70所示。

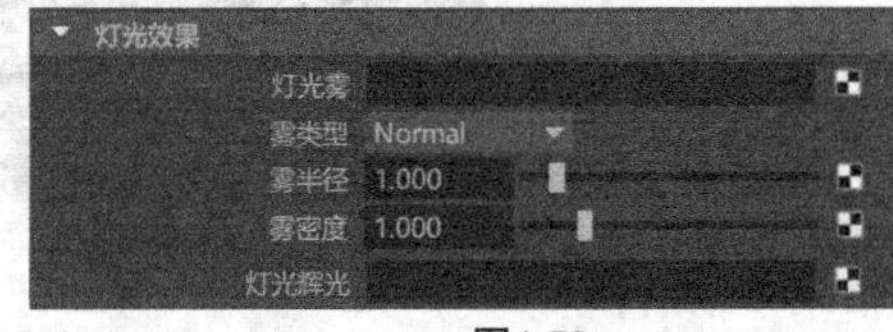

图4-70

常用参数解析

※ 灯光雾：用来设置雾效果。

※ 雾类型：有“正常”“线性”“指数”3种类型可选。

※ 雾半径：用来设置雾的半径。

※ 雾密度：用来设置雾的密度。

※ 灯光辉光：用来设置辉光特效。

4.3.5 聚光灯

使用“聚光灯”可以用来模拟舞台射灯、手电筒等灯光的照明效果，单击“渲染”工具架中的“聚光灯”图标，即可在场景中创建出一个聚光灯，如图4-71所示。

图4-71

展开“聚光灯属性”卷展栏，参数如图4-72所示。

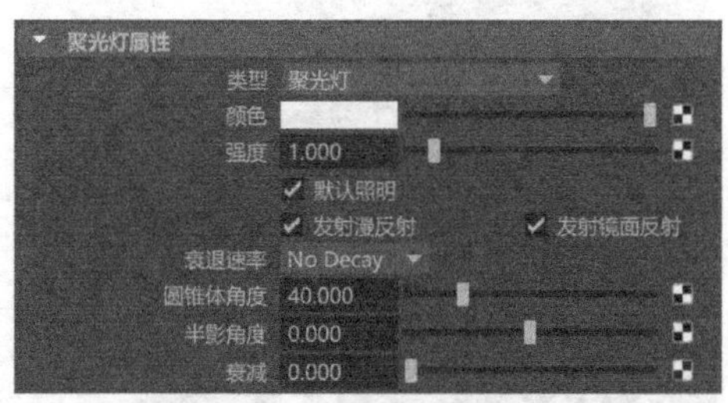

图4-72

常用参数解析

※ 类型：此处用于切换当前所选灯光的类型。

※ 颜色：设置灯光的颜色。

※ 强度：设置灯光的光照强度。

※ 衰退速率：控制灯光的强度随距离而下降的速度。

※ 圆锥体角度：聚光灯光束边到边的角度。

※ 半影角度：聚光灯光束的边的角度，在该边上，聚光灯的强度以线性方式下降到零。

※ 衰减：控制灯光强度从聚光灯光束中心到边缘的衰减速率。

4.3.6 区域光

“区域光”是一个范围灯光，常被用来模拟室内窗户照明效果，单击“渲染”工具架中的“区域光”图标，即可在场景中创建出一个区域光，如图4-73所示。

展开“区域光属性”卷展栏，参数如图4-74所示。

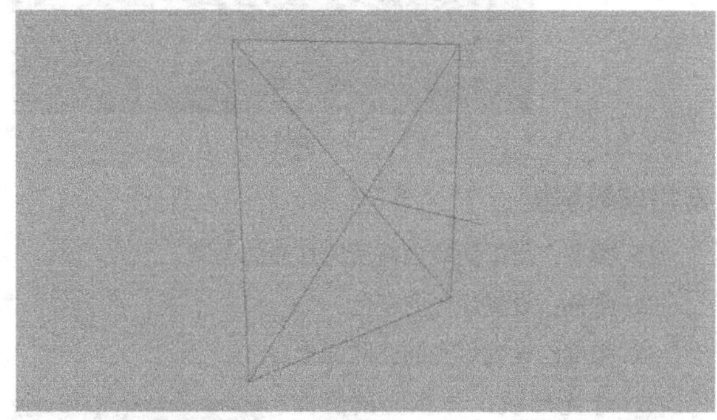

图4-73

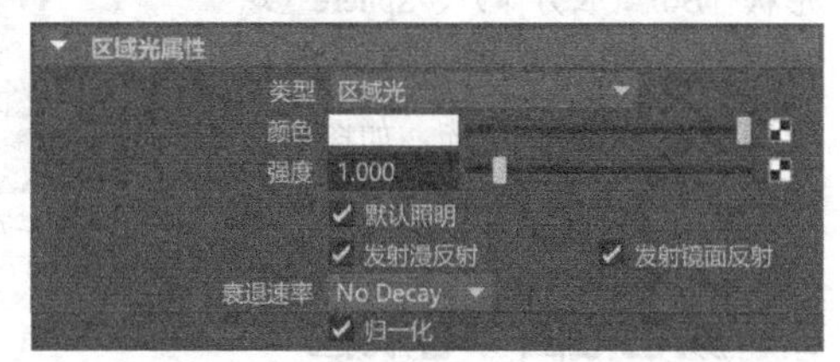

图4-74

常用参数解析

※ 类型：用于切换当前所选灯光的类型。

※ 颜色：设置灯光的颜色。

※ 强度：设置灯光的光照强度。

※ 衰退速率：控制灯光的强度随距离而下降的速度。

4.3.7 体积光

“体积光”可以用来照亮有限距离内的对象，单击“渲染”工具架中的“体积光”图标，即可在场景中创建出一个体积光，如图4-75所示。

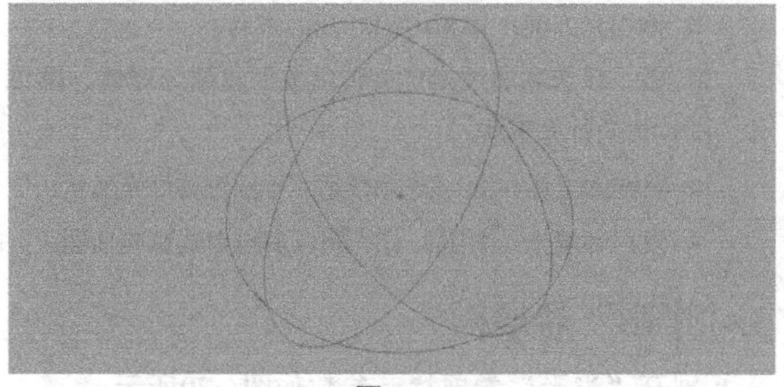

图4-75

1. “体积光属性”卷展栏

展开“体积光属性”卷展栏，参数如图4-76所示。

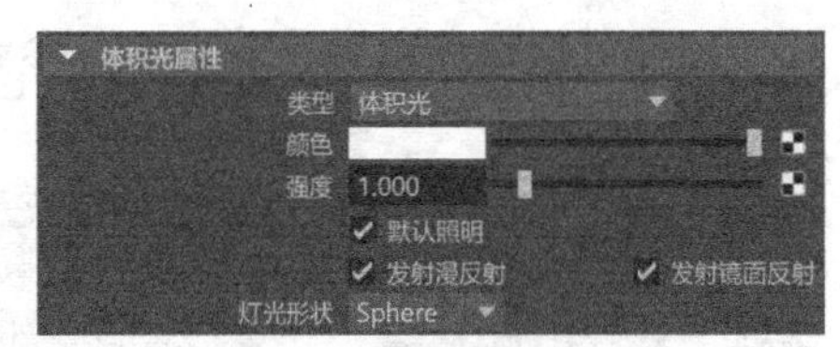

图4-76

常用参数解析

※ 类型：用于切换当前所选灯光的类型。

※ 颜色：设置灯光的颜色。

※ 强度：设置灯光的光照强度。

※ 灯光形状：体积光的灯光形状有Box（长方体）、Sphere（球体）、Cylinder（圆柱体）和Cone（圆锥体）等4种可选，如图4-77所示。

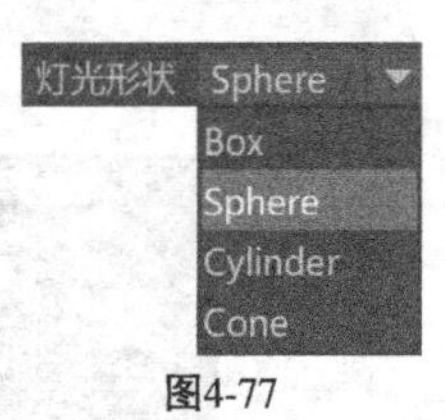

图4-77

2. "颜色范围"卷展栏

展开"颜色范围"卷展栏，参数如图4-78所示。

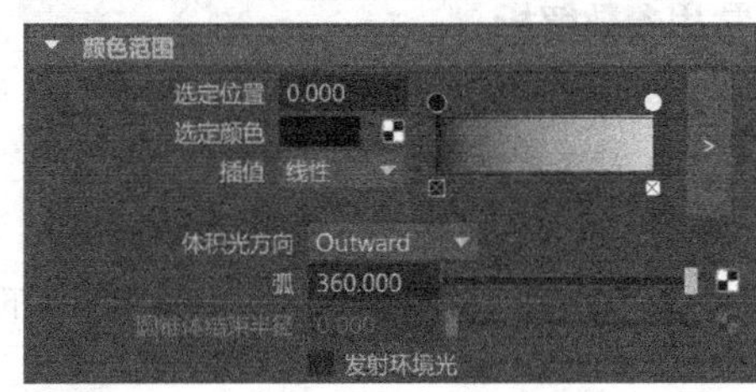

图4-78

常用参数解析

※ 选定位置：活动颜色条目在渐变中的位置。

※ 选定颜色：活动颜色条目的颜色。

※ 插值：控制颜色在渐变中的混合方式。

※ 体积光方向：体积内的灯光的方向。

※ 弧：该选项通过指定旋转度数创建部分球体、圆锥体、圆柱体的灯光形状。

※ 圆锥体结束半径：该选项仅适用于圆锥体灯光形状。

※ 发射环境光：启用后，灯光将以多向方式影响曲面。

3. "半影"卷展栏

展开"半影"卷展栏，参数如图4-79所示。

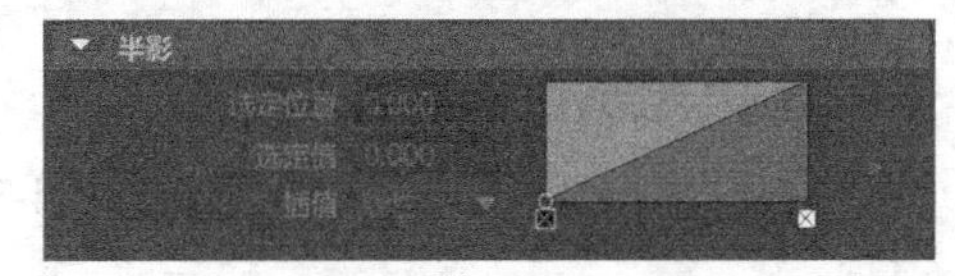

图4-79

常用参数解析

※ 选定位置：该值会影响图形中的活动条目，同时在图形的x轴上显示。

※ 选定值：该值会影响图形中的活动条目，同时在图形的y轴上显示。

※ 插值：控制计算值的方式。

4.4 课堂练习：制作室外日光照明效果

场景位置	实例文件>CH04>4_4.mb
实例位置	实例文件>CH04>4_4_完成.mb
视频名称	4.4 课堂练习：制作室外日光照明效果
技术掌握	Physical Sky（物理天空）的使用方法

本例将通过制作室外日光照明效果学习Physical Sky的使用方法，最终渲染效果如图4-80所示。

图4-80

01 启动中文版Maya 2020，打开本书配套场景资源文件"4_4.mb"，本场景为一个室外环境场景，并且已经设置好了材质及摄影机，如图4-81所示。

图4-81

02 本例模拟阳光对环境产生的室外照明效果，灯光工具选择Arnold工具架中的Create Physical Sky图标，如图4-82所示。

图4-82

03 单击Create Physical Sky图标后，系统会在场景中创建一个Physical Sky灯光，如图4-83所示。

04 打开“属性编辑器”面板，切换到aiPhysicalSky1选项卡，展开Physical Sky Attributes卷展栏，设置Elevation的值为30，Azimuth的值为155，调整阳光的照射角度；设置Intensity的值为3，增加阳光的亮度；设置Sun Size的值为5，增加太阳的大小，该值可以影响阳光对模型产生的阴影效果，Sky Tint和Sun Tint的颜色保持默认，如图4-84所示。

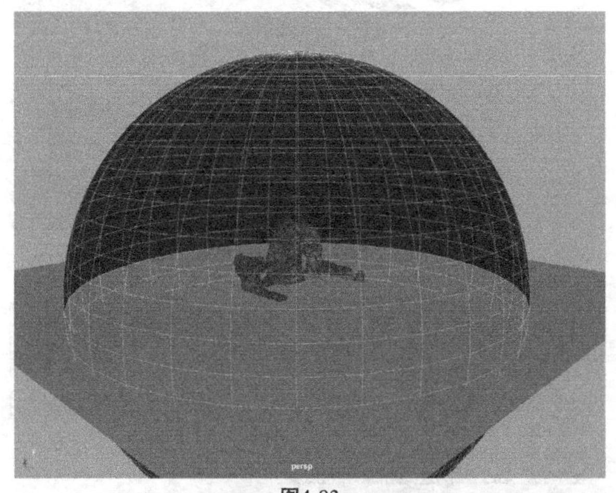

图4-83

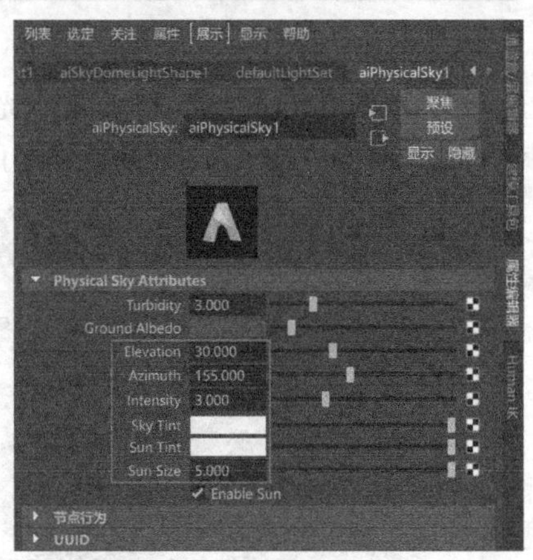

图4-84

05 设置完成后，渲染场景，渲染效果如图4-85所示。

图4-85

06 观察渲染效果略微有点偏暗，这时可以调整渲染窗口右边Display选项卡中的Gamma值为1.8，将渲染图像调亮，如图4-86所示，得到较为理想的光影渲染效果，如图4-87所示。

图4-86

图4-87

07 在aiPhysicalSky1选项卡中，展开Physical Sky Attributes卷展栏，设置Elevation的值为30，Azimuth的值为200，调整阳光的照射角度；设置Intensity的值为7，增加阳光的亮度，如图4-88所示。

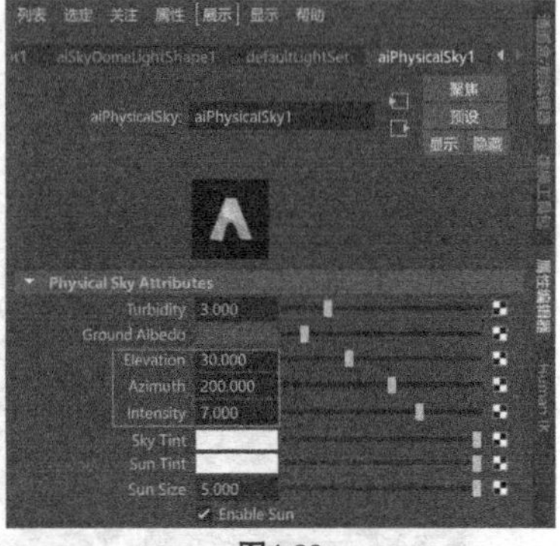

图4-88

08 再次渲染场景，得到日光直射在墙体上的照明效果，如图4-89所示。

图4-89

4.5 本章小结

本章详细讲解了Maya 2020中常用灯光的作用及参数设置，同时以实例的方式将灯光与场景结合起来进行了讲解，使读者在理解灯光参数的同时，学会布光的技巧。读者在学习本章内容时，应重点掌握这些灯光的设置方法。

4.6 课后习题

本节共安排了两个习题供读者练习，只有熟练掌握灯光的设置方法，才能更好地制作出让自己满意的光影作品。

4.6.1 课后习题：制作荧光照明效果

场景位置	实例文件>CH04>4_5.mb
实例位置	实例文件>CH04>4_5_完成.mb
视频名称	4.6.1 课后习题：制作荧光照明效果
技术掌握	Mesh Light（网格灯光）的使用方法

操作指南

前面学习了Arnold灯光的使用方法和设置技巧。Arnold灯光不但可以模拟制作产品展示布光、室内天光、室内日光、室外环境天光、室内人工灯光，还可以将场景中的多边形模型设置为灯光，最终渲染效果如图4-90所示。

图4-90

4.6.2 课后习题：制作射灯照明效果

场景位置	实例文件>CH04>4_6.mb
实例位置	实例文件>CH04>4_6_完成.mb
视频名称	4.6.2 课后习题：制作射灯照明效果
技术掌握	Photometric Light（光度学灯光）的使用方法

操作指南

Photometric Light可以通过加载光域网文件制作射灯照明效果，最终渲染效果如图4-91所示。

图4-91

第5章 摄影机技术

本章将介绍Maya 2020的摄影机技术，主要包含摄影机的类型及基本参数。希望读者能够通过本章的学习，掌握摄影机的使用技巧。本章内容相对简单，希望读者勤加练习，熟练掌握。

课堂学习目标

- 了解摄影机的类型
- 掌握摄影机基本参数的设置方法
- 掌握摄影机景深特效的制作方法

5.1 摄影机概述

在学习Maya的摄影机技术之前，应该充分了解真实摄影机的结构。相机的基本结构是相似的，如镜头、取景器、快门、光圈、机身等，图5-1所示为一款摄影机的内部结构透视图。

图5-1

想要在不同光照环境下拍摄出优质的画面，需要对摄影机有很深的了解。如果说相机的价值由拍摄的效果决定，那么为了保证这个效果，拥有一个性能出众的镜头至关重要。摄影机的镜头分为很多种，如定焦镜头、标准镜头、长焦镜头、广角镜头、鱼眼镜头等，调节不同的光圈配合快门才可以通过控制曝光时间抓住精彩的瞬间。中文版Maya 2020提供了多个类型的摄影机供用户选择。通过为场景设定摄影机，用户可以轻松地在三维软件中记录自己摆放好的镜头位置并设置动画。摄影机的参数相对较少，但这并不意味着掌握摄影机技术很轻松。在学习摄影机技术时，读者可以同时学习一些有关画面构图的知识，图5-2和图5-3所示为我日常生活中拍摄的画面。

图5-2

图5-3

5.2 摄影机的类型

启动中文版Maya 2020后，在“大纲视图”面板中可以看到场景中已经有4台摄影机，这4台摄影机名称的颜色呈灰色，如图5-4所示，说明这4台摄影机目前正处于隐藏状态，并分别用来控制透视视图、顶视图、前视图和右视图。

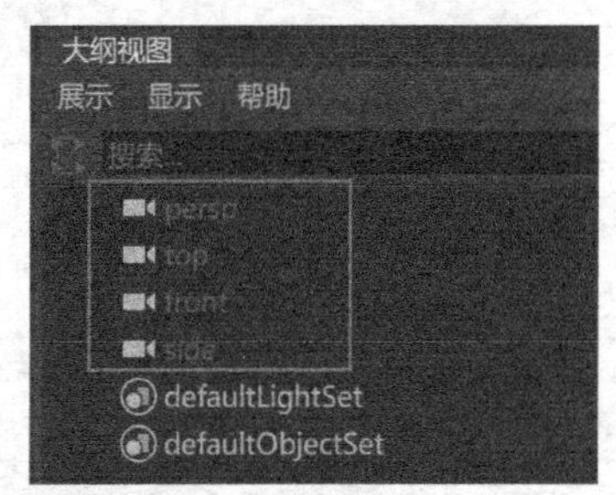

图5-4

在场景中进行各个视图的切换操作，实际上是在这些摄影机视图里完成的。通过按住空格键，在弹出的菜单中按住中间的“Maya”按钮，可以进行各个视图的切换，如图5-5所示。如果想将当前视图切换至后视图、左视图或仰视图，则在当前场景中会新建一个对应的摄影机，图5-6所示为切换至左视图后，在“大纲视图”面板中出现的摄影机对象。

图5-5

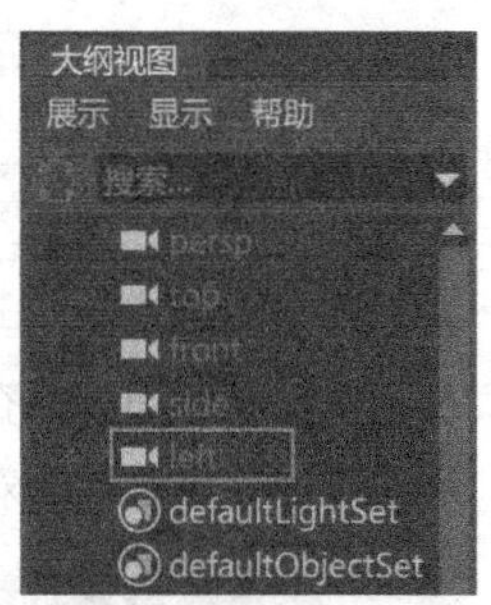

图5-6

通过在菜单栏执行“创建>摄影机”命令，可以显示出Maya为用户提供的多种类型的摄影机，如图5-7所示。

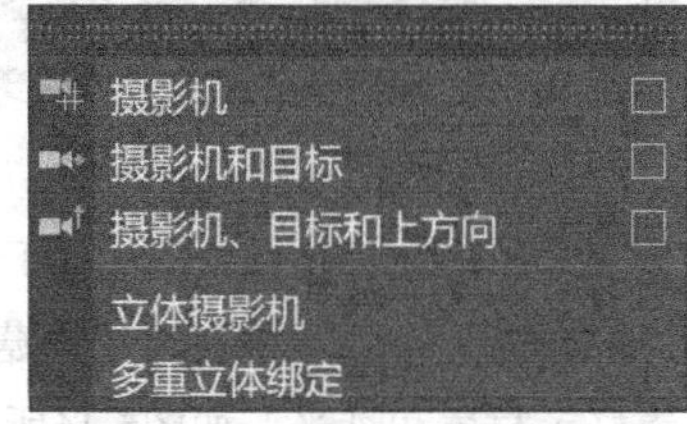

图5-7

此外，在“渲染”工具架和“运动图形”工具架中，也可以找到“创建摄影机”图标，如图5-8和图5-9所示。

图5-8

图5-9

5.2.1 摄影机

Maya的摄影机工具可以广泛用于静态及动态场景中，是使用频率最高的摄影机工具，如图5-10所示。

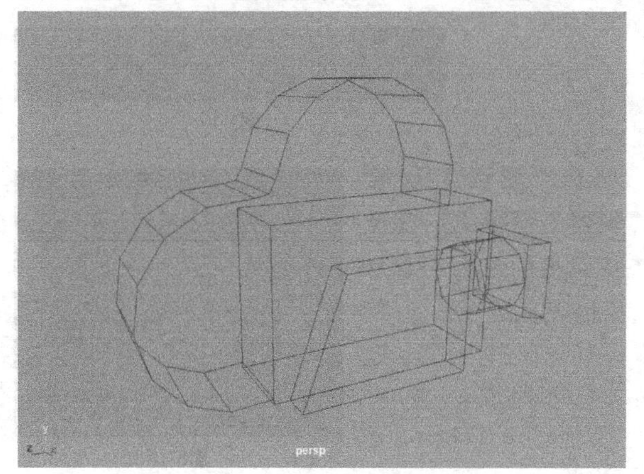

图5-10

5.2.2 摄影机和目标

使用“摄影机和目标”命令创建出来的摄影机会自动生成一个目标点，这种摄影机可以应用在有需要一直追踪对象的镜头的场景中，如图5-11所示。

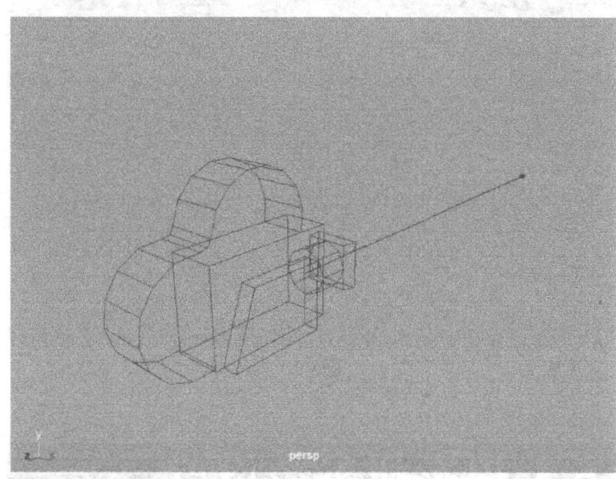

图5-11

5.2.3 摄影机、目标和上方向

执行“摄影机、目标和上方向”命令创建出来的摄影机带有两个目标点，一个目标点的位置在摄影机的前方，另一个目标点的位置在摄影机的上方，这有助于适应更加复杂的动画场景，如图5-12所示。

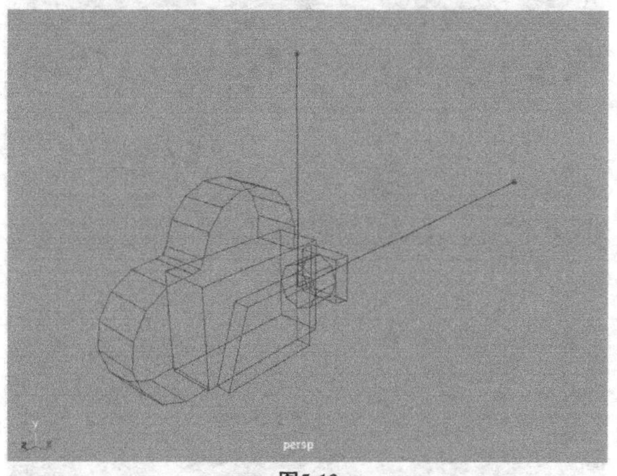

图5-12

5.2.4 立体摄影机

使用“立体摄影机”命令创建出来的摄影机为一个由三台摄影机间隔一定距离并排而成的摄影机组合，如图5-13所示。使用立体摄影机可创建具有三维景深的三维渲染效果。渲染立体场景时，Maya会考虑所有的立体摄影机属性，并执行计算以生成可被其他程序合成的立体图或平行图像。

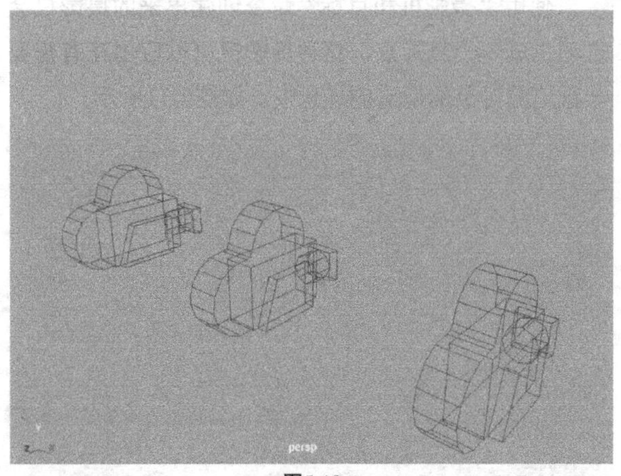

图5-13

5.3 摄影机参数设置

摄影机创建完成后，通过“属性编辑器”面板可以对场景中的摄影机参数进行调试，如控制摄影机的视角、制作景深效果或更改渲染画面的背景颜色等。这需要在不同的卷展栏内对相对应的参数进行设置，如图5-14所示。

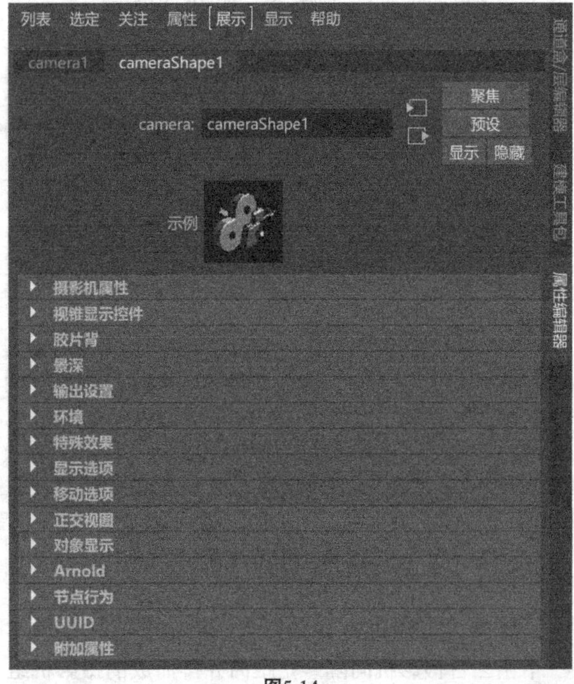

图5-14

5.3.1 课堂案例：测试景深效果

场景位置	实例文件>CH05>5_1.mb
实例位置	实例文件>CH05>5_1_完成.mb
视频名称	5.3.1 课堂案例：测试景深效果
技术掌握	在场景中创建摄影机及制作景深效果

本例将学习如何在场景中创建摄影机，并渲染出景深效果，设置景深效果的前后对比如图5-15所示。

图5-15

01 启动中文版Maya 2020，打开本书配套资源文件“5_1.mb”，场景中有一组蘑菇的模型，并且已经设置好了材质和灯光，如图5-16所示。

图5-16

02 单击“渲染”工具架中的“创建摄影机”图标，如图5-17所示，即可在场景中创建一个摄影机。

图5-17

03 在“通道盒/层编辑器”面板中，设置摄影机的参数，如图5-18所示。

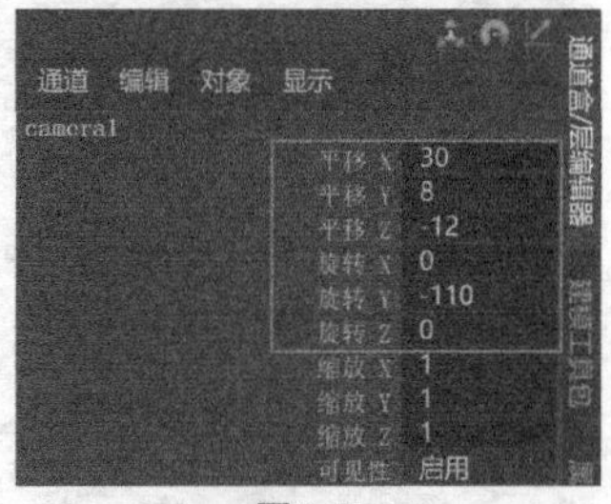

图5-18

04 设置完成后，摄影机在场景中的位置如图5-19所示。

图5-19

05 在透视视图菜单栏执行“面板>透视>camera1”命令，如图5-20所示，即可将操作视图切换至“摄影机视图”，如图5-21所示。

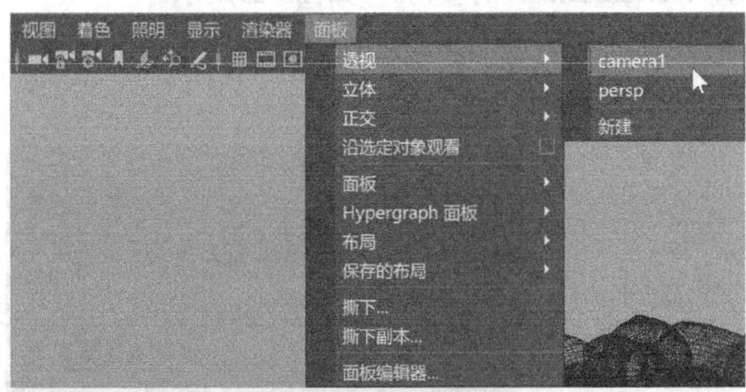

图5-20

图5-21

06 单击“分辨率门”按钮，可以看到渲染场景，如图5-22所示，渲染后的效果如图5-23所示。

图5-22

图5-23

07 在菜单栏执行“创建>测量工具>距离工具”命令，在场景中测量出摄影机和场景中距离摄影机较近的蘑菇模型的距离，如图5-24所示。

图5-24

08 选择场景中的摄影机，在“属性编辑器”面板中，展开Arnold卷展栏，勾选Enable DOF选项，开启景深计算。设置Focus Distance的值为30.73，该值即是上一个步骤里测量出来的值。设置Aperture Size的值为1，如图5-25所示。

09 设置完成后，渲染“摄影机视图”，渲染效果如图5-26所示。

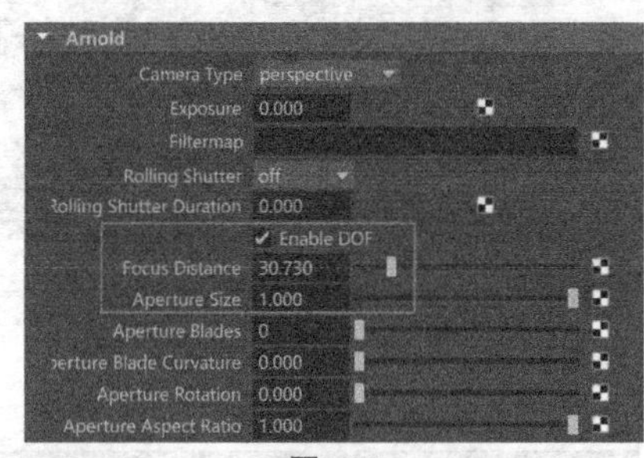

图5-25

图5-26

10 在“属性编辑器”面板中，展开Arnold卷展栏，设置Aperture Size的值为2，如图5-27所示。

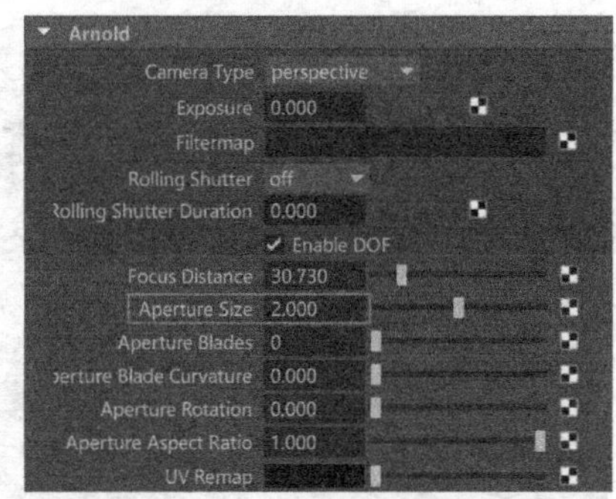

图5-27

11 再次渲染场景，景深的效果更加明显了，如图5-28所示。从渲染图可以看出在默认状态下，渲染出来的光圈形状为圆形，这个形状通过更改Aperture Blades的值改变。

图5-28

12 在“属性编辑器”面板中，展开Arnold卷展栏，设置Aperture Blades的值为3，如图5-29所示。

13 此时渲染场景，渲染出来的光圈形状为三角形，如图5-30所示。

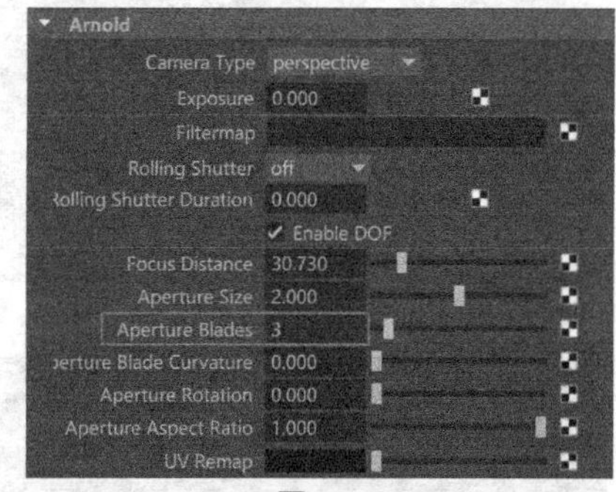

图5-29

图5-30

⑭通过测量摄影机与场景中蘑菇筐的距离更改Focus Distance的值为43.18，再次渲染场景，渲染效果如图5-31所示，此时场景中的蘑菇筐渲染得比较清晰。

图5-31

5.3.2 “摄影机属性”卷展栏

展开“摄影机属性”卷展栏，参数如图5-32所示。

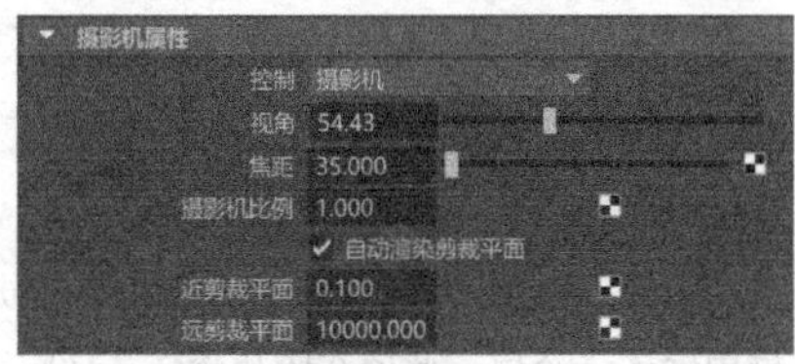

图5-32

常用参数解析

※ 控制：用来切换当前摄影机的类型，包含“摄影机”“摄影机和目标”“摄影机、目标和上方向”3个选项，如图5-33所示。

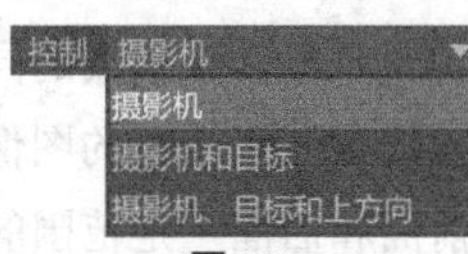

图5-33

※ 视角：用于控制摄影机所拍摄画面的宽广程度。

※ 焦距：增加“焦距”可拉近摄影机镜头，并放大对象在“摄影机视图”中的大小；减小“焦距”可拉远摄影机镜头，并缩小对象在“摄影机视图”中的大小。

※ 摄影机比例：根据场景缩放摄影机的大小。

※ 自动渲染剪裁平面：此选项处于启用状态时，会自动设置近剪裁平面和远剪裁平面。

※ 近剪裁平面：用于确定摄影机不需要渲染的距离摄影机较近的范围。

※ 远剪裁平面：超过该值的范围，摄影机不会进行渲染计算。

5.3.3 “视锥显示控件”卷展栏

展开“视锥显示控件”卷展栏，参数如图5-34所示。

图5-34

常用参数解析

※ 显示近剪裁平面：启用此选项可显示近剪裁平面，如图5-35所示。

图5-35

※ 显示远剪裁平面：启用此选项可显示远剪裁平面，如图5-36所示。

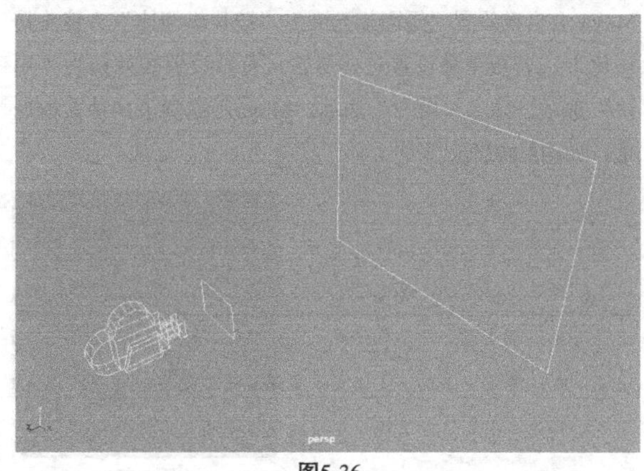

图5-36

※ 显示视锥：启用此选项可显示视锥，如图5-37所示。

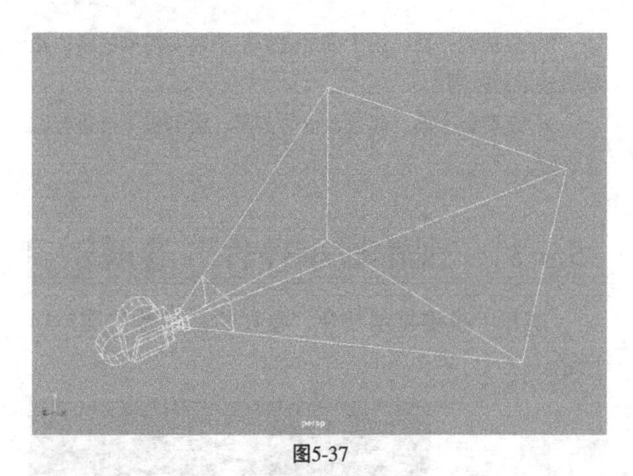

图5-37

5.3.4 “胶片背”卷展栏

展开“胶片背”卷展栏，参数如图5-38所示。

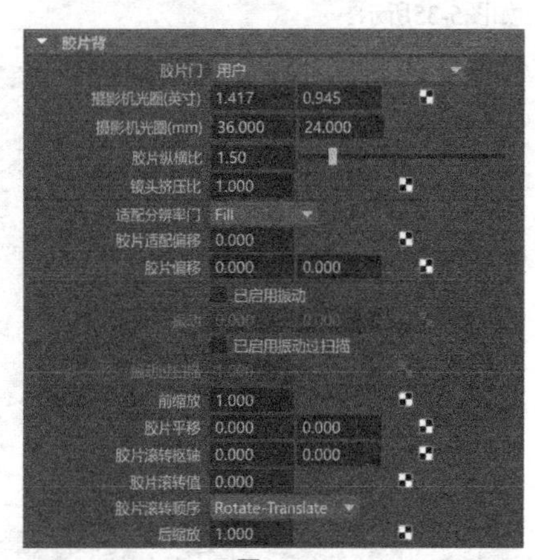

图5-38

常用参数解析

※ 胶片门：允许用户选择某个预设的摄影机类型，Maya 会自动设置“摄影机光圈”“胶片纵横比”“镜头挤压比”。若要单独设置这些属性，可以设置胶片门为“用户”选项。除了“用户”选项，Maya还提供了10种其他选项，如图5-39所示。

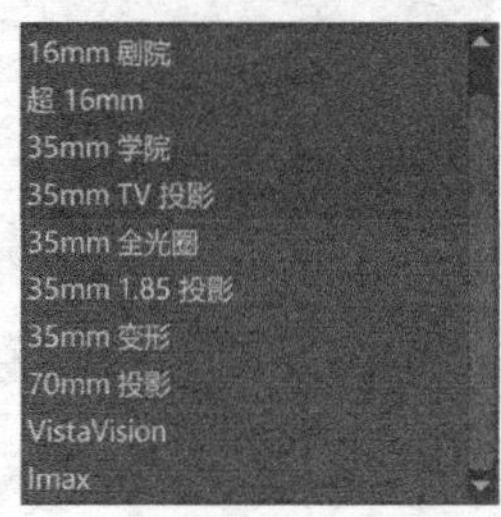

图5-39

※ 摄影机光圈（英寸）/摄影机光圈（mm）：用来控制摄影机的“胶片门”高度和宽度。

※ 胶片纵横比：摄影机光圈宽度和高度的比。

※ 镜头挤压比：摄影机镜头水平压缩图像的程度。

※ 适配分辨率门：控制分辨率门相对于胶片门的大小。

※ 胶片偏移：更改该值可以生成2D轨迹，“胶片偏移”的测量单位是英寸，默认为0。

※ 已启用振动：使用“振动”属性以应用一定量的2D转换到胶片背，曲线或表达式可以连接到“振动”属性渲染真实的振动效果。

※ 振动过扫描：指定了胶片光圈的倍数时，此过扫描用于渲染较大的区域。在摄影机不振动时需要用到，此属性会影响输出渲染。

※ 前缩放：该值用于模拟2D摄影机缩放，在其输入框中输入一个值，该值将在胶片滚转之前应用。

※ 胶片平移：该值用于模拟2D摄影机平移。

※ 胶片滚转枢轴：此值用于摄影机的后期投影矩阵计算。

※ 胶片滚转值：以度为单位指定胶片背的旋转量，旋转围绕指定的枢轴点发生，该值用于计算胶片滚转矩阵，是后期投影矩阵的一个组件。

※ 胶片滚转顺序：指定如何相对于枢轴的值应用滚动，有“Rotate-Translate（旋转平移）”和“Translate-Rotate（平移旋转）”两种方式可选，如图5-40所示。

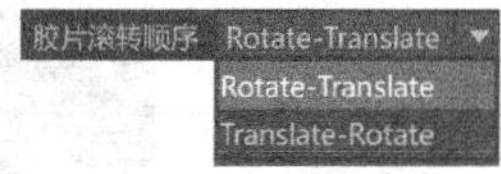

图5-40

※ 后缩放：此值代表模拟的2D摄影机缩放。在其输入框中输入一个值，此值在胶片滚转之后应用。

5.3.5 “景深”卷展栏

景深效果是摄影师常用的一种拍摄手法，当相机的镜头对着某一物体聚焦清晰时，镜头中心所对的位置垂直镜头轴线的同一平面的点都可以在胶片或接收器上显示清晰的图像，在这个平面上沿着镜头轴线前面和后面一定范围的点也可以生成眼睛可以接受的较清晰的像点，把这个平面前面和后面的所有景物的距离叫作相机的景深。在Maya中进行渲染时，通过“景深”特效常常可以虚化配景，达到表现画面主体的作用。图5-41~图5-44所示为我日常拍摄的带有景深效果的照片。

图5-41

图5-42

图5-43

图5-44

展开“景深”卷展栏，参数如图5-45所示。

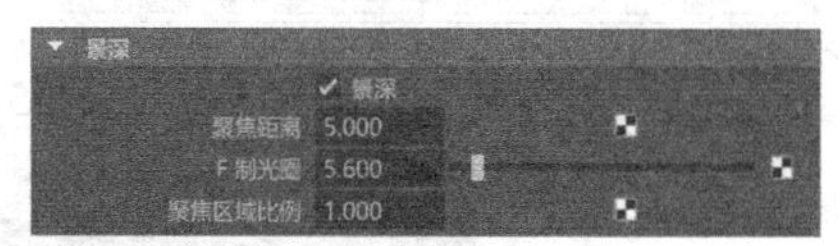

图5-45

常用参数解析

※ 景深：如果启用，焦点将聚焦于场景中的某些对象，而其他对象会渲染为模糊效果。景深取决于对象与摄影机的距离。

※ 聚焦距离：聚焦对象与摄影机之间的距离，在场景中使用线性工作单位测量，减小“聚焦距离”的值也将减小景深，有效范围为0到无穷大，默认值为5。

※ F制光圈：用于控制景深的渲染效果。

※ 聚焦区域比例：用于成倍数控制“聚焦距离”的值。

5.3.6 “输出设置”卷展栏

展开“输出设置”卷展栏，参数如图5-46所示。

图5-46

常用参数解析

※ 可渲染：如果启用，则摄影机可以在渲染期间创建图像文件、遮罩文件或深度文件。

※ 图像：如果启用，则摄影机将在渲染过程中创建图像。

※ 遮罩：如果启用，则摄影机将在渲染过程中创建遮罩。

※ 深度：如果启用，则摄影机将在渲染期间创建深度文件。深度文件是一种数据文件类型，用于表示对象到摄影机的距离。

※ 深度类型：确定计算每个像素深度的方式。

※ 基于透明度的深度：根据透明度确定哪些对象离摄影机最近。

※ 预合成模板：使用此属性，可以在“合成”中使用预合成。

5.3.7 “环境”卷展栏

展开“环境”卷展栏，参数如图5-47所示。

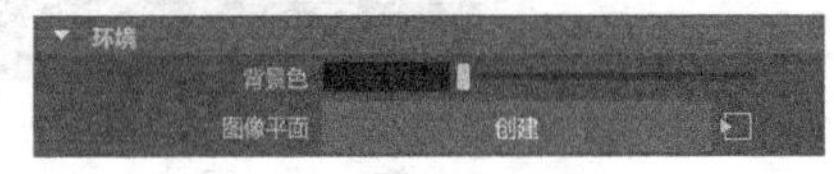

图5-47

常用参数解析

※ 背景色：用于控制渲染场景的背景颜色。

※ 图像平面：用于为渲染场景的背景指定一个图像文件。

5.4 课堂练习：测试运动模糊效果

场景位置	实例文件>CH05>5_2.mb
实例位置	实例文件>CH05>5_2_完成.mb
视频名称	5.4 课堂练习：测试运动模糊效果
技术掌握	运动模糊效果的制作

本例将学习如何制作运动模糊效果，设置了运动模糊效果的前后对比如图5-48所示。

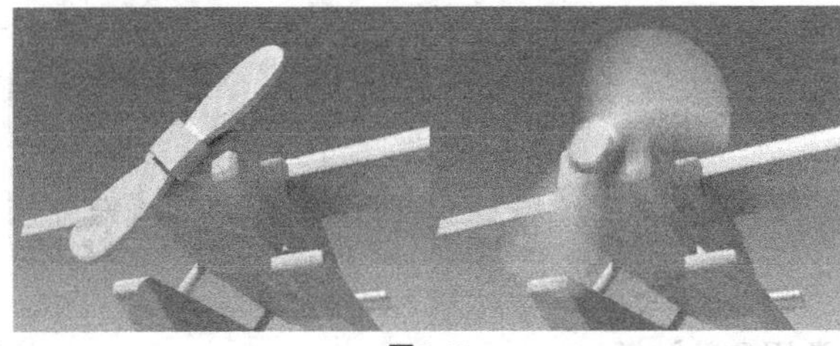

图5-48

01 启动中文版Maya 2020，打开本书配套资源文件“5_2.mb”，场景中是一个玩具飞机的模型，并且已经设置好了材质、灯光和螺旋桨的动画效果，如图5-49所示。

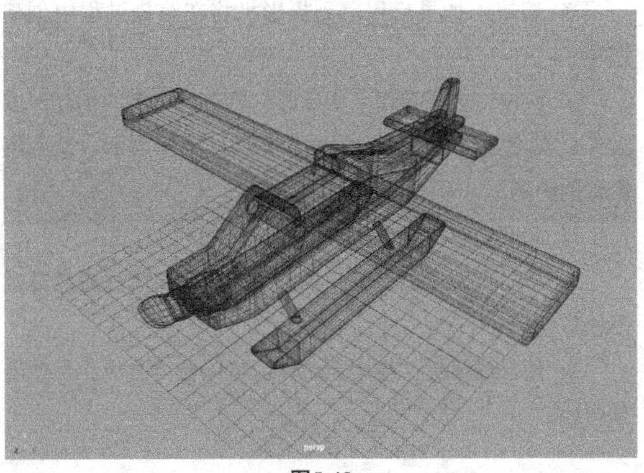

图5-49

02 单击“渲染”工具架中的“创建摄影机”图标，如图5-50所示，即可在场景中创建一个摄影机。

图5-50

03 在“摄影机视图”中，调整摄影机的拍摄角度，如图5-51所示。

图5-51

04 在“渲染设置”面板中，展开Motion Blur卷展栏，勾选Enable选项，开启运动模糊效果计算，并设置Length的值为5，增加运动模糊效果，如图5-52所示。

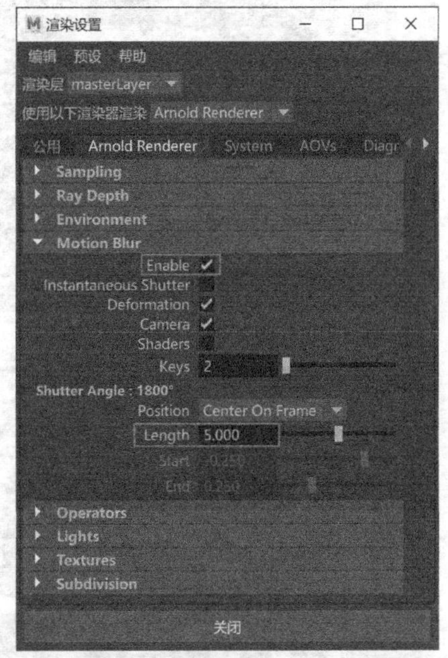

图5-52

05 设置完成后，渲染场景，从渲染效果上可以清晰地看到运动模糊效果，如图5-53所示。

图5-53

06 选择场景中的摄影机，展开Arnold卷展栏，设置Exposure的值为2，如图5-54所示。

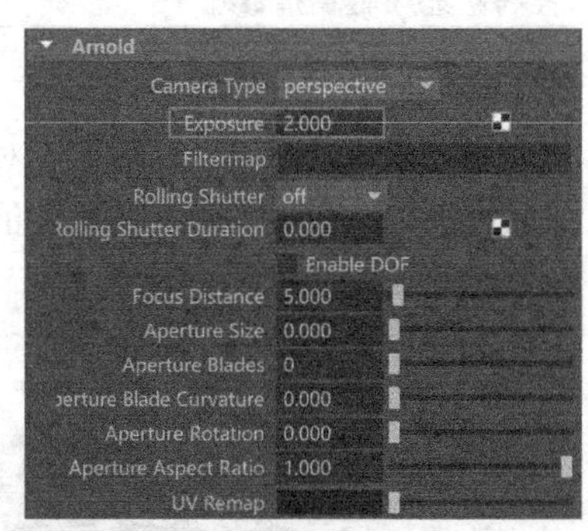

图5-54

07 渲染场景，可以看到渲染出来的画面明显提亮了许多，如图5-55所示。

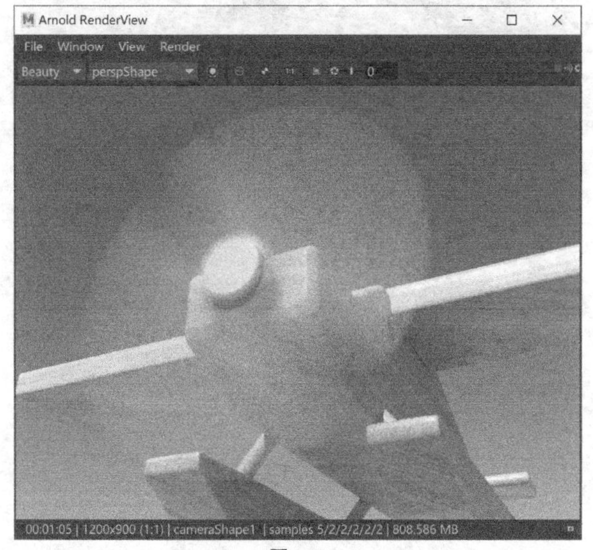

图5-55

08 设置Rolling Shutter的选项为top，如图5-56所示。

09 渲染场景，此时场景中的飞机螺旋桨因为旋转动画和运动模糊计算而产生了形变效果，如图5-57所示。

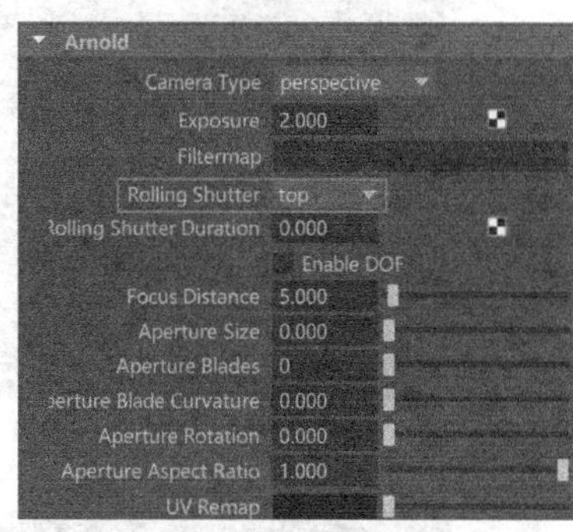

图5-56

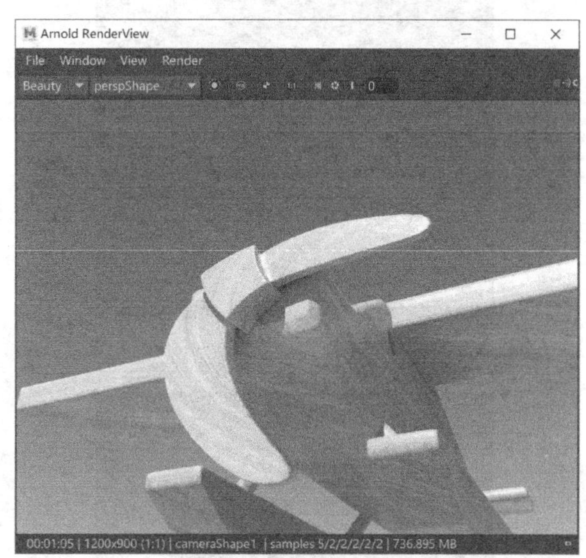

图5-57

10 设置Rolling Shutter Duration的值为0.35，如图5-58所示。

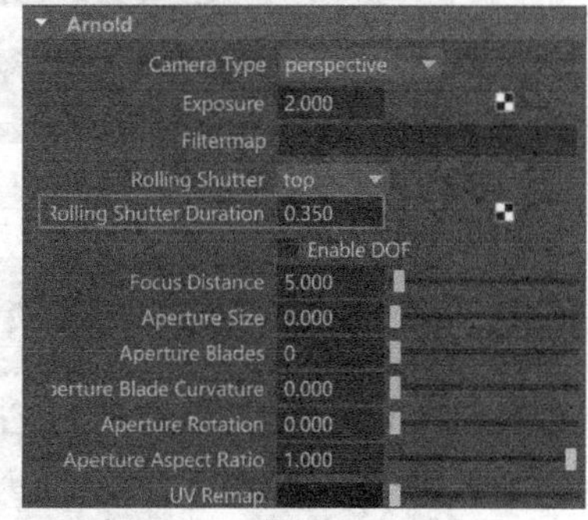

图5-58

11 渲染场景，此时场景为运动形变之后的运动模糊效果，如图5-59所示。

12 图5-60~图5-62所示为Rolling Shutter的选项分别设置为bottom、left和right后的渲染效果。

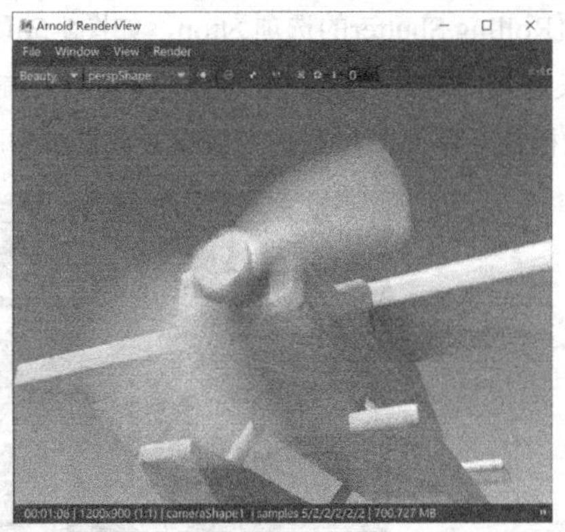

图5-59

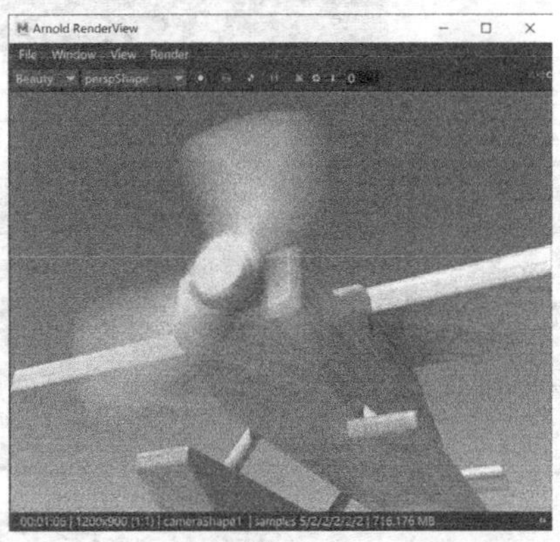

图5-60

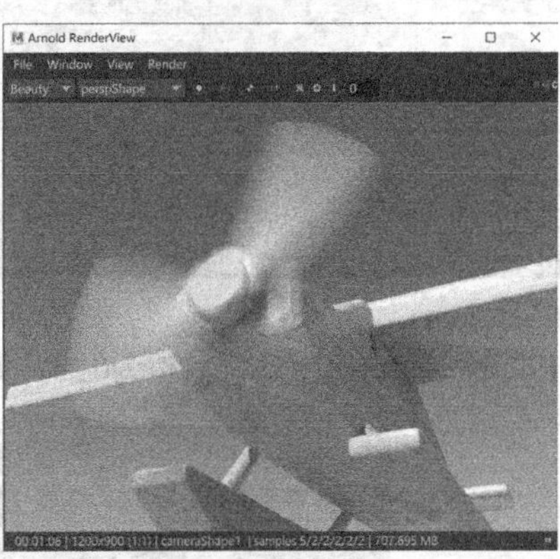

图5-61

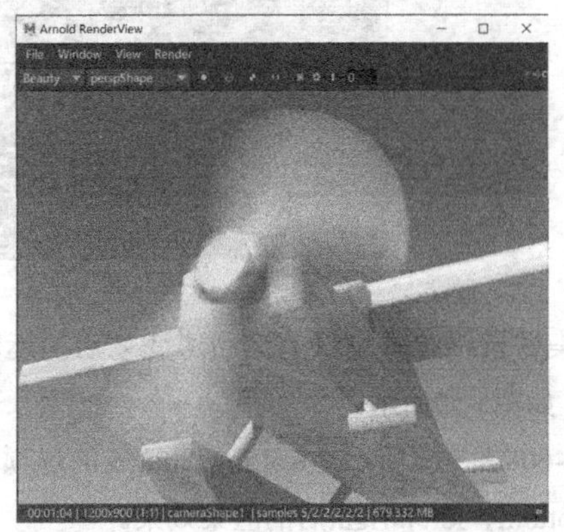

图5-62

5.5 本章小结

本章主要讲解了Maya 2020的摄影机工具，介绍了摄影机的类型及创建方法，并通过实例介绍了景深效果和运动模糊效果的制作方法和原理。摄影机的内容相对简单，但是在Maya中是非常重要的，希望读者认真学习，熟练掌握。

5.6 课后习题：渲染景深效果

本节为读者准备了一个场景的渲染习题，希望读者熟练掌握摄影机的创建方法、固定摄影机的技巧及景深效果的制作。

场景位置	实例文件>CH05>5_3.mb
实例位置	实例文件>CH05>5_3_完成.mb
视频名称	5.6 课后习题：渲染景深效果
技术掌握	在场景中熟练应用摄影机

操作指南

通过本章的学习，相信读者对摄影机已经有了比较全面的认识，本习题的最终渲染效果如图5-63所示。

图5-63

第6章 材质与纹理

本章将介绍Maya 2020的材质及纹理技术，讲解常用材质的制作方法。适合的材质不但可以美化模型，加强模型的质感，还能弥补模型的欠缺。本章的内容非常重要，请读者务必多加练习，熟练掌握材质的设置方法与技巧。

课堂学习目标

- 掌握Hypershade窗口的使用方法
- 掌握标准曲面材质的使用方法
- 掌握Lambert材质的使用方法
- 掌握纹理及UV的使用方法
- 掌握常用材质的制作方法

6.1 材质概述

材质可以表现出对象的色彩、质感、光泽和通透程度等属性，Maya的材质功能几乎可以模拟制作出生活中的任何物体特性。在行业规范中，一般来说模型只有添加材质之后才算制作完成。图6-1和图6-2所示为在三维软件中使用材质相关命令制作出来的不同质感的物体。

图6-1

图6-2

6.2 Hypershade窗口

Maya提供了一个用于管理场景中所有材质球的工作界面，即Hypershade窗口。如果读者对3ds Max也有一点了解，可以把Hypershade窗口理解为3ds Max里的“材质编辑器”窗口。默认状态下，该窗口由“浏览器”“创建”“材质查看器”“工作区”“存储箱”“特性编辑器”6个选项卡组成，如图6-3所示。

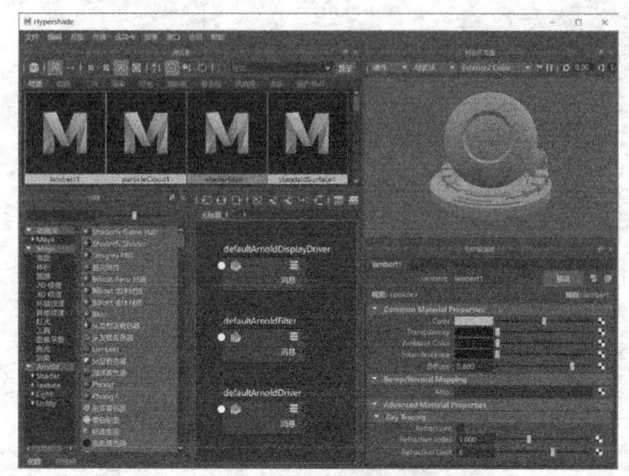

图6-3

打开Hypershade窗口的方式主要有两种。

第1种：在菜单栏执行“窗口>渲染编辑器>Hypershade”命令，如图6-4所示，即可打开Hypershade窗口。

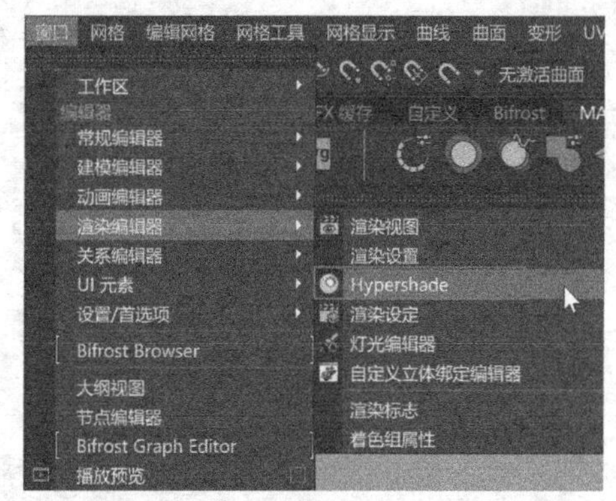

图6-4

第2种：单击Maya界面中的“显示和编辑着色网络中的连接”按钮，如图6-5所示，即可打开Hypershade窗口。

图6-5

技巧与提示

使用Maya制作材质时，一般很少需要打开Hypershade窗口，大部分操作在模型的“属性编辑器”面板中就可以完成。

6.2.1 课堂案例：Hypershade窗口基本操作

场景位置	无
实例位置	无
视频名称	6.2.1 课堂案例：Hypershade窗口基本操作
技术掌握	材质设置和Hypershade窗口的使用方法

本例通过为球体添加材质，学习材质设置和Hypershade窗口的使用方法。

01 启动中文版Maya 2020，单击“多边形建模”工具架中的“多边形球体”图标，在场景中创建一个球体模型，如图6-6所示。

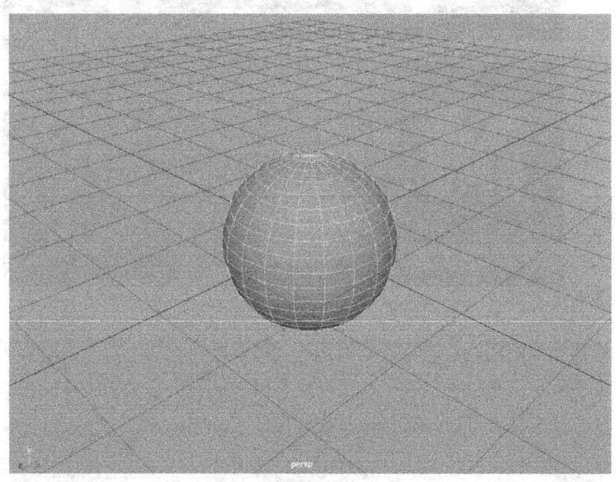

图6-6

02 按住Shift键，以拖曳的方式复制出一个新的球体，如图6-7所示。

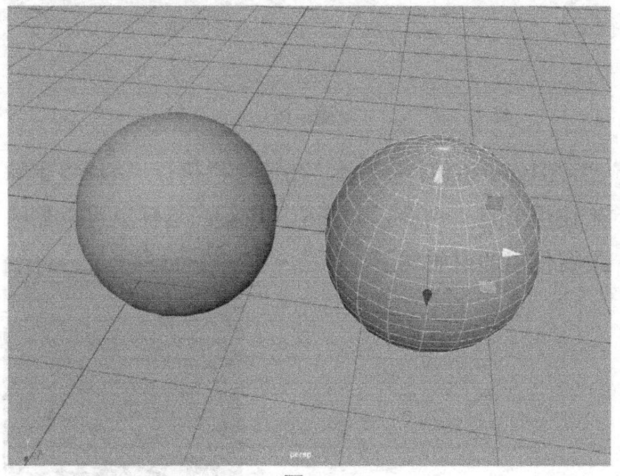

图6-7

03 在默认情况下，Maya为场景中的每一个几何体模型都赋予了同一种材质，即Lambert材质。选中任意球体模型，在“属性编辑器”面板中的最后一个选项卡中可以找到该材质面板，如图6-8所示。

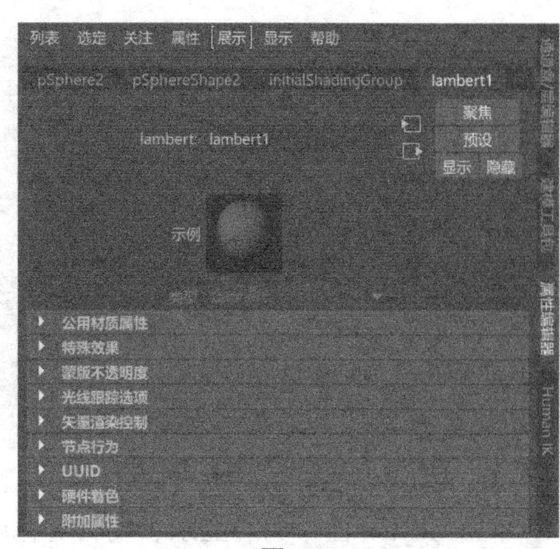

图6-8

技巧与提示

需要注意的是，这个默认的材质球一般不需要更改其参数，一旦更改了该材质球的参数，之后创建出来的模型材质都将会改变。

04 选择场景的任意球体模型，单击“渲染”工具架中的“lambert材质”图标，如图6-9所示。

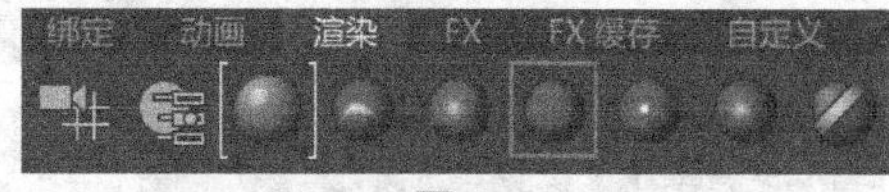

图6-9

05 这样就为当前选择的球体模型添加了一个新的材质球，添加后在“属性编辑器”面板中更改参数，就不会影响场景中的其他模型，如图6-10所示。

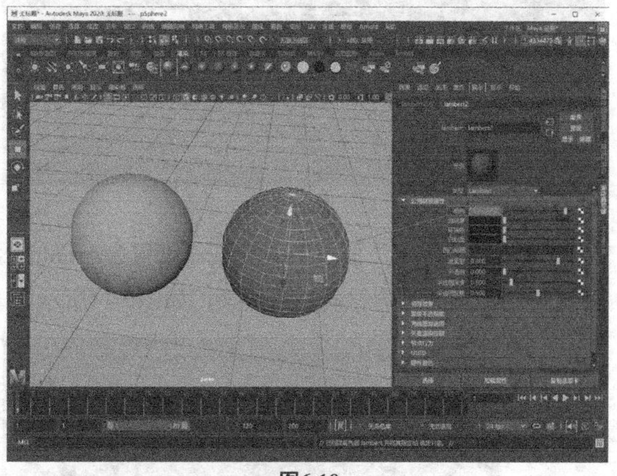

图6-10

06 以同样的方式为场景中的另一个球体指定一个新的Lambert材质，并更改颜色为绿色，如图6-11所示。

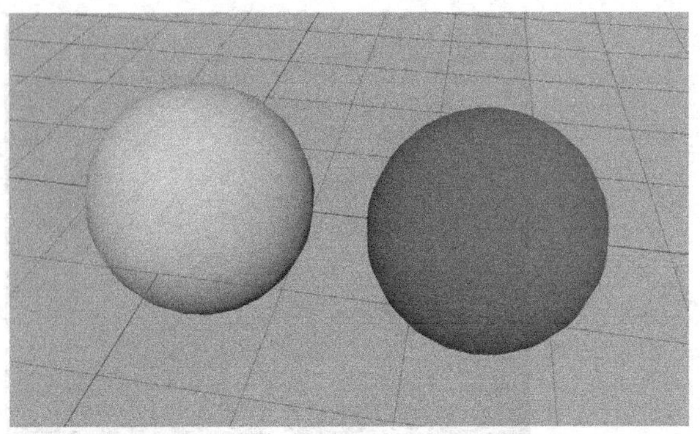

图6-11

07 单击Maya界面中的“显示和编辑着色网络中的连接”按钮，如图6-12所示。打开Hypershade窗口，在其中可以看到场景中新创建的材质球，如图6-13所示。

图6-12

图6-13

08 将“材质查看器”面板中的渲染器设置为Arnold，可以得到更加准确的材质显示效果，如图6-14所示。

图6-14

09 如果希望将场景中绿色的Lambert材质指定给场景中红色的球体模型，则需要先选择红色的球体模型，然后将鼠标指针放置在Hypershade窗口中绿色的材质球上，单击鼠标右键，在弹出的菜单中执行“为当前选择指定材质”命令，如图6-15所示。这样就实现了场景中的两个模型共用同一个材质球，如图6-16所示。

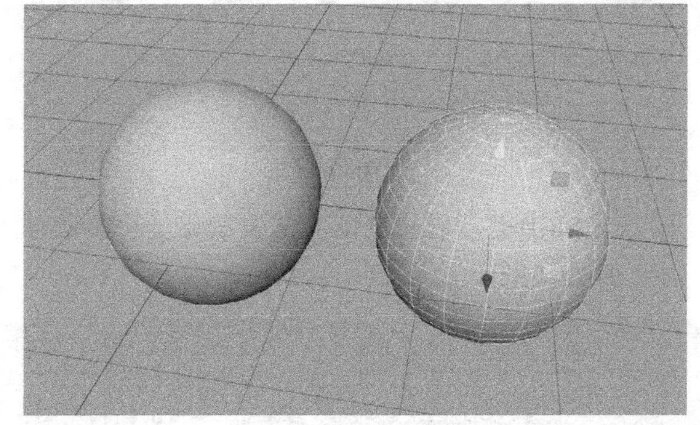

图6-15

图6-16

10 在Hypershade窗口中，在菜单栏执行“编辑>删除未使用节点”命令，如图6-17所示。这样就可以删除没有使用的材质球了。

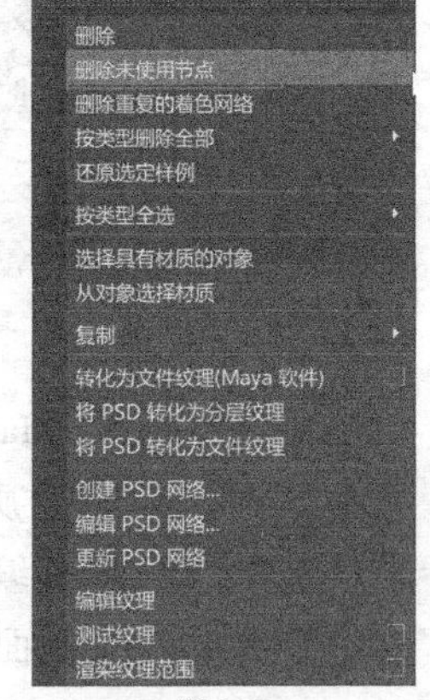

图6-17

6.2.2 “浏览器”选项卡

Hypershade窗口中的选项卡可以以拖曳的方式单独提出来，其中“浏览器”选项卡中的命令如图6-18所示。

图6-18

常用参数解析

※ 材质和纹理的样例生成：提示用户可以启用材质和纹理的样例生成功能。

※ 关闭材质和纹理的样例生成：提示用户关闭材质和纹理的样例生成功能。

※ 图标：以图标的方式显示材质球，如图6-19所示。

图6-19

※ 列表：以列表的方式显示材质球，如图6-20所示。

lambert1 | particleCl... | shaderGlo... | standardS...

图6-20

※ 小样例：以小样例的方式显示材质球，如图6-21所示。

图6-21

※ 中样例：以中样例的方式显示材质球，如图6-22所示。

图6-22

※ 大样例：以大样例的方式显示材质球，如图6-23所示。

※ 特大样例：以特大样例的方式显示材质球，如图6-24所示。

图6-23　图6-24

※ 按名称：按材质球名称排列材质球。

※ 按类型：按材质球的类型排列材质球。

※ 按时间：按材质球创建时间的先后顺序排列材质球。

※ 按反转顺序：反转名称、类型或时间的排序。

6.2.3 “创建”选项卡

“创建”选项卡主要用来查找Maya材质节点命令并在Hypershade窗口中进行材质的创建，命令如图6-25所示。

图6-25

6.2.4 “材质查看器”选项卡

“材质查看器”选项卡中提供了多种形体用来直观地显示调试的材质预览，而不是仅仅以一个材质球的方式显示材质。材质的形态计算采用“硬件”和Arnold这两种计算方式，图6-26和图6-27所示为相同材质两种计算方式的显示效果。

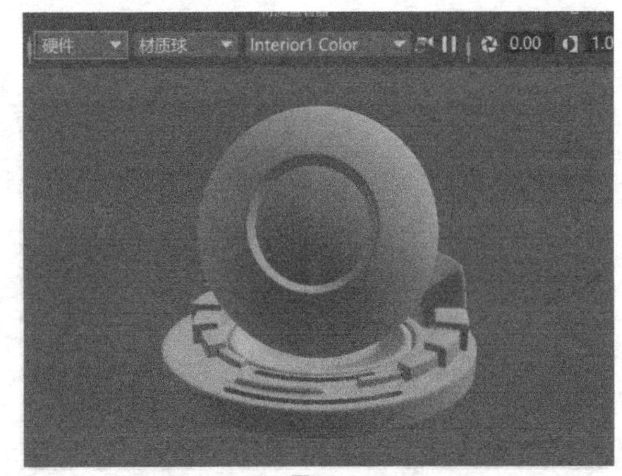

图6-26

图6-27

“材质查看器”选项卡中的“材质样例选项”列表中提供了多种形体用于材质的显示，如图6-28所示。有“材质球”“布料”“茶壶”“海洋”“海洋飞溅”“玻璃填充”“玻璃飞溅”“头发”“球体”和“平面”10种方式可选，显示效果分别如图6-29~图6-38所示。

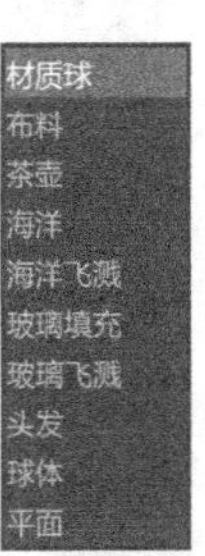

图6-28

图6-29

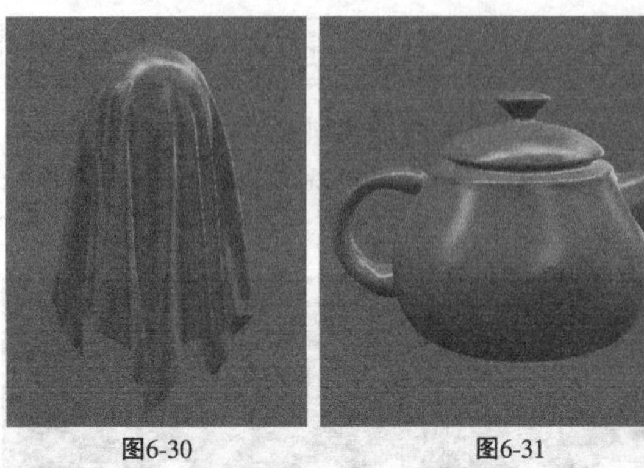

图6-30　图6-31

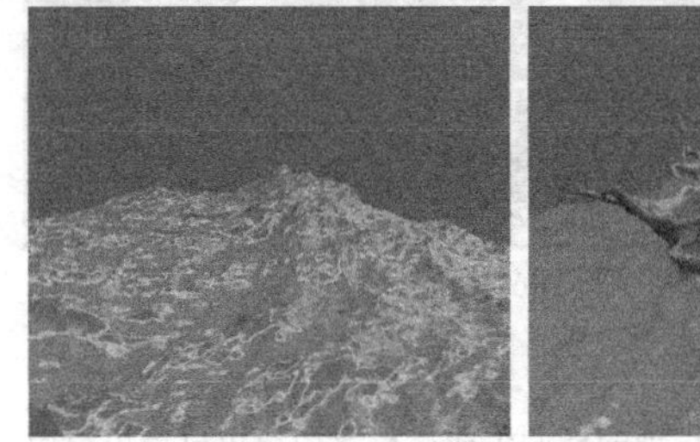

图6-32

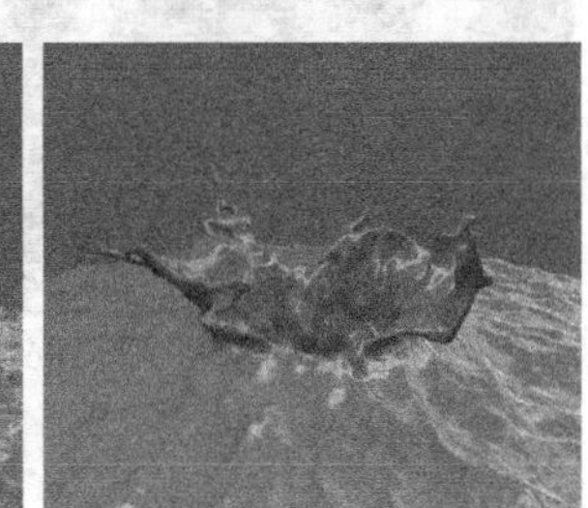

图6-33

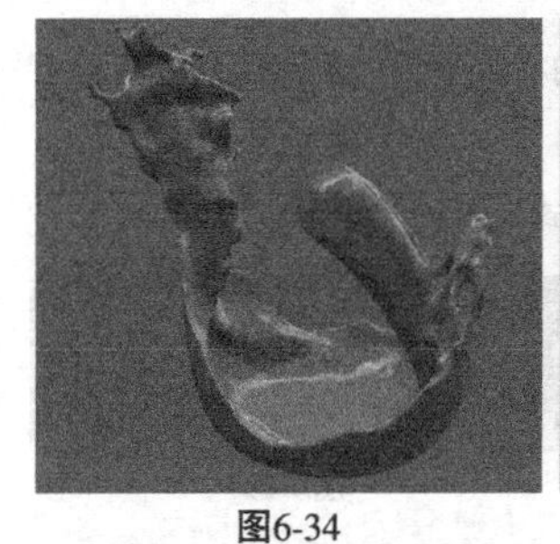

图6-34

图6-35

图6-36

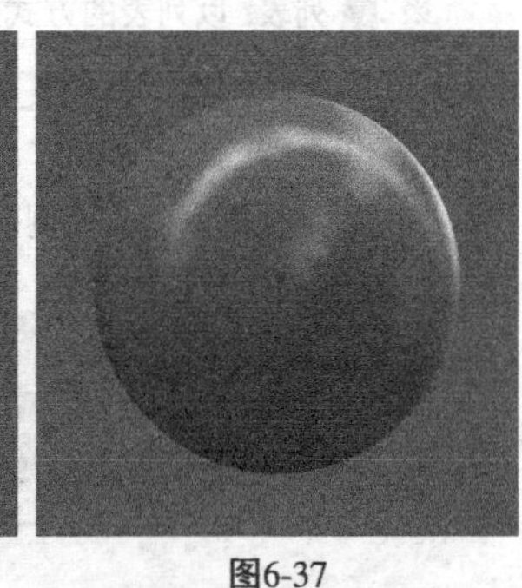

图6-37

图6-38

6.2.5 “工作区”选项卡

“工作区”选项卡主要用来显示和编辑Maya的材质节点，单击材质节点上的命令，可以在“特性编辑器”选项卡中显示其对应的一系列参数，如图6-39所示。

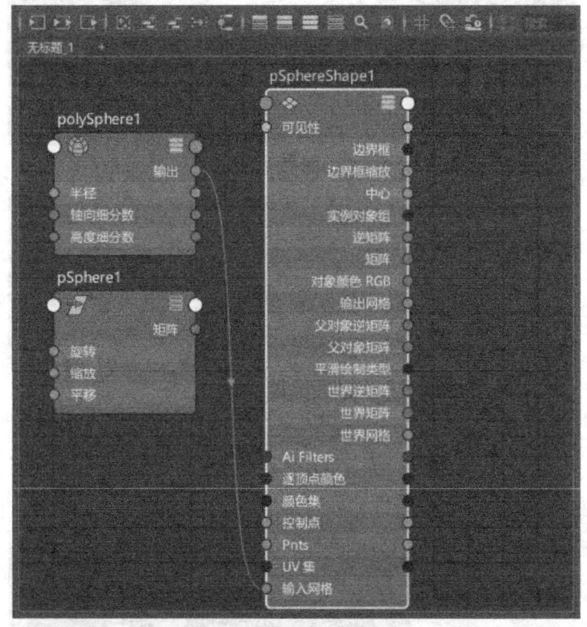

图6-39

6.3 标准曲面材质

“标准曲面材质”是Maya 2020的新增功能之一，该材质是一种基于物理的着色器，能够生成许多类型的材质。它包括漫反射层、镜面反射层（适用于金属，具有复杂的菲涅耳）、镜面反射透射（适用于玻璃）、次表面散射（适用于蒙皮）、薄散射（适用于水和冰）、次镜面反射涂层和灯光发射。可以说，“标准曲面材质”几乎可以用来制作日常能见到的大部分材质。其参数设置与Arnold渲染器提供的aiStandardSurface（ai标准曲面）材质几乎一模一样，与Arnold渲染器兼容性良好，而且中文显示的参数名称使用户更加方便在Maya中进行材质的制作。

6.3.1 课堂案例：制作玻璃与饮料材质

场景位置　实例文件>CH06>6_1.mb
实例位置　实例文件>CH06>6_1_完成.mb
视频名称　6.3.1 课堂案例：制作玻璃与饮料材质
技术掌握　标准曲面材质的使用方法

本例通过制作玻璃与饮料材质学习“标准曲面材质”的使用方法，最终渲染效果如图6-40所示。

图6-40

01 启动中文版Maya 2020，打开本书配套场景资源文件“6_1.mb”，如图6-41所示。

图6-41

02 制作透明的玻璃材质。选择图6-42所示的酒瓶和高脚酒杯模型。

图6-42

03 单击“渲染”工具架中的“标准曲面材质”图标，如图6-43所示，为选择的模型指定标准曲面材质。

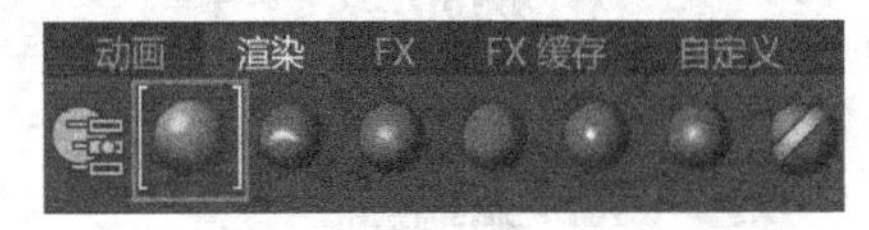

图6-43

04 在“属性编辑器”面板中，展开“镜面反射”卷展栏，设置“权重”的值为1，“粗糙度”的值为0.05，增强材质的镜面反射效果，如图6-44所示。

05 展开“透射”卷展栏，设置“权重”的值为1，增加材质的透明度，如图6-45所示。

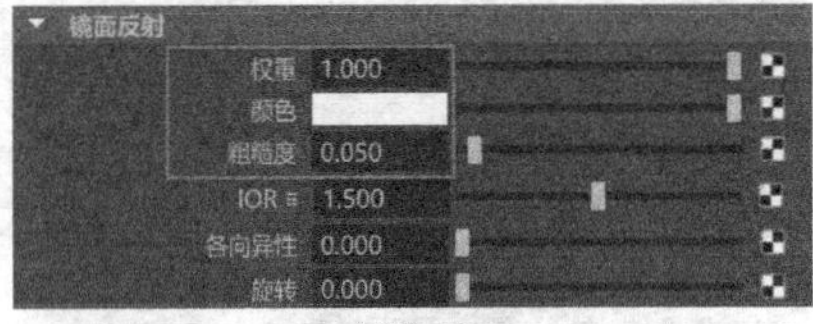

图6-44

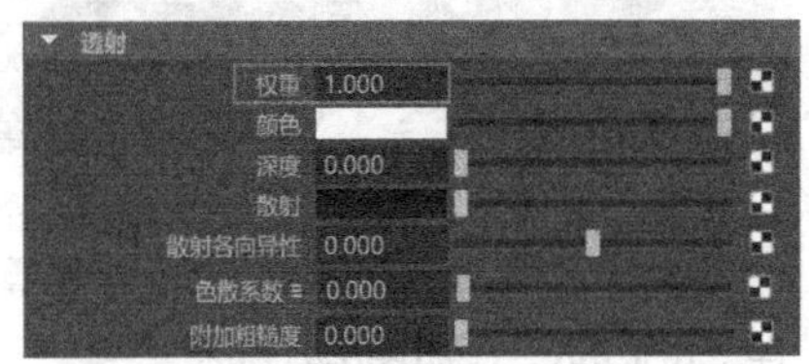

图6-45

06 调整完成后，玻璃材质在“材质查看器”中的显示效果如图6-46所示。

图6-46

07 选择场景中的另一组杯子模型，并为其指定一个新的标准曲面材质，如图6-47所示。

08 在“属性编辑器”面板中，展开“镜面反射”卷展栏，设置“权重”的值为1，“粗糙度”的值为0.05，增强材质的镜面反射效果，如图6-48所示。

图6-47

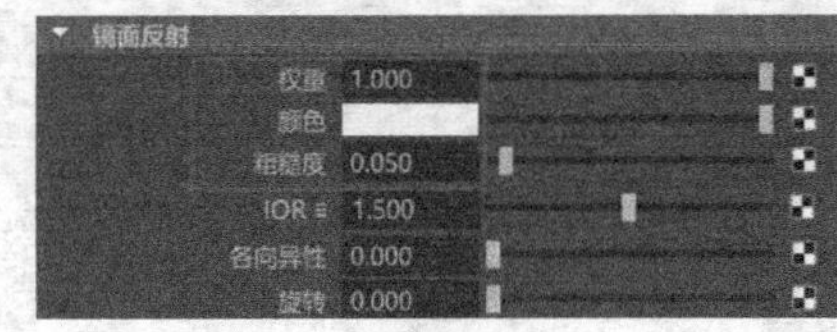

图6-48

09 展开“透射”卷展栏，设置“权重”的值为1，“颜色”为浅蓝色，如图6-49所示。“颜色”的具体参数如图6-50所示。

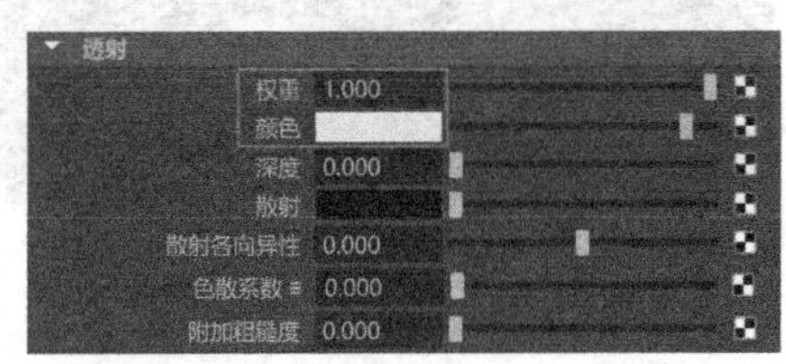

图6-49

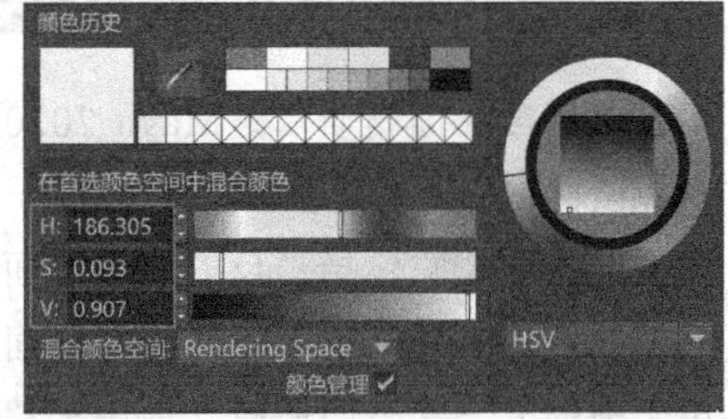

图6-50

10 调整完成后，该玻璃材质在“材质查看器”中的显示效果如图6-51所示。

图6-51

⑪制作饮料材质。选择择场景中的饮料模型，如图6-52所示，并为其指定一个新的标准曲面材质。

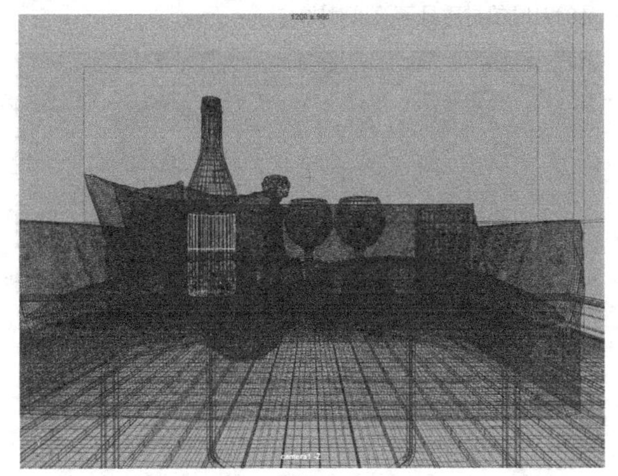

图6-52

⑫在“属性编辑器”面板中，展开“镜面反射”卷展栏，设置“权重”的值为1，“粗糙度”的值为0.05，增强材质的镜面反射效果；设置IOR的值为1.3，适当降低材质的折射率，如图6-53所示。

⑬展开“透射”卷展栏，设置“权重”的值为1，“颜色”为偏红色，如图6-54所示。“颜色”的具体参数如图6-55所示。

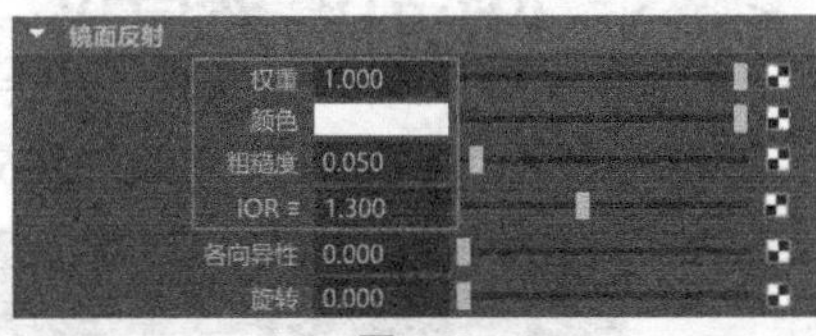

图6-53

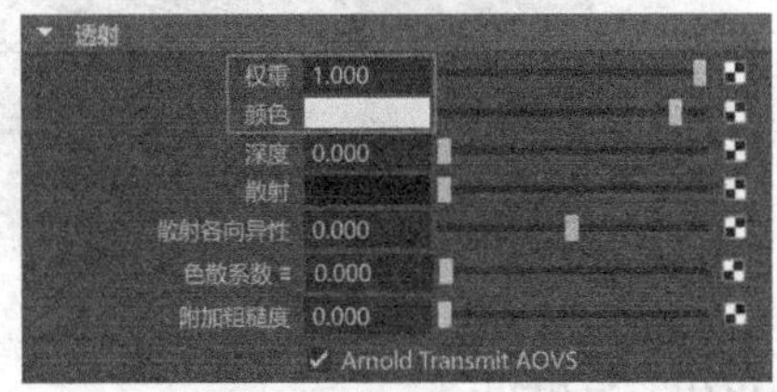

图6-54

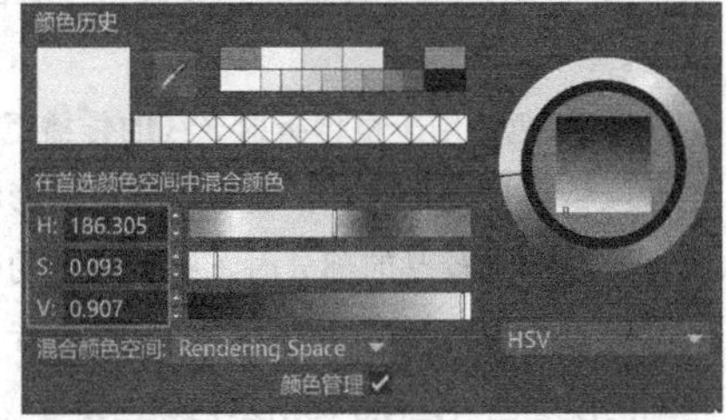

图6-55

⑭调整完成后，饮料材质在“材质查看器”中的显示效果如图6-56所示。

图6-56

⑮渲染场景，玻璃和饮料材质的最终渲染效果如图6-57所示。

图6-57

技巧与提示

制作玻璃材质之前，需要思考玻璃的特性。只有对所要制作模拟的物体进行细微的观察，才能根据观察得到的效果设置相应的参数，从而达到更加逼真的效果。本例中玻璃的特性主要是通透且具有一定的反射及折射效果，在制作过程中应注意玻璃材质的这几个特征。

6.3.2 “镜面反射”卷展栏

展开“镜面反射”卷展栏，参数如图6-58所示。

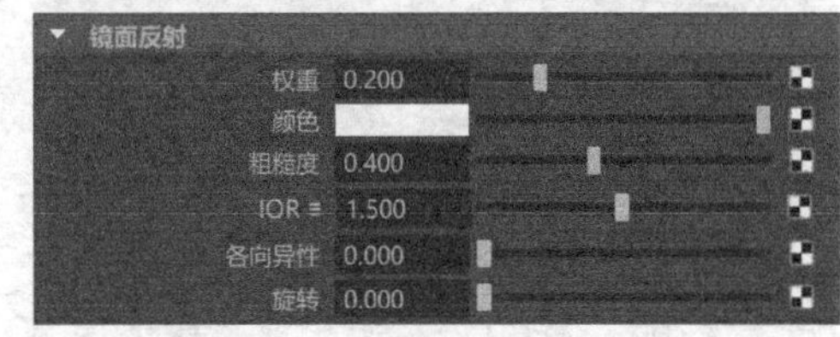

图6-58

常用参数解析

※ 权重：用于控制镜面反射的权重。

※ 颜色：用于调整镜面反射的颜色，调试该值可以为材质的高光部分进行染色，图6-59所示为颜色设置为黄色和蓝色时的材质显示效果对比。

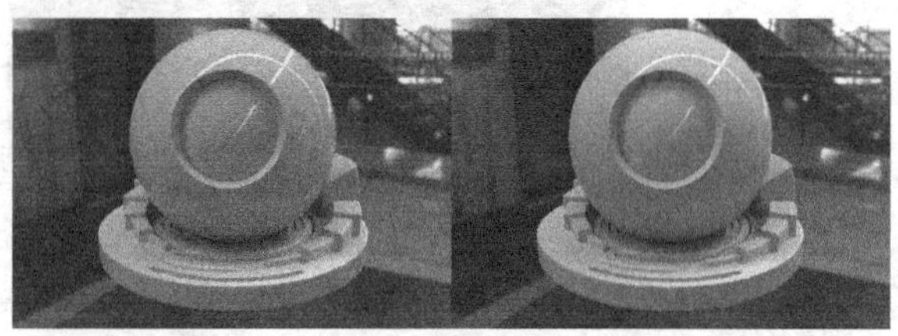

图6-59

※ 粗糙度：控制镜面反射的光泽度。值越小，反射越清晰。值为0时镜像反射效果完美、清晰，值为1时会产生接近漫反射的反射效果，图6-60所示为粗糙度数值是0、0.2、0.3和0.6时的材质显示效果对比。

图6-60

※ IOR：用于控制材质的折射率，在制作玻璃、水、钻石等透明材质时非常重要，图6-61所示为IOR数值是1.1和1.6时的材质显示效果对比。

图6-61

※ 各向异性：控制高光的各向异性属性，用来得到具有椭圆形状的反射及高光效果，图6-62所示为各向异性数值是0和1时的材质显示效果对比。

图6-62

※ 旋转：用于控制材质UV空间向各向异性反射的方向，图6-63所示为旋转数值是0和0.25时的材质显示效果对比。

图6-63

6.3.3 “透射”卷展栏

展开“透射”卷展栏，参数如图6-64所示。

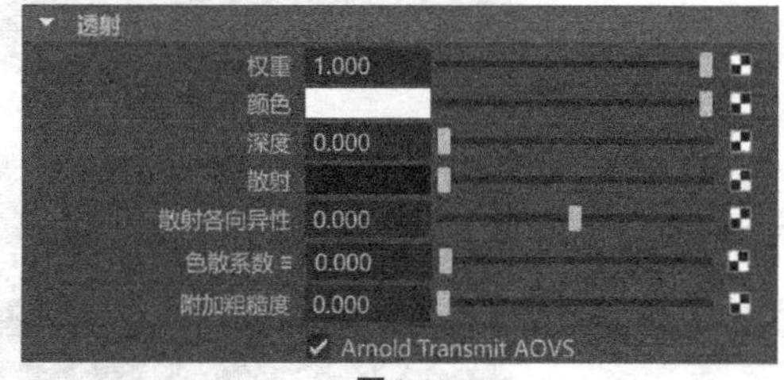

图6-64

常用参数解析

※ 权重：用于设置灯光穿过物体表面所产生的散射权重。

※ 颜色：用于根据折射光线的传播距离过滤折射。灯光在网格内传播得越长，受透射颜色的影响就会越大，因此，光线穿过较厚的部分时，绿色玻璃的颜色将更深。此效应呈指数递增，可以使用比尔定律进行计算，建议设置精细的浅颜色值，图6-65所示为颜色设置成浅红色和深红色时的材质显示效果对比。

图6-65

※ 深度：控制透射颜色在体积中达到的深度。

※ 散射：透射散射适用于各类相当稠密的液体或有足够多的液体能使散射可见的情况，如深水体或蜂蜜。

※ 散射各向异性：用来控制散射的方向偏差或各向异性。

※ 色散系数：指定材质的色散系数，用于描述折射率随波长变化的程度。对于玻璃和钻石，此值通常介于10~70，值越小，色散越多，默认值为0，表示禁用色散，图6-66所示为色散系数值是0和100时的材质显示效果对比。

图6-66

※ 附加粗糙度：对使用各向同性微面BTDF所计算的折射增加一些额外的模糊度，范围从0（无粗糙度）~1。

6.3.4 课堂案例：制作镜面金属和磨砂金属材质

场景位置　实例文件>CH06>6_2.mb
实例位置　实例文件>CH06>6_2_完成.mb
视频名称　6.3.4 课堂案例：制作镜面金属和磨砂金属材质
技术掌握　标准曲面材质的使用方法

本例通过制作金属材质学习"标准曲面材质"的使用方法，最终渲染效果如图6-67所示。

01 启动中文版Maya 2020软件，打开本书配套场景资源文件"6_2.mb"，如图6-68所示。

02 制作镜面金属材质。选择小猫摆件模型，如图6-69所示。

图6-67

图6-68

图6-69

03 单击"渲染"工具架中的"标准曲面材质"图标，如图6-70所示，为选择的模型指定标准曲面材质。

图6-70

04 在“属性编辑器”面板中，展开“基础”卷展栏，设置“金属度”的值为1，如图6-71所示，增加材质的金属特性。

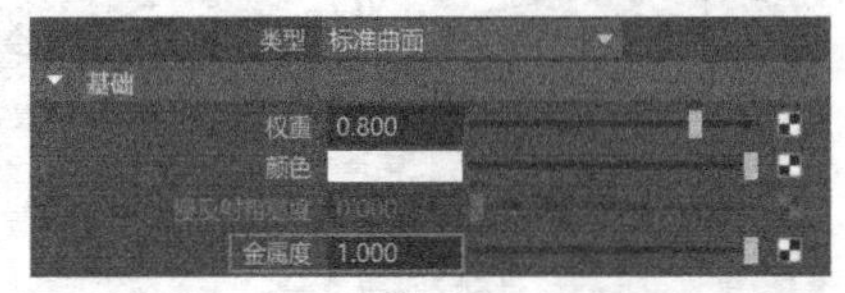

图6-71

05 展开“镜面反射”卷展栏，设置“权重”的值为1，“粗糙度”的值为0.025，如图6-72所示，增强材质的镜面反射效果。

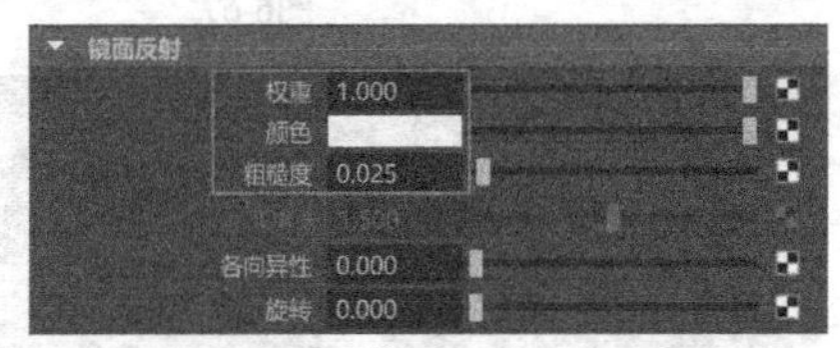

图6-72

06 调整完成后，镜面金属材质在“材质查看器”中的显示效果如图6-73所示。

图6-73

07 制作磨砂金属材质。选择场景中的台灯灯架模型，如图6-74所示，为选择的模型指定标准曲面材质。

图6-74

08 在“属性编辑器”面板中，展开“基础”卷展栏，设置材质的“颜色”为黄色，“金属度”的值为1，如图6-75所示，增加材质的金属特性。“颜色”的具体参数如图6-76所示。

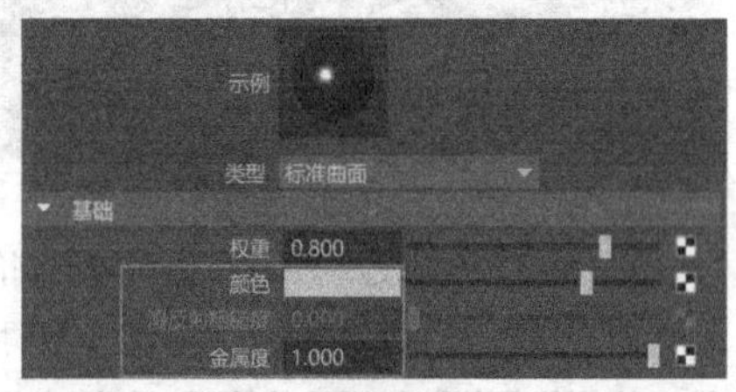

图6-75

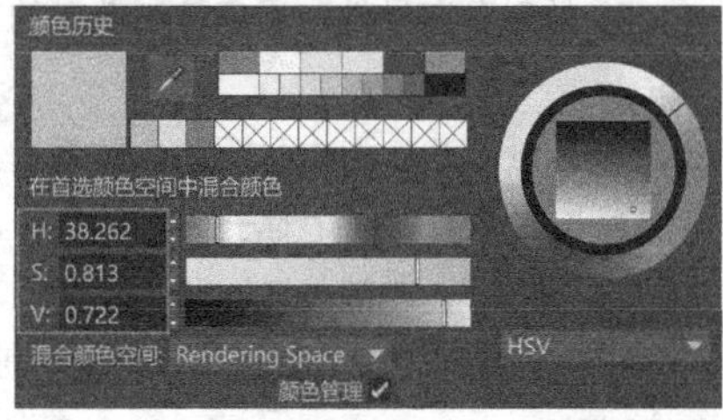

图6-76

09 展开“镜面反射”卷展栏，设置“权重”的值为1，“粗糙度”的值为0.4，如图6-77所示，减弱材质的镜面反射效果。

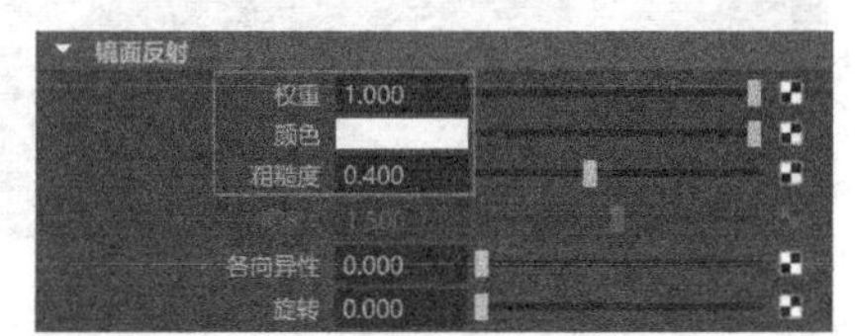

图6-77

10 调整完成后，磨砂金属材质在“材质查看器”中的显示效果如图6-78所示。

图6-78

11 渲染场景，镜面和磨砂金属材质的最终渲染效果如图6-79所示。

图6-79

6.3.5 “基础”卷展栏

展开“基础”卷展栏，参数如图6-80所示。

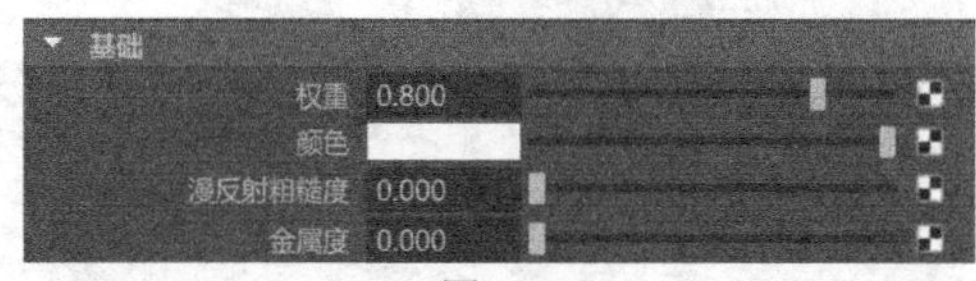

图6-80

常用参数解析

※ 权重：设置基础颜色的权重。

※ 颜色：设置材质的基础颜色。

※ 漫反射粗糙度：设置材质的漫反射粗糙度。

※ 金属度：设置材质的金属度，当该值为1时，材质表现为明显的金属特性，图6-81所示为金属度数值是0和1时的材质显示效果对比。

图6-81

6.3.6 “次表面”卷展栏

展开“次表面”卷展栏，参数如图6-82所示。

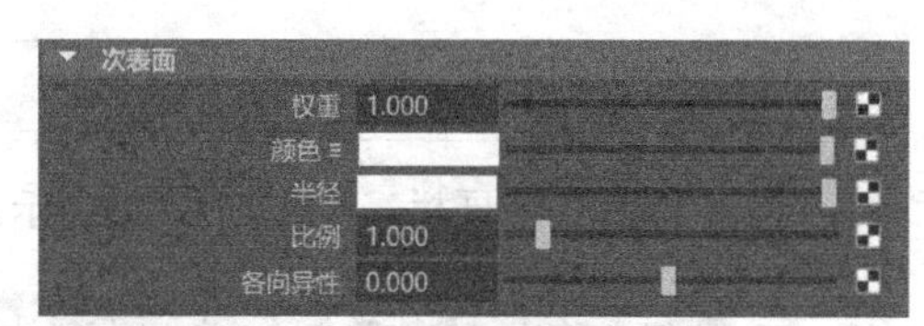

图6-82

常用参数解析

※ 权重：用来控制漫反射和次表面散射之间的混合权重。

※ 颜色：用来确定次表面散射效果的颜色。

※ 半径：用来设置光线在散射出曲面前在曲面下可能传播的平均距离。

※ 比例：控制灯光在再度反射出曲面前在曲面下可能传播的距离，它将扩大散射半径，并增加SSS半径颜色。

6.3.7 “涂层”卷展栏

展开“涂层”卷展栏，参数如图6-83所示。

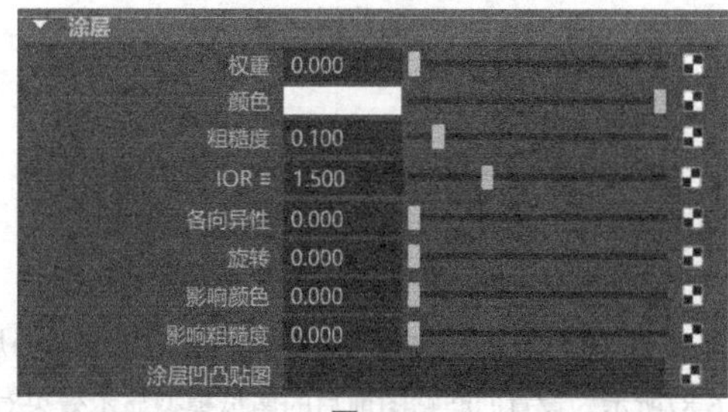

图6-83

常用参数解析

※ 权重：用来控制材质涂层的权重值。

※ 颜色：控制涂层的颜色。

※ 粗糙度：控制镜面反射的光泽度。

※ IOR：控制材质的菲涅耳反射率。

6.3.8 “发射”卷展栏

展开“发射”卷展栏，参数如图6-84所示。

图6-84

常用参数解析

※ 权重：控制发射的灯光量。

※ 颜色：控制发射的灯光颜色。

6.3.9 “薄膜”卷展栏

展开“薄膜”卷展栏，参数如图6-85所示。

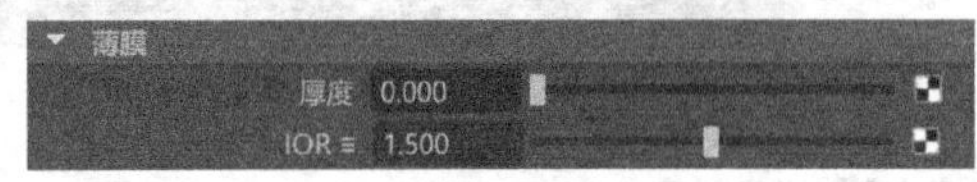

图6-85

常用参数解析

※ 厚度：定义薄膜的实际厚度。

※ IOR：材质周围介质的折射率。

6.3.10 “几何体”卷展栏

展开“几何体”卷展栏，参数如图6-86所示。

图6-86

常用参数解析

※ 薄壁：勾选该选项可以呈现出从背后照亮半透明对象的效果。

※ 不透明度：控制不允许灯光穿过的程度。

※ 凹凸贴图：通过添加贴图设置材质的凹凸属性，图6-87所示为设置凹凸贴图前后的南瓜模型显示效果对比。

图6-87

※ 各向异性切线：为镜面反射各向异性着色指定一个自定义切线。

6.4 Lambert材质

Lambert材质没有控制与高光的相关属性，是Maya为场景中所有物体添加的默认材质。

6.4.1 课堂案例：制作石膏材质

场景位置	实例文件>CH06>6_3.mb
实例位置	实例文件>CH06>6_3_完成.mb
视频名称	6.3.4 课堂案例：制作石膏材质
技术掌握	Lambert材质的使用方法

本例通过制作石膏材质学习Lambert材质的使用方法，最终渲染效果如图6-88所示。

图6-88

01 启动中文版Maya 2020，打开本书配套场景资源文件“6_3.mb”，如图6-89所示。

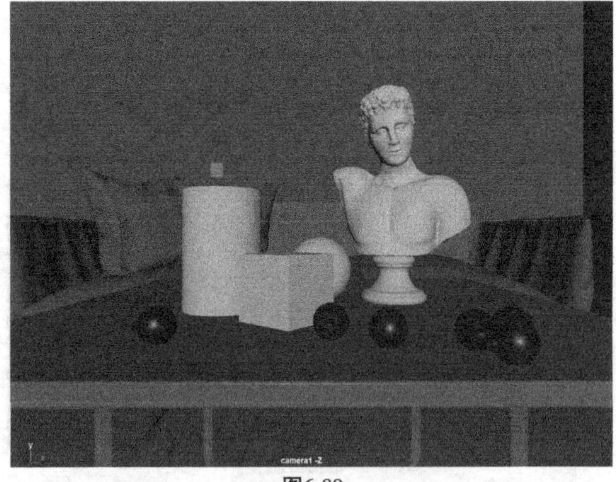

图6-89

02 选择图6-90所示的石膏组合模型。

图6-90

03 单击“渲染”工具架中的“lambert材质”图标，如图6-91所示，为选择的模型指定Lambert材质。

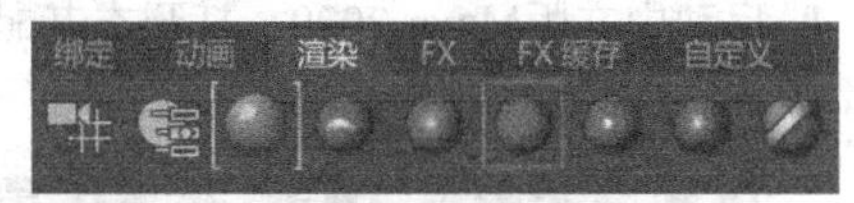

图6-91

技术拓展

为选择的模型指定材质时，单击鼠标右键，在弹出的菜单中执行“指定新材质”命令，如图6-92所示，在系统自动弹出的“指定新材质”面板中可以选择要添加的材质，如图6-93所示。

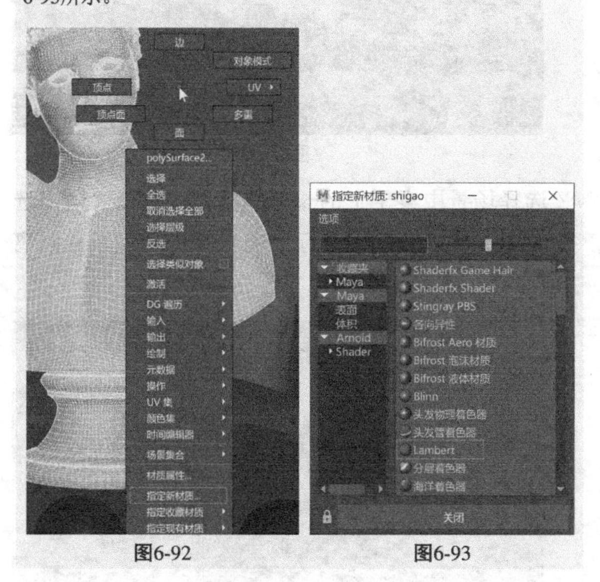

图6-92　　图6-93

04 在“属性编辑器”面板中，展开“公用材质属性”卷展栏，设置“颜色”为灰色，如图6-94所示。“颜色”的具体参数如图6-95所示。

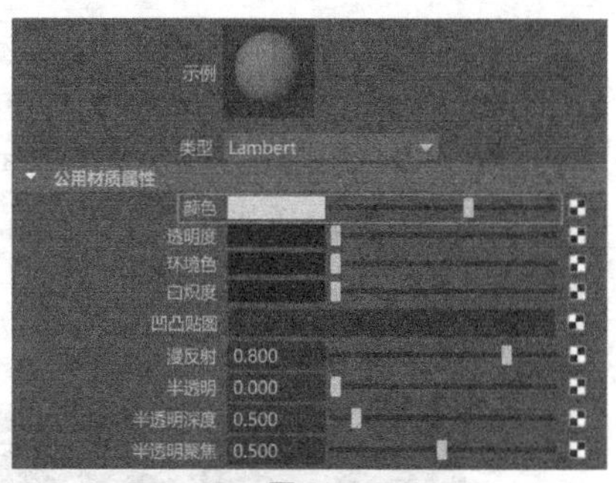

图6-94

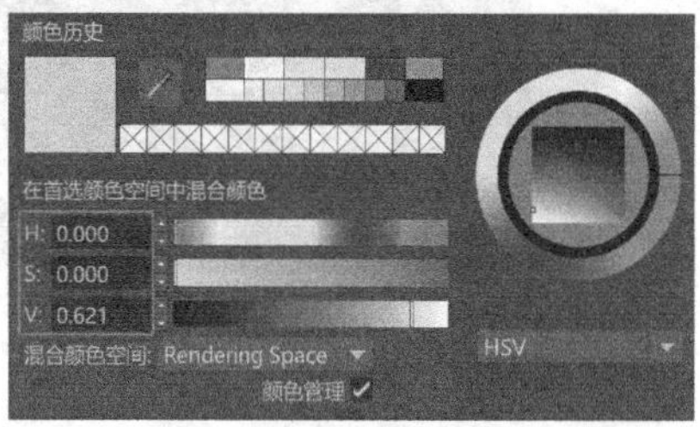

图6-95

05 调整完成后，石膏材质在“材质查看器”中的显示效果如图6-96所示。

图6-96

06 渲染场景，最终渲染效果如图6-97所示。

图6-97

6.4.2 “公用材质属性”卷展栏

“公用材质属性”卷展栏是Maya多种类型材质球公用的一个材质属性命令集合，如Blinn材质、Lambert材质、Phong材质等均有这样一个相同的卷展栏命令集合，参数如图6-98所示。

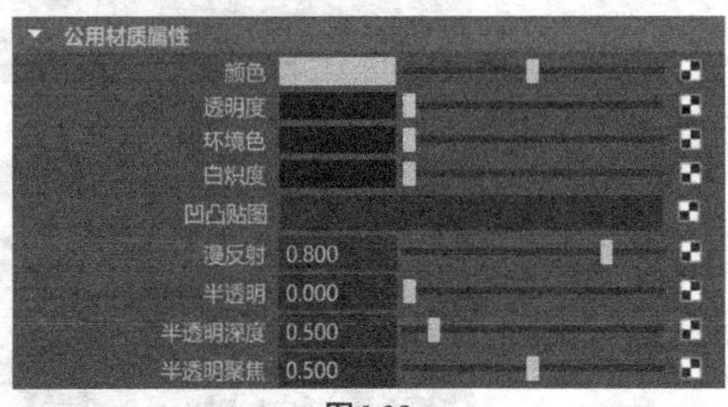

图6-98

常用参数解析

※ 颜色：控制材质的基本颜色。

※ 透明度：控制材质的透明程度。

※ 环境色：用来模拟环境对该材质球所产生的色彩影响。

※ 白炽度：用来控制材质发射灯光的颜色及亮度。

※ 凹凸贴图：通过纹理贴图控制材质表面的粗糙纹理及凹凸程度。

※ 漫反射：使材质能够在所有方向反射灯光。

※ 半透明：使材质可以透射和漫反射灯光。

※ 半透明深度：模拟灯光穿透半透明对象的程度。

※ 半透明聚集：控制半透明灯光的散射程度。

6.5 纹理与UV

纹理通常指材质上的纹理贴图，UV指的是控制纹理贴图正确贴在模型表面上的贴图坐标，二者相辅相成，缺一不可。当在Maya中制作模型后，常常需要将合适的贴图贴到这些模型上，选择一张图书的贴图指定给图书模型时，Maya并不能自动确定图书的贴图以什么样的方向平铺在图书模型上。

6.5.1 课堂案例：给图书模型添加纹理

场景位置 实例文件>CH06>6_4.mb
实例位置 实例文件>CH06>6_4_完成.mb
视频名称 6.5.1 课堂案例：给图书模型添加纹理
技术掌握 贴图纹理及UV的设置方法

本例通过制作一本书的材质，学习如何为模型添加贴图并合理的调整贴图的UV坐标，场景最终渲染效果如图6-99所示。

图6-99

01 启动中文版Maya 2020，打开本书配套场景资源文件“6_4.mb”，如图6-100所示。

图6-100

02 选择场景中桌子上的长方体模型，单击“隔离选择”图标，如图6-101所示，将选择的模型单独隔离出来。

图6-101

03 单击“渲染”工具架中的“标准曲面材质”图标，如图6-102所示，为其添加标准曲面材质。

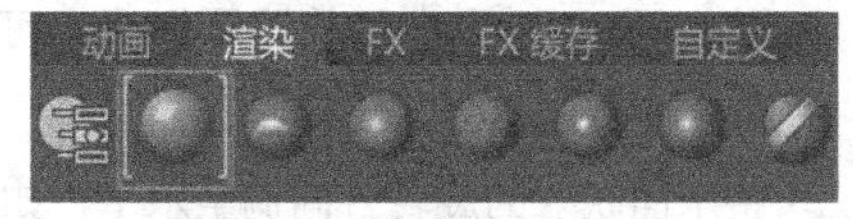

图6-102

04 在透视视图中，选择图6-103所示的面，再次单击“渲染”工具架中的“标准曲面材质”图标，为选择的面添加一个新的标准曲面材质。

图6-103

05 在“属性编辑器”面板中，展开“基础”卷展栏，单击“颜色”属性后面的正方形按钮，如图6-104所示。

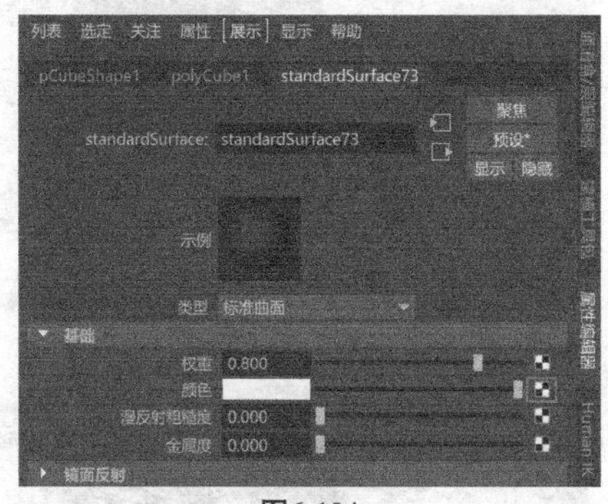

图6-104

06 在弹出的“创建渲染节点”面板中，选择“文件”选项渲染节点，如图6-105所示。

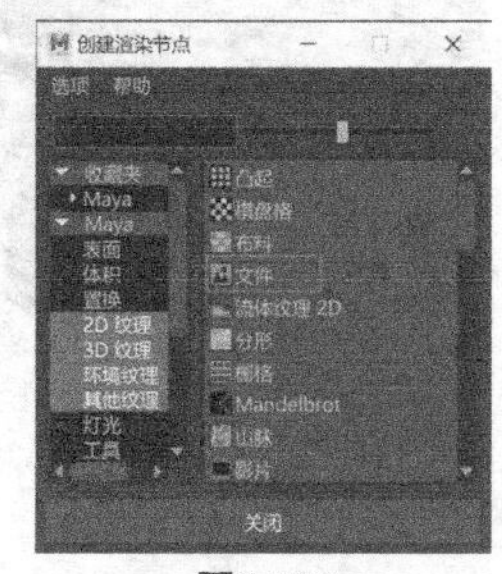

图6-105

07 展开“文件属性”卷展栏，在“图像名称”通道上加载一张“封皮.jpg”贴图文件，如图6-106所示。

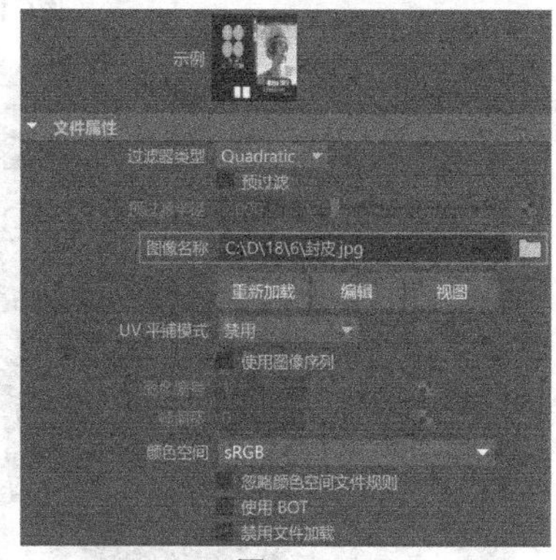

图6-106

08 设置完成后，单击“带纹理”按钮，在视图面板中观察图书的默认贴图效果，如图6-107所示。

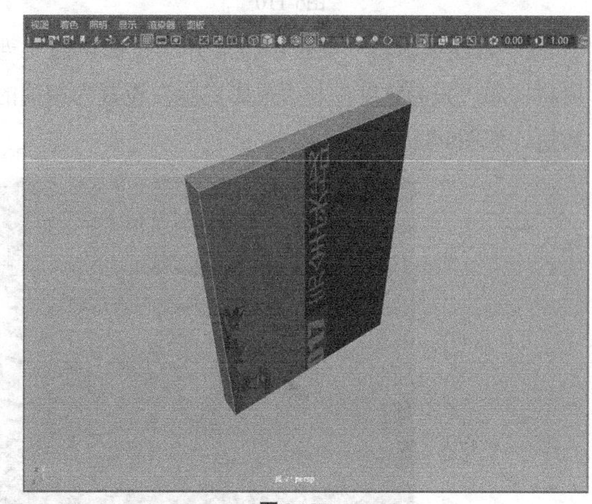

图6-107

09 选择图6-108所示的面，单击“多边形建模”工具架中的“平面映射”图标，如图6-109所示，为选择的平面添加一个平面映射，如图6-110所示。

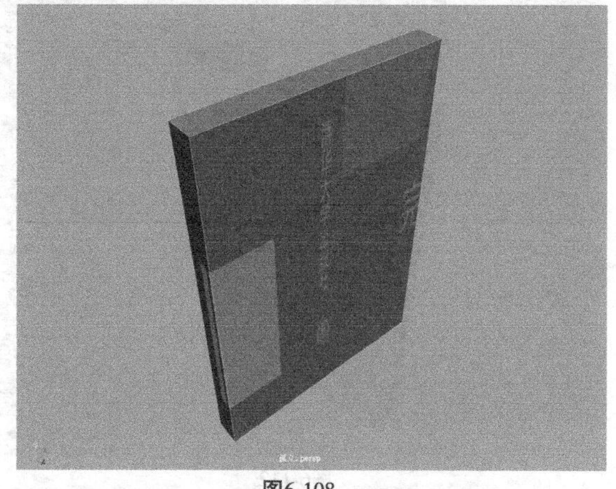

图6-108

图6-109

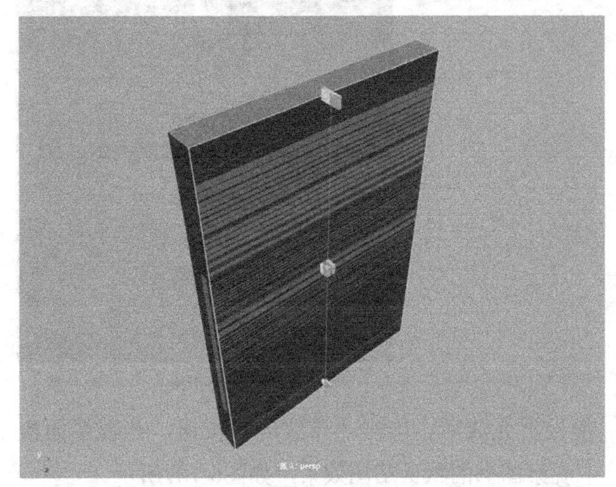

图6-110

⑩在“属性编辑器”面板中，展开“投影属性”卷展栏，将“投影宽度”与“投影高度”设置为相同的数值，如图6-111所示。

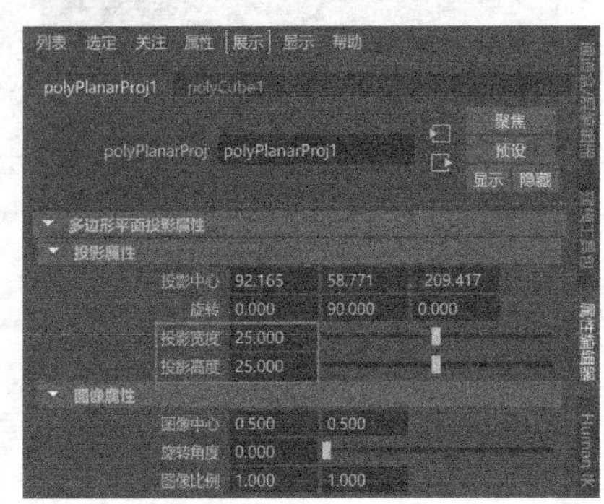

图6-111

⑪设置完成后，在透视视图中观察图书模型上的UV坐标，如图6-112所示。

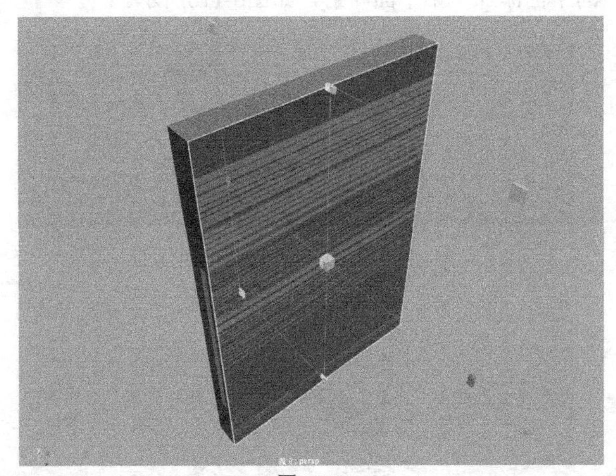

图6-112

⑫在视图面板单击UV坐标下方的十字标记，将平面映射的控制柄切换至旋转控制柄，如图6-113所示。

⑬单击图6-113中出现的圆圈标记，可以显示出旋转的坐标轴，如图6-114所示。

⑭将平面映射的旋转方向调至水平，如图6-115所示。

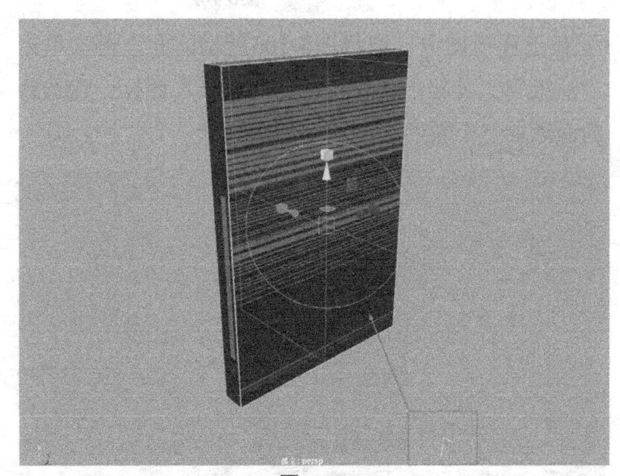

图6-113

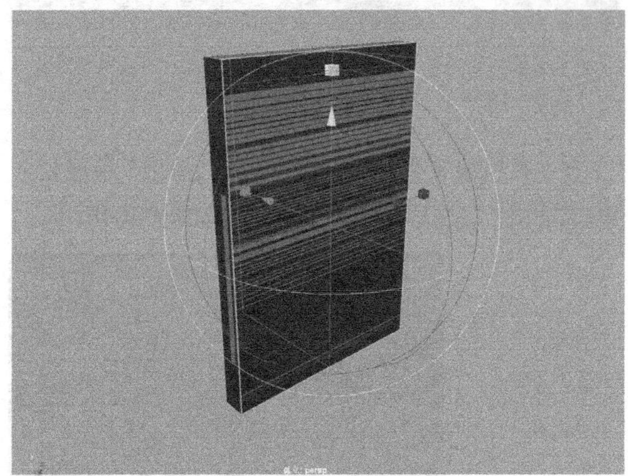

图6-114

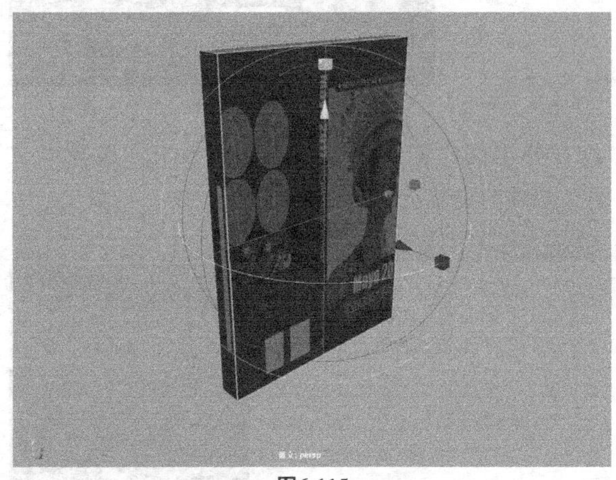

图6-115

⑮单击十字标记，将平面映射的控制柄切换回位移控制柄，仔细调整平面映射的大小，如图6-116所示，得到正确的图书封皮贴图坐标效果。

图6-116

⑯重复以上操作，完成图书封底和书脊贴图效果的制作，如图6-117所示。

图6-117

⑰图书的贴图及UV设置完成后，单击“隔离选择”图标，显示出场景中的其他模型，渲染场景，最终贴图效果如图6-118所示。

图6-118

6.5.2 文件纹理

“文件”纹理属于“2D纹理”，该纹理允许用户使用计算机硬盘中的任意图像文件作为材质表面的贴图纹理，是使用频率较高的纹理命令。

1.“文件属性”卷展栏

展开“文件属性”卷展栏，参数命令如图6-119所示。

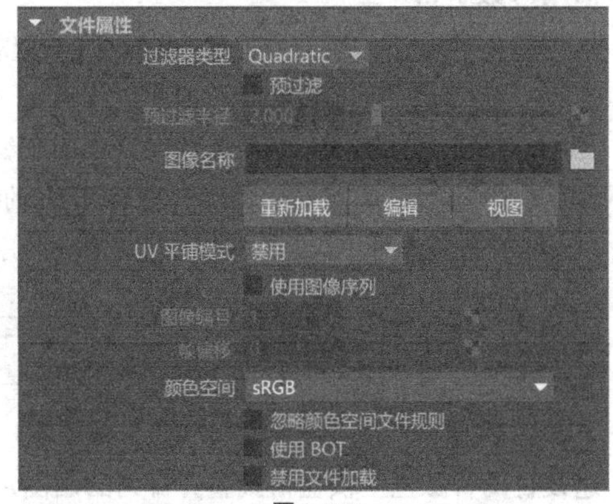

图6-119

常用参数解析

※ 过滤器类型：指渲染过程中应用于图像文件的采样技术。

※ 预过滤：用于校正已混淆的或在不需要的区域中包含噪波的文件纹理。

※ 预过滤半径：确定过滤半径的大小。

※ 图像名称：“文件”纹理使用的图像文件或影片文件的名称。

※ 重新加载：单击该按钮可强制刷新纹理。

※ 编辑：单击该按钮将启动外部应用程序，以便能够编辑纹理。

※ 视图：单击该按钮将启动外部应用程序，以便能够查看纹理。

※ UV平铺模式：选择该选项可使用单个“文件”纹理节点加载、预览和渲染包含对应UV布局中栅格平铺的多个图像的纹理。

※ 使用图像序列：勾选该选项，可以使用连续的图像序列作为纹理贴图。

※ 图像编号：设置序列图像的编号。

※ 帧偏移：设置偏移帧的数值。

※ 颜色空间：用于指定图像使用的输入颜色空间。

2. “交互式序列缓存选项”卷展栏

展开“交互式序列缓存选项”卷展栏，参数如图6-120所示。

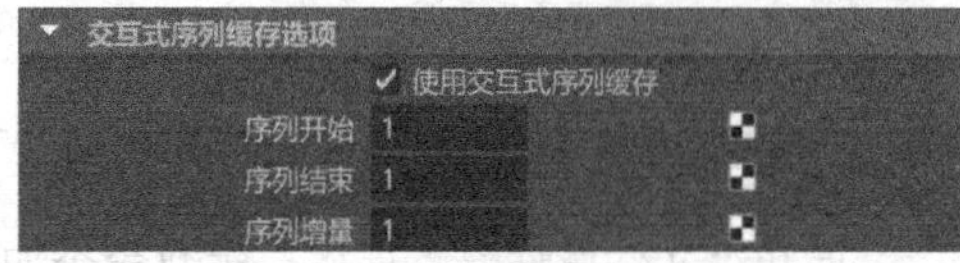

图6-120

常用参数解析

※ 使用交互式序列缓存：用于在为纹理设置动画以便以正常速度播放动画时缓存文件纹理。

※ 序列开始：设置加载到内存中的第一帧的编号。

※ 序列结束：设置加载到内存中的最后一帧的编号。

※ 序列增量：用于设置每间隔几帧加载图像序列。

6.5.3 棋盘格纹理

“棋盘格”纹理属于“2D纹理”贴图，用于快速设置两种颜色呈棋盘格式整齐排列的贴图，其参数如图6-121所示。

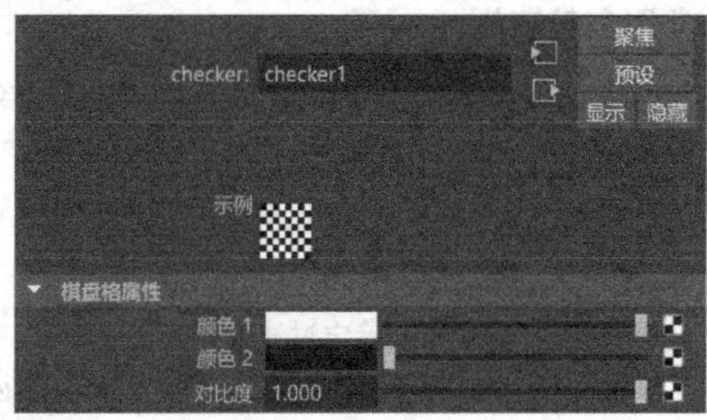

图6-121

常用参数解析

※ 颜色1/颜色2：用于分别设置“棋盘格”纹理的两种不同颜色。

※ 对比度：用于设置两种颜色之间的对比程度。

6.5.4 布料纹理

“布料”纹理用于快速模拟纺织物的纹理效果，其参数如图6-122所示。

常用参数解析

※ 间隙颜色：用于设置经线（U方向）和纬线（V方向）之间区域的颜色，较浅的“间隙颜色”常用来模拟更软、更加透明的线织成的布料。

※ U向颜色/V向颜色：设置U向和V向线的颜色，双击颜色条可以打开“颜色选择器”。

※ U向宽度/V向宽度：用于设置U向和V向线的宽度。如果线宽度为1，则丝线相接触，无间隙，如果线宽度为0，则丝线将消失。宽度范围为0~1，默认值为0.75。

※ U向波/V向波：设置U向和V向线的波纹，用于创建特殊的编织效果，范围为0~0.5，默认值为0。

※ 随机度：用于设置在U方向和V方向随机涂抹纹理，调整“随机度”数值，可以用不规则丝线创建看起来很自然的布料，也可以避免在非常精细的布料纹理上出现锯齿和云纹图案。

※ 宽度扩散：用来设置沿着每条线的长度随机化线的宽度。

※ 亮度扩散：用来设置沿着每条线的长度随机化线的亮度。

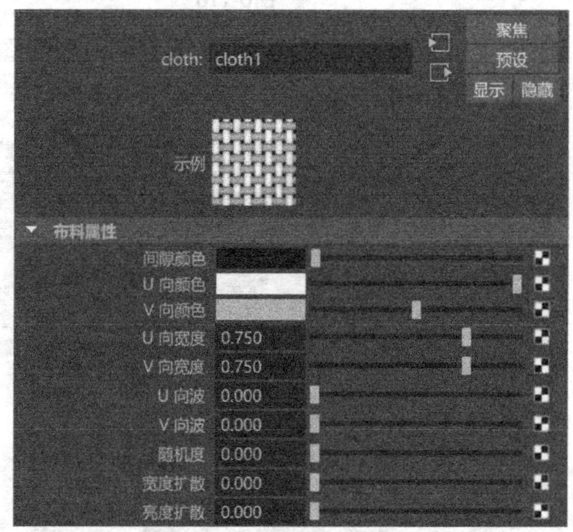

图6-122

6.5.5 大理石纹理

“大理石”纹理用于模拟真实世界中的大理石材质，其参数如图6-123所示。

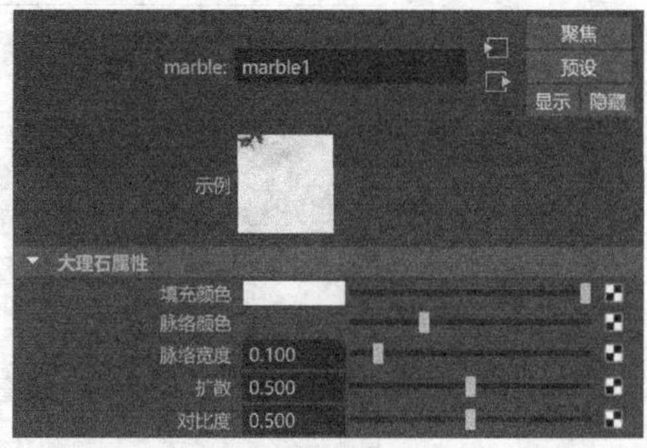

图6-123

常用参数解析

※ 填充颜色：设置大理石的主要颜色。

※ 脉络颜色：设置大理石纹理的颜色。

※ 脉络宽度：设置大理石上花纹纹理的宽度。

※ 扩散：控制脉络颜色和填充颜色的混合程度。

※ 对比度：设置脉络颜色和填充颜色之间的对比度。

6.5.6 aiWireframe纹理

aiWireframe纹理主要用来制作线框材质，其参数如图6-124所示。

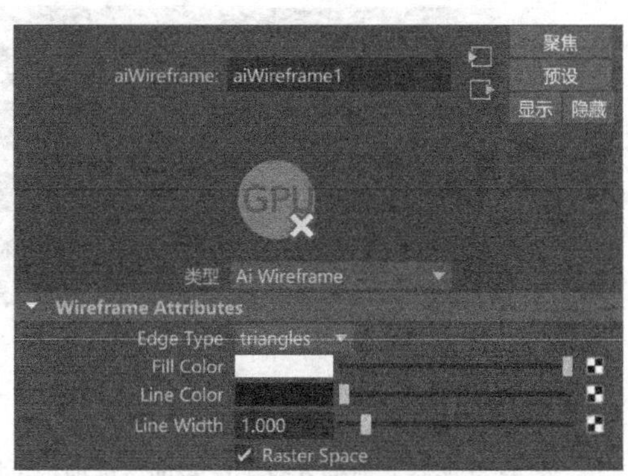

图6-124

常用参数解析

※ Edge Type（边类型）：用于控制模型上渲染边线的类型，有triangles、polygons和patches3个选项可用。

※ Fill Color（填充颜色）：用于设置模型的填充颜色。

※ Line Color（线颜色）：用于设置线框的颜色。

※ Line Width（线宽度）：用于设置线框的宽度。

6.5.7 平面映射

“平面映射”通过平面将UV投影到模型上，该命令非常适合较为平坦的三维模型，如图6-125所示。在菜单栏执行“UV>平面”命令后的小方块图标，即可打开“平面映射选项”对话框，如图6-126所示。

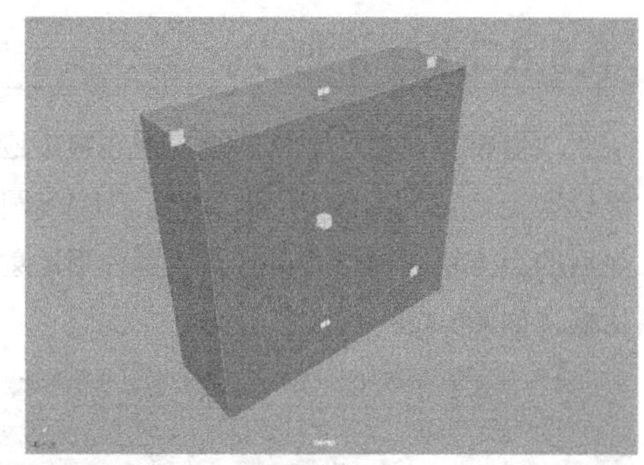
图6-125

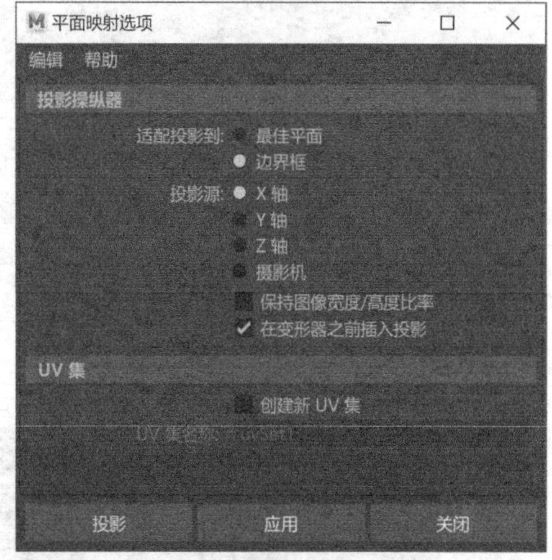

图6-126

常用参数解析

※ 适配投影到：默认情况下，投影操纵器将根据“最佳平面”或“边界框”这两个设置之一自动定位。

※ 最佳平面：如果要为对象的一部分面映射UV，则可以选择将“最佳平面”和投影操纵器捕捉到一个角度和直接指向选定面的旋转。

※ 边界框：将UV映射到对象的所有面或大多数面时，该选项最有用，它将捕捉投影操纵器以适配对象的边界框。

※ 投影源：选择X轴/Y轴/Z轴，以便投影操纵器指向对象的大多数面。如果大多数模型的面不是直接指向沿*x*轴、*y*轴、*z*轴的某个位置，则选择“摄影机”选项，“摄影机”选项会根据当前的活动视图为投影操纵器定位。

※ 保持图像宽度/高度比率：启用该选项时，可以保留图像的宽度与高度比，使图像不会扭曲变形。

※ 在变形器之前插入投影：在多边形对象中应用变形时，需要勾选“在变形器之前插入投影”选项。如果该选项已禁用且已为变形设置动画，则纹理放置将受顶点位置更改的影响。

※ 创建新UV集：勾选该选项，可以创建新UV集并放置由投影在该集中创建的UV。

6.5.8 圆柱形映射

“圆柱形映射”非常适合应用在接近圆柱体的三维模型上，如图6-127所示。执行“UV>圆柱形”命令后的小方块图标，即可打开“圆柱形映射选项”对话框，如图6-128所示。

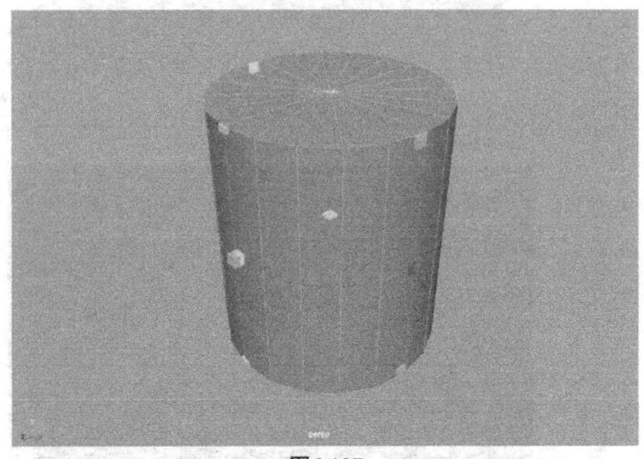

图6-127

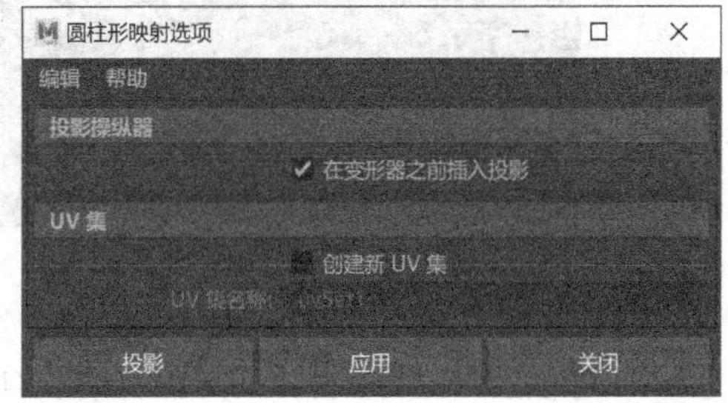

图6-128

常用参数解析

※ 在变形器之前插入投影：勾选该选项，可以在应用变形器前将纹理放置并应用到多边形模型上。

※ 创建新UV集：勾选该选项，可以创建新UV集并放置由投影在该集中创建的UV。

6.5.9 球形映射

“球形映射”适合应用在接近球形的三维模型上，如图6-129所示。在菜单栏执行“UV>球形”命令后的小方块图标，即可打开“球形映射选项”对话框，如图6-130所示。

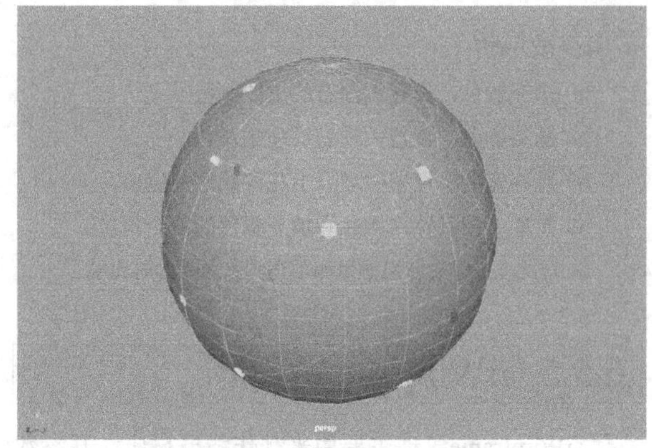

图6-129

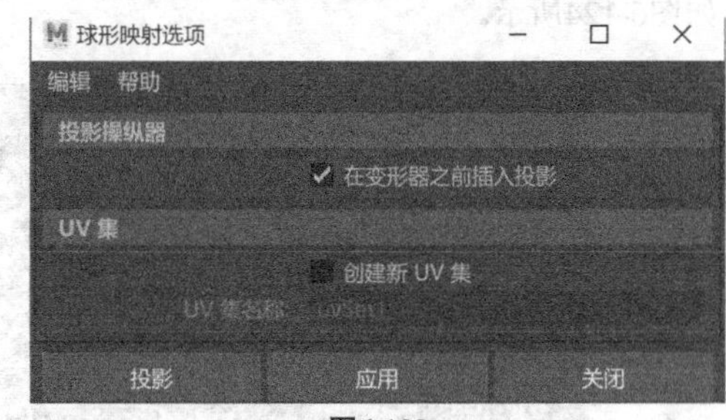

图6-130

常用参数解析

※ 在变形器之前插入投影：勾选该选项，可以在应用变形器前将纹理放置并应用到多边形模型上。

※ 创建新UV集：启用该选项，可以创建新UV集并放置由投影在该集中创建的UV。

6.5.10 自动映射

“自动映射”适合应用在较为规则的三维模型上，如图6-131所示。在菜单栏执行“UV>自动”命令后的小方块图标，即可打开“多边形自动映射选项”对话框，如图6-132所示。

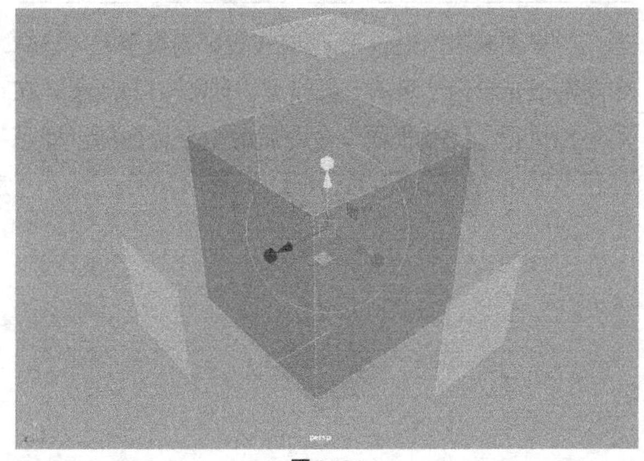

图6-131

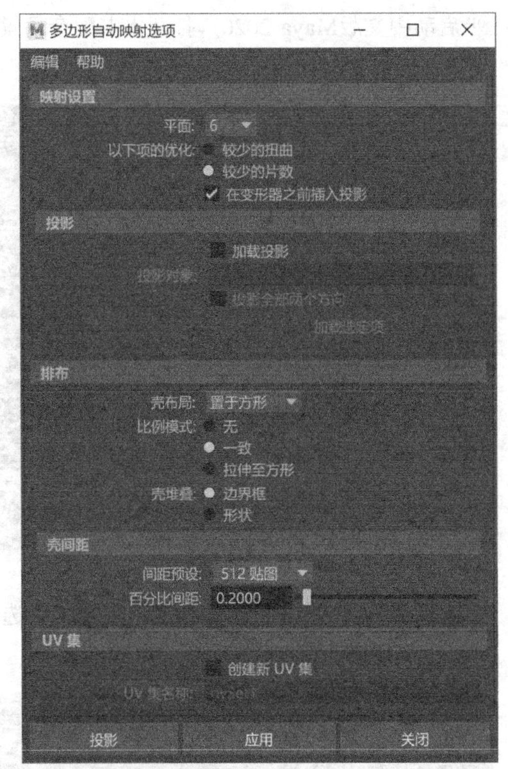

图6-132

常用参数解析

①“映射设置”卷展栏

※ 平面：为自动映射设置平面数。用户根据3、4、5、6、8或12个平面的形状，可以选择投影映射。使用的平面越多，发生的扭曲就越少，且在UV编辑器中创建的UV壳越多，图6-133所示为“平面”值是4、6和12时的映射效果，图6-134所示为对应的UV壳生成效果。

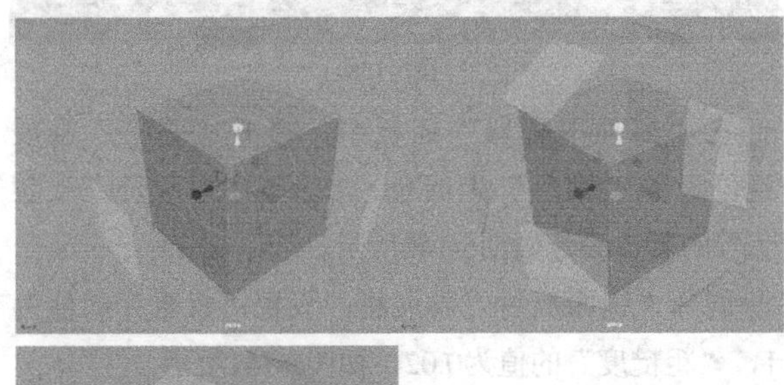

图6-133

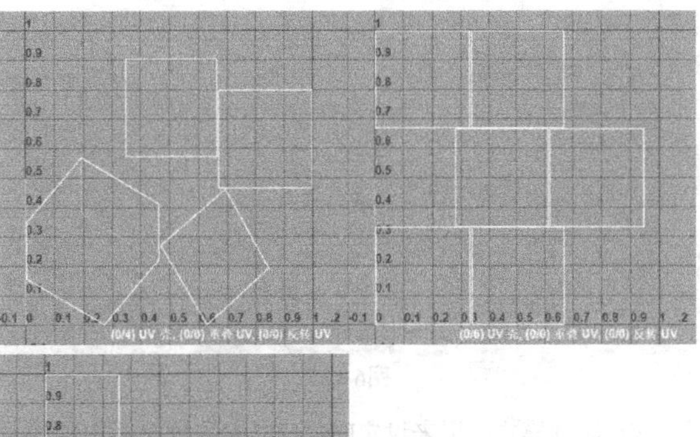

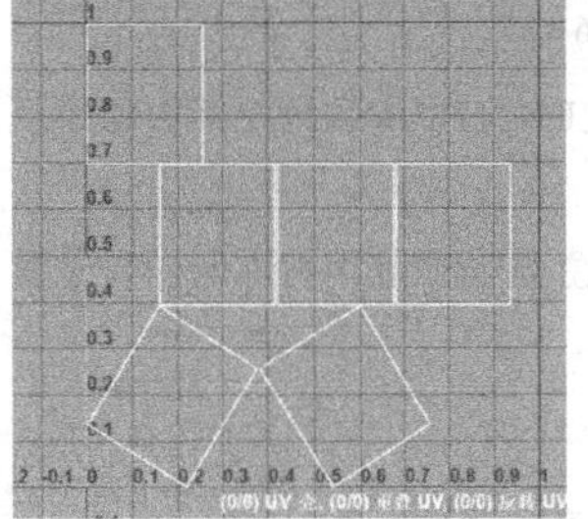

图6-134

※ 以下项的优化：为自动映射设置优化类型。

※ 较少的扭曲：均衡投影所有平面，该选项可以为任何的面提供最佳投影，但结束时可能会创建更多的壳。如果用户有对称模型并需要投影的壳是对称的，此选项尤其有用。

※ 较少的片数：投影每个平面，直到投影遇到不理想的投影角度，这时可能会导致壳增大而壳的数量减少。

※ 在变形器之前插入投影：勾选该选项，可以在应用变形器前将纹理放置并应用到多边形模型上。

②“投影”卷展栏

※ 加载投影：允许用户指定一个自定义多边形对象作为用于自动映射的投影对象。

※ 投影对象：标识当前场景中加载的投影对象，通过在输入框中输入投影对象的名称指定投影对象。另外，当选中场景中所需的对象并单击“加载选定项”按钮时，投影对象的名称将显示在该输入框中。

※ 投影全部两个方向：未勾选“投影全部两个方向”选项时，加载投影会将UV投影到多边形对象上，同时多边形对象的法线指向与加载投影对象的投影平面的方向大致相同。

※ 加载选定项：加载当前在场景中选定的多边形面作为指定的投影对象。

③“排布”卷展栏

※ 壳布局：设定排布的UV壳在UV纹理空间中的位置，不同的“壳布局”方式会导致Maya在UV编辑器中生成不同的贴图拆分形态，如图6-135所示。

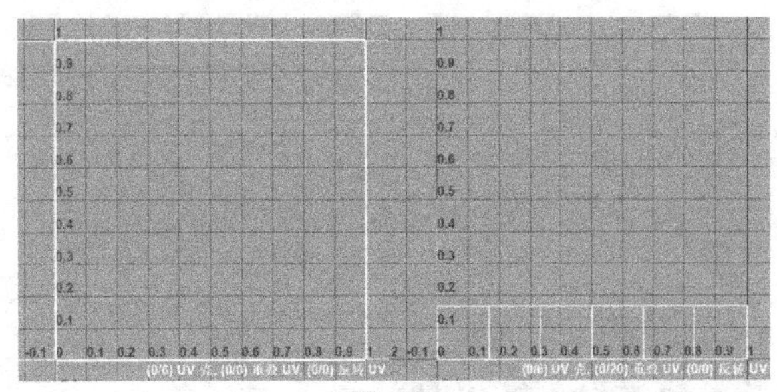

图6-135

※ 比例模式：用来设定UV壳在UV纹理空间中的缩放方式。

※ 壳堆叠：确定UV壳在UV编辑器中排布时相互堆叠的方式。

④ **"壳间距"卷展栏**

※ 间距预设：用来设置壳的边界距离。

※ 百分比间距：按照贴图大小的百分比输入控制边界框之间的间距。

⑤ **"UV集"卷展栏**

※ 创建新UV集：勾选该选项可创建新的UV集，并在该集中放置新创建的UV。

※ UV集名称：用来输入UV集的名称。

6.6 课堂练习：制作玉石材质

场景位置	实例文件>CH06>6_5.mb
实例位置	实例文件>CH06>6_5_完成.mb
视频名称	6.6 课堂练习：制作玉石材质
技术掌握	标准曲面材质的使用方法

本例通过制作玉石材质学习"标准曲面材质"的使用方法，最终渲染效果如图6-136所示。

图6-136

01 启动中文版Maya 2020，打开本书配套场景资源文件"6_5.mb"，如图6-137所示。

图6-137

02 选择图6-138所示的摆件和瓶子模型，为选择的模型指定标准曲面材质。

图6-138

03 在"属性编辑器"面板中，展开"基础"卷展栏，设置"颜色"为绿色，如图6-139所示。"颜色"的具体参数如图6-140所示。

04 展开"镜面反射"卷展栏，设置"权重"的值为1，"粗糙度"的值为0.02，如图6-141所示。

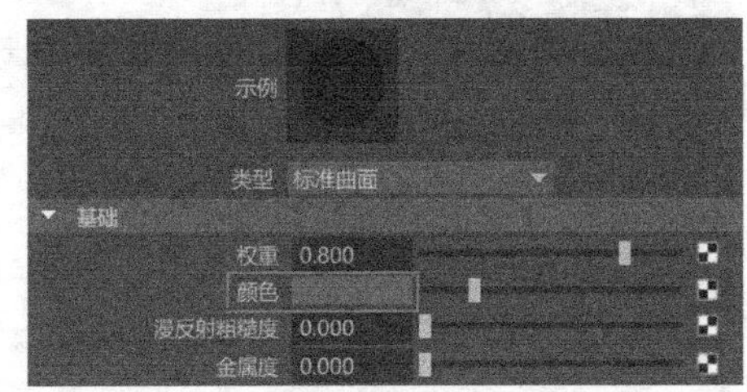

图6-139

图6-140

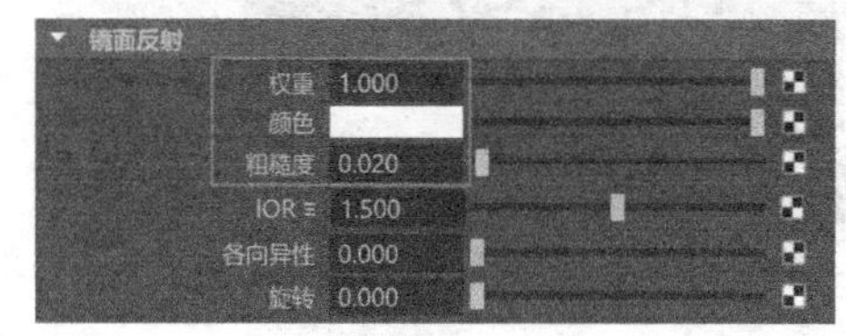

图6-141

05 展开“次表面”卷展栏，设置“权重”的值为1，“颜色”为绿色，如图6-142所示。“颜色”的具体参数如图6-143所示。

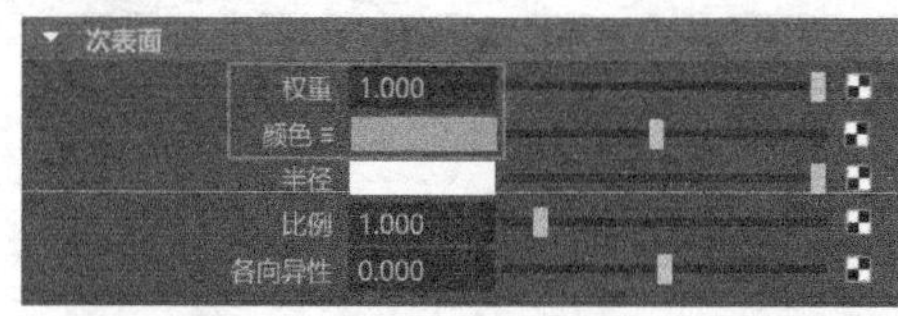

图6-142

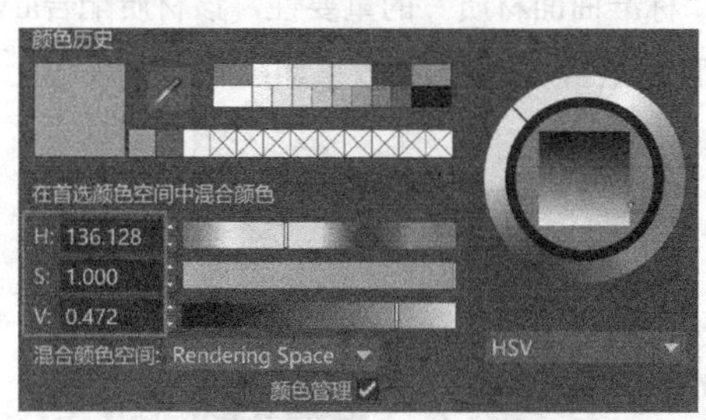

图6-143

06 调整完成后，玉石材质在“材质查看器”中的显示效果如图6-144所示。

图6-144

07 渲染场景，最终渲染效果如图6-145所示。

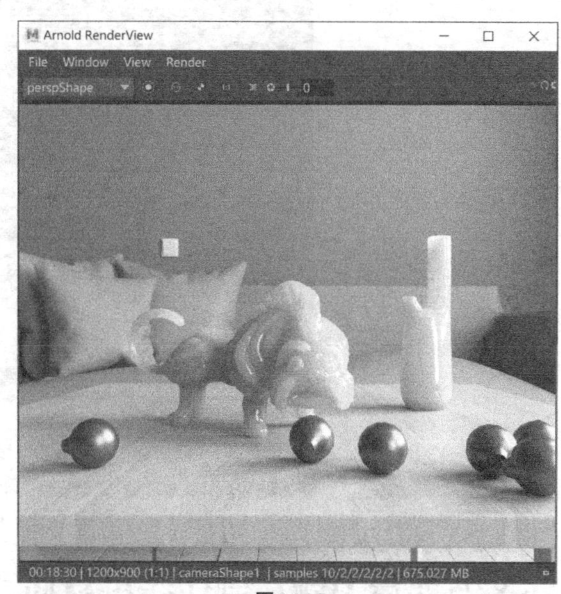

图6-145

6.7 本章小结

本章主要讲解了Hypershade窗口的使用方法和如何为模型添加材质、纹理及设置UV贴图坐标等知识，通过典型的材质实例详细讲解了常用材质的设置方法。鉴于本章知识的难度和重要性，读者需勤加练习，熟练掌握材质与纹理的相关技术。

6.8 课后习题

本节准备了两个习题供读者练习，使用的都是标准曲面材质，希望读者可以意识到该材质的重要性。

6.8.1 课后习题：制作陶瓷材质

场景位置	实例文件>CH06>6_6.mb
实例位置	实例文件>CH06>6_6_完成.mb
视频名称	6.8.1 课后习题：制作陶瓷材质
技术掌握	标准曲面材质的使用方法

操作指南

标准曲面材质不但可以制作玻璃材质、金属材质、玉石材质，还可以用来制作陶瓷材质，最终渲染效果如图6-146所示。

图6-146

6.8.2 课后习题：制作线框材质

场景位置　实例文件>CH06>6_7.mb
实例位置　实例文件>CH06>6_7_完成.mb
视频名称　6.8.2 课后习题：制作线框材质
技术掌握　标准曲面材质的使用方法

操作指南

通过学习本章的内容，相信读者已经充分意识到了“标准曲面材质”的重要性，该材质配合aiWireframe纹理可以用来制作线框材质，读者可以尝试调整线框的粗细及颜色，最终渲染效果如图6-147所示。

图6-147

第7章 渲染与输出

渲染是Maya工作流程中非常重要的一环，如果没有渲染，所做的一切工作将无法以最优的效果呈现给客户。本章主要讲解Maya 2020的默认渲染器——Arnold渲染器。Arnold渲染器的参数设置相对简单，希望读者能够通过本章的学习，掌握渲染的参数设置方法及相关技巧。

课堂学习目标

- 了解渲染的设置流程
- 掌握Arnold渲染器的设置方法

7.1 渲染概述

什么是“渲染”？从其英文“Render”上来说，可以翻译为“着色”；从其在整个项目流程中的环节来说，可以理解为“出图”。渲染仅仅是在所有三维项目制作完成后用鼠标单击“渲染当前帧”按钮的这一次操作吗？很显然不是。

通常所说的渲染指的是在“渲染设置”面板中，通过调整参数控制最终图像的照明程度。计算时间、图像质量等综合因素，让计算机在一个在合理时间内计算出效果令人满意的图像，这些参数的设置就是渲染。此外，从Maya“渲染”工具架中工具及相关设置看，该工具架中不仅有渲染相关的工具，还有灯光、摄影机和材质相关的工具，这也就是说在具体的项目制作中，渲染还包括设置灯光、摆放摄影机和制作材质等工作，如图7-1所示。

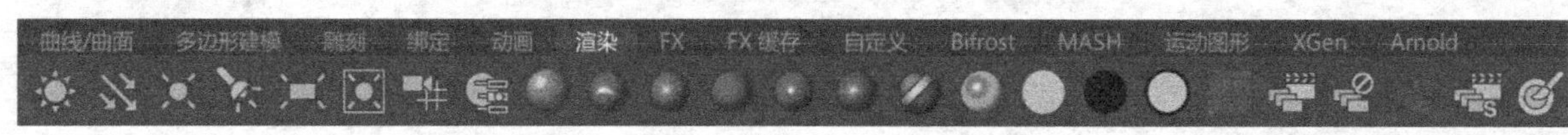

图7-1

使用Maya制作三维项目时，常见的工作流程是按照“建模→灯光→材质→摄影机→渲染”进行，渲染之所以放在最后，说明这一操作是计算之前流程的最终步骤，其计算过程相当复杂，所以需要读者认真学习并掌握渲染的关键技术。图7-2和图7-3所示为两个优秀的三维渲染作品。

图7-2

图7-3

7.1.1 选择渲染器

渲染器可以简单理解成三维软件进行最终图像计算的方法，Maya 2020提供了多种渲染器以供用户选择，同时还允许用户自行购买及安装第三方软件生产商提供的渲染器插件。单击“渲染设置”按钮，即可打开Maya 2020的“渲染设置”面板，在“渲染设置”面板中可以查看当前场景文件所使用的渲染器名称。在默认状态下，Maya 2020所使用的渲染器为Arnold Renderer，如图7-4所示。

图7-4

如果想要快速更换渲染器，在“渲染设置”面板中展开“使用以下渲染器渲染”的下拉列表，更换选项即可，如图7-5所示。

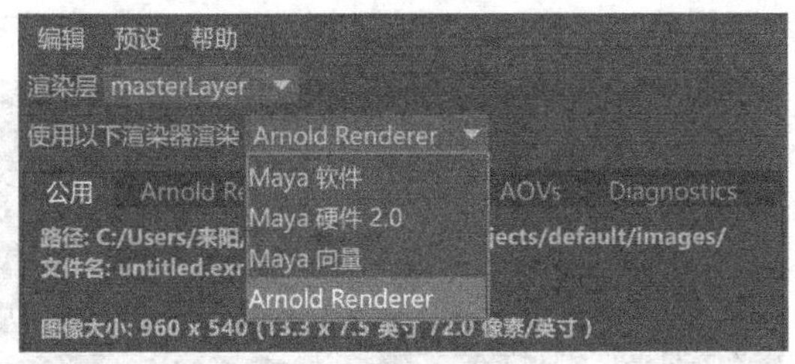

图7-5

7.1.2 “渲染视图”窗口

在Maya界面中单击“渲染视图”按钮，可以打开Maya的“渲染视图”窗口，如图7-6所示。

“渲染视图”窗口的命令主要集中在“工具栏”，如图7-7所示。

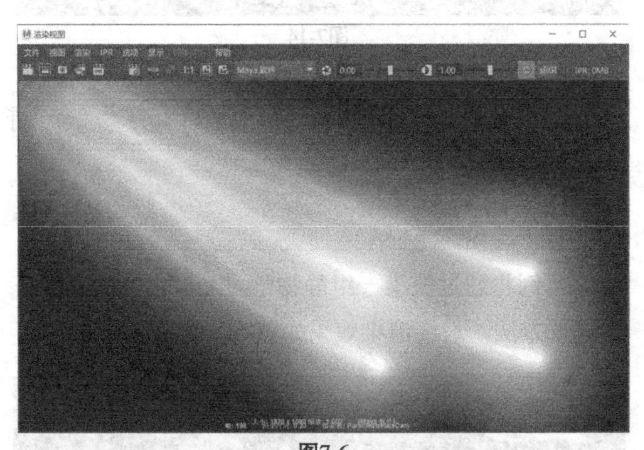

图7-6

图7-7

常用工具解析

※ 重新渲染：重做上一次渲染。

※ 渲染区域：仅渲染在“渲染视图”窗口中绘制的区域，如图7-8所示。

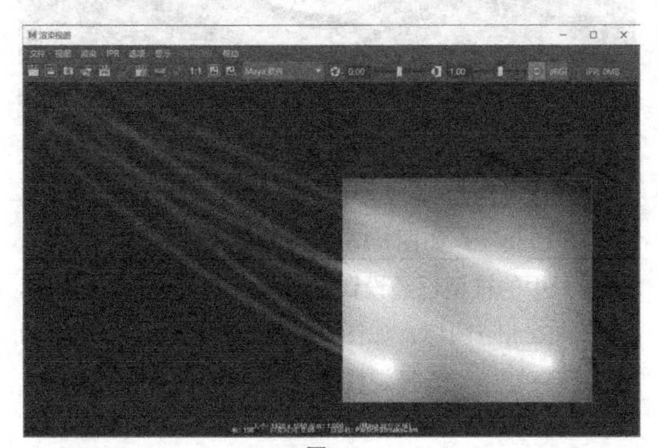

图7-8

※ 快照：用于快照当前视图，如图7-9所示。

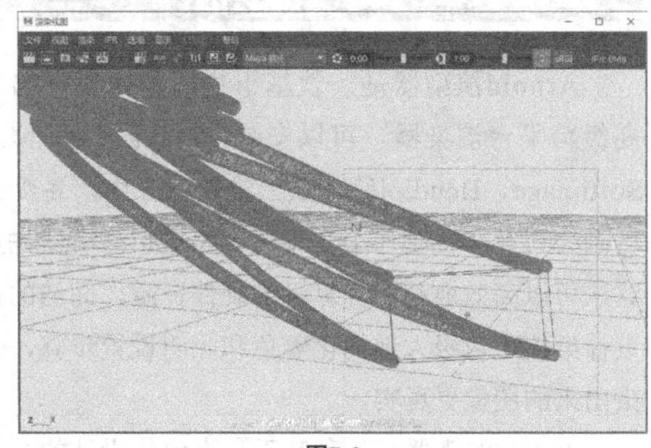

图7-9

※ 渲染序列：渲染当前动画序列中的所有帧。

※ IPR渲染：重做上一次IPR渲染。

※ 刷新：刷新IPR图像。

※ 渲染设置：打开“渲染设置”窗口。

※ RBG通道：显示RGB通道，如图7-10所示。

图7-10

※ Alpha通道：显示Alpha通道，如图7-11所示。

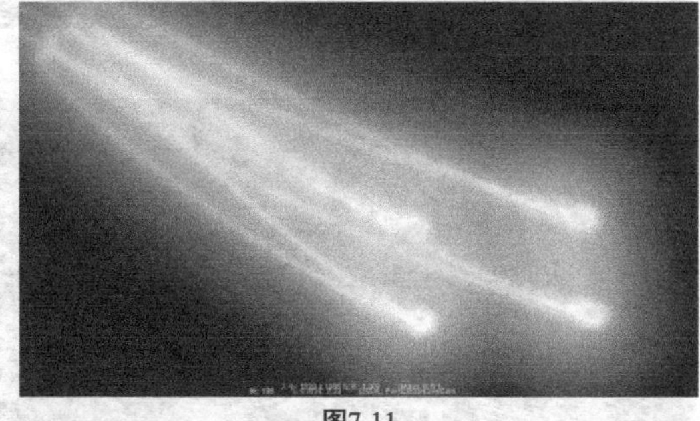

图7-11

※ 1:1：显示实际尺寸。

※ 保存：保存当前图像。

※ 移除：移除当前图像。

※ 曝光：调整图像的亮度。

※ Gamma：调整图像的Gamma值。

7.2 Arnold渲染器

Arnold渲染器是一款基于物理定律设计出来的高级跨平台渲染器，可以安装在Maya、3ds Max、Softimage、Houdini等多款三维软件之中，备受众多动画公司及影视制作公司喜爱。Arnold渲染器先进的算法可以高效地利用计算机的硬件资源，简洁的命令设计架构可以极大地简化着色和照明设置步骤，使渲染出来的图像更真实。

Arnold渲染器是一种基于高度优化设计的光线跟踪引擎，不提供会导致出现渲染瑕疵的缓存算法，如光子贴图、最终聚集等。使用该渲染器提供的专业材质和灯光系统进行渲染，图像的最终效果会具有更强的可预测性，可以大大节省渲染师的后期图像处理步骤，缩短项目制作消耗的时间。图7-12和图7-13所示为Arnold渲染器所属公司官方网站中展示的使用该渲染器参与制作的项目案例作品。

图7-12

图7-13

打开“渲染设置”面板，可以看到Arnold渲染器是Maya 2020的默认渲染器，如图7-14所示。

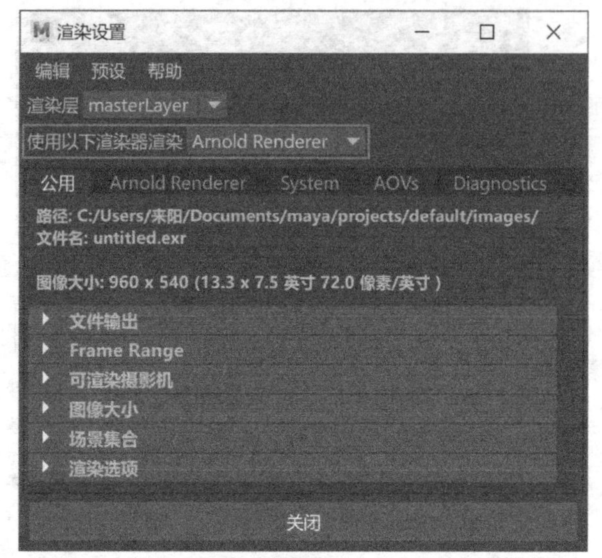

图7-14

7.2.1 课堂案例：渲染静物

场景位置 实例文件>CH07>7_1.mb
实例位置 实例文件>CH07>7_1_完成.mb
视频名称 7.2.1 课堂案例：渲染静物
技术掌握 Arnold渲染器的基本设置方法

本例将通过渲染一组静物学习Arnold渲染器的基本设置方法，最终渲染效果如图7-15所示。

图7-15

01 启动中文版Maya 2020，打开本书配套场景资源文件“7_1.mb”，如图7-16所示。

02 场景中的模型已经设置好了材质，单击Arnold工具架中的Render图标，如图7-17所示。此时渲染出来的效果没有灯光，场景是漆黑一片。

图7-16

图7-17

03 单击Arnold工具架中的Create Area Light图标，如图7-18所示，在场景中创建一个区域灯光。

04 在“通道盒/层编辑器”面板中，设置其参数，如图7-19所示。

图7-18

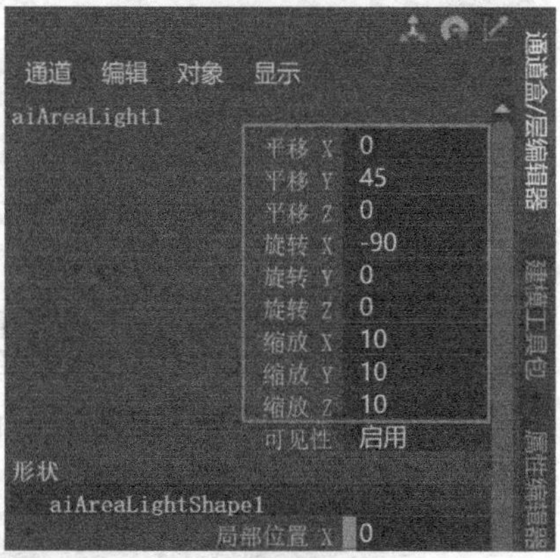

图7-19

05 在“属性编辑器”面板中，展开Arnold Area Light Attributes卷展栏，设置Intensity的值为5，Exposure的值为10，如图7-20所示。

06 在顶视图中对刚创建的区域灯光进行复制，并调整其位置，如图7-21所示。

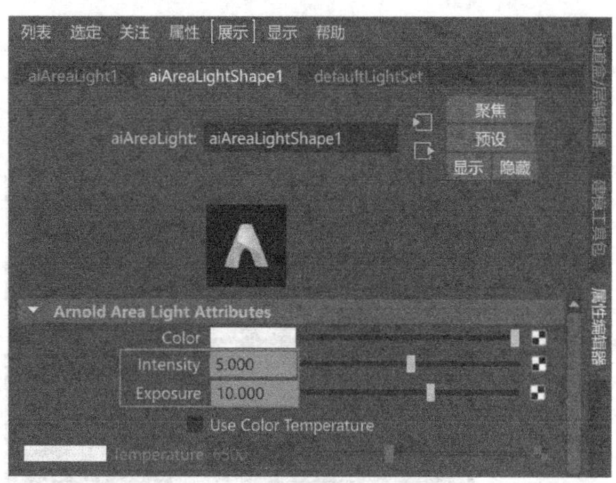

图7-20

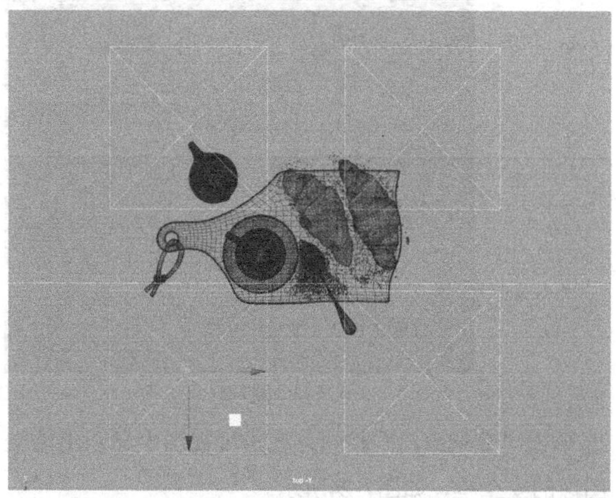

图7-21

07 在透视视图中选择一个合适的角度，渲染场景，渲染效果如图7-22所示。在Arnold RenderView（Arnold渲染窗口）的下方，可以看到渲染图形所消耗的时间、图像的渲染尺寸和采样等信息。

图7-22

08 打开“渲染设置”面板，在“公用”选项卡中，展开“图像大小”卷展栏，设置“宽度”的值为1200，“高度”的值为900，如图7-23所示。

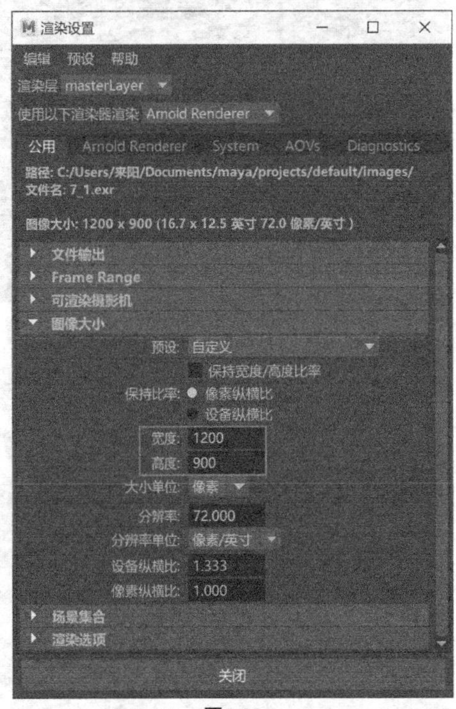

图7-23

09 单击“分辨率门”按钮，在透视视图中显示出渲染图像的安全框，如图7-24所示。

图7-24

10 在Arnold Renderer选项卡中，设置Camera（AA）的值为5，如图7-25所示，增加渲染的采样值，得到更加精细的计算效果，这时的渲染时间会相应增加。最终渲染效果如图7-26所示。

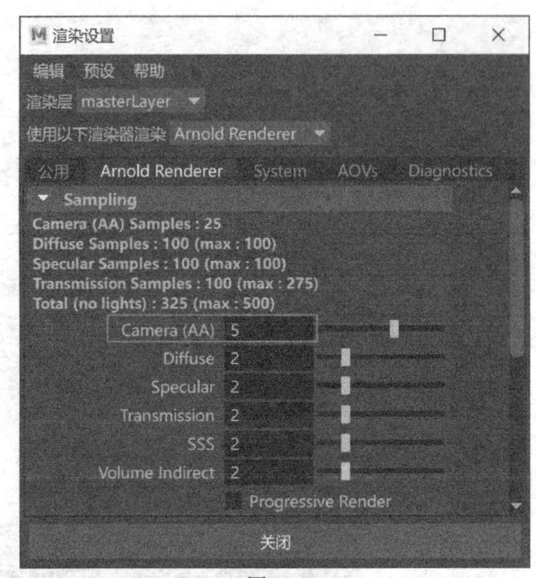

图7-25

图7-26

7.2.2 “文件输出”卷展栏

展开“文件输出”卷展栏，参数如图7-27所示。

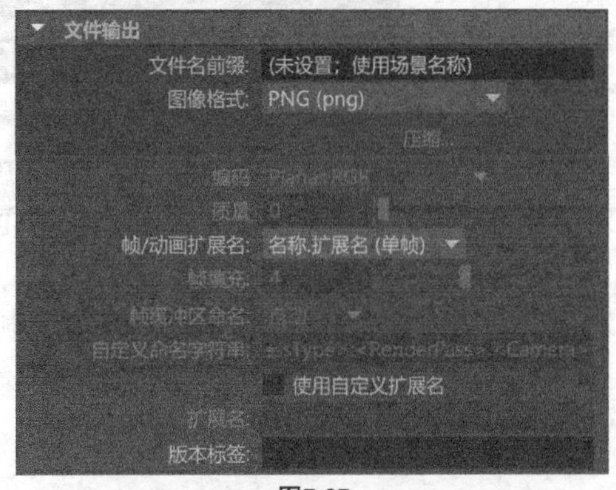

图7-27

常用参数解析

※ 文件名前缀：用于设置渲染序列帧的名称，如果未设置，将使用该场景的名称命名。

※ 图像格式：用于保存渲染图像文件的格式。

※ 压缩：单击该按钮可以为AVI（Windows）或QuickTime（Mac OS X）影片文件选择压缩方法。

※ 帧/动画扩展名：设置渲染图像文件名的格式。

※ 帧填充：帧编号扩展名的位数。

※ 自定义命名字符串：该输入框中可以自己选择渲染标记为OpenEXR文件中的通道命名。

※ 使用自定义扩展名：可以对渲染图像文件名使用自定义文件格式扩展名。

※ 版本标签：可以将版本标签添加到渲染输出文件名中。

7.2.3 “帧范围”卷展栏

展开“帧范围”卷展栏，参数如图7-28所示。

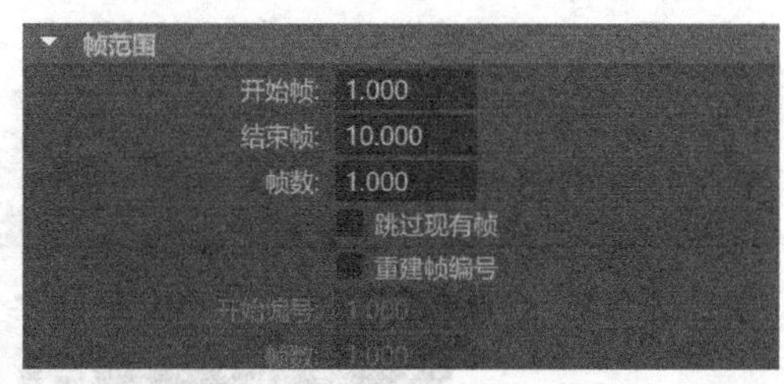

图7-28

常用参数解析

※ 开始帧/结束帧：指定要渲染的第一帧（开始帧）和最后一帧（结束帧）。

※ 帧数：要渲染的帧之间的增量。

※ 跳过现有帧：勾选此选项后，渲染器将检测并跳过已渲染的帧。此功能可节省渲染时间。

※ 重建帧编号：更改动画的渲染图像文件的编号。

※ 开始编号：设置第一个渲染图像文件名具有的帧编号扩展名。

※ 帧数：设置渲染图像文件名具有的帧编号扩展名之间的增量。

7.2.4 “可渲染摄影机”卷展栏

展开“可渲染摄影机”卷展栏，参数如图7-29所示。

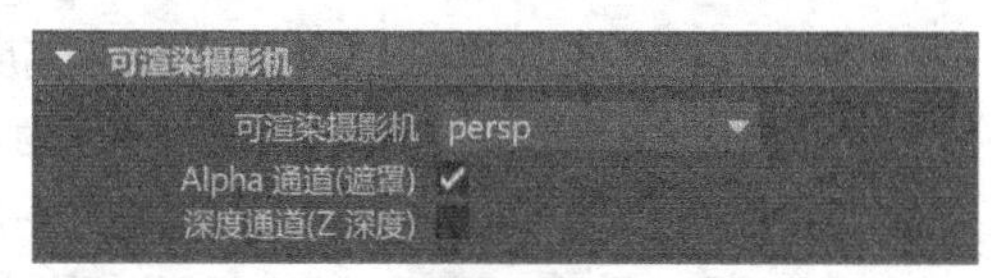

图7-29

常用参数解析

※ 可渲染摄影机：用于设置使用哪个摄影机进行场景渲染。

※ Alpha 通道（遮罩）：控制渲染图像是否包含遮罩通道。

※ 深度通道（Z深度）：控制渲染图像是否包含深度通道。

7.2.5 “图像大小”卷展栏

展开“图像大小”卷展栏，参数如图7-30所示。

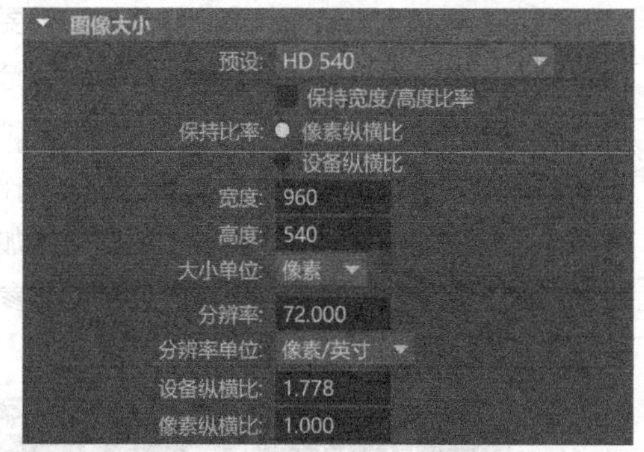

图7-30

常用参数解析

※ 预设：从下拉列表中可以选择胶片或视频行业标准分辨率，如图7-31所示。

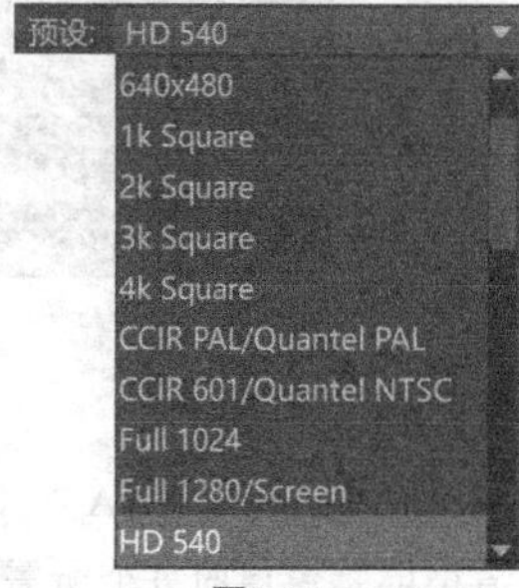

图7-31

※ 保持宽度/高度比率：设置宽度和高度时，在成比例地缩放图像大小的情况下使用。

※ 保持比率：指定要使用的渲染分辨率的类型，如“像素纵横比”或“设备纵横比”。

※ 宽度/高度：用于设置渲染图像的宽度和高度。

※ 大小单位：设定指定图像大小时要采用的单位，从像素、英寸、cm（厘米）、mm（毫米）、点和派卡中选择。

※ 分辨率：使用“分辨率单位”设置中指定的单位指定图像的分辨率，TIFF、IFF和JPEG格式可以存储该信息，以便在第三方应用程序（如 Adobe Photoshop）中打开图像时保持。

※ 分辨率单位：设定指定图像分辨率时要采用的单位，从像素/英寸或像素/cm（厘米）中选择。

※ 设备纵横比：查看渲染图像的显示设备的纵横比，设备纵横比表示图像纵横比乘以像素纵横比。

※ 像素纵横比：查看渲染图像的显示设备的各个像素的纵横比。

7.2.6 Sampling（采样）卷展栏

使用Arnold渲染器进行渲染计算时，需要先收集场景中模型、材质及灯光等信息，并跟踪大量、随机的光线传输路径，这一过程就是“采样”。“采样”主要用来控制渲染图像的采样质量，增加采样值会有效减少渲染图像中的噪点，但是也会显著增加渲染消耗的时间。展开Sampling（采样）卷展栏，参数如图7-32所示。

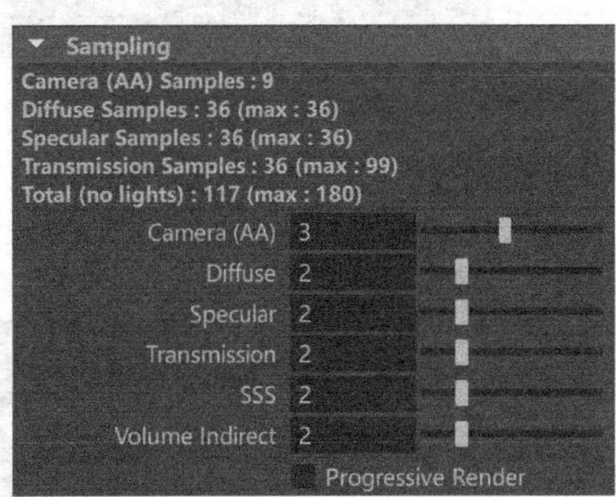

图7-32

常用参数解析

※ Camera（AA）（摄影机AA）：摄影机会通过渲染屏幕窗口的每个所需像素向场景中投射多束光线，Camera（AA）的值用于控制像素超级采样率或从摄影机跟踪的每像素光线数，采样数越多，抗锯齿质量就越高，但渲染时间也越长，图7-33所示为该值是1和5时的渲染效果对比，可以看出该值设置较高可以有效减少渲染画面中出现的噪点。

图7-33

※ Diffuse（漫反射）：用于控制漫反射采样精度。

※ Specular（镜面）：用于控制场景中的镜面反射采样精度，过于低的值会严重影响物体镜面反射部分的计算效果，图7-34所示为该值是0和3时的计算效果对比。

图7-34

※ Transmission（透射）：用于控制场景中物体的透射采样计算。

※ SSS：用于控制场景中的SSS材质采样计算，过于低的数值会导致材质的透光性计算非常粗糙并产生较多的噪点，图7-35所示为该值是0和1时的渲染效果对比。

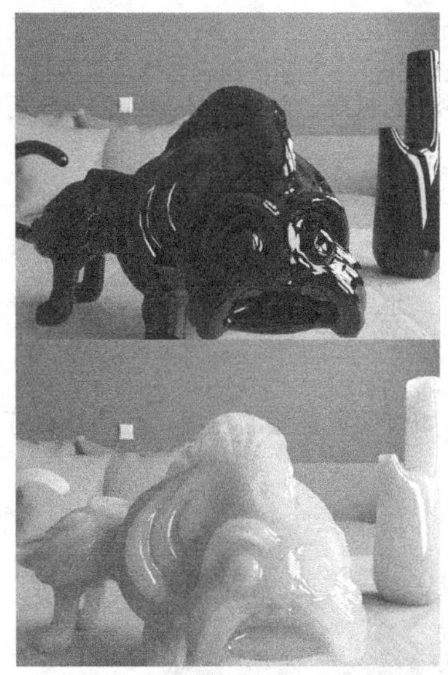

图7-35

7.2.7 Ray Depth（光线深度）卷展栏

展开Ray Depth（光线深度）卷展栏，参数如图7-36所示。

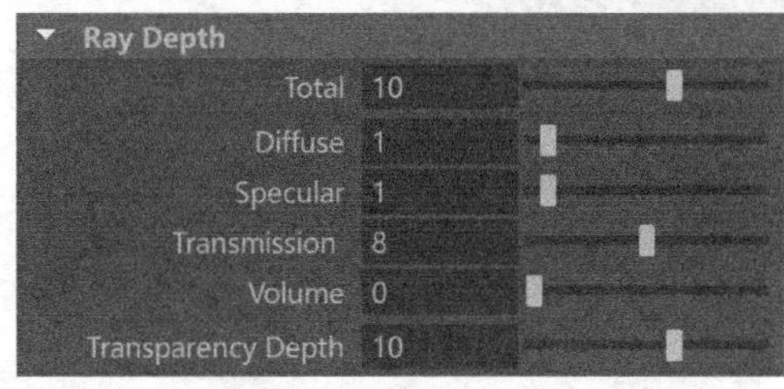

图7-36

常用参数解析

※ Total（总计）：用于控制光线深度的总体计算效果。

※ Diffuse（漫反射）：该数值用于控制场景中物体漫反射的间接照明效果。如果该值设置为0，则场景不会进行间接照明计算，图7-37所示为该值是0和1时的渲染效果对比。

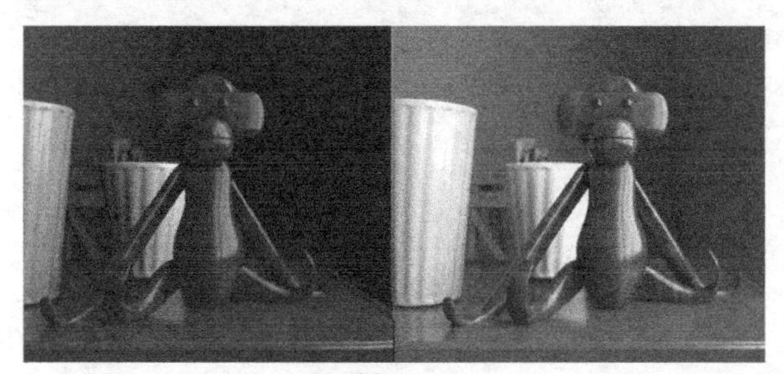

图7-37

※ Specular（镜面）：控制物体表面镜面反射的细节。

※ Transmission（透射）：控制材质投射计算的精度。

※ Volume（体积）：控制材质的计算次数。

7.3 本章小结

本章主要讲解了Maya 2020的默认渲染器——Arnold渲染器的使用方法。相对于其他渲染器，Arnold渲染器的参数不需要进行太多的设置，使用时比较简单。图像的质量主要以读者对材质及灯光的理解为主，希望读者在学习本章时务必与之前的章节内容结合起来学习。

7.4 课后习题

本节准备了两个习题供读者练习，巩固材质、灯光及Arnold渲染器的综合运用方法，希望读者可以掌握渲染的方法与技巧。

7.4.1 课后习题：渲染大气效果

本习题为读者提供了一个蜡烛模型，用来将之前讲过的材质、灯光和本章的渲染进行综合的练习。

场景位置	实例文件>CH07>7_2.mb
实例位置	实例文件>CH07>7_2_完成.mb
视频名称	7.4.1 课后习题：渲染大气效果
技术掌握	材质、灯光及Arnold渲染器的综合运用

操作指南

首先打开场景文件，观察场景中的模型，然后思考如何设置蜡烛和火苗的材质及使用什么灯光工具照明场景，最后添加及使用大气效果模拟辉光效果，最终渲染效果如图7-38所示。

图7-38

7.4.2 课后习题：渲染焦散效果

本习题为读者提供了一个茶壶模型，用来将之前讲过的材质、灯光和本章的渲染进行综合的练习，并学习如何在Arnold渲染器中渲染焦散效果。

场景位置	实例文件>CH07>7_3.mb
实例位置	实例文件>CH07>7_3_完成.mb
视频名称	7.4.2 课后习题：渲染焦散效果
技术掌握	材质、灯光及Arnold渲染器的综合运用

操作指南

首先打开场景文件，观察场景中的模型，然后思考如何设置茶壶的材质，使用什么灯光工具照明场景，最后制作焦散效果，最终渲染效果如图7-39所示。

图7-39

第8章 动画技术

本章讲解Maya 2020的动画技术，主要讲解Maya动画基本设置方法、关键帧动画、约束动画、曲线图编辑器及角色的快速绑定工具等。希望读者能够通过本章的学习，掌握动画的制作方法及相关技术。

课堂学习目标

- 掌握关键帧动画的设置方法
- 掌握“曲线图编辑器”的使用方法
- 掌握“约束”命令的操作方法
- 掌握角色“快速绑定”工具的使用方法

8.1 动画概述

动画是一门集合漫画、电影、数字媒体等多种艺术形式的综合艺术，也是一门年轻的学科，目前已形成较为完善的理论体系和多元化产业，其独特的艺术魅力深受观众喜爱。本书中将动画仅狭义地理解为使用Maya设置对象的形变及运动过程的记录。“动画12原理”等传统动画的基本原理不但适用于定格动画、黏土动画、二维动画，也同样适用于三维计算机动画。在Maya中制作效果真实的动画是一种“黑魔法”，使用Maya创作的虚拟元素与现实中的对象合在一起可以带给观众超强的视觉感受和真实体验，如图8-1和图8-2所示。在学习本章内容之前，建议读者阅读动画相关书籍并掌握一定的动画基础理论，这样非常有助于制作出更加令人信服的动画效果。

图8-1

图8-2

8.2 关键帧基本知识

关键帧动画是Maya动画技术中最常用的，也是最基础的动画设置技术。简单说，就是在物体动画的关键时间点上进行数据记录，Maya会根据这些关键点上的数据设置完成中间时间段内的动画计算，这样一段流畅的三维动画就制作完成了。在“动画”工具架中可以找到有关关键帧的命令，如图8-3所示。

图8-3

常用工具解析

※ 播放预览：为场景动画生成预览影片。

※ 运动轨迹：为选择的对象生成动画运动轨迹曲线。

※ 重影：单击该图标为所选对象显示重影效果。

※ 取消重影：单击该图标取消所选对象的重影效果。

※ 烘焙动画：烘焙所选择对象的动画关键帧。

※ 设置关键帧：选择好要设置关键帧的对象设置关键帧。

※ 设置动画关键帧：为已经设置好动画的通道设置关键帧。

※ 设置平移关键帧：为选择的对象设置平移属性关键帧。

※ 设置旋转关键帧：为选择的对象设置旋转属性关键帧。

※ 设置缩放关键帧：为选择的对象设置缩放属性关键帧。

8.2.1 课堂案例：关键帧动画基本设置方法

场景位置	无
实例位置	无
视频名称	8.2.1 课堂案例：关键帧动画基本设置方法
技术掌握	关键帧动画的基本设置方法

本例将通过制作一个小球的平移动画详细讲解在Maya 2020中对物体进行动画设置的方法和需要注意的事项。

01 启动中文版Maya 2020，单击“多边形建模”工具架中的“多边形球体”图标，在场景中创建一个球体模型，如图8-4所示。

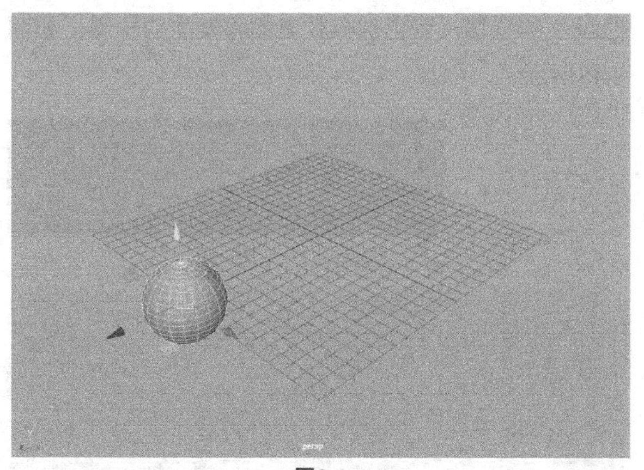
图8-4

02 选择球体模型，将时间滑块移动至第10帧位置，单击“动画”工具架中的“设置平移关键帧”图标，如图8-5所示，即可将球体模型现在的位置设置关键帧。在“通道盒/层编辑器”面板中，对应的属性上有了关键帧标记，如图8-6所示。

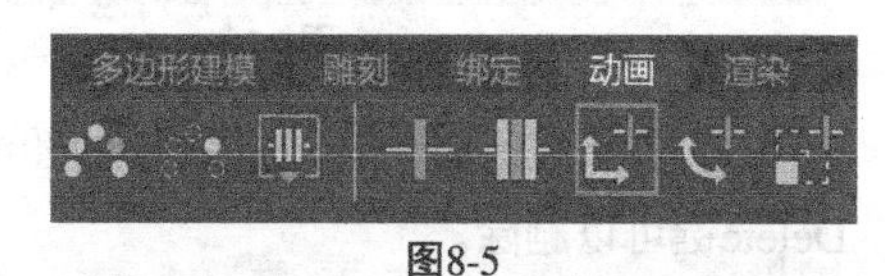

图8-5

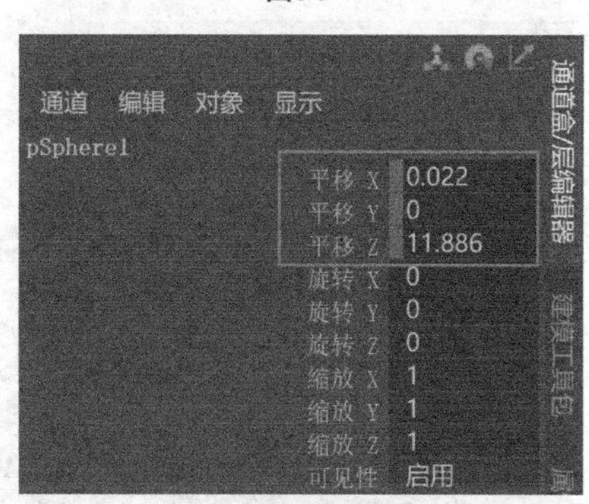

图8-6

03 在时间滑块位置，可以看到红色的竖线，这代表该时间位置设置了关键帧，如图8-7所示。

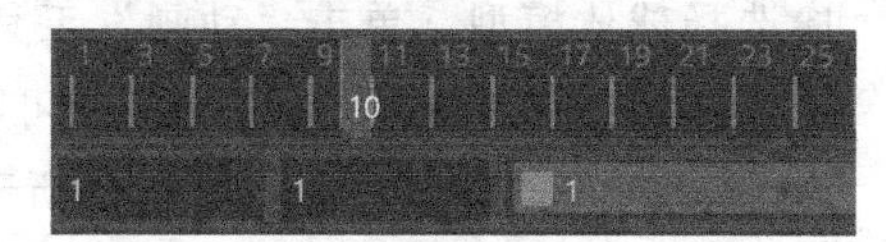

图8-7

04 将时间滑块移动至第30帧位置，在视图中移动球体模型的位置，如图8-8所示。单击“动画”工具架中的“设置平移关键帧”图标，为球体模型现在的位置设置关键帧，如图8-9所示。

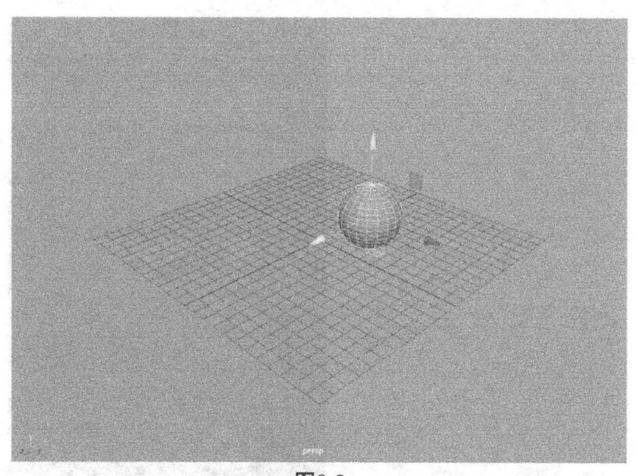
图8-8

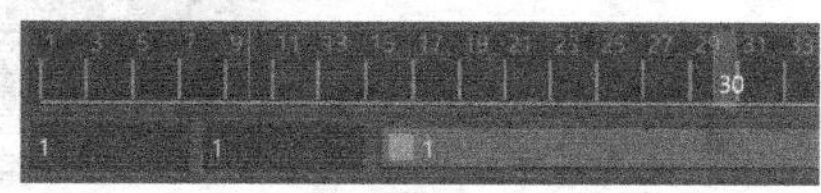

图8-9

05 将鼠标指针移动到时间滑块上并单击鼠标右键，在弹出的菜单中执行“播放速度>以最大实时速度播放每一帧”命令，如图8-10所示。设置完成后，播放场景动画，可以看到球体在场景中第10帧开始产生位移动画，并在场景的第30帧位置停止。

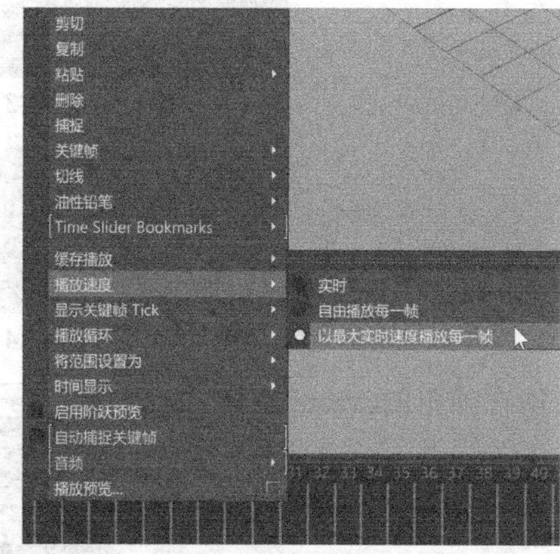

图8-10

06 按住Shift键，并单击关键帧，如图8-11所示，可以以拖曳的方式更改关键帧所处的位置。

图8-11

07 以同样的方式先选择时间滑块上的关键帧，再单击鼠标右键，执行“删除”命令，如图8-12所示，可以删除关键帧。

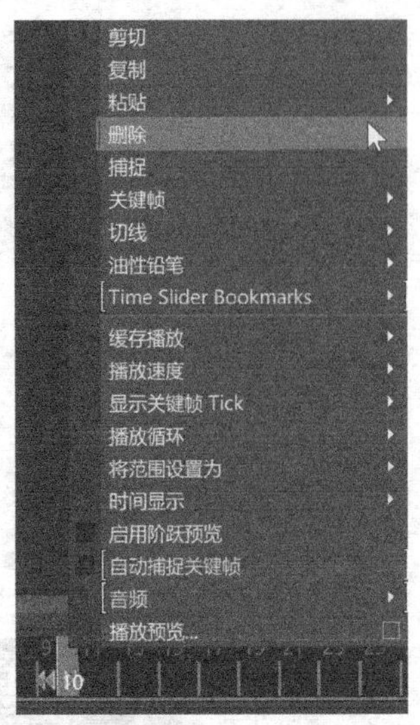

图8-12

08 Maya 2020的“时间滑块书签”功能，可以给物体的某一个时间段动画进行标记，方便后期的更改。按住Shift键，将需要标记的动画时间段选中，如图8-13所示。

09 单击“时间滑块书签”按钮，如图8-14所示。

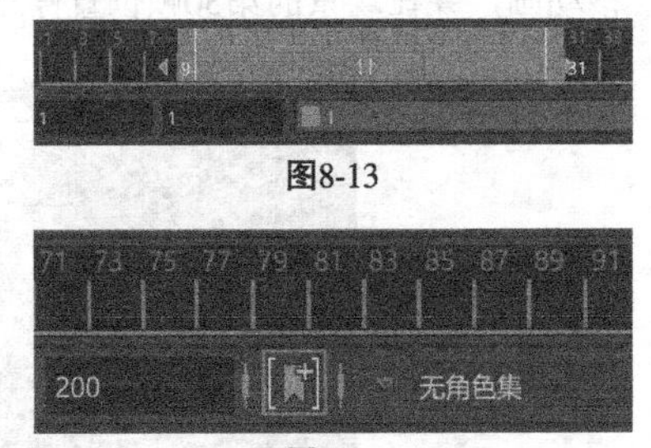

图8-13

图8-14

10 在弹出的Create bookmark对话框中，随意选择一种颜色，并输入书签的名称，单击对话框下方左侧的“创建”按钮，如图8-15所示。设置完成后，可以看到时间滑块上的书签标记，如图8-16所示。

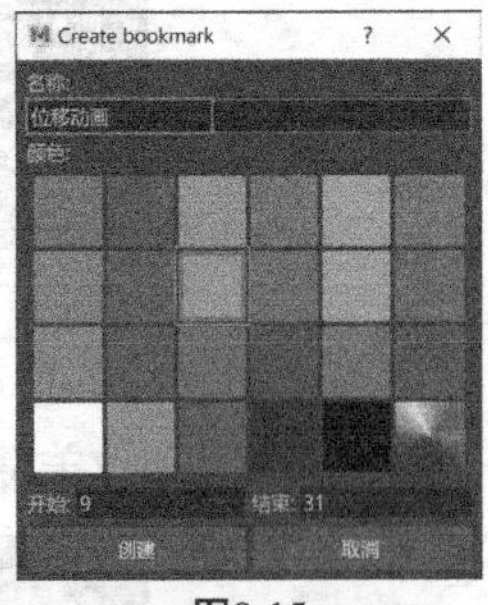

图8-15

图8-16

11 选择球体模型，单击“动画”工具架中的“运动轨迹”图标，如图8-17所示。此时在场景中会生成一条运动轨迹曲线，运动轨迹曲线上红色的部分代表已经发生的位移，蓝色部分代表即将发生的位移，如图8-18所示。

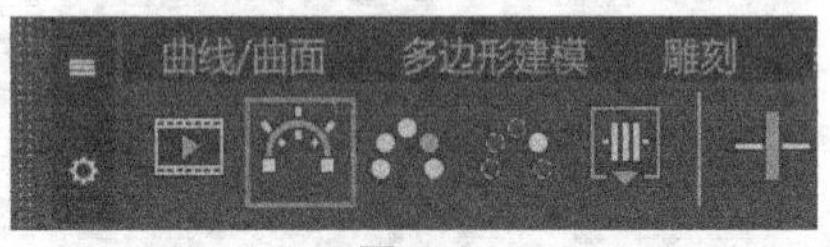

图8-17

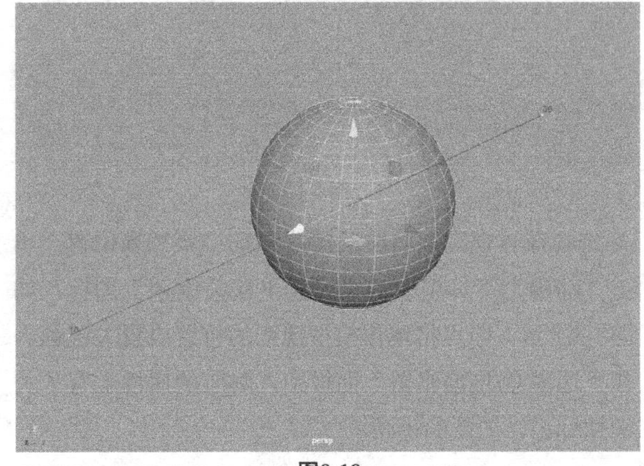

图8-18

12 可以选择这条运动轨迹曲线，如图8-19所示，按Delete键可以删除。

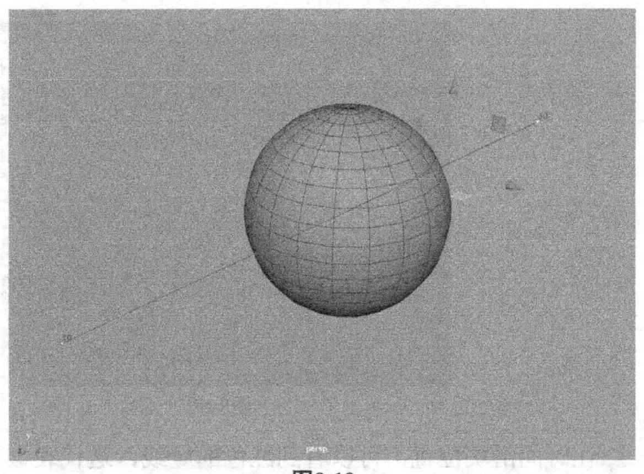

图8-19

13 选择球体模型，单击“动画”工具架中的“重影”图标，如图8-20所示。在场景中可以看到球体模型运动时产生的重影效果，如图8-21所示。

14 单击“动画”工具架中的“取消重影”图标，如图8-22所示，可以将生成的重影效果取消显示。

图8-20

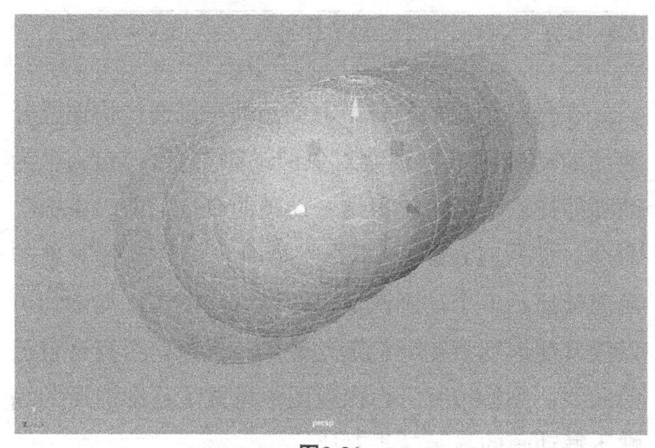

图8-21

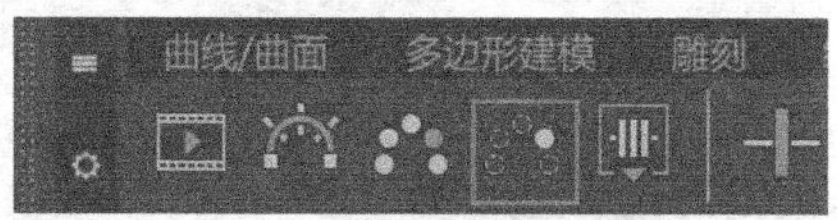

图8-22

8.2.2 播放预览

单击“播放预览”图标，在Maya中生成动画预览影片，生成后，会自动启用当前计算机中的视频播放器并自动播放该动画影片。双击“播放预览”图标，可以打开“播放预览选项”对话框，如图8-23所示。

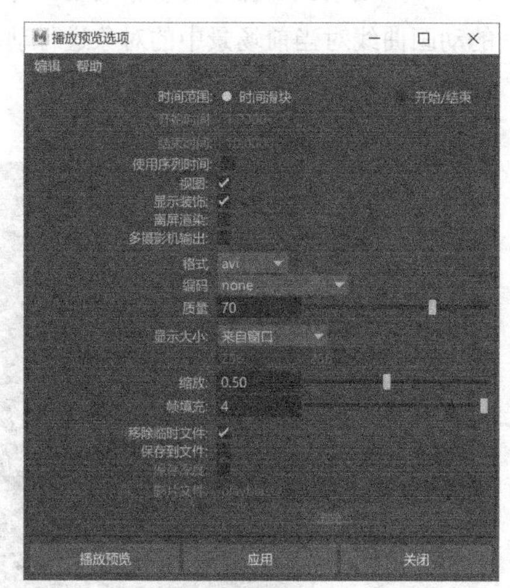

图8-23

常用参数解析

※ 时间范围：用于设置播放预览显示的是整个时间滑块所在的范围，还是用户自己设定的开始帧和结束帧。如果选择“开始/结束”选项，会激活下方的“开始时间”和“结束时间”这两个参数。

※ 使用序列时间：选择该选项会使用“摄影机序列器”中的“序列时间”参数播放预览动画。

※ 视图：启用时，播放预览时将使用默认的查看器显示图像。

※ 显示装饰：显示摄影机名称和视图左下方的坐标轴。

※ 离屏渲染：允许用户在不打开Maya场景视图的情况下，使用“脚本编辑器”进行播放预览。

※ 多摄影机输出：该选项与立体摄影机一起使用，用来捕捉左侧摄影机和右侧摄影机的输出画面。

※ 格式：选择预览影片的生成格式。

※ 编码：选择影片输出的编解码器。

※ 质量：设置影片的压缩质量。

※ 显示大小：设置预览影片的显示大小。

※ 缩放：设置预览影片相对于视图显示大小的比例。

8.2.3 动画运动轨迹

“运动轨迹”这一功能，可以方便用户在Maya的视图区域内观察物体的运动状态。例如，当动画师在制作角色动画时，使用该功能可以查看角色全身每个关节的动画轨迹形态，图8-24所示为人体简易骨架在奔跑动作时的动画运动轨迹显示状态。其中，显示为红色的部分是已经播放完成的动作轨迹，显示为蓝色的部分是即将播放的动作轨迹。在视图中对运动轨迹进行修改会影响整个运动对象的动画效果，如图8-25所示。

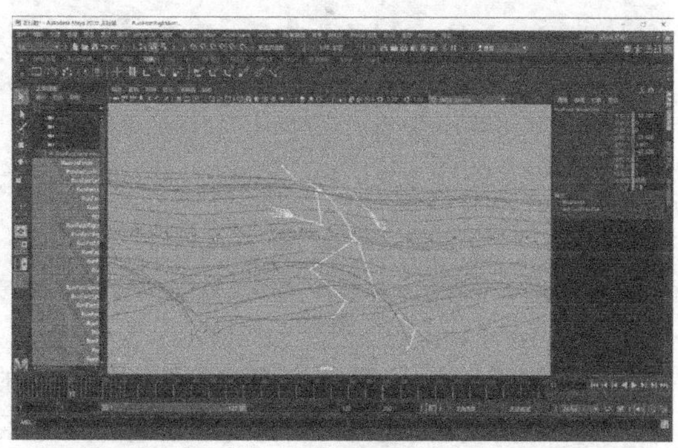

图8-24

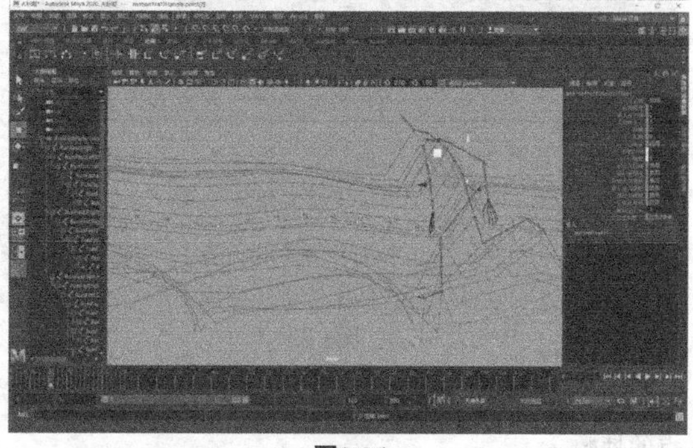

图8-25

双击“运动轨迹”图标，可以打开“运动轨迹选项”对话框，参数如图8-26所示。

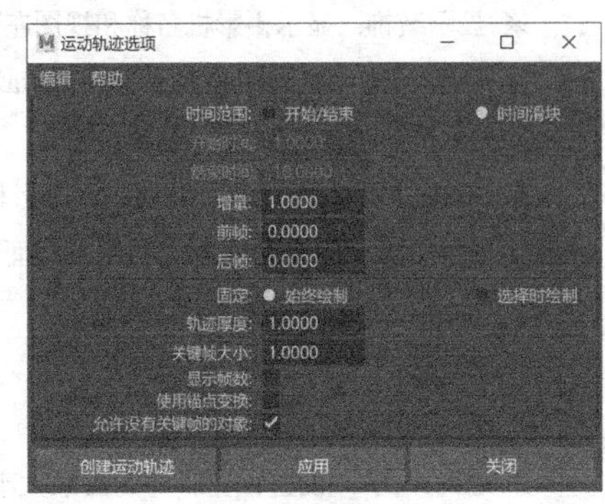

图8-26

常用参数解析

※ 时间范围：设置运动轨迹显示的时间范围，有“开始/结束”和“时间滑块”这两个选项可选。

※ 增量：设置运动轨迹生成的分辨率。

※ 前帧：设置运动轨迹当前时间前的帧数。

※ 后帧：设置运动轨迹当前时间后的帧数。

※ 固定：当“固定”选择“始终绘制”选项时，运动轨迹在场景中总是可见；当“固定”选择“选择时绘制”选项时，仅在选择对象时显示运动轨迹。

※ 轨迹厚度：用于设置运动轨迹曲线的粗细，图8-27所示为该值是1和5时的运动轨迹显示效果对比。

图8-27

※ 关键帧大小：设置在运动轨迹上显示的关键帧的大小，图8-28所示为该值是1和10时的关键帧显示效果对比。

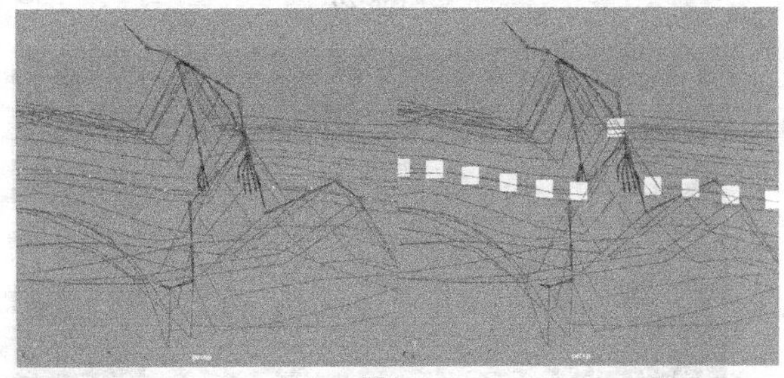

图8-28

※ 显示帧数：用于设置显示或隐藏运动轨迹上的关键点的帧数。

8.2.4 动画重影效果

在传统动画的制作中，动画师可以通过快速翻开连续的动画图纸以观察对象的动画节奏，Maya也为动画师提供了用来模拟这一动画的命令，即“重影”命令。使用Maya的“重影”命令，可为选择对象的当前帧显示多个动画图像，通过这些图像，动画师可以很方便地观察物体的运动效果，判断是否符合自己的需要，图8-29所示为在视图中设置了重影前后的蝴蝶飞舞动画的显示效果对比。

图8-29

8.2.5 烘焙动画

“烘焙动画”命令可以帮助动画师使用模拟生成的动画曲线对当前场景中的对象进行动画编辑。烘焙动画的设置对话框如图8-30所示。

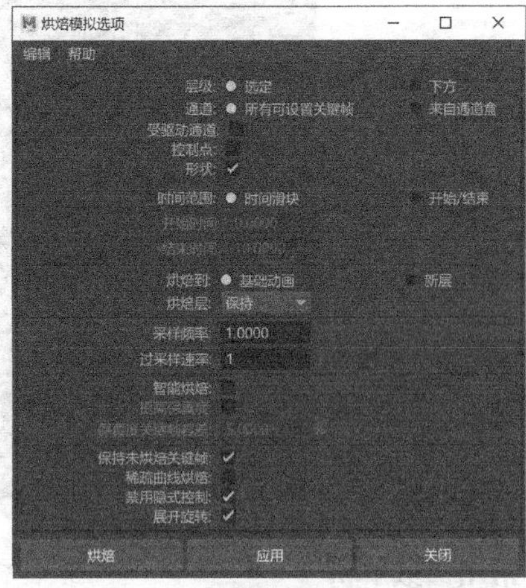

图8-30

常用参数解析

※ 层次：指定将如何从分组的或设置为子对象的对象层次中烘焙关键帧集。

※ 选定：指定要烘焙的关键帧集将仅包含当前选定对象的动画曲线。

※ 下方：指定要烘焙的关键帧集将包括选定对象和层次中在其下方的所有对象的动画曲线。

※ 通道：指定动画曲线将包括在关键帧集中的通道（可设定关键帧属性）。

※ 所有可设置关键帧：指定关键帧集将包括选定对象的所有可设定关键帧属性的动画曲线。

※ 来自通道盒：指定关键帧集将仅包括当前在“通道盒”中选定的通道的动画曲线。

※ 受驱动通道：指定关键帧集将只包括所有受驱动关键帧，受驱动关键帧使可设定关键帧属性（通道）的值能够由其他属性的值驱动。

※ 控制点：指定关键帧集是否将包括选定可变形对象的控制点的所有动画曲线，控制点包括NURBS控制顶点（CV）、多边形顶点和晶格点。

※ 形状：指定关键帧集是否将包括选定对象的形状节点和其变换节点的动画曲线。

※ 时间范围：指定关键帧集的动画曲线的时间范围。

※ 时间滑块：指定由时间滑块的“播放开始”和“播放结束”时间定义的时间范围。

※ 开始/结束：指定从“开始时间”到“结束时间”的时间范围。

※ 开始时间：指定时间范围的开始（启用“开始/结束”时可用）。

※ 结束时间：指定时间范围的结束（启用“开始/结束”时可用）。

※ 烘焙到：指定希望如何烘焙来自层的动画。

※ 采样频率：指定Maya对动画进行求值及生成关键帧的频率。增加该值时，Maya为动画设置关键帧的频率将会减少；减少该值时，效果相反。

※ 智能烘焙：启用时，会通过仅在烘焙动画曲线具有关键帧的时间处放置关键帧，以限制在烘焙期间生成的关键帧的数量。

※ 提高保真度：启用时，根据设置的百分比向效果（烘焙）曲线添加关键帧。

※ 保真度关键帧容差：使用该值可以确定Maya何时可以将附加的关键帧添加到效果曲线。

※ 保持未烘焙关键帧：该选项可保持处于烘焙时间范围之外的关键帧，仅适用于直接连接的动画曲线。

※ 稀疏曲线烘焙：仅对直接连接的动画曲线起作用，该选项会生成烘焙效果，该烘焙效果仅创建足以表示动画曲线的形状的关键帧。

※ 禁用隐式控制：启用选项时会在执行烘焙模拟之后立即禁用IK控制柄等控件的效果。

8.2.6 设置关键帧

在不同的时间分别给一个模型设置关键帧后，Maya会自动在这段时间内生成模型的位置变换动画。使用“设置关键帧”工具可以快速记录所选对象“变换属性”的变化情况。单击“设置关键帧”图标，所选对象的“平移”“旋转”和“缩放”，属性会同时生成关键帧，如图8-31所示。

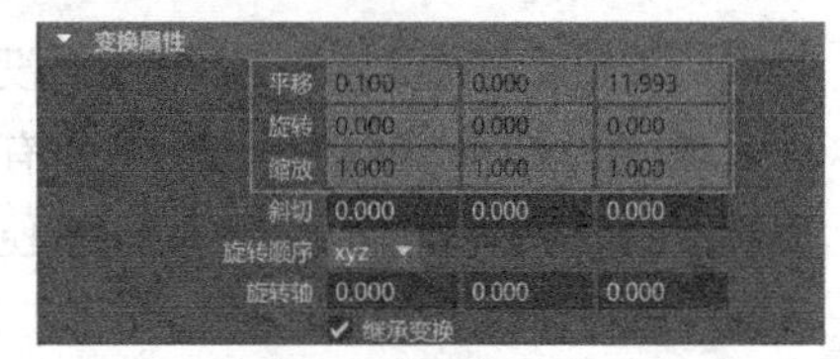

图8-31

双击“动画”工具架中的“设置关键帧”图标，即可打开“设置关键帧选项”对话框，如图8-32所示。

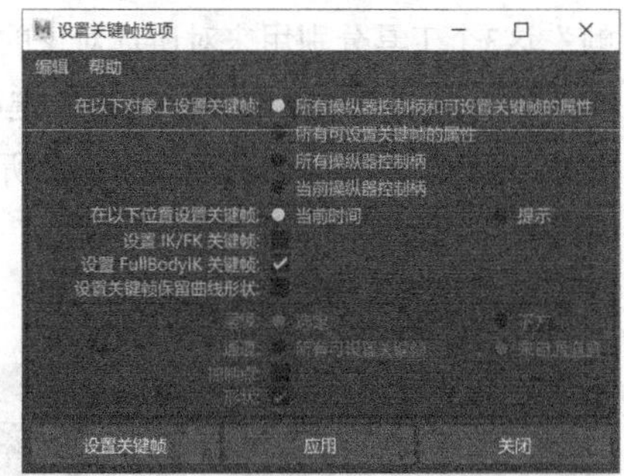

图8-32

常用参数解析

※ 在以下对象上设置关键帧：指定将在哪些属性上设置关键帧，有4种选项可选，默认选择“所有操纵器控制柄和可设置关键帧的属性”选项。

※ 在以下位置设置关键帧：指定在设置关键帧时采用何种方式确定时间。

※ 设置IK/FK关键帧：在为一个带有IK手柄的关节链设置关键帧时，勾选该选项，能为IK手柄的所有属性和关节链的所有关节记录关键帧。它能够创建平滑的IK/FK动画，只有当“所有可设置关键帧的属性”处于选中状态时，这个选项才会有效。

※ 设置FullBodyIK关键帧：勾选该选项，可以为全身的IK记录关键帧。

※ 层级：指定在有组层级或父子关系层级的物体中，采用何种方式设置关键帧。

※ 通道：指定采用何种方式为选择物体的通道设置关键帧。

※ 控制点：勾选该选项，可以在选择物体的控制点上设置关键帧。

※ 形状：勾选该选项，可以在选择物体的形状节点和变换节点上设置关键帧。

8.2.7 设置动画关键帧

“设置动画关键帧”工具不能对没有任何属性动画关键帧记录的对象设置关键帧，只有设置好所选对象属性的第一个关键帧之后，才可以使用该工具继续为有关键帧的属性设置关键帧。

8.2.8 平移、旋转和缩放关键帧

“平移关键帧”“旋转关键帧”和“缩放关键帧”这3个工具分别用来对所选对象的“平移”“旋转”和“缩放”这3个属性进行关键帧设置，如图8-33~图8-35所示。如果只是想记录所选择对象的位置变化情况，那么使用“平移关键帧”工具将会使这一动画工作流程变得非常简洁。

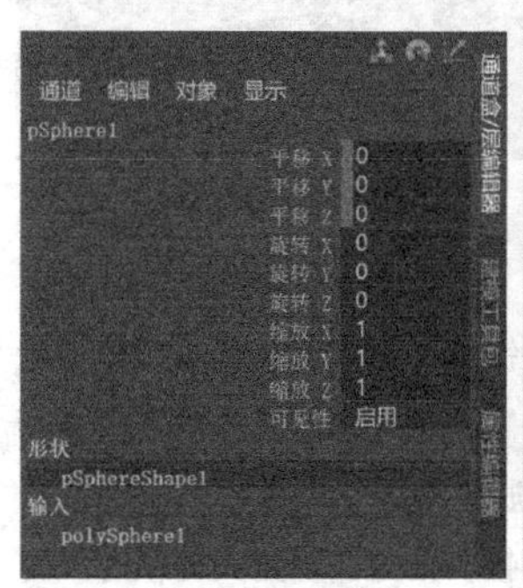

图8-33

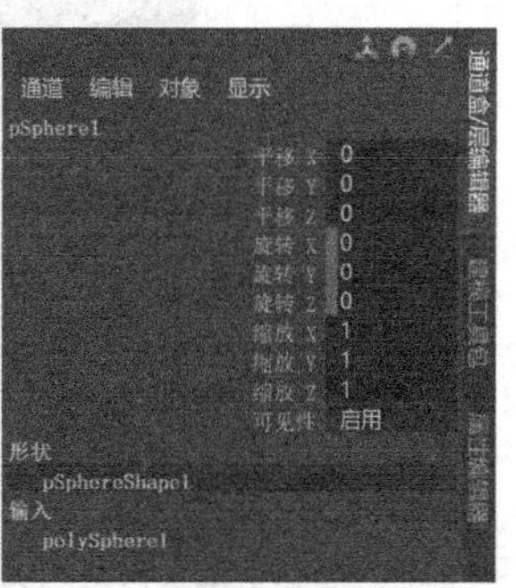

图8-34

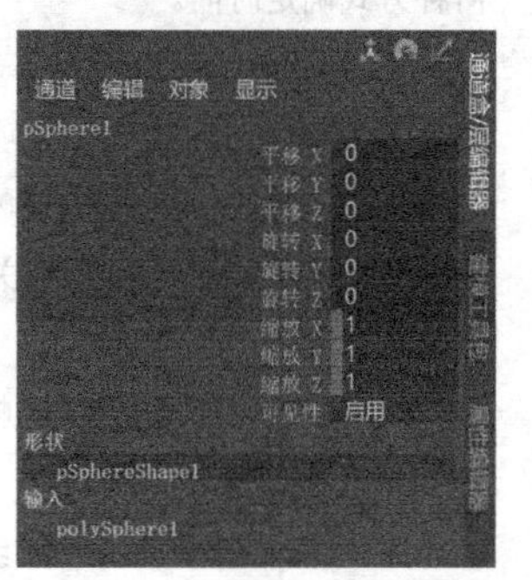

图8-35

8.2.9 课堂案例：制作按钮控制动画

场景位置	实例文件>CH08>8_1.mb
实例位置	实例文件>CH08>8_1_完成.mb
视频名称	8.2.9 课堂案例：制作按钮控制动画
技术掌握	受驱动关键帧动画的设置方法

本例通过制作一个按钮控制动画讲解在Maya中如何使用“受驱动关键帧”在两个物体之间建立影响关系，从而得到想要的动画效果，完成后的动画效果如图8-36所示。

图8-36

01 启动中文版Maya 2020，打开本书配套资源文件“8_1.mb”，场景是一个机器人的模型，如图8-37所示。

图8-37

02 实例需要让按钮控制机器人的左臂进行旋转运动，选择场景中被控制的对象（蓝色的左臂模型），单击“绑定”工具架中的“设置受驱动关键帧”图标，如图8-38所示。

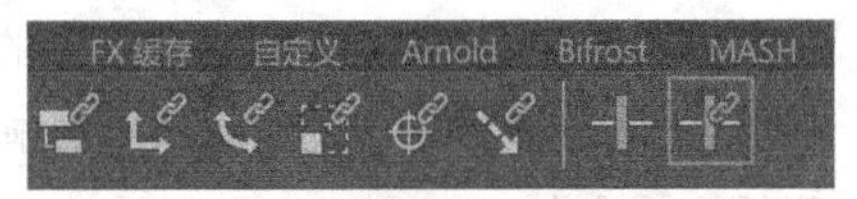

图8-38

03 在弹出的“设置受驱动关键帧”对话框中，可以看到左臂模型的名称已经在“受驱动”下的文本框内了，如图8-39所示。

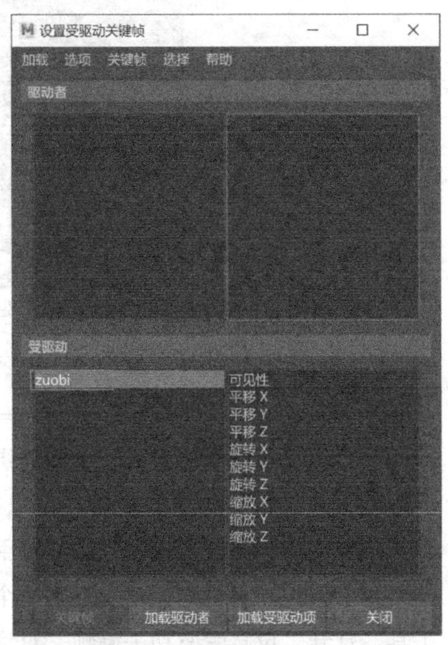

图8-39

04 选择场景中的红色按钮模型，单击“设置受驱动关键帧”对话框中最下方的“加载驱动者”按钮，即可看到红色按钮模型的名称出现在了“驱动者”下方的文本框内，如图8-40所示。

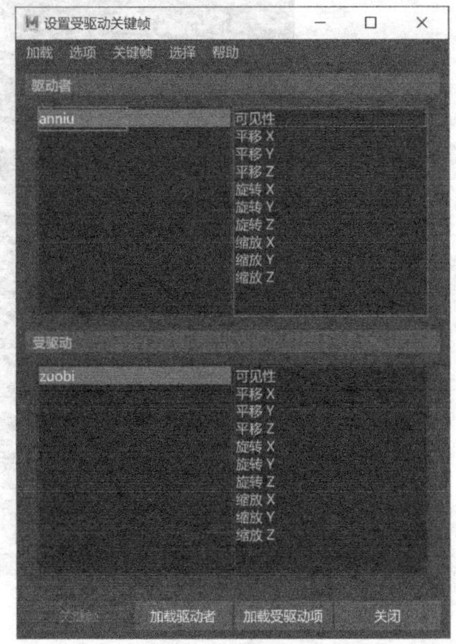

图8-40

05 本例需要使用红色按钮模型的位移变化控制蓝色的机器人左臂模型的旋转变化，在“设置受驱动关键帧”对话框中设置按钮的“平移X”属性与左臂的“旋转Y”属性建立联系，并单击“关键帧”按钮，如图8-41所示，为这两个属性建立受驱动关键帧。

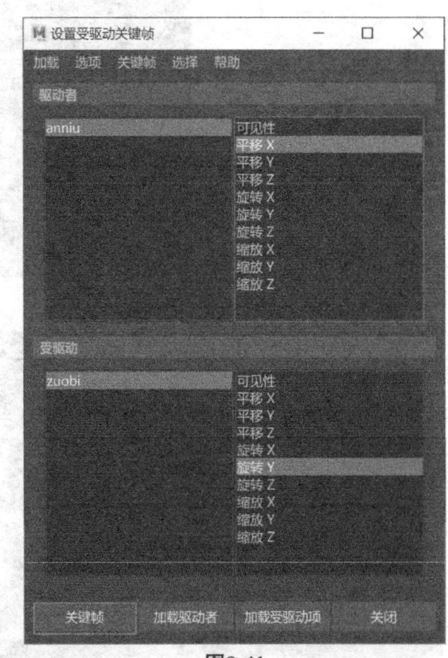

图8-41

06 将时间滑块移动至第20帧位置，沿x轴轻微移动红色按钮的位置，再旋转蓝色的机器人左臂模型的方向，如图8-42所示。单击“设置受驱动关键帧”对话框中的“关键帧”按钮，完成按钮与机器人左臂两个对象之间的参数受驱动事件。

图8-42

07 选择左臂模型，在“通道盒/层编辑器”面板中，可以看到该模型的“旋转Y”属性后面有一个蓝色的小方块图标，如图8-43所示，说明该属性现在正受其他属性的影响。同时，在“属性编辑器”面板中，展开“变换属性”卷展栏，也可以看到“旋转”属性的Y值背景色呈蓝色显示状态，如图8-44所示。

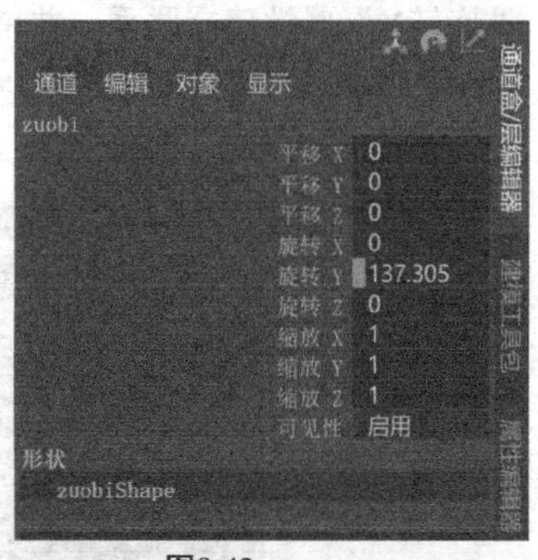

图8-43

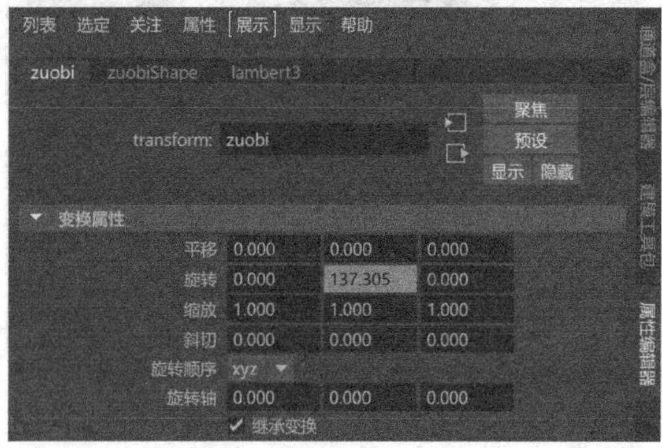

图8-44

08 为了防止误操作，选择场景中的红色按钮模型，在“通道盒/层编辑器”面板中，选中“平移Y”“平移Z”“旋转X”“旋转Y”“旋转Z”“缩放X”“缩放Y”“缩放Z”属性，如图8-45所示。

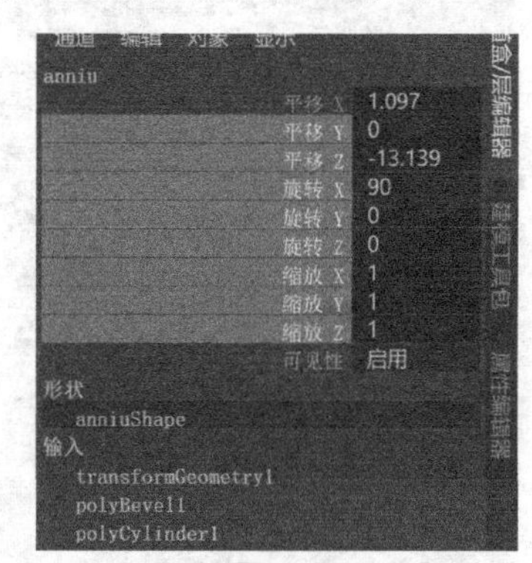

图8-45

09 单击鼠标右键，在弹出的菜单中执行“锁定选定项”命令，即可锁定这些选中参数的数值。锁定后，这些参数后面均会出现蓝灰色的小方块图标，如图8-46所示。设置完成后，现在场景中的红色按钮模型只能通过调整x轴轴向的平移运动影响机器人左臂模型的旋转动作。

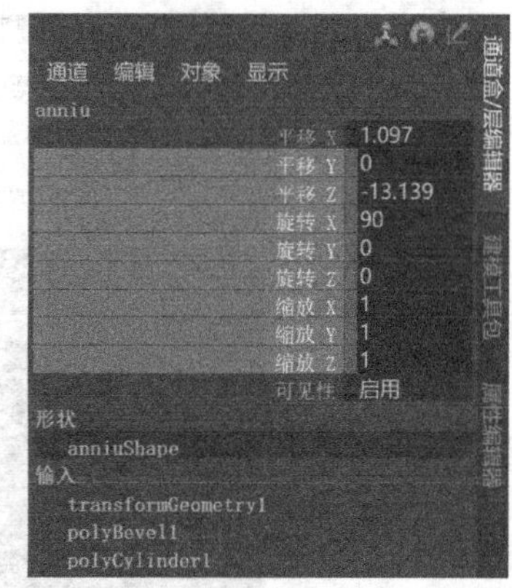

图8-46

8.2.10 驱动关键帧

“设置受驱动关键帧”工具是“绑定”工具架里的最后一个图标。使用该工具，可以在Maya中对两个对象之间的不同属性设置联系，使用其中一个对象的某一个属性控制另一个对象的某一个属性。双击该工具，打开“设置受驱动关键帧”对话框，在此对话框中可以分别设置“驱动者”和“受驱动”的相关属性，如图8-47所示。

图8-47

8.2.11 曲线图编辑器

“曲线图编辑器”是Maya为动画师提供的一个功能强大的关键帧动画编辑对话框。通过曲线图表的显示方式，动画师可以自由地使用对话框中提供的工具观察及修改动画曲线，创作出逼真动画效果。在菜单栏执行“窗口>动画编辑器>曲线图编辑器”命令，即可打开“曲线图编辑器”对话框，如图8-48所示。

图8-48

常用参数解析

※ 移动最近拾取的关键帧：使用该工具可以通过单一鼠标操作操纵各个关键帧和切线。

※ 插入关键帧：使用该工具可以添加关键帧。

※ 晶格变形关键帧：使用该工具可以通过围绕关键帧组绘制一个晶格变形器，在“曲线图编辑器”中操纵曲线，从而可以同时操纵许多关键帧，该工具可提供对动画曲线的高级别控制。

※ 区域：启用区域选择模式，可以在图表视图区域中拖曳以选择一个区域，然后在该区域内在时间和值上缩放关键帧。

※ 重定时：通过双击图表视图区域创建重定时标记，然后通过拖曳这些标记直接调整动画中关键帧移动的计时，使其发生得更快或更慢，以及拖曳它们以提前或推后发生。

※ 框显全部：框显所有当前动画曲线的关键帧。

※ 框显播放范围：框显当前“播放范围”内的所有关键帧。

※ 使视图围绕当前时间居中：在“曲线图编辑器”图表视图中使当前时间居中。

※ 自动切线：提供对“曲线图编辑器”菜单项“切线/自动”命令的轻松访问。

※ 样条线切线：提供对“曲线图编辑器”菜单项“切线/样条线”命令的轻松访问。

※ 钳制切线：提供对“曲线图编辑器”菜单项“切线/钳制”的轻松访问。

※ 线性切线：提供对“曲线图编辑器”菜单项“切线/线性”的轻松访问。

※ 平坦切线：提供对“曲线图编辑器”菜单项“切线/平坦”的轻松访问。

※ 阶跃切线：提供对“曲线图编辑器”菜单项“切线/阶跃”的轻松访问。

※ 高原切线：提供对“曲线图编辑器”菜单项“切线/高原”的轻松访问。

※ 默认入切线：指定默认入切线的类型，为Maya 2020的新增功能。

※ 默认出切线：指定默认出切线的类型，为Maya 2020的新增功能。

※ 缓冲区曲线快照：用于快照所选择的动画曲线。

※ 交换缓冲区曲线：将缓冲区曲线与已编辑的曲线交换。

※ 断开切线：提供对“曲线图编辑器”菜单项“切线/断开切线”的轻松访问。

※ 统一切线：提供对“曲线图编辑器”菜单项“切线/统一切线”的轻松访问。

※ 自由切线长度：提供对“曲线图编辑器”菜单项“切线/自由切线权重”的轻松访问。

※ 锁定切线长度：提供对“曲线图编辑器”菜单项“切线/锁定切线长度”的轻松访问。

※ 自动加载曲线图编辑器：启用或禁用在“列表”菜单中找到的“自动加载选定对象”选项。

※ 时间捕捉：强制在图表视图中移动的关键帧为最接近的整数时间单位值。

※ 值捕捉：强制图表视图中的关键帧为最接近的整数值。

※ 绝对视图：对“曲线图编辑器”菜单项“视图/绝对视图”的启用或禁用。

※ 堆叠视图：对“曲线图编辑器”菜单项“视图/堆叠视图”的启用或禁用。

※ 打开摄影表：打开“摄影表”并加载当前对象的动画关键帧。

※ 打开Trax编辑器：打开“Trax编辑器”并加载当前对象的动画片段。

※ 打开时间编辑器：打开“时间编辑器”并加载当前对象的动画关键帧。

8.3 约束

Maya提供了多种“约束”命令供用户制作复杂的动画，在“动画”工具架或“绑定”工具架中可以找到这些命令，如图8-49所示。

图8-49

常用工具解析

※ 父约束：将一个对象的变换控制约束到另一个对象的变换控制上。

※ 点约束：将一个对象约束到另一个对象的位置上。

※ 方向约束：将一个对象约束到另一个对象的方向上。

※ 缩放约束：将一个对象约束到另一个对象的比例上。

※ 目标约束：将一个网格约束为始终指向另一个网格。

※ 极向量约束：约束IK控制柄的末端以跟随另一个对象的位置。

8.3.1 课堂案例：制作翻书动画

场景位置　实例文件>CH08>8_2.mb
实例位置　实例文件>CH08>8_2_完成.mb
视频名称　8.3.1 课堂案例：制作翻书动画
技术掌握　“父约束”的设置方法

本例通过制作翻书动画讲解“父约束”及“弯曲”工具的使用技巧，完成后的动画效果如图8-50所示。

图8-50

01 启动中文版Maya 2020，打开本书配套资源文件“8_2.mb”，场景中有一个书本模型，如图8-51所示。

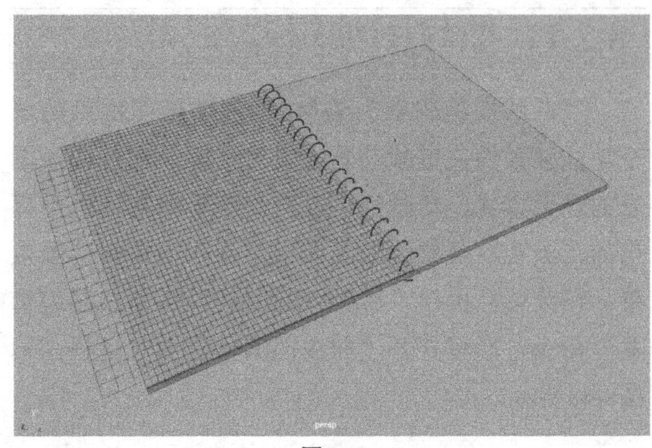

图8-51

02 选择书页模型，如图8-52所示。

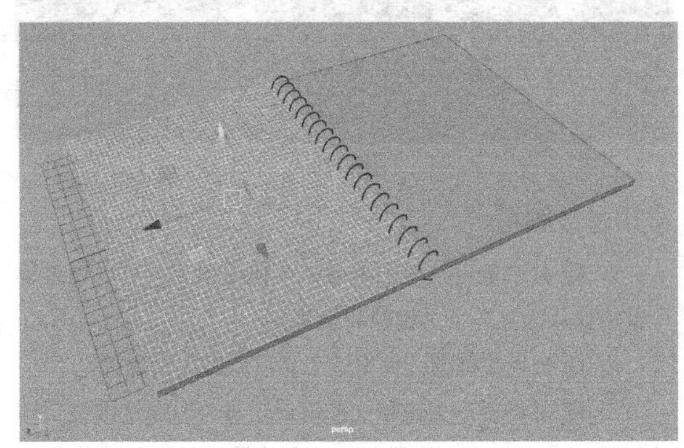

图8-52

03 单击状态行中的“捕捉到点”按钮，如图8-53所示，开启“捕捉到点”功能。

图8-53

04 按住D键，更改书页的坐标轴，如图8-54所示，设置完成后，取消“捕捉到点”功能。

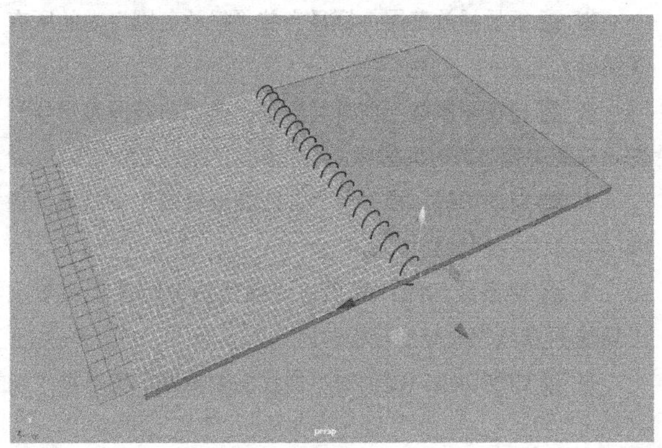

图8-54

05 选择书页模型，在菜单栏执行“变形>非线性>弯曲”命令，如图8-55所示。

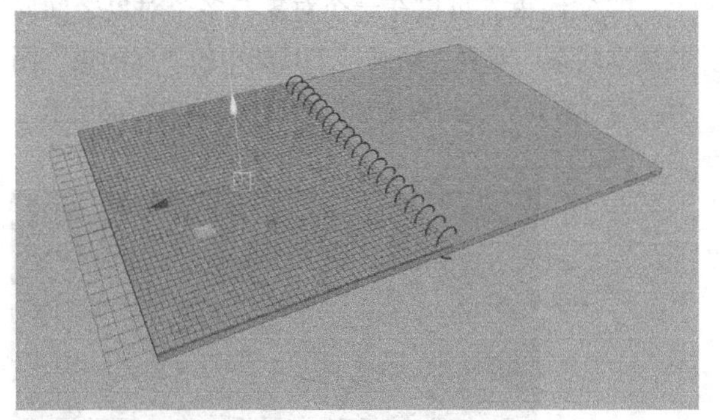

图8-55

06 在“属性编辑器”面板中，展开“变换属性”卷展栏，设置“旋转”的属性，如图8-56所示。

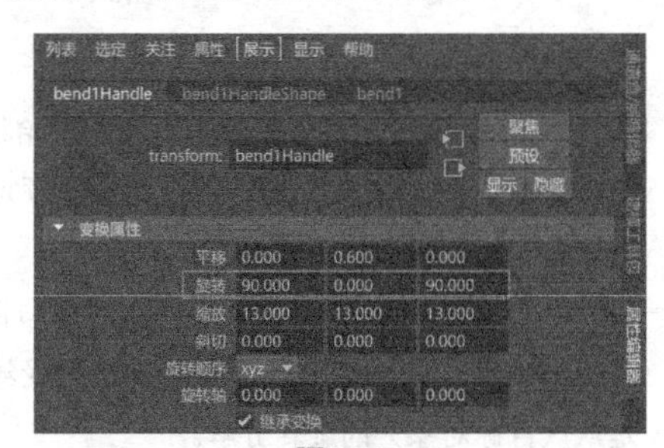

图8-56

07 展开“非线性变形器属性”卷展栏，设置“曲率”的值为180，“下限”的值为0，如图8-57所示。添加了弯曲效果后的书页模型如图8-58所示。

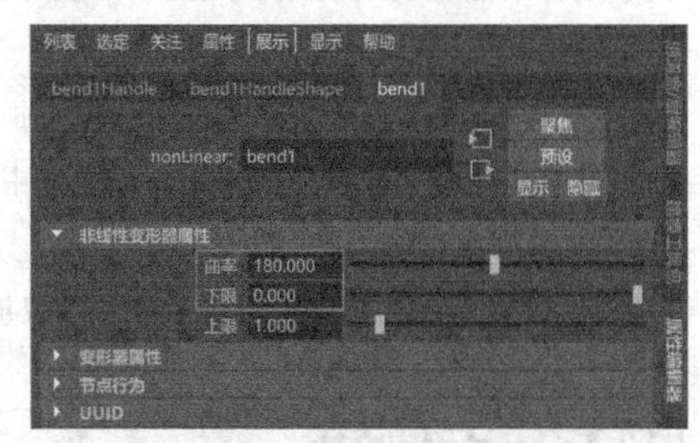

图8-57

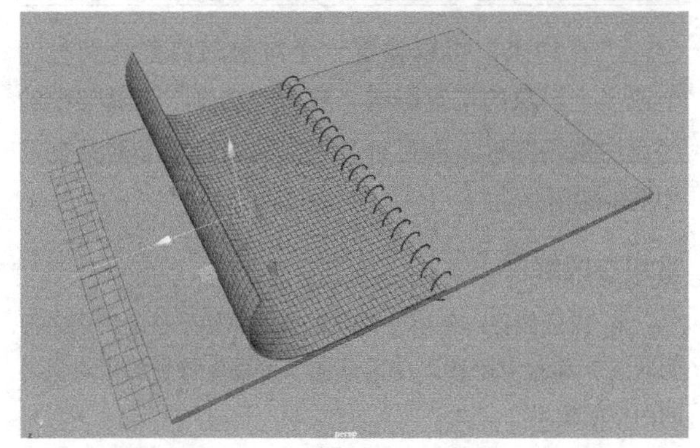

图8-58

08 在“通道盒/层编辑器”面板中设置弯曲手柄的“旋转X”的值为120，如图8-59所示，得到图8-60所示的书页模型效果。

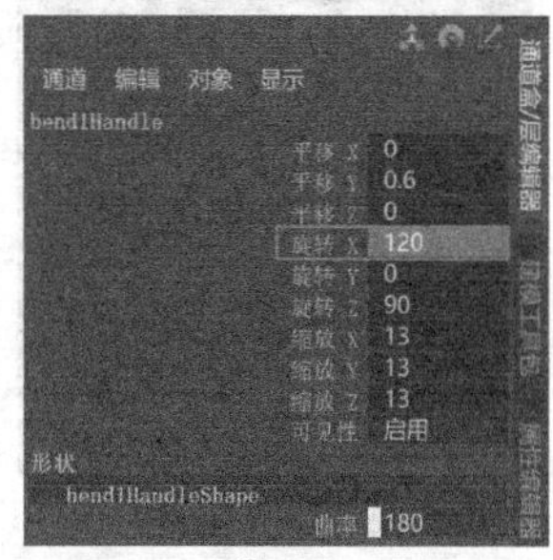

图8-59

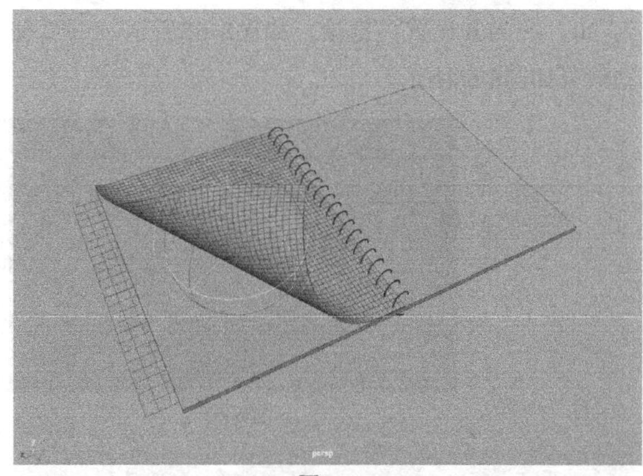

图8-60

09 选择书页模型，按住Shift键，加选场景中的弯曲手柄，单击“动画”工具架中的“父约束”图标，如图8-61所示，将弯曲手柄设置为书页模型的子对象。

图8-61

10 在第1帧位置，设置弯曲手柄“曲率”的值为0，并为其设置关键帧，如图8-62所示。

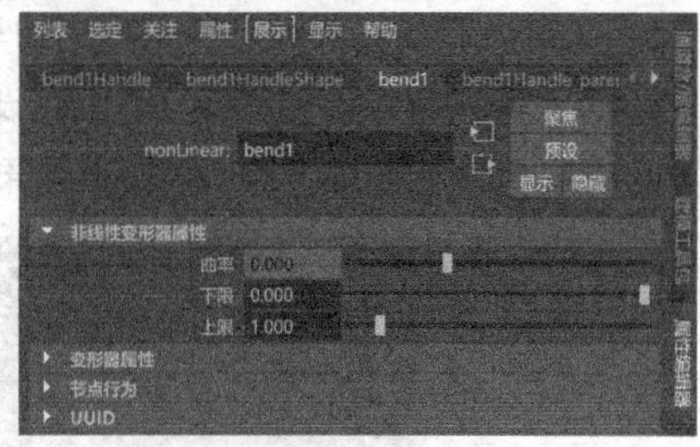

图8-62

11 在第10帧位置，为书页模型的“旋转X”属性设置关键帧，如图8-63所示。

12 在第40帧位置，设置书页模型“旋转X”的值为-180，并为该属性设置关键帧，如图8-64所示。

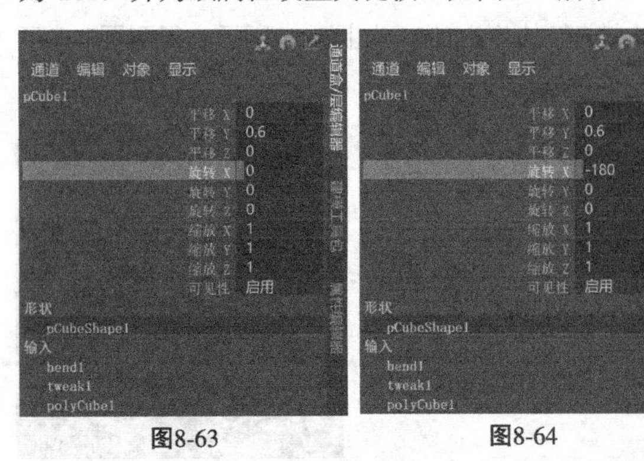

图8-63　　图8-64

⑬在第35帧位置，设置弯曲手柄“曲率”的值为-30，并为其设置关键帧，如图8-65所示。书页翻动效果如图8-66所示。

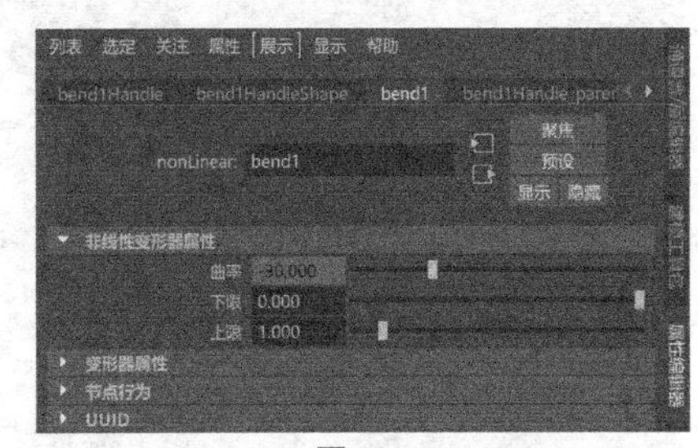

图8-65

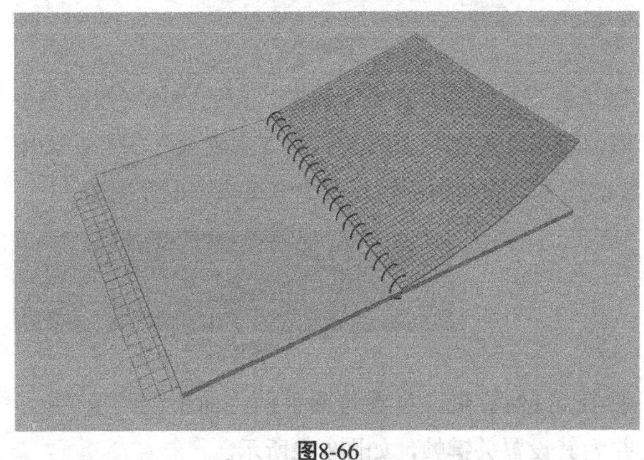

图8-66

⑭在第40帧位置，设置弯曲手柄“曲率”的值为0，并为其设置关键帧，如图8-67所示。设置完成后，播放动画，即可看到书页翻动的动画效果。

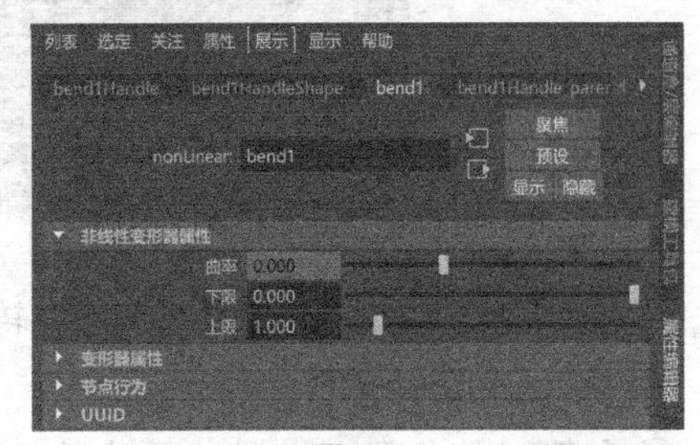

图8-67

8.3.2 父约束

“父约束”可以在一个对象与多个对象之间同时建立联系。双击“动画”工具架中的“父约束”图标，即可打开“父约束选项”对话框，如图8-68所示。

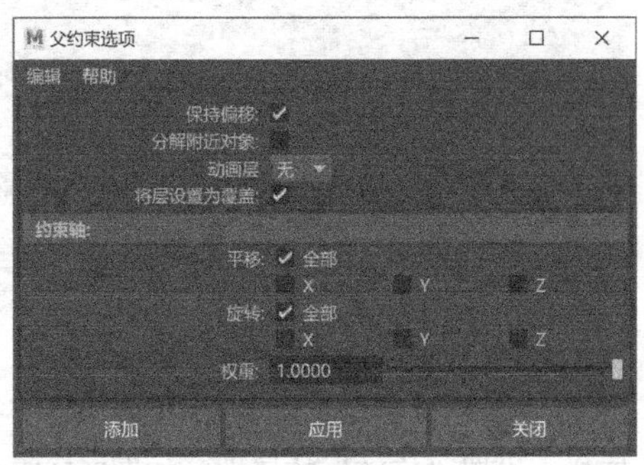

图8-68

常用参数解析

※ 保持偏移：保持受约束对象的原始状态（约束之前的状态）、相对平移和旋转，使用该选项可以保持受约束对象之间的空间和旋转关系。

※ 分解附近对象：如果受约束对象与目标对象之间存在旋转偏移，则激活此选项可找到接近受约束对象（而不是默认目标对象）的旋转分解。

※ 动画层：使用该选项可以选择要添加父约束的动画。

※ 将层设置为覆盖：启用时，在“动画层”下拉列表中选择的层会在将约束添加到动画层时自动设定为“覆盖”模式。

※ 约束轴：决定父约束是受特定轴（x轴、y轴或z轴）限制还是受“全部”轴限制。如果选中“全部”，X、Y和Z复选框将变暗。

※ 权重：当存在多个目标对象时，权重才有用。

8.3.3 点约束

“点约束”可以设置一个对象的位置受到另一个或多个对象的位置影响。双击“动画”工具架中的“点约束”图标，即可打开“点约束选项”对话框，如图8-69所示。

常用参数解析

※ 保持偏移：保留受约束对象的原始平移（约束之前的状态）和相对平移，使用该选项可以保持受约束对象之间的空间关系。

※ 偏移：为受约束对象指定相对于目标点的偏移位置（平移X/Y/Z），注意，目标点是目标对象旋转枢轴的位置，或是多个目标对象旋转枢轴的平均位置，默认值均为0。

※ 动画层：允许用户选择要向其中添加点约束的动画层。

※ 将层设置为覆盖：启用时，在“动画层”下拉列表中选择的层会在将约束添加到动画层时自动设定为“覆盖”模式。

※ 约束轴：确定是否将点约束限制到特定轴（x轴、y轴或z轴）或“全部”轴。

※ 权重：指定目标对象可以影响受约束对象的位置的程度。

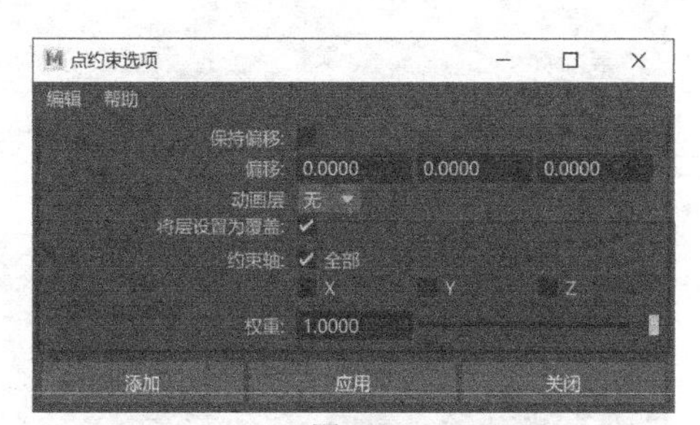

图8-69

8.3.4 方向约束

“方向约束”可以将一个对象的方向设置为受场景中的其他一个或多个对象影响。双击“动画”工具架中的“方向约束”图标，即可打开“方向约束选项”对话框，如图8-70所示。

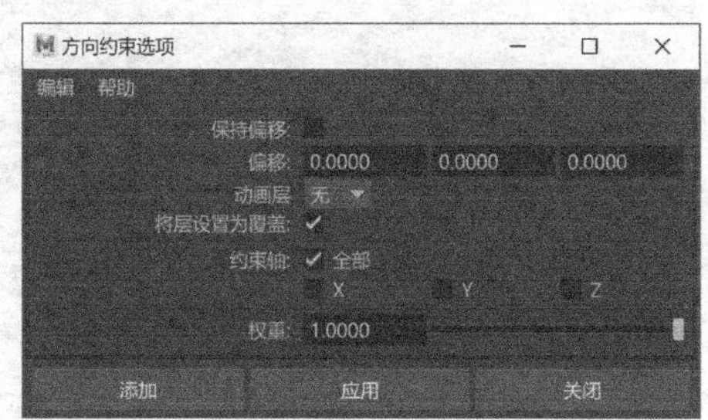

图8-70

常用参数解析

※ 保持偏移：保持受约束对象的原始旋转（在约束之前的状态）、相对旋转。使用该选项可以保持受约束对象之间的旋转关系。

※ 偏移：为受约束对象指定相对于目标点的偏移位置（平移X/Y/Z）。

※ 动画层：可用于选择要添加方向约束的动画层。

※ 将层设置为覆盖：启用时，在“动画层”下拉列表中选择的层会在将约束添加到动画层时自动设定为“覆盖”模式。

※ 约束轴：决定方向约束是否受到特定轴（x轴、y轴或z轴）的限制或受到“全部”轴的限制。如果选中“全部”，X、Y、Z复选框将变暗。

※ 权重：指定目标对象可以影响受约束对象的位置的程度。

8.3.5 缩放约束

“缩放约束”可以将一个缩放对象与另外一个或多个对象相匹配。双击“动画”工具架中的“缩放约束”图标，即可打开“缩放约束选项”对话框，如图8-71所示。

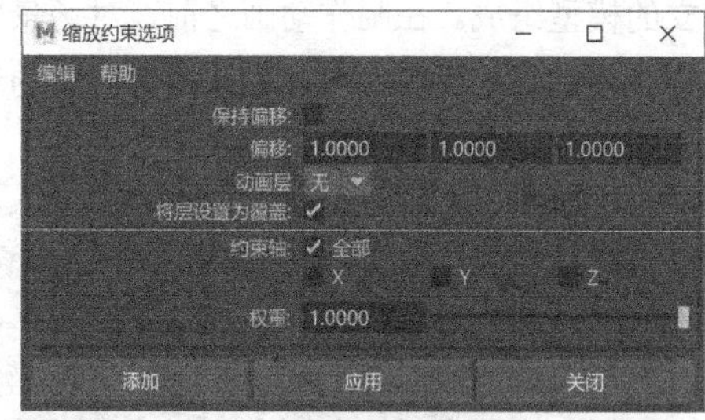

图8-71

技巧与提示

“缩放约束选项”对话框内的参数与“点约束选项”对话框内的参数基本相同，读者可自行参考“点约束选项”对话框的参数说明。

8.3.6 课堂案例：制作机械翻滚动画

场景位置	实例文件>CH08>8_3.mb
实例位置	实例文件>CH08>8_3_完成.mb
视频名称	8.3.6 课堂案例：制作机械翻滚动画
技术掌握	“父约束”及“铆钉”的设置方法

本例通过制作机械翻滚动画讲解“父约束”和“铆钉”这两个约束的使用技巧，完成后的动画效果如图8-72所示。

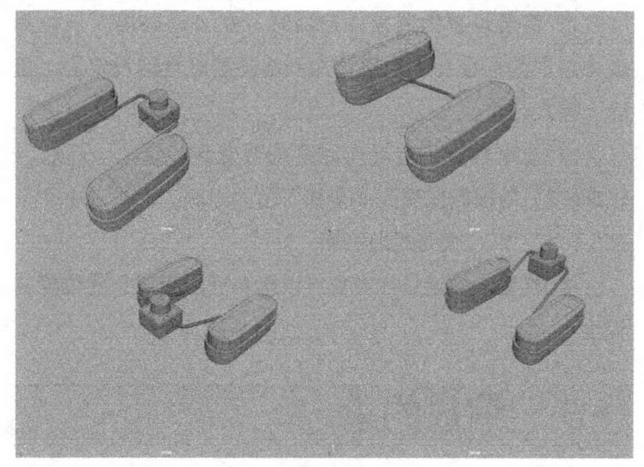

图8-72

01 启动中文版Maya 2020，打开本书配套资源文件“8_3.mb”，场景中有一个有趣的机械模型，如图8-73所示。仔细观察，场景中的机械模型共由4个独立的模型组成。在制作动画之前，对场景中的模型进行合理的约束设置，可以大大简化后面的动画制作及修改步骤。

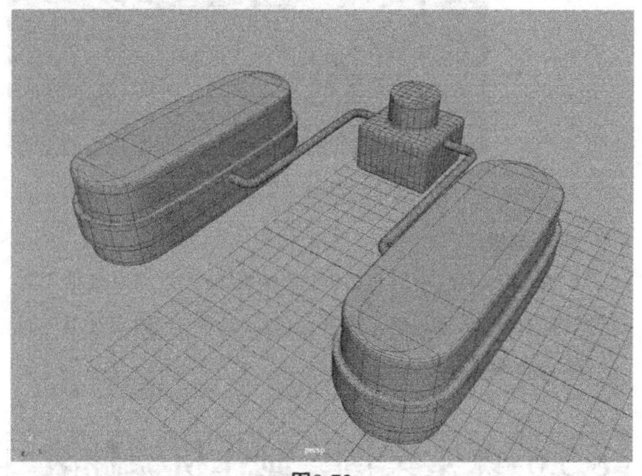

图8-73

02 选择场景中的连杆模型，如图8-74所示。

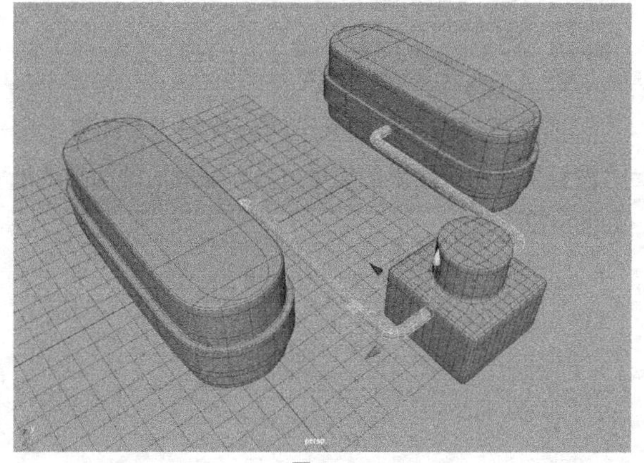

图8-74

03 在“顶点选择”层级中，选择图8-75所示的顶点后，在菜单栏执行“约束>铆钉”命令，如图8-76所示。在选择的顶点位置建立一个定位器，如图8-77所示。

图8-75

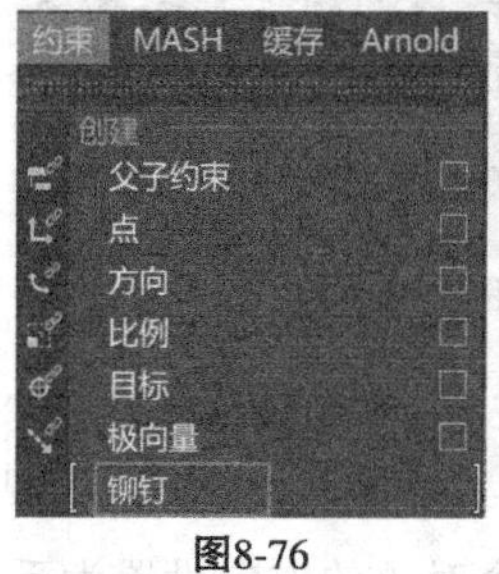

图8-76

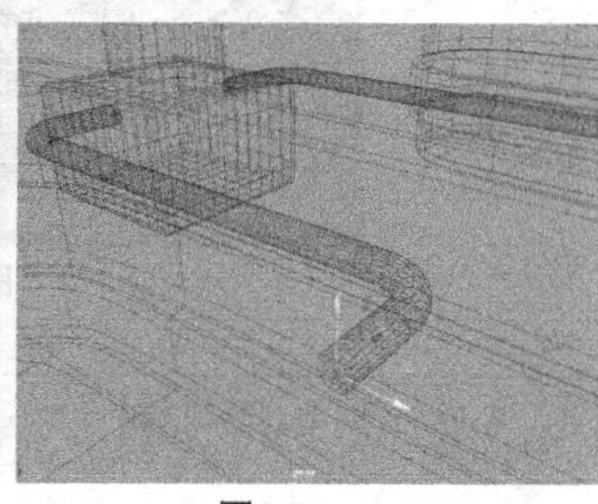

图8-77

04 在场景中，先选择该定位器，再加选场景中长条形状的模型，如图8-78所示。

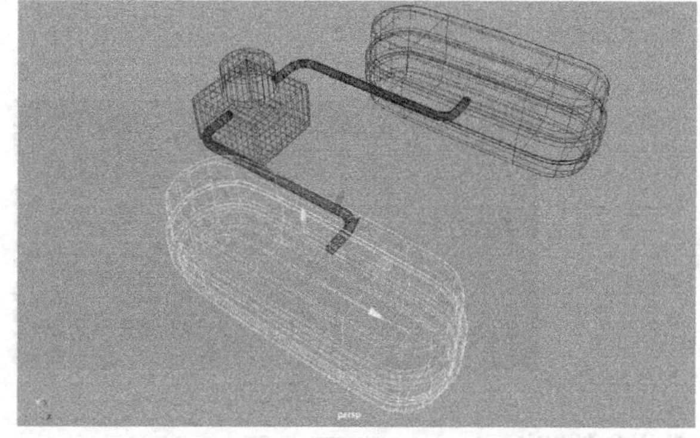

图8-78

05 单击“动画”工具架中的“父约束”图标，如图8-79所示，在选择的两个对象之间建立“父约束”关系。

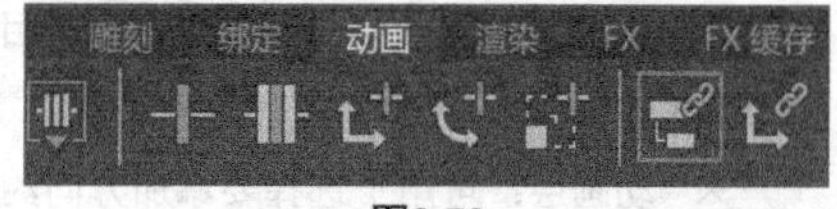

图8-79

06 同理，在场景中的另一个长条模型与定位器之间建立“父约束”关系。设置完成后，旋转连杆模型，可以看到这两个长条模型的旋转效果，如图8-80所示。

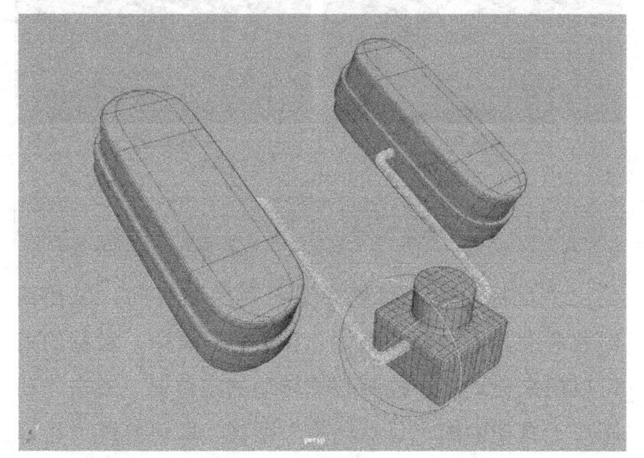

图8-80

07 选择长条模型，在“通道盒/层编辑器”面板中选择“旋转X”“旋转Y”和“旋转Z”属性，这3个属性后面有一个蓝色的小方块，如图8-81所示，说明这3个属性现在受到其他对象的约束影响。

08 单击鼠标右键，在弹出的菜单中执行“断开连接”命令，执行完成后，这3个属性后面的蓝色小方块就消失了，如图8-82所示。

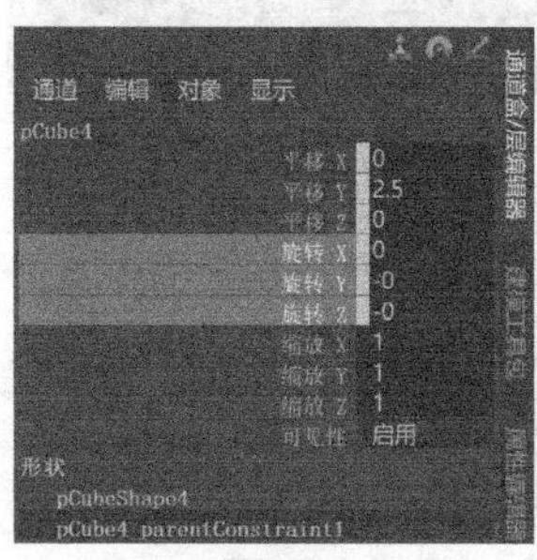

图8-81

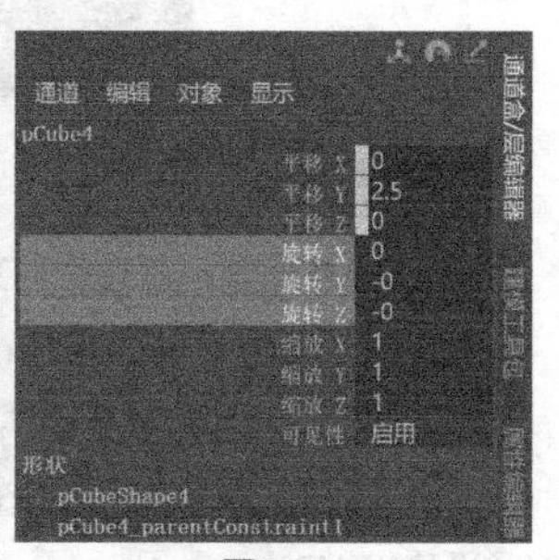

图8-82

09 以同样的操作方式断开另一个长条模型的旋转属性，再尝试旋转连杆模型，可以看到这两个长条模型的旋转效果，如图8-83所示。

10 选择连杆模型上的顶点，如图8-84所示。

11 在菜单栏执行“约束>铆钉”命令，在选择的顶点位置新建一个定位器，如图8-85所示。

12 选择长方体模型，使用“对齐工具”将其与新建的定位器进行对齐，如图8-86所示。以相同的操作方式，将长方体模型约束至该定位器上，并取消其旋转属性上的约束。

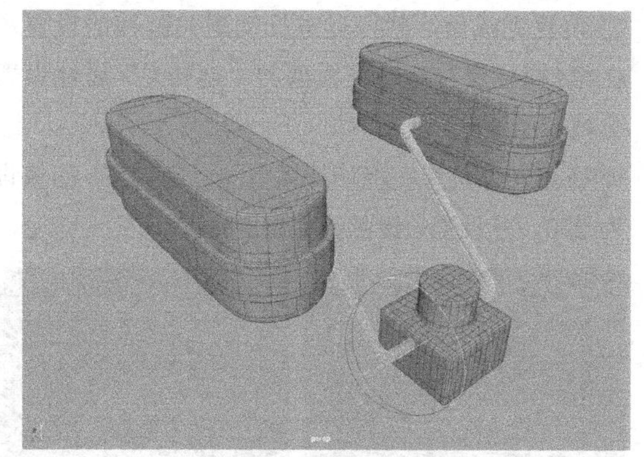

图8-83

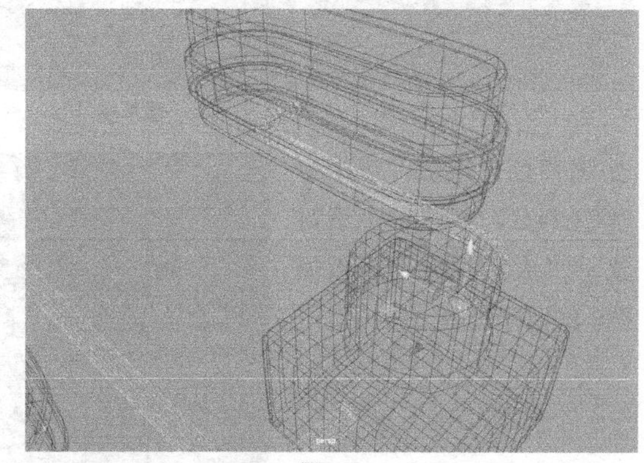

图8-84

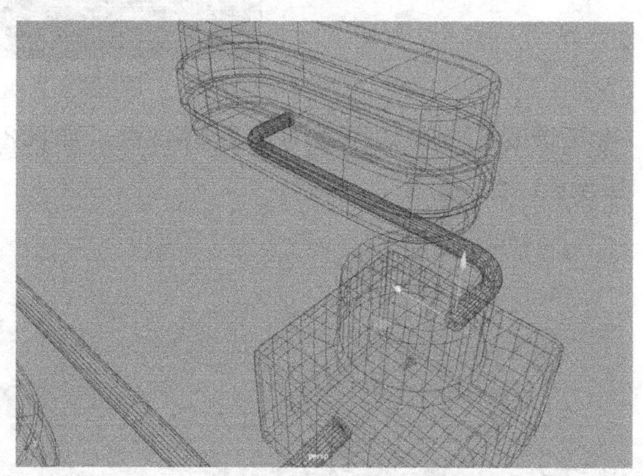

图8-85

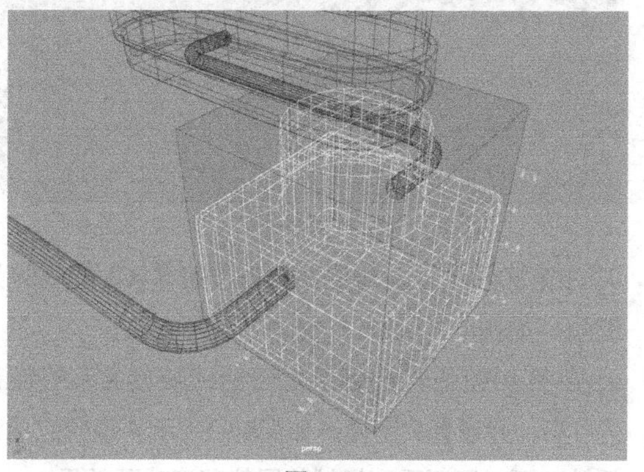

图8-86

⑬ 设置完成后，就可以进行动画关键帧的设置了。在第1帧位置，对连杆模型的“旋转X”属性设置关键帧，如图8-87所示。

⑭ 在第20帧位置，将连杆模型的“旋转X”的值设置为-270，并设置关键帧，如图8-88所示。

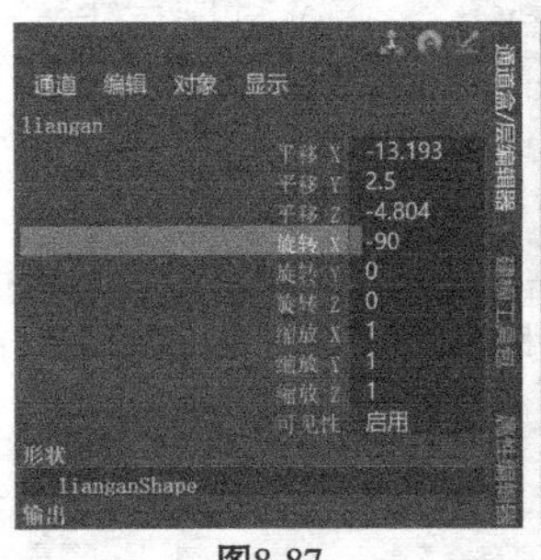

图8-87

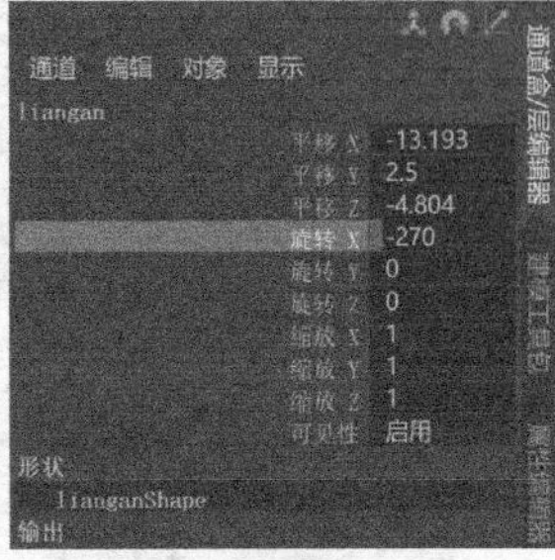

图8-88

⑮ 选择连杆模型，按组合键Ctrl+G，创建一个组对象，“大纲视图”面板如图8-89所示。

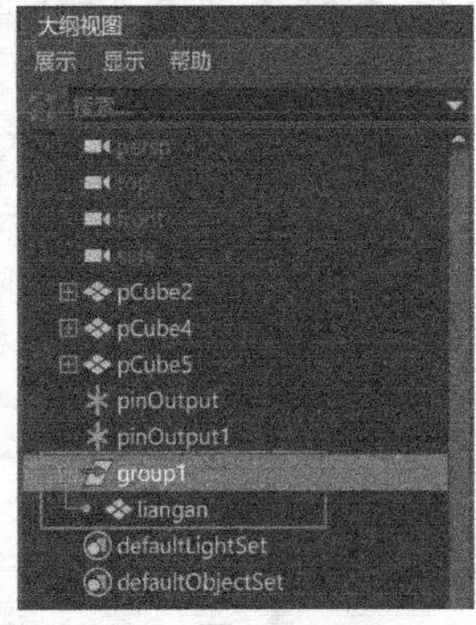

图8-89

⑯ 在透视视图中调整组对象的轴心点，如图8-90所示。

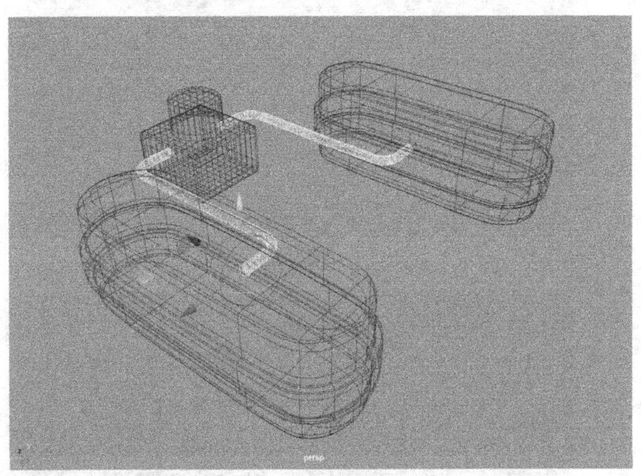

图8-90

⑰ 在第20帧位置，对组对象的“旋转X”属性设置关键帧，如图8-91所示。

⑱ 在第40帧位置，将组对象的“旋转X”的值设置为-180，并设置关键帧，如图8-92所示。设置完成后，播放动画，即可看到机械装置的翻滚动画效果。

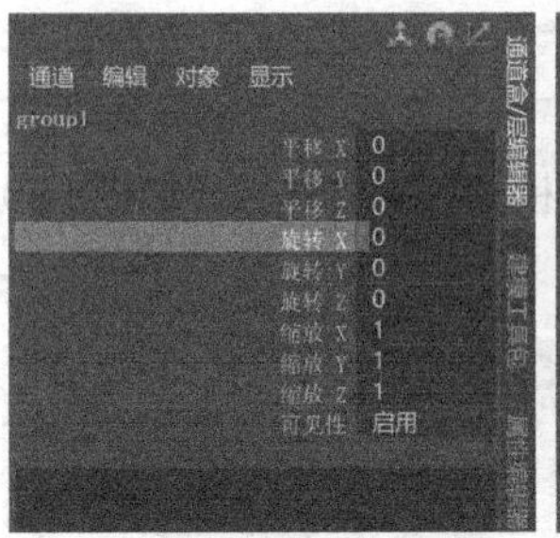

图8-91

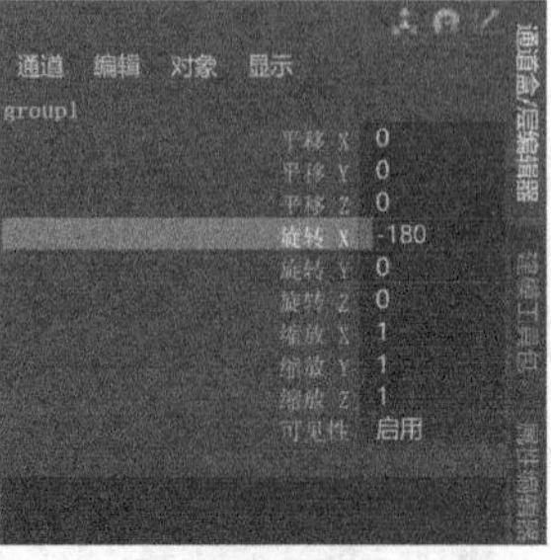

图8-92

8.3.7 目标约束

“目标约束”可约束某个对象的方向，以使该对象对准其他对象。例如，在角色设置中，目标约束可以用来设置用于控制眼球转动的定位器。双击“动画”工具架中的“目标约束”图标，即可打开“目标约束选项”对话框，如图8-93所示。

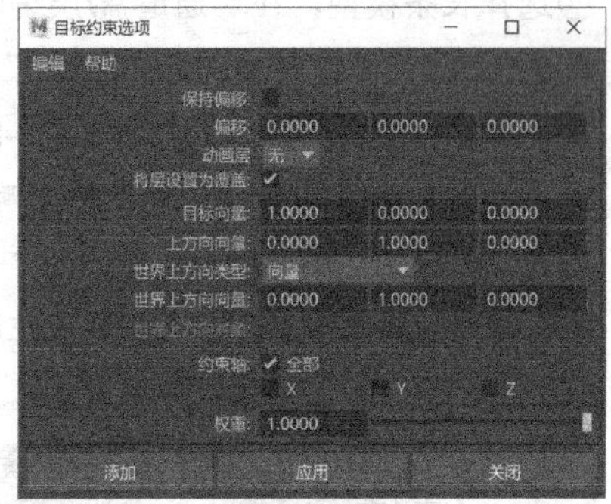

图8-93

常用参数解析

※ 保持偏移：保持受约束对象的原始状态（约束之前的状态）、相对平移和旋转，使用该选项可以保持受约束对象之间的空间和旋转关系。

※ 偏移：为受约束对象指定相对于目标点的偏移位置（平移X/Y/Z）。

※ 动画层：用于选择要添加目标约束的动画层。

※ 将层设置为覆盖：启用时，在“动画层”下拉列表中选择的层会在将约束添加到动画层时自动设定为“覆盖”模式。

※ 目标向量：指定目标向量相对于受约束对象局部空间的方向，目标向量将指向目标点，强制受约束对象相应地确定其本身的方向，默认值指定对象在x轴正半轴的局部旋转与目标向量对齐，以指向目标点（1，0，0）。

※ 上方向向量：指定上方向向量相对于受约束对象局部空间的方向。

※ 世界上方向向量：指定世界上方向向量相对于场景世界空间的方向。

※ 世界上方向对象：指定上方向向量尝试对准指定对象的原点，而不是与世界上方向向量对齐。

※ 约束轴：确定是否将目标约束限于特定轴（x轴、y轴或z轴）或“全部”轴，如果选中“全部”，X、Y、Z复选框将变暗。

※ 权重：指定受约束对象的方向可受目标对象影响的程度。

8.3.8 极向量约束

“极向量约束”常用于对角色装备技术中手臂骨骼及腿部骨骼的设置，用来设置手肘弯曲的方向及膝盖的朝向。双击“动画”工具架中的“极向量约束”图标，即可打开“极向量约束选项”对话框，如图8-94所示。

图8-94

常用参数解析

※ 权重：指定受约束对象的方向可受目标对象影响的程度。

8.3.9 运动路径

“运动路径”可以将一个对象约束到一条曲线上。在菜单栏执行“约束>运动路径>连接到运动路径”命令可以为选择的对象设置运动路径约束。有关“运动路径”的参数可以在“连接到运动路径选项”对话框中找到，如图8-95所示。

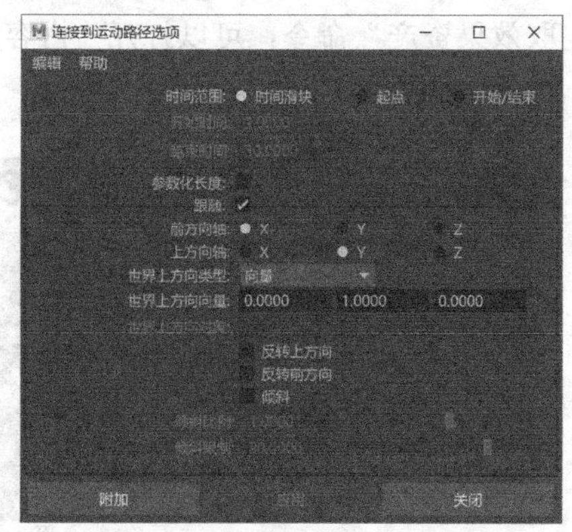

图8-95

常用参数解析

※ 时间范围：设置沿曲线定义运动路径的开始时间和结束时间。

※ 时间滑块：在“时间滑块”中设置的值用于运动路径的起点和终点。

※ 起点：在曲线的起点处或在下面的“开始时间”输入框中设置的其他值处创建一个位置标记。将对象放置在路径的起点处，除非沿路径放置其他位置标记，否则动画将无法运行，使用运动路径操纵器工具可以添加其他位置标记。

※ 开始/结束：在曲线的起点和终点处创建位置标记，并在下面的“开始时间”和“结束时间”输入框中设置时间值。

※ 开始时间：指定运动路径动画的开始时间，当启用了“时间范围”中的“开始”或“开始/结束”时可用。

※ 结束时间：指定运动路径动画的结束时间，当启用了“时间范围”中的“开始/结束”时可用。

※ 参数化长度：指定Maya用于定位沿曲线移动的对象的方法。

※ 跟随：如果启用，Maya会在对象沿曲线移动时计算它的方向。

※ 前方向轴：指定对象的某个局部轴（x轴、y轴或z轴）与前方向向量对齐，这将指定沿运动路径移动的前方向。

※ 上方向轴：指定对象的某个局部轴（x轴、y轴或z轴）与上方向向量对齐，这将在对象沿运动路径移动时指定它的上方向，上方向向量与“世界上方向类型”指定的世界上方向向量对齐。

※ 世界上方向类型：指定上方向向量对齐的世界上方向向量类型，有“场景上方向”“对象上方向”“对象旋转上方向”“向量”和“法线”5个选项可选，如图8-96所示。

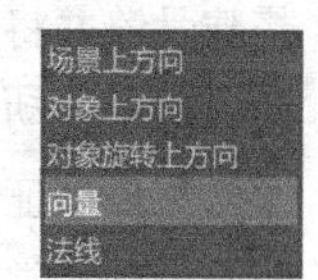

图8-96

※ 场景上方向：指定上方向向量尝试与场景上方向轴（而不是世界上方向向量）对齐。

※ 对象上方向：指定上方向向量尝试对准指定对象的原点，而不是与世界上方向向量对齐，世界上方向向量将被忽略。对象称为世界上方向对象，可通过“世界上方向对象”选项指定，如果未指定世界上方向对象，上方向向量会尝试指向场景世界空间的原点。

※ 对象旋转上方向：指定相对于某个对象的局部空间（而不是相对于场景的世界空间）定义世界上方向向量。在相对于场景的世界空间变换上方向向量后，其会尝试与

世界上方向向量对齐，上方向向量尝试对准原点的对象被称为世界上方向对象，使用“世界上方向对象”选项可以指定世界上方向对象。

※ 向量：指定上方向向量尝试与世界上方向向量尽可能近地对齐。默认情况下，世界上方向向量是相对于场景的世界空间定义的，使用“世界上方向向量”可以指定世界上方向向量相对于场景世界空间的位置。

※ 法线：指定“上方向轴”指定轴将尝试匹配路径曲线的法线。

※ 世界上方向向量：指定世界上方向向量相对于场景世界空间的方向。

※ 世界上方向对象：在“世界上方向类型”设置为“对象上方向”或“对象旋转上方向”的情况下指定世界上方向向量尝试对齐的对象。

※ 反转上方向：如果启用该选项，则“上方向轴”会尝试使其与上方向向量的逆方向对齐。

※ 反转前方向：沿曲线反转对象面向的前方向。

※ 倾斜：倾斜意味着对象将朝曲线曲率的中心倾斜，该曲线是对象移动所沿的曲线（类似于摩托车转弯）。仅当启用“跟随”选项时，倾斜选项才可用，因为倾斜也会影响对象的旋转。

※ 倾斜比例：增大“倾斜比例”，倾斜效果会更加明显。

※ 倾斜限制：允许用户限制倾斜量。

8.4 骨骼与绑定

为场景中的动画角色设置动画之前，需要为角色搭建骨骼并将角色模型蒙皮绑定到骨骼上。搭建骨骼的过程中，动画师需要为角色身上的各个骨骼之间设置约束以保证各个关节可以正常活动。为角色设置骨骼是一种非常复杂的技术，通常也称从事角色骨骼设置的动画师为角色绑定师。

在“绑定”工具架中可以找到与骨骼绑定相关的工具，如图8-97所示。

图8-97

常用工具解析

※ 定位器：单击该图标可以在场景中创建一个定位器。

※ 创建关节：单击该图标可以创建关节。

※ 创建IK控制柄：在关节上创建IK控制柄。

※ 绑定蒙皮：单击该图标可以将角色绑定至骨骼上。

※ 快速绑定：单击该图标可以打开“快速绑定”对话框。

※ Humana IK（角色绑定）：在“属性编辑器”面板中显示角色控制窗口。

※ 绘制蒙皮权重：以笔刷绘制的方式设置蒙皮权重。

※ 融合变形：在可以融合变形的对象上创建新的变形。

※ 创建晶格：以较少的控制点改变较复杂的模型结构。

※ 创建簇：为对象上的一组点创建变换驱动的变形簇。

8.4.1 课堂案例：使用“快速绑定”工具绑定角色

场景位置　无
实例位置　实例文件>CH08>8_4_完成.mb
视频名称　8.4.1 课堂案例：使用“快速绑定”工具绑定角色
技术掌握　“快速绑定”工具的使用方法

本例主要讲解使用“快速绑定”工具快速为场景中的角色模型设置骨骼并蒙皮的方法，绑定完成后的最终效果如图8-98所示。

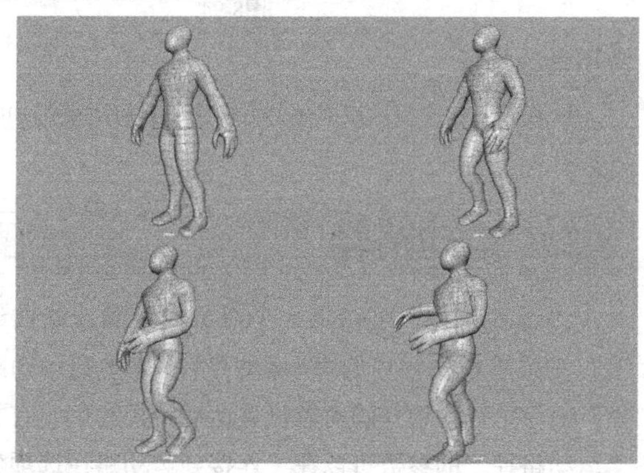

图8-98

01 启动中文版Maya 2020，在菜单栏执行“效果>获取效果资产”命令，可以打开“内容浏览器”对话框，如图8-99所示。

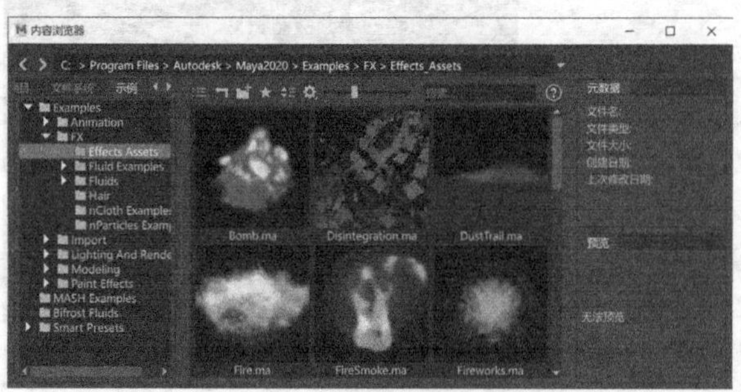

图8-99

02 在“内容浏览器”对话框左侧的“示例”选项卡中执行“Examples>Modeling>Sculpting Base Meshes>Bipeds”命令，将对话框右侧的CharacterFullAlienHorrorStyel.ma文件拖曳至场景中，如图8-100所示，得到的角色模型如图8-101所示。

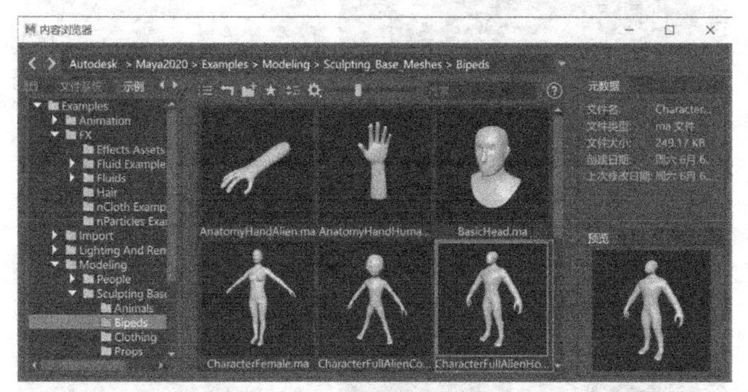

图8-100

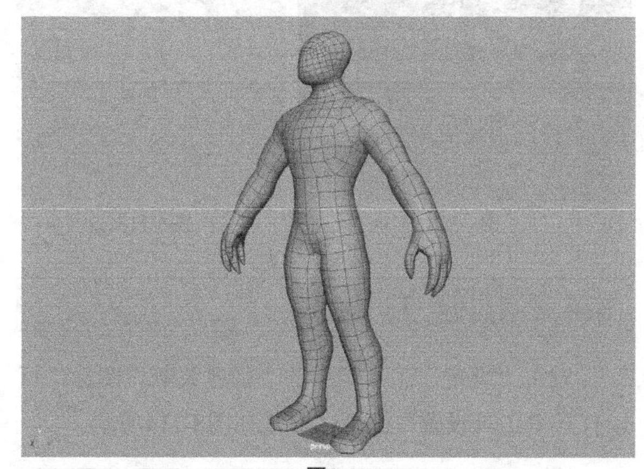

图8-101

03 单击“绑定”工具架中的“快速绑定”图标，如图8-102所示。打开“快速绑定”对话框，如图8-103所示。

图8-102

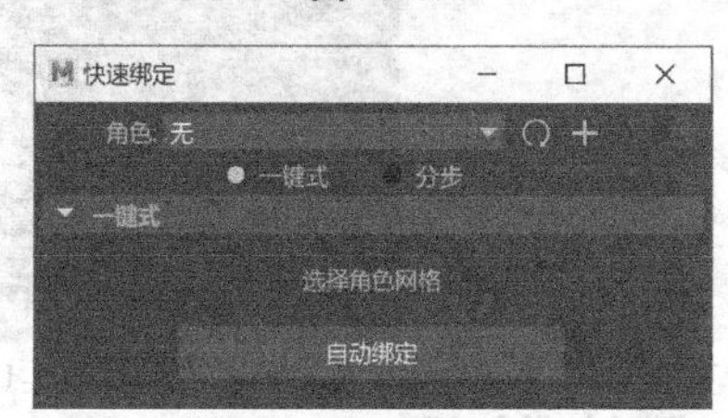

图8-103

04 在“快速绑定”对话框中，选择“分布”选项后，单击“创建新角色”按钮，即可激活该面板中的命令，如图8-104所示。

05 选择场景中的角色模型，单击“几何体”卷展栏中的“添加选定的网格”按钮，可以将选择的对象添加至下方的文本框内，如图8-105所示。

图8-104　　图8-105

06 展开“导向”卷展栏，准备为角色创建导向点。创建之前，先观察角色在场景中的方向是否符合规定，如果不符合规定，则必须调整角色的方向才能继续进行操作。设置“颈部”的值为2，如图8-106所示。

07 设置完成后，单击“导向”卷展栏内的“创建/更新”按钮，即可在场景中看到生成的导向点，如图8-107所示。

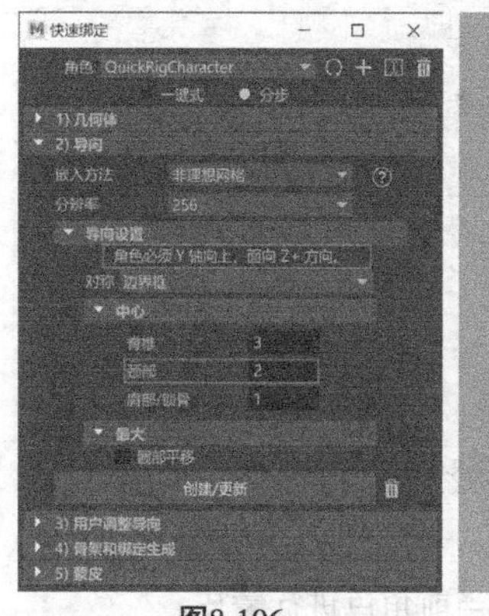

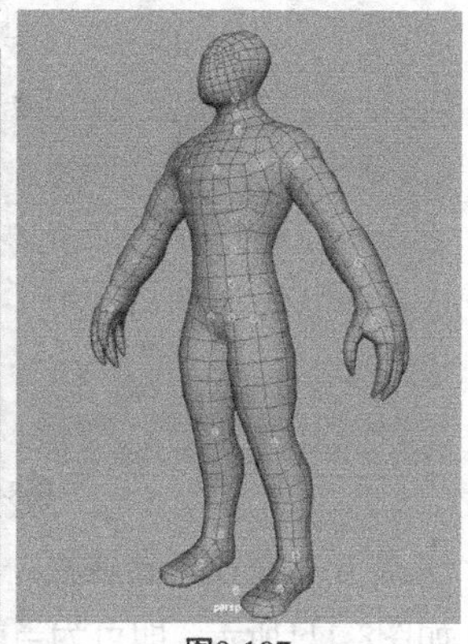

图8-106　　图8-107

08 选择角色左臂肘关节处的导向点，在前视图中调整其位置，如图8-108所示。单击“用户调整导向”卷展栏内的“将右侧导向镜像至左侧导向”按钮，如图8-109所示，即可更改角色右侧手臂肘关节处的导向点。

09 展开“骨架和绑定生成”卷展栏，单击“创建/更新”按钮，即可根据之前调整好的导向自动生成骨架，如图8-110所示。

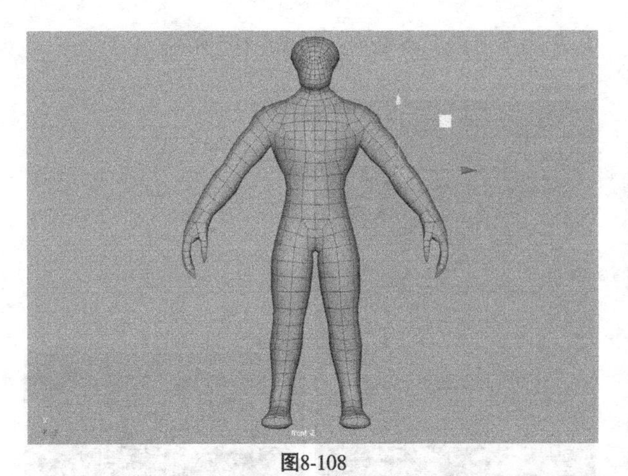

图8-108

图8-109

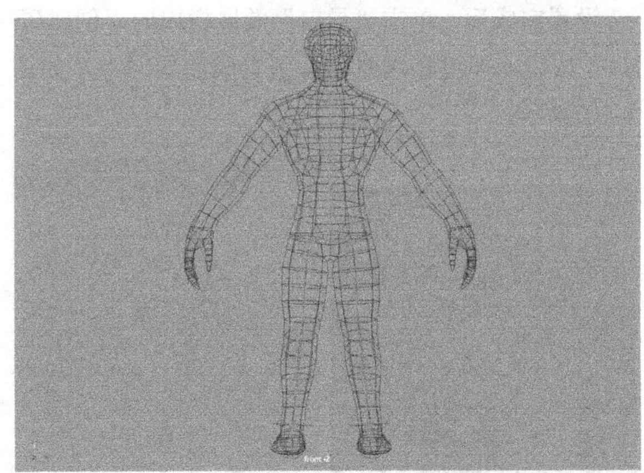

图8-110

⑩展开“蒙皮”卷展栏，单击“创建/更新”按钮，如图8-111所示，即可为当前角色进行蒙皮。

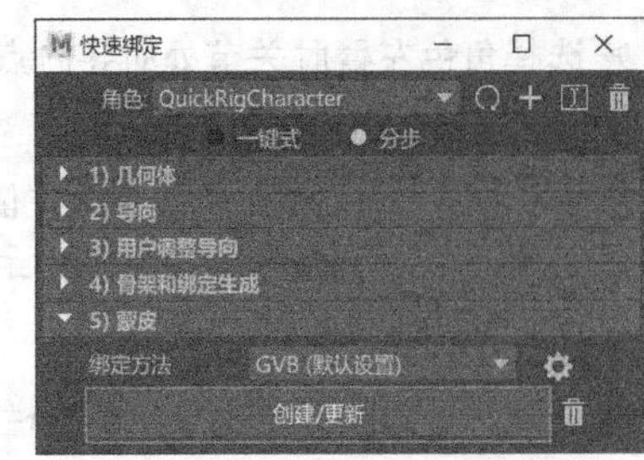

图8-111

⑪设置完成后，角色的快速装备操作就结束了，然后通过Maya的Human IK面板中的图例可以快速选择角色的骨骼调整角色的姿势，如图8-112所示。最终角色效果如图8-113所示。

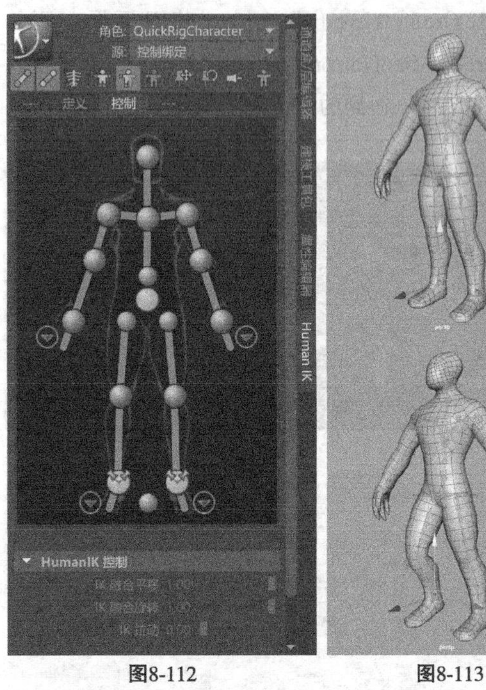

图8-112

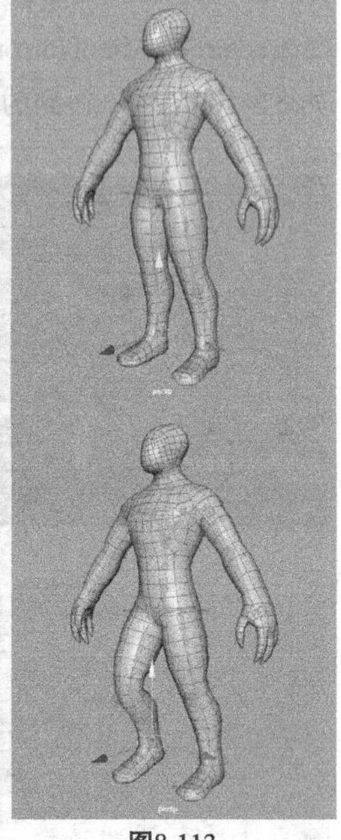
图8-113

8.4.2 创建关节

双击“绑定”工具架中的“创建关节”图标，可以打开“工具设置”面板，参数如图8-114所示。

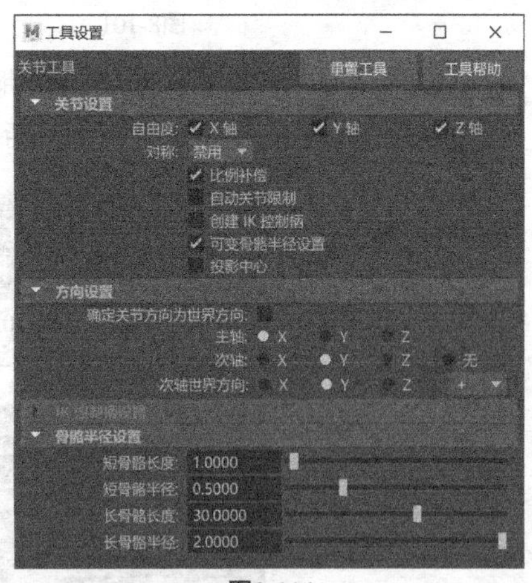

图8-114

常用参数解析

①“关节设置”卷展栏

※ 自由度：指定关节可以在反向运动学造型期间围绕该关节的哪个局部轴进行旋转。

※ 对称：可以在此设置创建关节时启用或禁用对称。

※ 比例补偿：该选项启用时，用户对关节上方的骨架

进行缩放时，不会影响该关节的比例大小，默认设置为启用。

②“方向设置”卷展栏

※ 确定关节方向为世界方向：启用此选项后，创建的所有关节都将设定为与世界帧对齐，且每个关节局部轴的方向与世界轴相同。

※ 主轴：用于为关节指定主局部轴。

※ 次轴：用于指定用作关节次方向的局部轴。

※ 次轴世界方向：用于设定次轴的世界方向。

③“骨骼半径设置”卷展栏

※ 短骨骼长度：设置短骨骼的骨骼长度。

※ 短骨骼半径：设置短骨骼的骨骼半径。

※ 长骨骼长度：设置长骨骼的骨骼长度。

※ 长骨骼半径：设置长骨骼的骨骼半径。

8.4.3 快速绑定

在“快速绑定”对话框中，当角色绑定的方式选择为“分步”时，参数如图8-115所示。

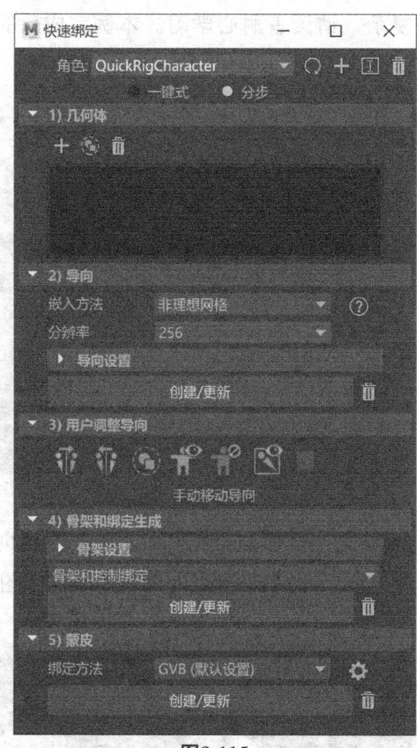

图8-115

常用参数解析

①“几何体”卷展栏

展开“几何体”卷展栏，命令如图8-116所示。

图8-116

※ 添加选定的网格：使用选定网格填充“几何体”列表。

※ 选择所有网格：选择场景中的所有网格并将其添加到“几何体”列表。

※ 清除所有网格：清空“几何体”列表。

②“导向”卷展栏

展开“导向”卷展栏，参数如图8-117所示。

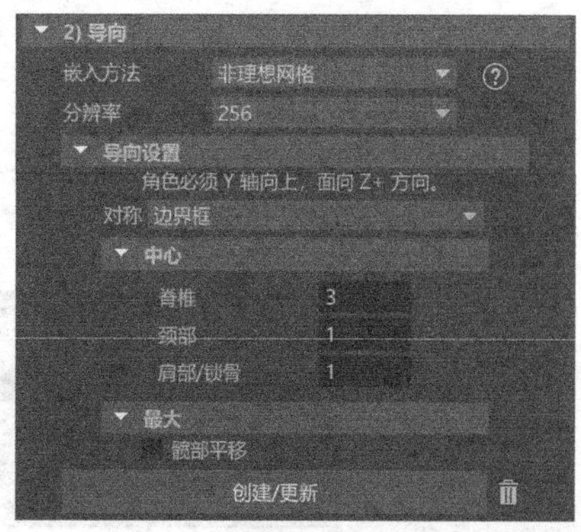

图8-117

※ 嵌入方法：用于指定使用哪种网格及如何以最佳方式进行装备，有“理想网格”“防水网格”“非理想网格”“多边形汤”和“无嵌入”5种方式可选，如图8-118所示。

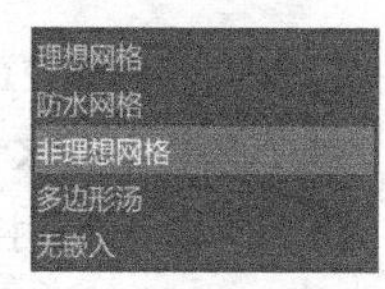

图8-118

※ 分辨率：选择要用于装备的分辨率，分辨率越高，处理时间就越长。

※ 导向设置：用于配置导向的生成，帮助Maya使骨架关节与网格上的适当位置对齐。

※ 对称：用于根据角色的边界框或髋部放置选择对称。

※ 中心：用于设置创建的导向数量，进而设置生成的骨架和装备将拥有的关节数。

※ 髋部平移：用于生成骨架的髋部平移关节。

※ 创建/更新：将导向添加到角色网格。

※ 删除导向：清除角色网格中的导向。

③“用户调整导向”卷展栏

展开“用户调整导向”卷展栏，命令如图8-119所示。

图8-119

※ 从左到右镜像：使用选定导向作为源，以便将左侧导向镜像到右侧导向。

※ 从右到左镜像：使用选定导向作为源，以便将右侧导向镜像到左侧导向。

※ 选择导向：选择所有导向。

※ 显示所有导向：启用导向的显示。

※ 隐藏所有导向：隐藏导向的显示。

※ 启用X射线关节：在所有视口中启用X射线关节。

※ 导向颜色：选择导向颜色。

④“骨架和绑定生成”卷展栏

展开“骨架和绑定生成”卷展栏，参数如图8-120所示。

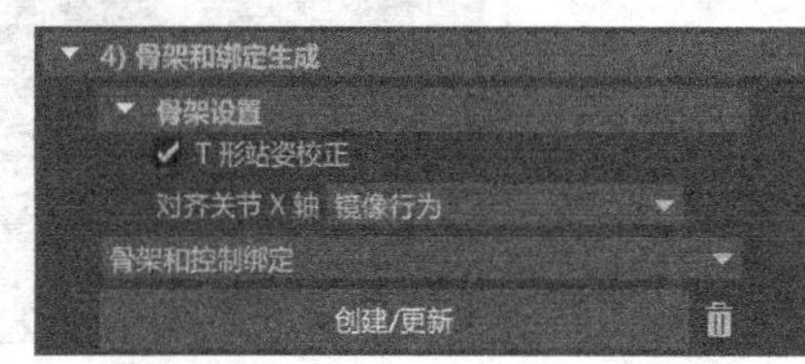

图8-120

※ T形站姿校正：勾选此选项后，可以在调整处于T形站姿的新HumanIK骨架的骨骼大小以匹配嵌入骨架后对其进行角色化，之后控制装备会将骨架还原回嵌入姿势。

※ 对齐关节X轴：设置可以选择如何在骨架上设置关节方向，有“镜像行为”“朝向下一个关节的X轴”“世界-不对齐”3个选项可选，如图8-121所示。

图8-121

※ 骨架和控制绑定：从此菜单中选择是要创建具有控制装备的骨架，还是仅创建骨架。

※ 创建/更新：为角色网格创建带有或不带控制装备的骨架。

⑤“蒙皮”卷展栏

展开“蒙皮”卷展栏，命令如图8-122所示。

图8-122

※ 绑定方法：从该菜单中选择蒙皮绑定方法，有“GVB（默认设置）”和“当前设置”两种方式可选，如图8-123所示。

GVB (默认设置)
当前设置

图8-123

※ 创建/更新：对角色进行蒙皮，完成角色网格的装备流程。

8.5 课堂练习：制作汽车颠簸动画

场景位置	无
实例位置	实例文件>CH08>8_5_完成.mb
视频名称	8.5 课堂练习：制作汽车颠簸动画
技术掌握	多种约束工具的混合使用

在三维软件中制作效果逼真的汽车运动动画一直都是一项技术难题，不同的路面和不同的运动设定使汽车动画的制作过程变得非常复杂，从而需要动画师常常对一辆汽车模型设计多种绑定方案以应对不同的镜头要求。本例主要讲解制作汽车颠簸动画效果的方法，该例涉及多种约束工具的混合使用，步骤略微复杂，请读者耐心学习。本例完成后的动画效果如图8-124所示。

图8-124

01 启动中文版Maya 2020，在“内容浏览器”对话框中选择一个Maya提供的汽车模型，如图8-125所示。

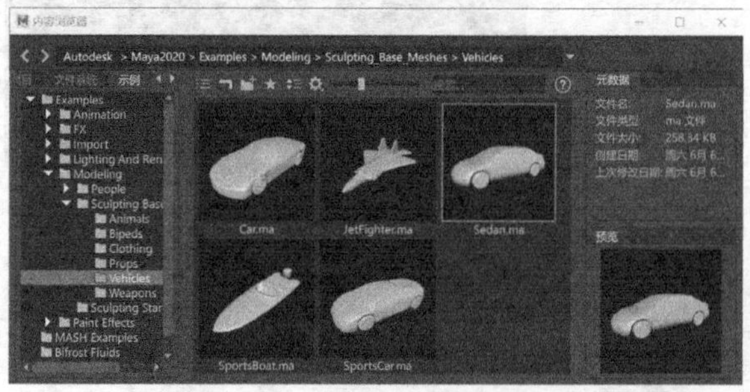

图8-125

02 将该文件导入场景，如图8-126所示。

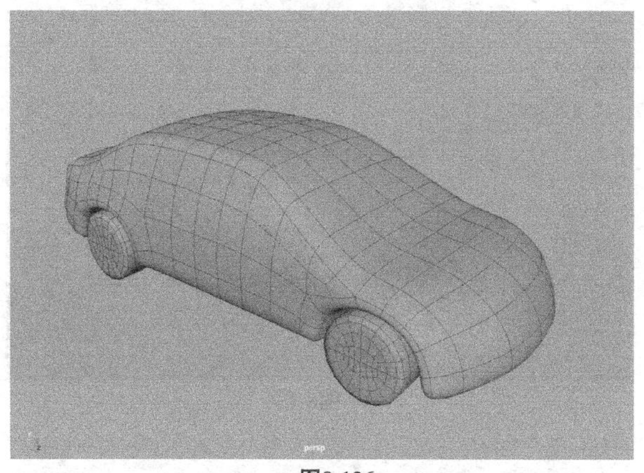

图8-126

03 选择所有模型，在菜单栏执行“修改>中心枢轴”命令，将模型的坐标轴更改至自身的中心位置，如图8-127所示。

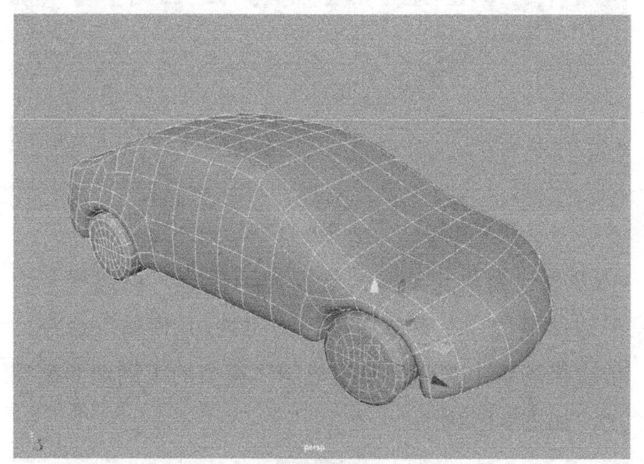

图8-127

04 在顶视图中选择汽车车身模型，按D键，更改汽车车身坐标轴的位置，如图8-128所示。

05 在右视图中调整汽车车身坐标轴的位置，如图8-129所示。

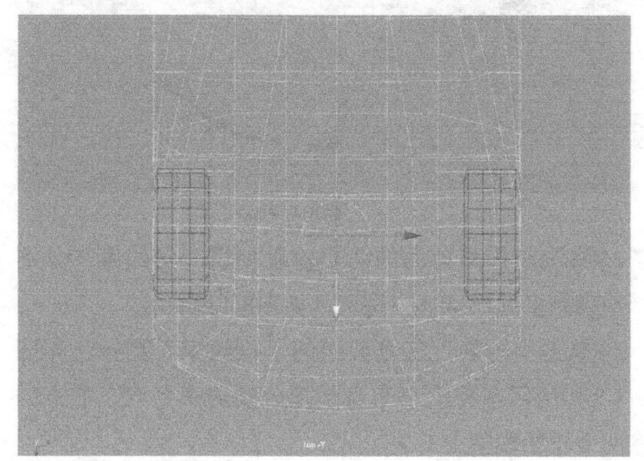

图8-128

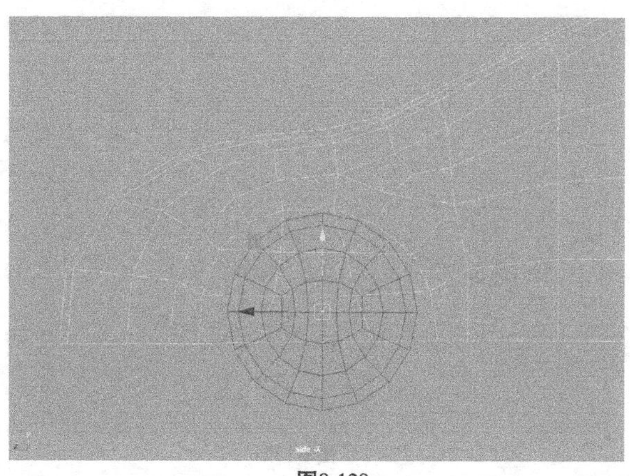

图8-129

06 在场景中创建一个平面模型，用来作为地面，如图8-130所示。

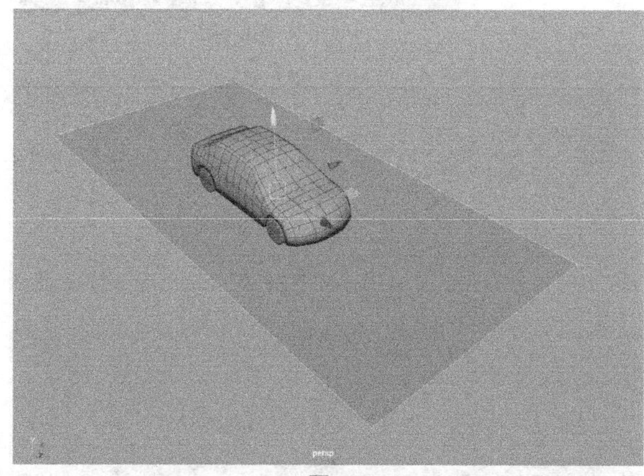

图8-130

07 在“属性编辑器”面板中，调整参数值，如图8-131所示。

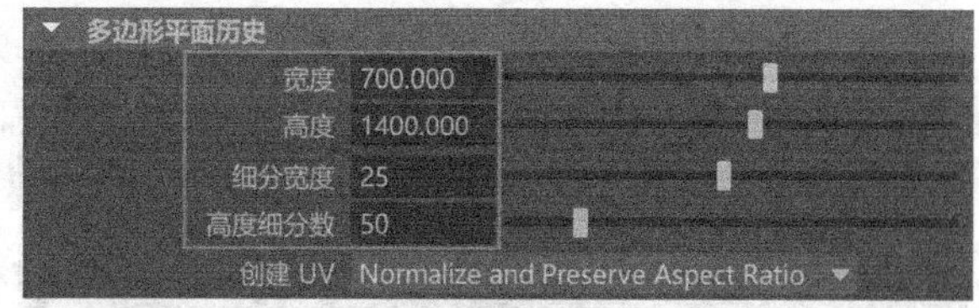

图8-131

08 在透视视图中调整地面的位置，如图8-132所示。

09 选择“雕刻”工具架中的“抬起曲面”图标，如图8-133所示。对地面模型进行微调，制作出起伏的路面效果，如图8-134所示。

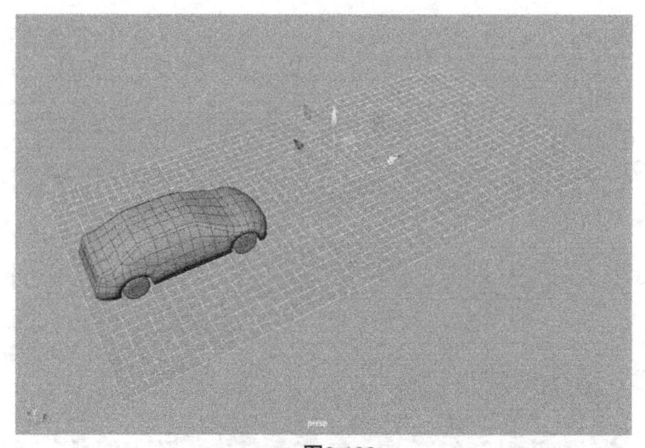

图8-132

图8-133

图8-134

⑩在场景中创建一个多边形球体模型，并在“属性编辑器”面板中调整参数，如图8-135所示。

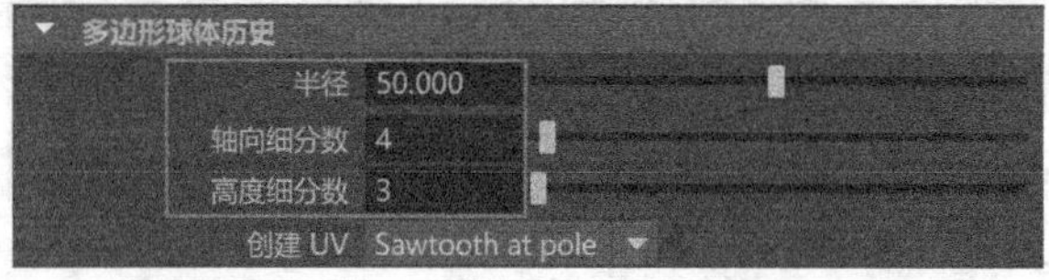

图8-135

⑪调整多边形球体模型的坐标轴位置，如图8-136所示。

⑫在场景中，将刚刚创建出来的模型再复制出来一个，并使用“对齐工具”分别将其对齐到汽车模型前方的两个轮胎的位置，如图8-137所示。

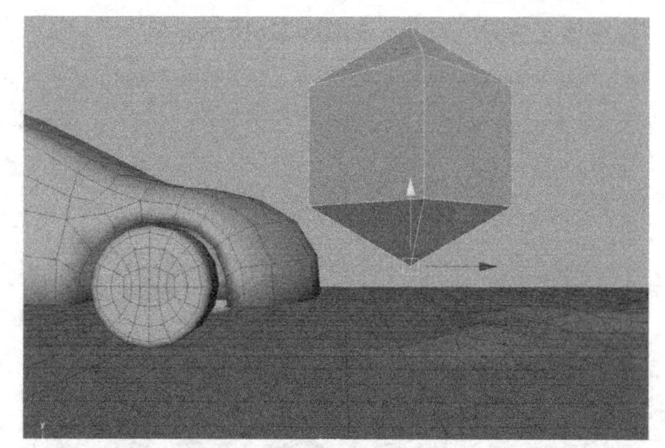

图8-136

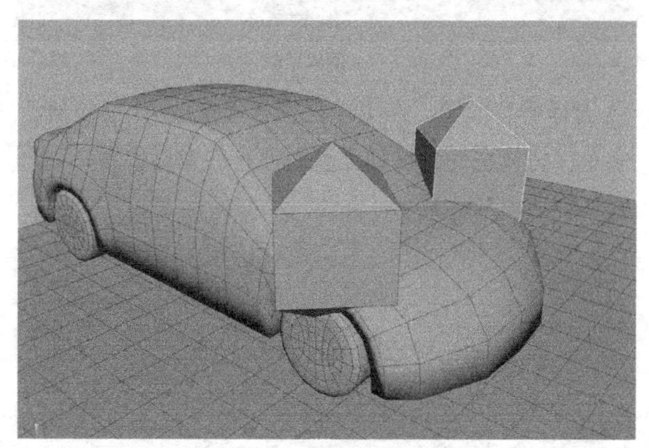

图8-137

⑬开始设置约束动画。选择地面模型，再选择多边形球体模型，在菜单栏执行“约束>几何体”命令，依次将场景中的两个多边形球体模型约束到地面模型上，如图8-138所示。

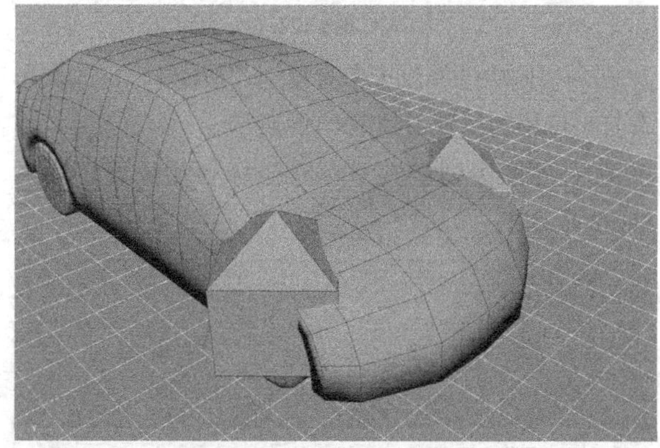

图8-138

⑭将汽车模型前面的两个轮胎使用“父约束”分别约束到多边形球体模型上，如图8-139所示。

⑮单击“动画”工具架中的“点约束”图标，如图8-140所示，将汽车车身模型分别约束到汽车前方的两个轮胎模型上。

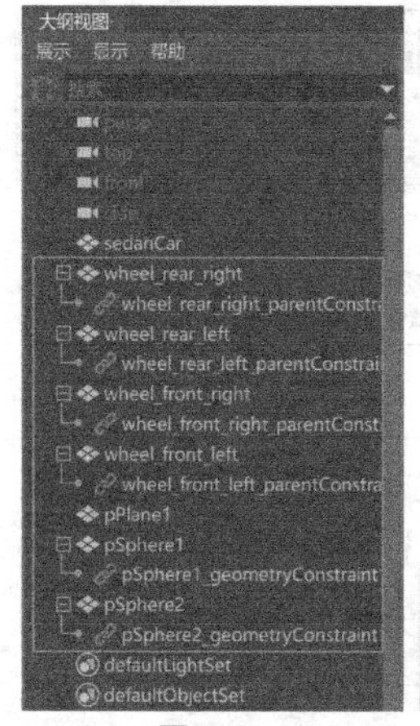

图8-139

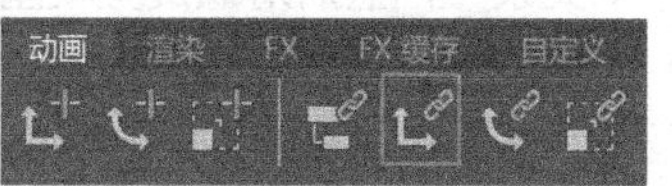

图8-140

⑯选择轮胎模型，在“通道盒/层编辑器”面板中可以看到其“平移X”“平移Y”“平移Z”“旋转X”“旋转Y”和“旋转Z”这6个参数都受到“父约束”的影响，参数后面有一个浅蓝色的方块显示，如图8-141所示。

⑰将“旋转X”“旋转Y”和“旋转Z”选中并单击鼠标右键，执行“断开连接”命令，使其不再受“父约束”的影响，设置完成后，如图8-142所示。

图8-141

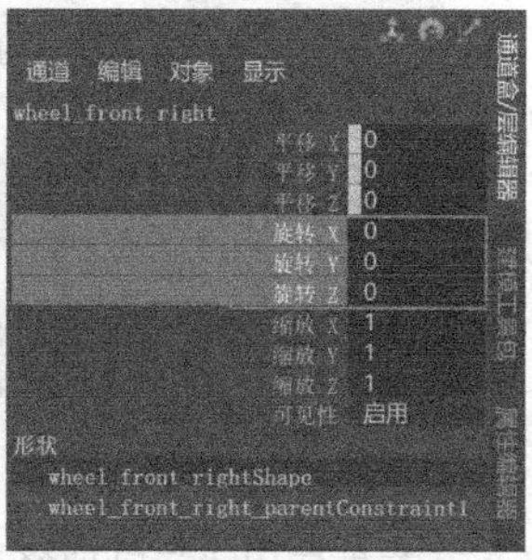

图8-142

⑱以同样的操作方式将其他3个轮胎模型的“旋转X”“旋转Y”和“旋转Z”3个参数也执行“断开连接”命令。选择场景中的轮胎模型，如图8-143所示。

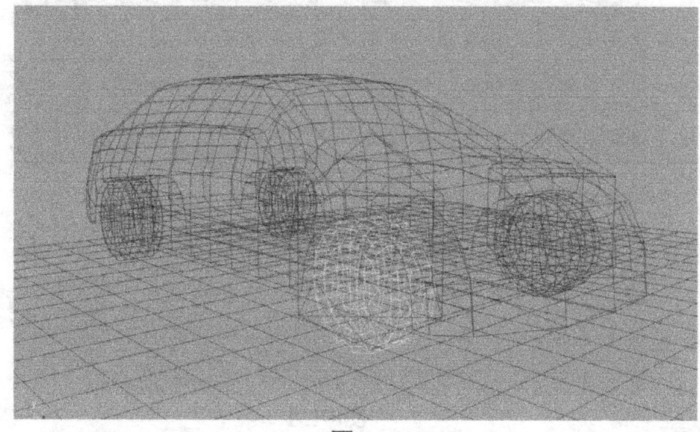

图8-143

⑲在第1帧位置，为“旋转X”设置关键帧，如图8-144所示。

⑳在第20帧位置，设置“旋转X”值为90，并设置关键帧，如图8-145所示。

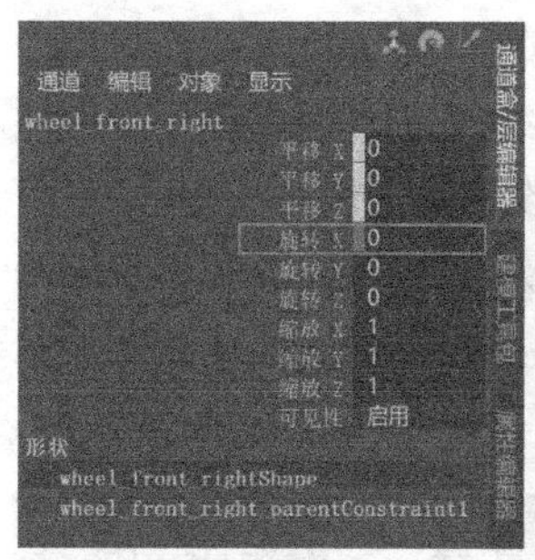

图8-144

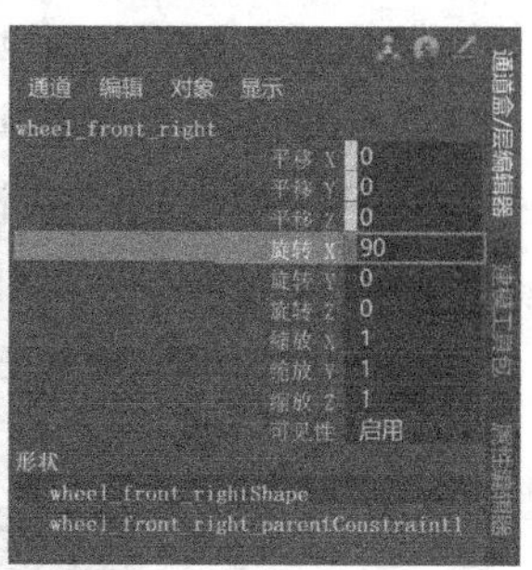

图8-145

㉑打开“曲线图编辑器”对话框，设置“旋转X”的曲线类型为“线性切线”，如图8-146所示，这样车轮的旋转动画会是一个匀速的效果。

㉒在“曲线图编辑器”对话框中，菜单栏执行“曲线>后方无限>带偏移的循环”命令，如图8-147所示，这样车轮的旋转动画会一直持续下去。

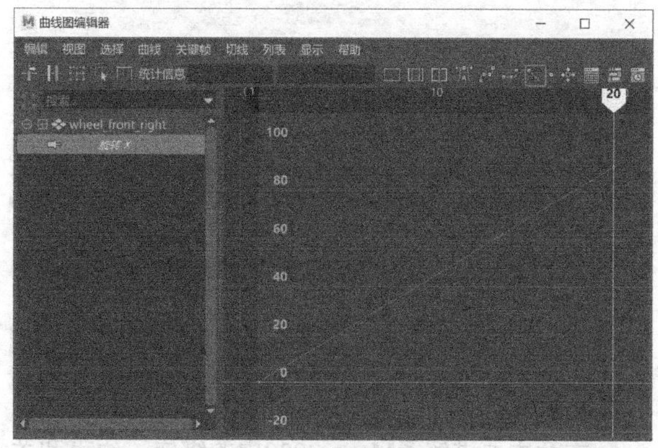

图8-146

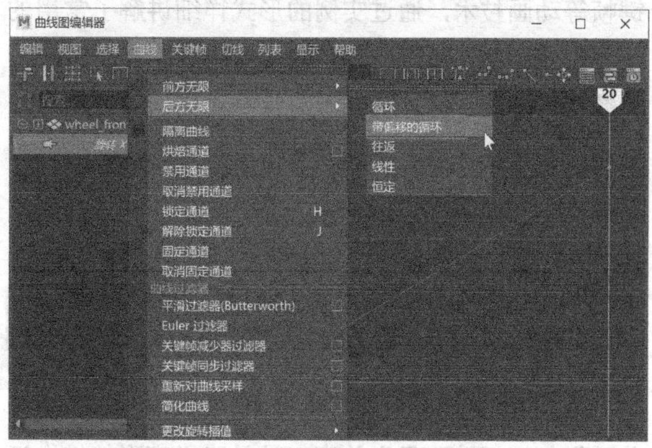

图8-147

23 设置完成后，先选择设置好旋转动画的车轮模型，再加选另一个车轮模型，单击“动画”工具架中的“方向约束”图标，如图8-148所示。这样另一个车轮模型的“旋转”属性会继承已经设置好旋转动画车轮模型的对应旋转动画数据。

24 以同样的操作方式对其他车轮模型设置“方向约束”。这样汽车模型约束设置就完成了。选择场景中的两个多边形球体模型，为其“平移Z”属性设置动画，即可看到汽车模型在路面上颠簸的效果，如图8-149所示。

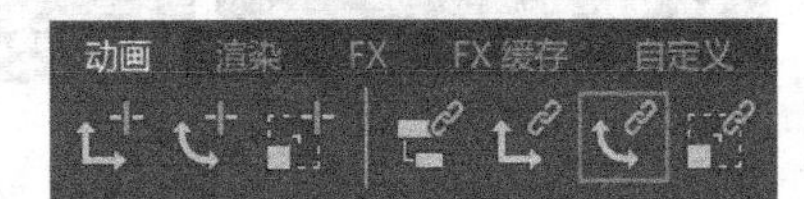

图8-148

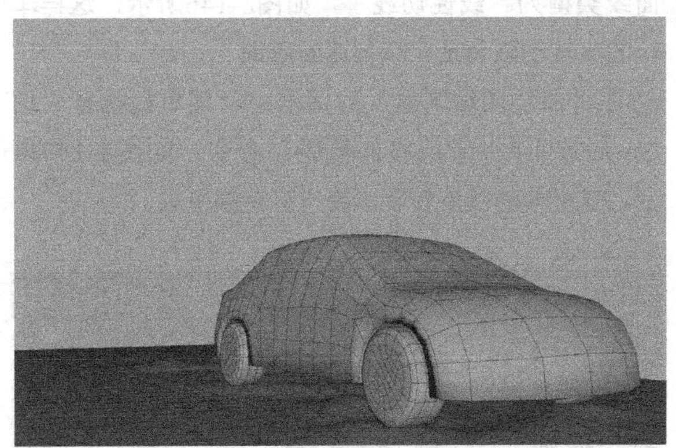

图8-149

8.6 本章小结

本章主要讲解了Maya 2020中的绑定、约束和关键帧等动画技术，通过实例的形式详细讲解了常用的动画制作思路及命令。本章的内容较多，命令也较为分散，希望读者能够认真学习每个实例，并总结动画制作经验，在课后能够独立制作出更多、更好的动画效果。

8.7 课后习题

本节准备了两个习题供读者练习，练习“父子关系”与“运动路径”约束工具及路径变形的综合运用，掌握动画的制作技法。

8.7.1 课后习题：制作玩具直升机飞行动画

场景位置 实例文件>CH08>8_6.mb
实例位置 实例文件>CH08>8_6_完成.mb
视频名称 8.7.1 课后习题：制作玩具直升机飞行动画
技术掌握 “父子关系”与“运动路径”约束的综合运用

操作指南

首先将玩具直升机模型的各个零件之间设置“父子关系”，然后对螺旋桨模型设置旋转循环动画，最后使用“运动路径”约束为直升机的飞行路线设置动画，动画完成效果如图8-150所示。

图8-150

8.7.2 课后习题：制作鱼游动动画

场景位置 无
实例位置 实例文件>CH08>8_7_完成.mb
视频名称 8.7.2 课后习题：制作鱼游动动画
技术掌握 “运动路径”约束工具及路径变形的综合运用

操作指南

首先使用“运动路径”工具设置好鲸鱼的运动路线，然后使用“流动路径对象”命令为鱼模型设置合理的变形效果，动画完成效果如图8-151所示。

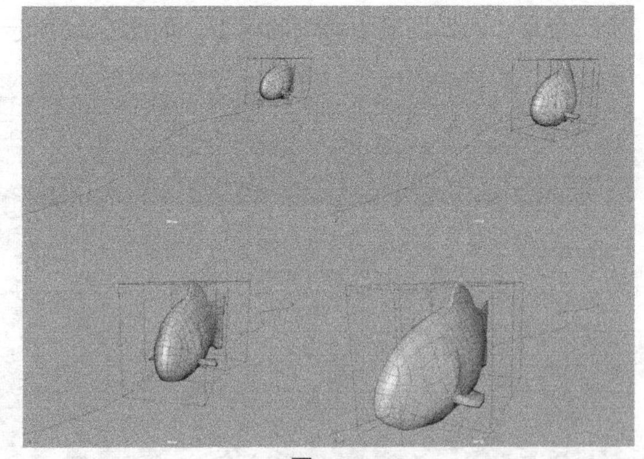

图8-151

第9章 流体动力学

本章将介绍Maya 2020的流体动力学动画技术，主要包含流体动画、Bifrost流体动画和Boss海洋动画等。流体动力学动画为特效动画师提供了制作效果逼真的火焰燃烧、烟雾流动、液体飞溅及海洋特效动画的方法。在本章中，将以多个较为典型的实例为读者详细讲解流体特效动画的制作方法。

课堂学习目标

- 掌握火焰燃烧动画的制作方法
- 掌握烟雾流动动画的制作方法
- 掌握液体飞溅动画的制作方法
- 掌握海洋动画的制作方法

9.1 流体动力学概述

Maya的多边形建模技术非常成熟，几乎可以制作出见过的任何模型，但是如果想通过多边形建模技术制作烟雾、火焰、液体等模型则有些困难，使用这样的模型去制作一段非常流畅的特效动画更是难以实现。幸好，Maya的软件工程师早就考虑到了这一点，并为用户设计了多种实现真实模拟和渲染流体运动的流体动力学动画技术。如果用户想要制作出较为真实的流体动画效果，需要留意日常生活中身边的流体运动，图9-1和图9-2所示是用于制造流体特效时的参考照片。

图9-1

图9-2

9.2 流体系统

“流体”系统是Maya的一套优秀的流体动画解决方案。在FX工具架中可以找到“流体”系统中的一些常用工具，如图9-3所示。

图9-3

常用工具解析

※ 具有发射器的3D流体容器：创建发射器和3D流体容器。

※ 具有发射器的2D流体容器：创建发射器和2D流体容器。

※ 从对象发射流体：根据所选择的对象发射流体。

※ 使碰撞：为流体与场景中的几何体对象设置碰撞。

9.2.1 课堂案例：制作火焰燃烧动画

场景位置	实例文件>CH09>9_1.mb
实例位置	实例文件>CH09>9_1_完成.mb
视频名称	9.2.1 课堂案例：制作火焰燃烧动画
技术掌握	使用“3D流体容器”制作火焰燃烧特效动画

本例通过制作火焰燃烧动画特效为读者详细讲解“3D流体容器”的使用技巧，最终动画效果如图9-4所示。

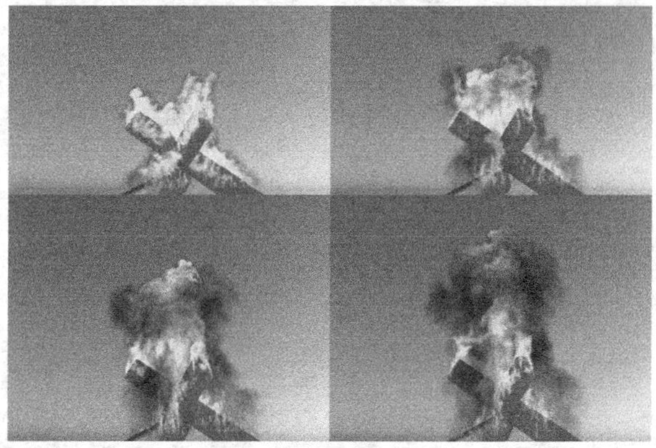

图9-4

01 启动中文版Maya 2020，打开本书配套资源场景文件“9_1.mb”，如图9-5所示，场景中有一个形状较为规则的木质模型。

图9-5

02 单击FX工具架中的“具有发射器的3D流体容器”图标，如图9-6所示。在场景中创建一个流体容器，如图9-7所示。

图9-6

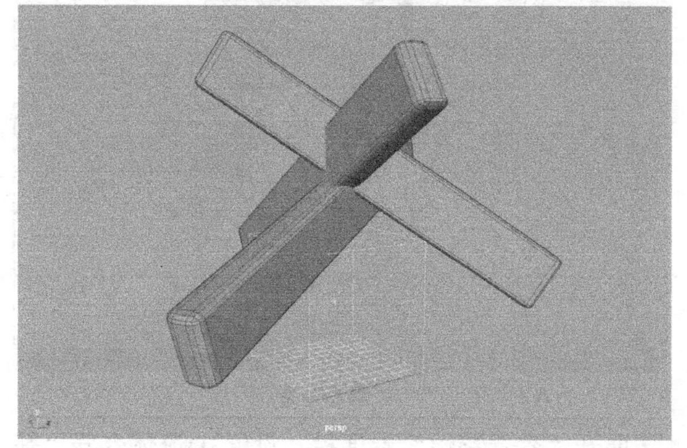

图9-7

03 在“属性编辑器”面板中，展开“容器特性”卷展栏，调整3D流体容器的参数，如图9-8所示。如果读者希望得到燃烧较为快速的模拟效果，可以降低“基本分辨率”的数值进行流体动画模拟。

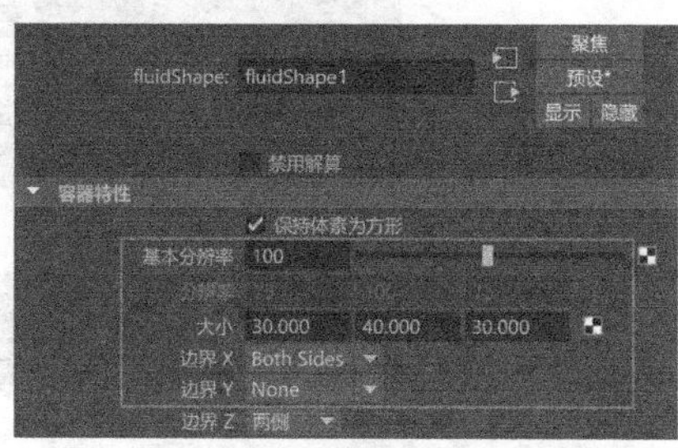

图9-8

04 删除场景中的流体发射器，并调整3D流体容器的位置，如图9-9所示。

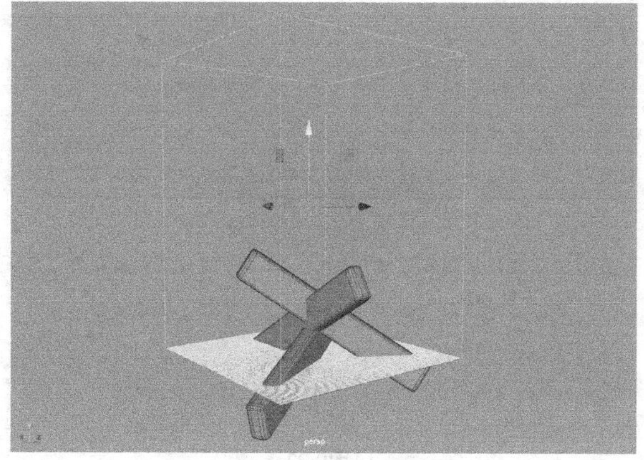

图9-9

05 选择场景中的木质模型和3D流体容器，单击FX工具架中的“从对象发射流体”图标，如图9-10所示。

06 播放场景动画，流体动画的默认效果如图9-11所示。

图9-10

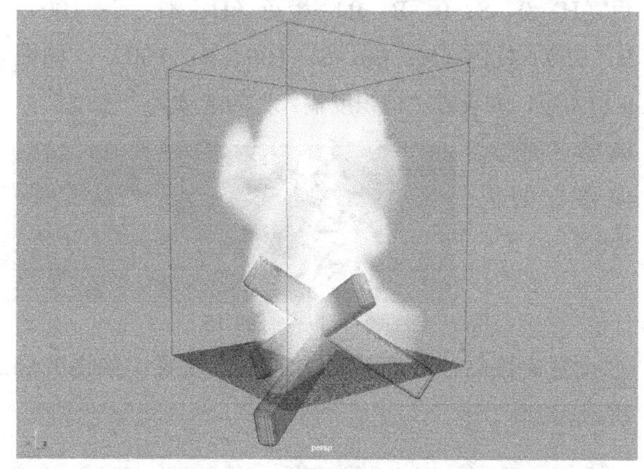

图9-11

07 展开“内容详细信息”卷展栏内的“速度”卷展栏，设置“漩涡”的值为10，“噪波”的值为0.1，如图9-12所示。这样设置可以使烟雾上升的形体多很多细节，如图9-13所示。

图9-12

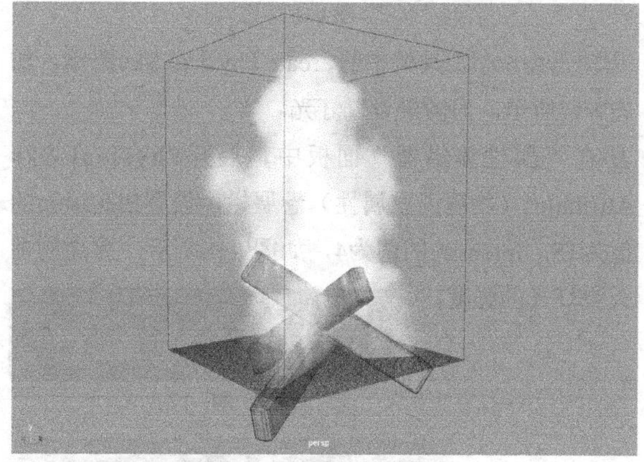

图9-13

08 设置流体的颜色。展开“颜色”卷展栏，设置“选定颜色”为黑色，如图9-14所示。

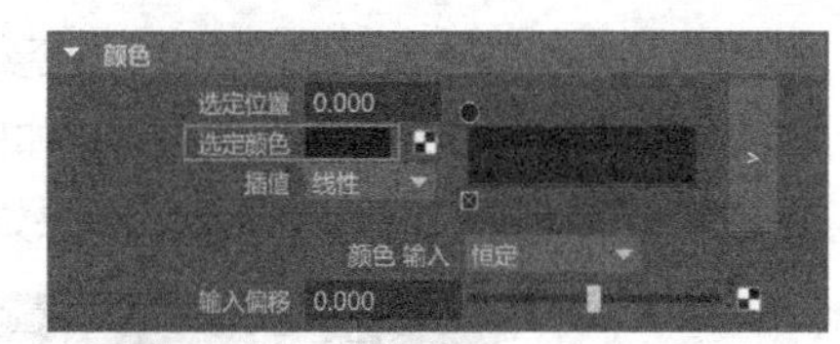

图9-14

09 展开“白炽度”卷展栏，设置白炽度的颜色为黑色（H：0、S：0、B：0）-橙色（H：31、S：100、B：95）-黄色（H：60、S：100、B：100），如图9-15所示，并设置“白炽度输入”的选项为“密度”，调整“输入偏移”的值为0.5。

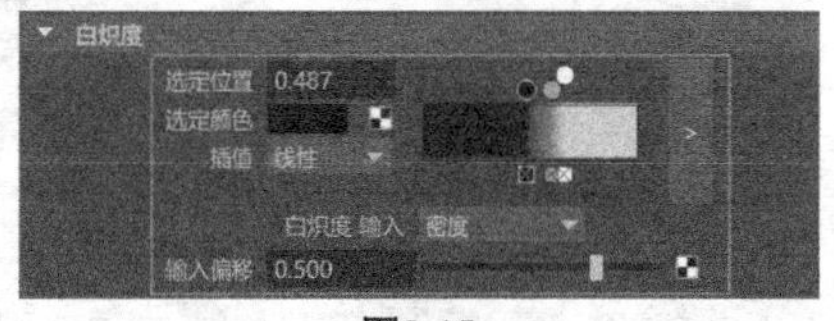

图9-15

10 设置完成后，观察场景中的流体效果，如图9-16所示。

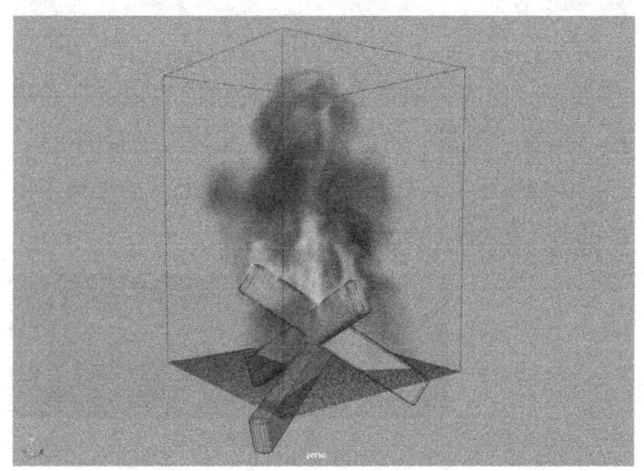
图9-16

11 单击Arnold工具架中的Create Physical Sky图标，如图9-17所示，为场景设置灯光。

12 在“属性编辑器”面板中，展开Physical Sky Attributes（物理天空属性）卷展栏，设置Elevation的值为15，Intensity的值为4，如图9-18所示，提高物理天空灯光的强度。

图9-17

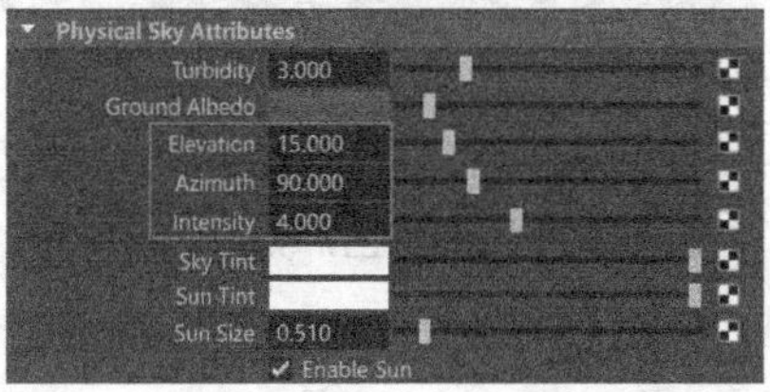

图9-18

13 渲染场景，火焰燃烧渲染的效果如图9-19所示。

图9-19

14 展开“容器特性”卷展栏，设置3D流体容器“基本分辨率”的值为200，如图9-20所示。

15 单击“FX缓存”工具架中的“创建缓存”图标，如图9-21所示，为燃烧动画创建缓存。

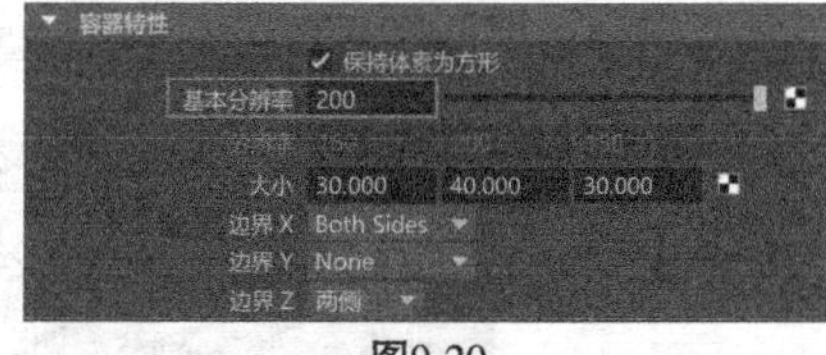

图9-20

图9-21

16 观察效果，可以看到在增加了“基本分辨率”后，燃烧动画的视图显示效果质量有了很大的提高，如图9-22和图9-23所示。

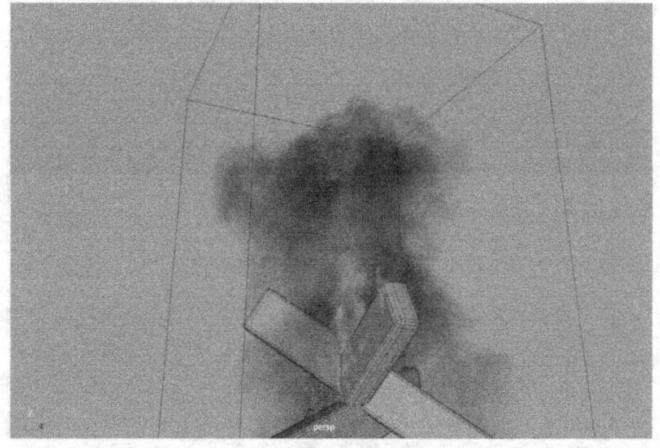
图9-22

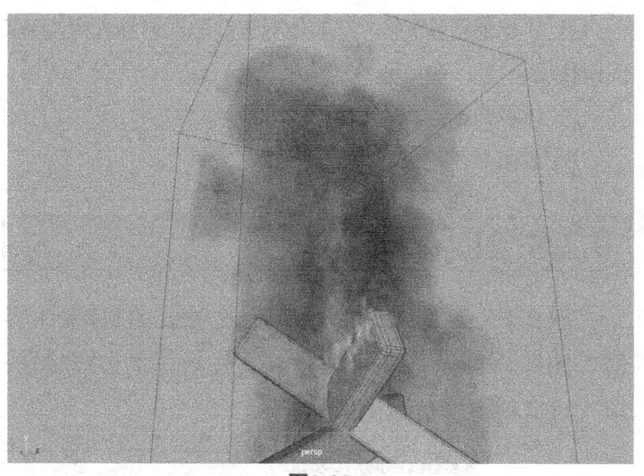

图9-23

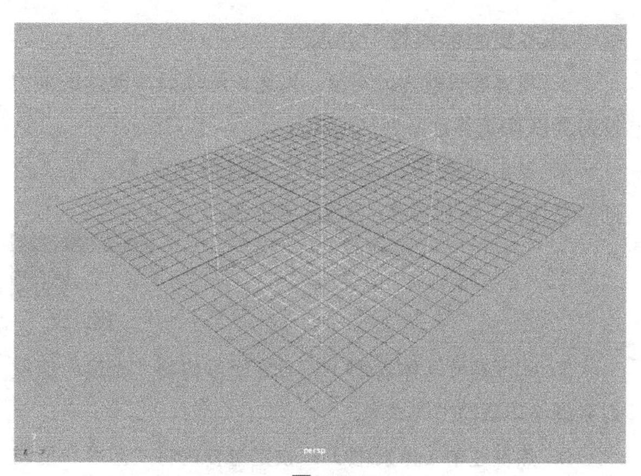

图9-25

⑰ 再次渲染场景，效果如图9-24所示。

图9-24

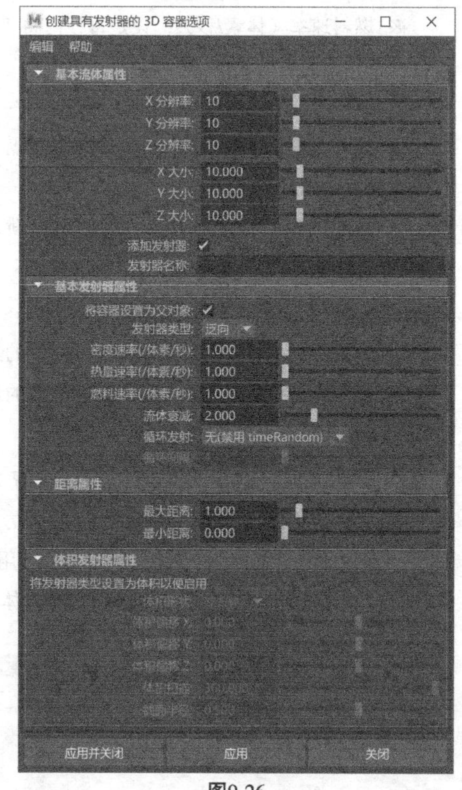

图9-26

9.2.2 3D流体容器

在Maya中，流体模拟计算通常被限定在一个区域内，这个区域被称为容器。如果是3D流体容器，那么该容器就是一个具有3个方向的立体空间。如果是2D流体容器，那么该容器则是一个具有两个方向的平面空间。若要模拟细节丰富的流体动画特写镜头，大多数情况下需要单击FX工具架中的“具有发射器的3D流体容器”图标，在场景中创建一个3D流体容器制作流体动画，如图9-25所示。

双击“具有发射器的3D流体容器”图标，可以弹出“创建具有发射器的3D容器选项”对话框，如图9-26所示。

常用参数解析

①“基本流体属性”卷展栏

※ X/Y/Z分辨率：用来控制3D流体容器X/Y/Z方向上的分辨率。

※ X/Y/Z大小：用来控制3D流体容器X/Y/Z方向上的大小。

※ 添加发射器：勾选该选项，创建3D流体容器的同时，还会创建一个流体发射器。

※ 发射器名称：允许用户设置发射器的名称。

② **“基本发射器属性”卷展栏**

※ 将容器设置为父对象：勾选该选项后，创建出来的发射器以3D流体容器为父对象。

※ 发射器类型：用来选择发射器的类型，有“泛向”“体积”两种可选，如图9-27所示。

图9-27

※ 密度速率（体素/秒）：设定每秒内将“密度”值发射到栅格体素的平均速率。

※ 热量速率（体素/秒）：设定每秒内将“温度”值发射到栅格体素的平均速率。

※ 燃料速率（体素/秒）：设定每秒内将“燃料”值发射到栅格体素的平均速率。

※ 流体衰减：设定流体发射的衰减值。

※ 循环发射：循环发射会以一定的间隔（以帧为单位）重新启动随机数流。

※ 循环间隔：指定随机数流在两次重新启动期间的帧数。

③ **“距离属性”卷展栏**

※ 最大距离：从发射器创建新的特性值的最大距离。

※ 最小距离：从发射器创建新的特性值的最小距离。

④ **“体积发射器属性”卷展栏**

※ 体积形状：当“发射器类型”设置为“体积”时，该发射器将使用“体积形状”，有“立方体”“球体”“圆柱体”“圆锥体”和“圆环”5种可用，如图9-28所示，“体积形状”选择了不同选项后的流体发射器显示效果如图9-29所示。

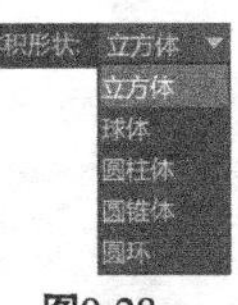

图9-28

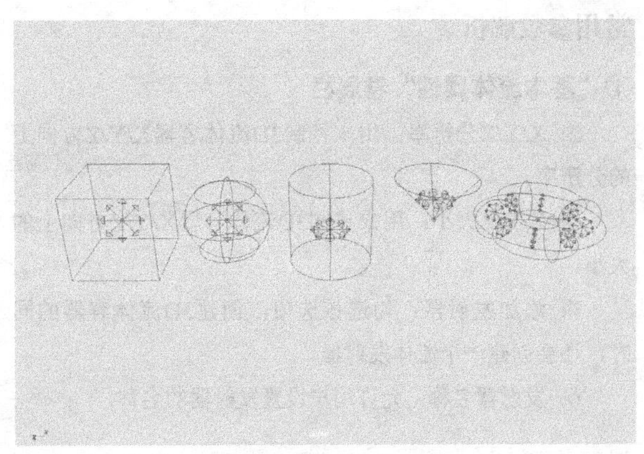

图9-29

※ 体积偏移X/Y/Z：发射体积中心距发射器原点X/Y/Z的偏移值。

※ 体积扫描：控制体积发射的圆弧。

※ 截面半径：仅应用于圆环体积。

9.2.3 2D流体容器

双击FX工具架中的“具有发射器的2D流体容器”图标，可以打开“创建具有发射器的2D容器选项”对话框，参数如图9-30所示。

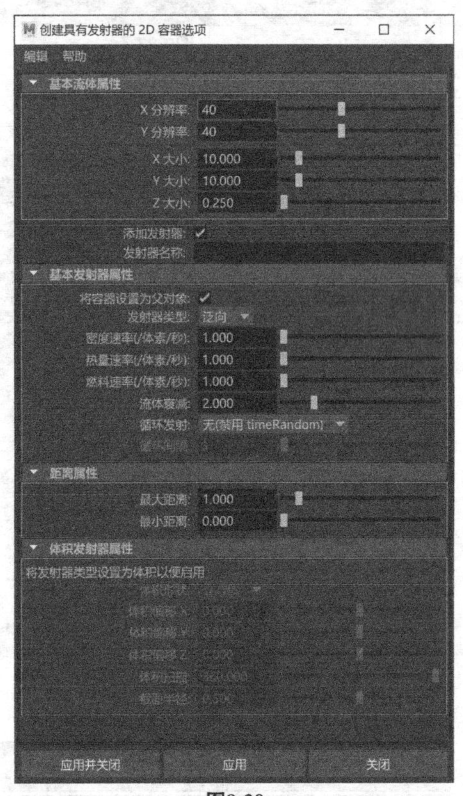

图9-30

技巧与提示

通过将“创建具有发射器的2D容器选项”对话框与“创建具有发射器的3D容器选项”对话框进行对比，读者不难发现这两个对话框的命令参数基本一致，在此不再重复讲解。

9.2.4 从对象发射流体

双击FX工具架中的“从对象发射流体”图标，可以打开“从对象发射选项”对话框，参数如图9-31所示。观察发现其中的参数与前面讲解的参数基本一致，此处不再重复讲解。

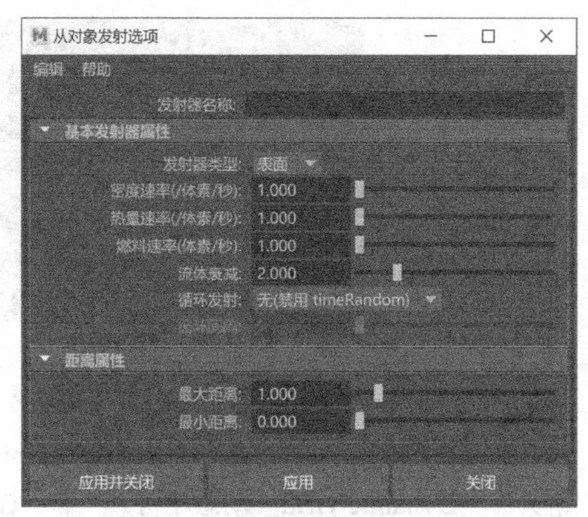

图9-31

9.2.5 使碰撞

Maya允许用户设置流体与场景中的多边形对象发生碰撞效果，在场景中选择要设置碰撞的流体和多边形对象，单击FX工具架中的“使碰撞”图标就可以轻易完成碰撞效果，图9-32和图9-33所示为设置碰撞效果前后的流体动画效果对比。

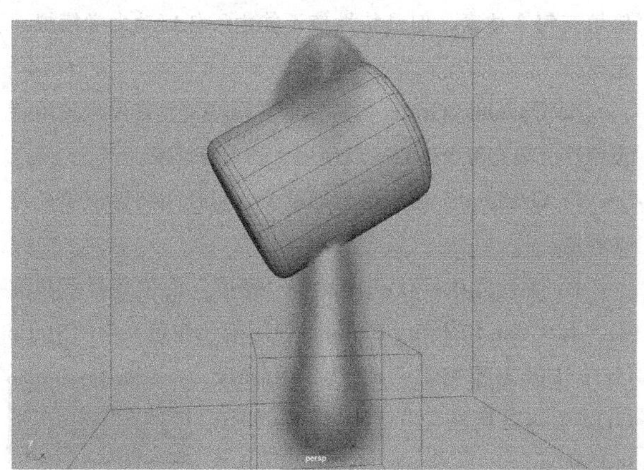

图9-32

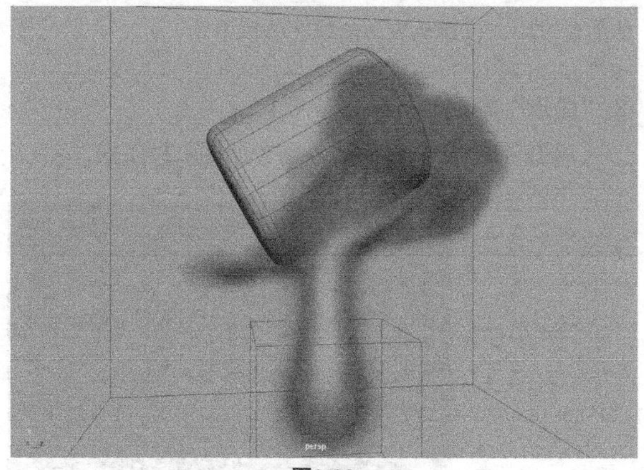

图9-33

双击FX工具架中的“使碰撞”图标，可以打开“使碰撞选项”对话框，如图9-34所示。

常用参数解析

※ 细分因子：该值可以控制碰撞动画的计算精度，值越高，计算越精确。

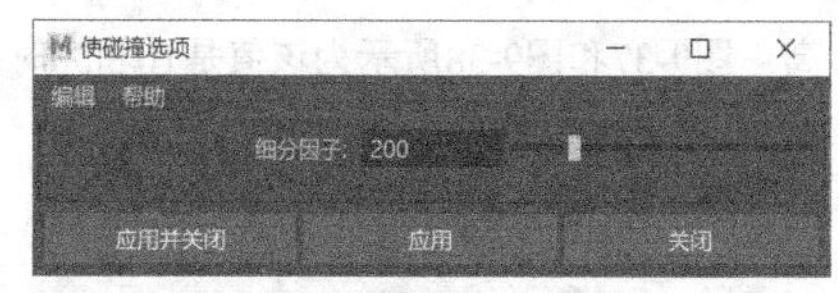

图9-34

9.2.6 流体属性

控制流体属性的大部分命令都在“属性编辑器”面板中的fluidShape1选项卡中，如图9-35所示。

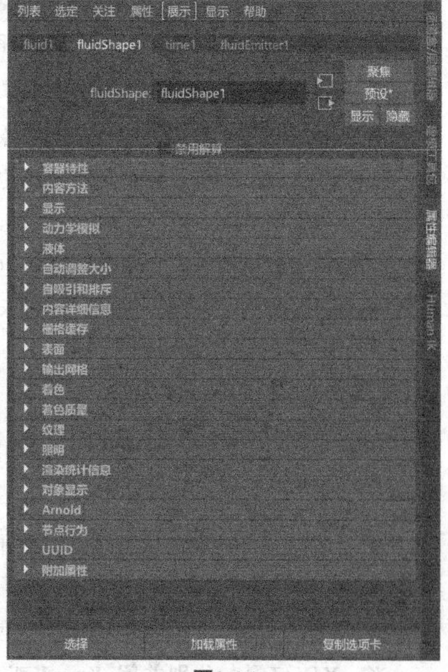

图9-35

常用参数解析

①“容器特性”卷展栏

展开“容器特性”卷展栏，参数如图9-36所示。

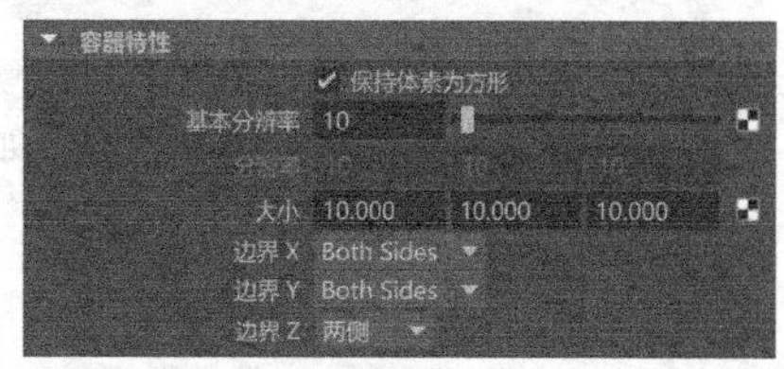

图9-36

※ 保持体素为方形：该选项处于启用状态时，可以使用“基本分辨率”属性同时调整流体 X/Y/Z 的分辨率。

※ 基本分辨率：在“保持体素为方形”处于启用状态时可用，“基本分辨率”定义容器沿流体最大轴的分辨率，沿较小维度的分辨率将减少，以保持方形体素。“基本分辨率”的值越大，容器的栅格越密集，计算精度越高。图9-37和图9-38所示为该值是10和30时的栅格密度显示对比。

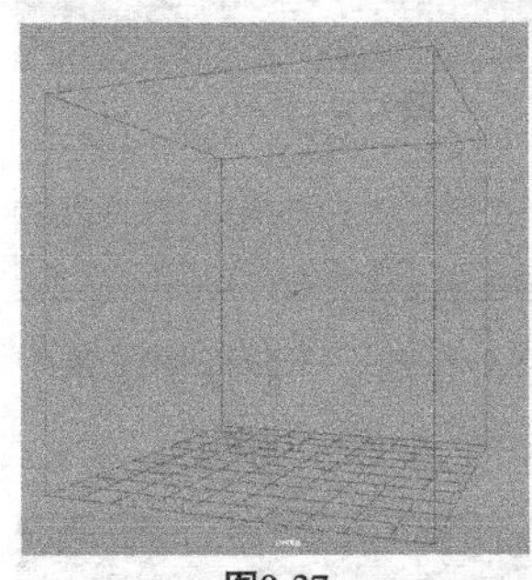
图9-37

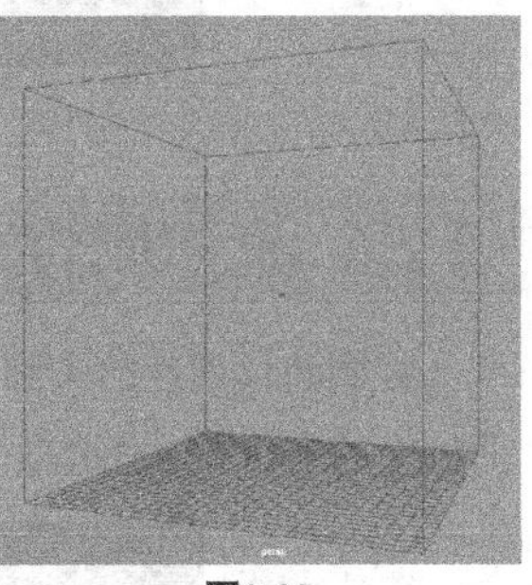
图9-38

※ 分辨率：以体素为单位定义流体容器的分辨率。

※ 大小：以厘米为单位定义流体容器的大小。

※ 边界X/Y/Z：用来控制流体容器的边界处处理特性值的方式，有“None（无）”“Both Sides（两侧）”“-X/Y/Z Side（-X/Y/Z侧）”“X/Y/Z Side（X/Y/Z侧）”和“Wrapping（折回）”可选，如图9-39所示。

None 无
Both Sides 两侧
-Y Side -Z 侧
Y Side Z 侧
Wrapping 折回

图9-39

※ 无：使流体容器的所有边界保持开放状态，以便流体行为像不存在边界一样。

※ 两侧：关闭流体容器的两侧边界，使其类似两面墙。

※ -X/Y/Z侧：分别关闭-X、-Y或-Z边界，使其类似墙。

※ X/Y/Z侧：分别关闭X、Y或Z边界，使其类似墙。

※ 折回：导致流体从流体容器的一侧流出，在另一侧进入。

②“内容方法”卷展栏

展开“内容方法”卷展栏，参数如图9-40所示。

图9-40

※ 密度/速度/温度/燃料：这4个属性分别有“Off（zero）【禁用（零）】”“Static Grid（静态栅格）”“Dynamic Grid（动态栅格）”和“Gradient（渐变）”4个选项，如图9-41所示。

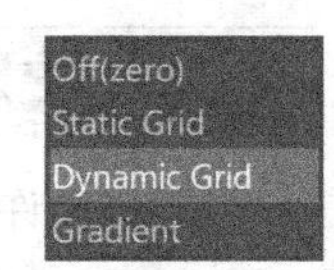

图9-41

※ Off（zero）：在整个流体中将特性值设置为0，并设置为“禁用”时，该特性对动力学模拟没有效果。

※ Static Grid：为特性创建栅格，允许用户用特定特性值填充每个体素，但是特性值不能由于任何动力学模拟而更改。

※ Dynamic Grid：为特性创建栅格，允许用户使用特定特性值填充每个体素，以便用于动力学模拟。

※ Gradient：使用选定的渐变，以便用特性值填充流体容器。

※ 颜色方法：仅在定义了“密度”的位置显示和渲染，有“Use Shading Color（使用着色颜色）”“Static Grid（静态栅格）”和“Dynamic Grid（动态栅格）”3种可选，如图9-42所示。

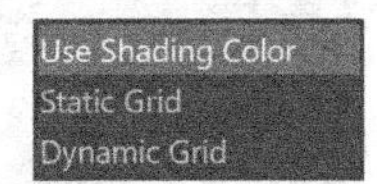

图9-42

※ 衰减方法：将衰减边添加到流体的显示中，以避免流体出现在体积中。

③“显示”卷展栏

展开“显示”卷展栏，参数如图9-43所示。

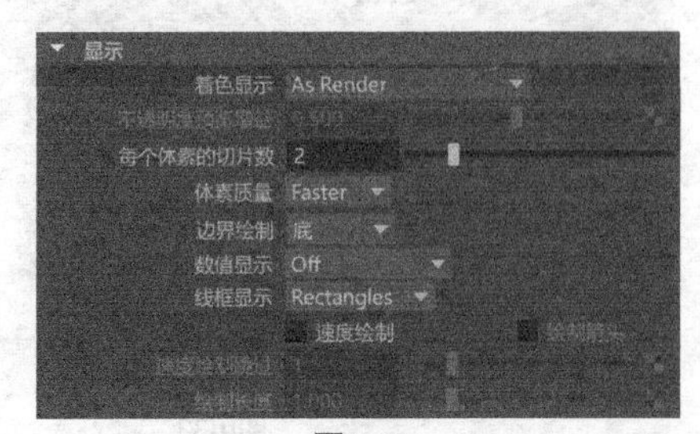

图9-43

※ 着色显示：定义当Maya处于着色显示模式时流体容器中显示哪些流体特性。

※ 不透明度预览增益：当“着色显示”设置为“密度”“温度”“燃料”等选项时，激活该设置，用于调节硬件显示的“不透明度”。

※ 每个体素的切片数：定义当Maya处于着色显示模式时每个体素显示的切片数，切片是值在单个平面上的显示，较高的值会产生更多的细节，但会降低屏幕绘制的速度，默认值为2，最大值为12。

※ 体素质量：将该值设定为“更好”时，硬件显示质量会更高；将其设定为“更快”时，显示质量会较低，但绘制速度会更快。

※ 边界绘制：定义流体容器在3D视图中的显示方式，有“底”“精简”“轮廓”“完全”“边界框”和“无”6项可选，如图9-44所示。图9-45~图9-50所示为这6种方式的容器显示效果。

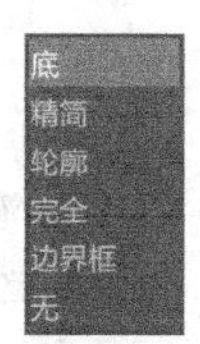

图9-44

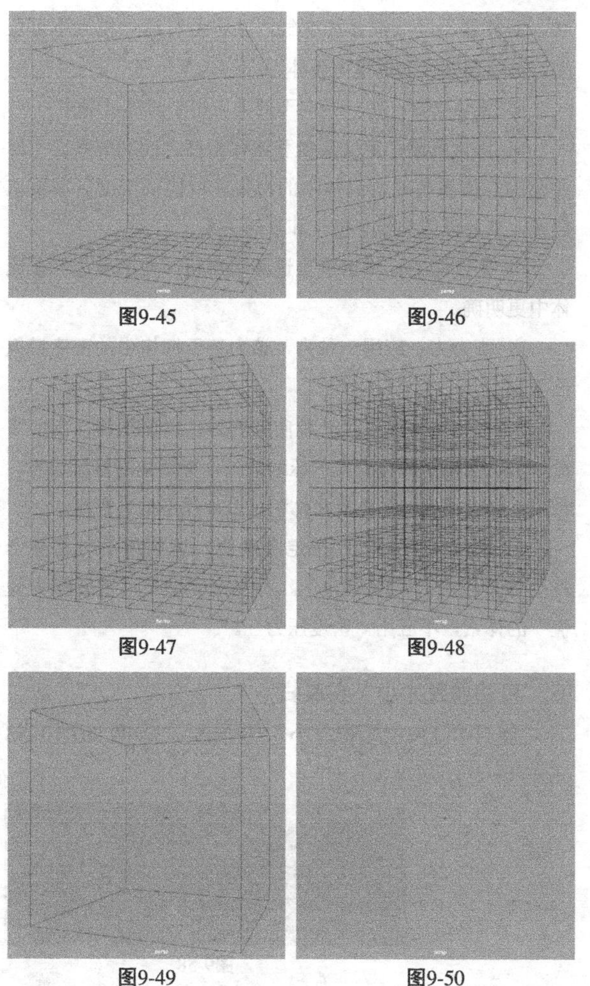

图9-45　图9-46

图9-47　图9-48

图9-49　图9-50

※ 数值显示：在“静态栅格”或“动态栅格”的每个体素中显示选定特性（“密度”“温度”“燃料”）的数值。图9-51和图9-52所示为开启了“密度”数值显示前后的屏幕效果。

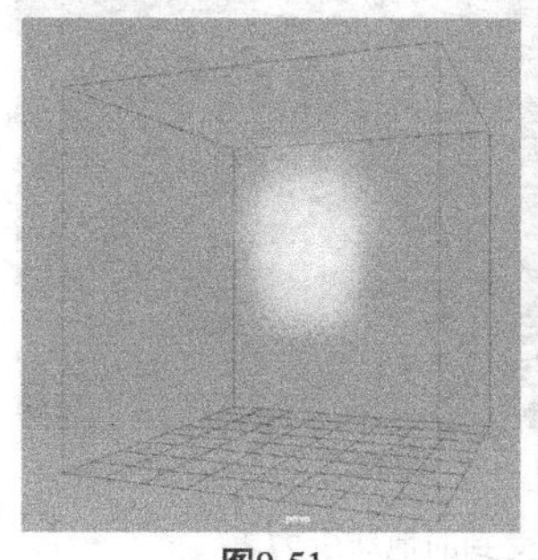

图9-51

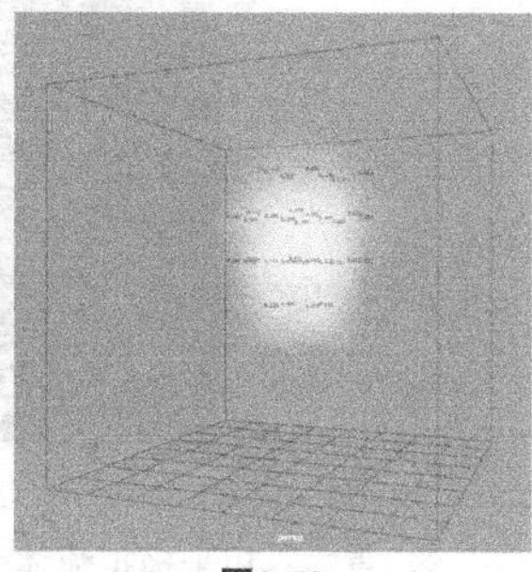

图9-52

※ 线框显示：用于设置流体处于线框显示时的显示方式，有“Off（禁用）”“Rectangles（矩形）”和“Particles（粒子）”3种可选。图9-53和图9-54所示“线框显示”为“Rectangles（矩形）”和“Particles（粒子）”的显示效果对比。

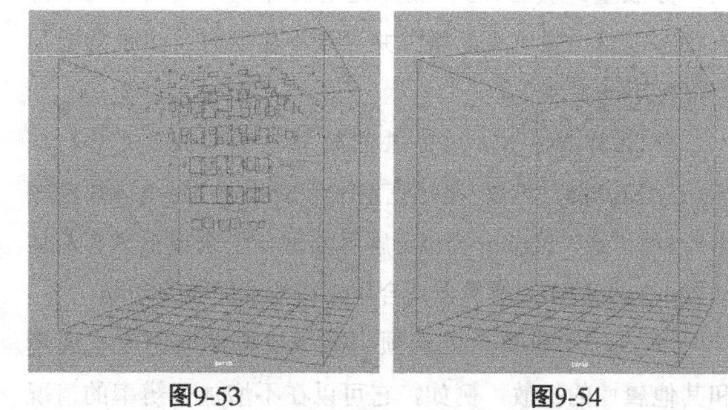

图9-53

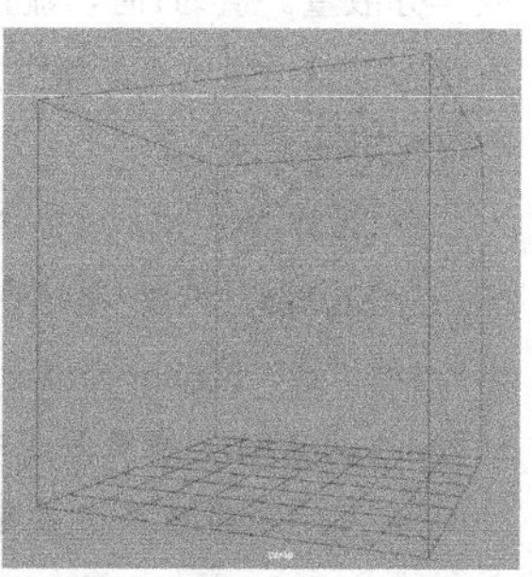

图9-54

※ 速度绘制：启用此选项可显示流体的速度向量。

※ 绘制箭头：启用此选项可在速度向量上显示箭头。

※ 速度绘制跳过：增加该值可减少所绘制的速度箭头数。如果该值为1，则每隔一个箭头省略（或跳过）一次；如果该值为零，则绘制所有箭头。在使用高分辨率的栅格上增加该值可避免视觉上的混乱。

※ 绘制长度：定义速度向量的长度（应用于速度幅值的因子），值越大，速度分段或箭头越长。对于具有非常小的力的模拟，速度场可能具有非常小的幅值，在这种情况下，增加该值将有助于可视化速度流。

④“动力学模拟”卷展栏

展开“动力学模拟”卷展栏，参数如图9-55所示。

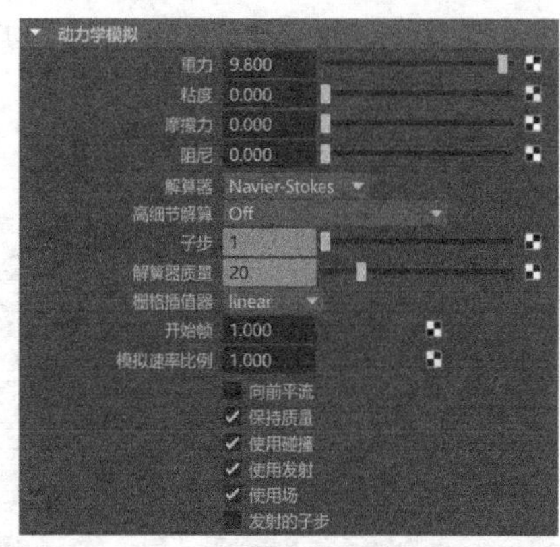

图9-55

※ 重力：用来模拟流体受到的地球引力。

※ 黏度：表示流体流动的阻力，或材质的厚度及非液态程度。该值很高时，流体像焦油一样流动；该值很小时，流体像水一样流动。

※ 摩擦力：定义在“速度”解算中使用的内部摩擦力。

※ 阻尼：在每个时间步上定义阻尼接近零的“速度”分散量。值为1时，流体完全被抑制；当边界处于开放状态以防止强风逐渐增大并导致不稳定时，少量的阻尼会很有用。

※ 解算器：Maya提供的解算器有None（无）、Navier-Stokes（维纳-斯托克斯）和Spring Mesh（弹性网格）3种可选，Navier-Stokes解算器适合用来模拟烟雾流体动画，Spring Mesh解算器适合用来模拟水面波浪动画。

※ 高细节解算：此选项可减少模拟期间密度、速度和其他属性的扩散。例如，它可以在不增加分辨率的情况下使流体模拟看起来更有细节，并允许模拟翻滚的漩涡，“高细节解算”非常适合用于创建爆炸、翻滚的云和巨浪似的烟雾等效果。

※ 子步：指定解算器在每帧执行计算的次数。

※ 解算器质量：增大“解算器质量”的值会增加解算器计算流体流的不可压缩性时使用的步骤数，获得更加精确的模拟效果。

※ 栅格插值器：选择要使用哪种插值算法，以便从体素栅格内的点检索值。

※ 开始帧：设定在哪个帧之后开始流模拟。

※ 模拟速率比例：缩放在发射和解算中使用的时间步数。

⑤“液体”卷展栏

展开“液体”卷展栏，参数如图9-56所示。

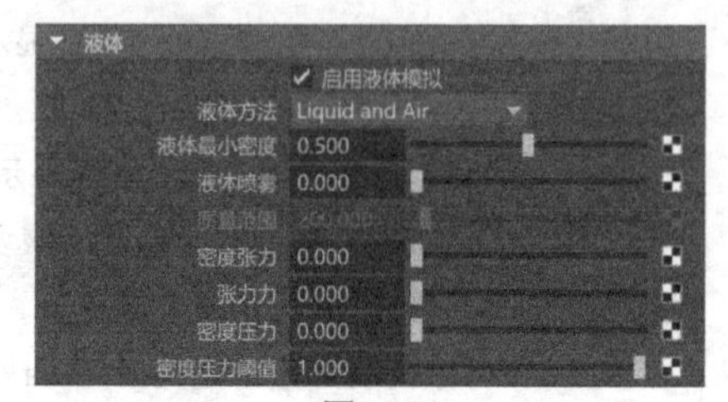

图9-56

※ 启用液体模拟：如果启用，可以使用“液体”属性创建外观和行为与真实液体类似的流体效果。

※ 液体方法：指定用于液体效果的液体模拟方法，有“Liquid and Air（液体和空气）”和“Density Based Mass（基于密度的质量）”两种可选，如图9-57所示。

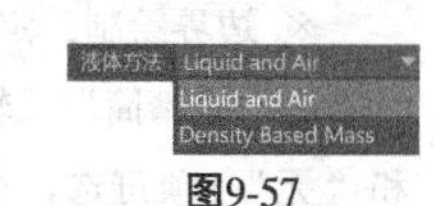

图9-57

※ 液体最小密度：使用“液体和空气”模拟方法时，指定解算器用于区分液体和空气的密度值，液体密度将计算为不可压缩的流体，而空气是完全可压缩的。该值为0时，解算器不区分液体和空气，并将所有流体视为不可压缩，从而使其行为像单个流体。

※ 液体喷雾：将一种向下的力应用于流体计算中。

※ 质量范围：定义质量和流体密度之间的关系。“质量范围”值较高时，流体中的密集区域比低密度区域要重得多，从而模拟类似于空气和水的关系。

※ 密度张力：将密度推进圆化形状，使密度边界在流体中更明确。

※ 张力力：应用一种力，该力基于栅格中的密度模拟曲面张力。

※ 密度压力：应用一种向外的力，以便抵消“向前平流”可能应用于流体密度的压缩效果，特别是沿容器边界，该属性会尝试保持总体流体体积，以确保不损失密度。

※ 密度压力阈值：指定密度值，达到该值时将基于每个体素应用“密度压力”。对于密度小于“密度压力阈值”的体素，不应用“密度压力”。

⑥“自动调整大小”卷展栏

展开“自动调整大小”卷展栏，参数如图9-58所示。

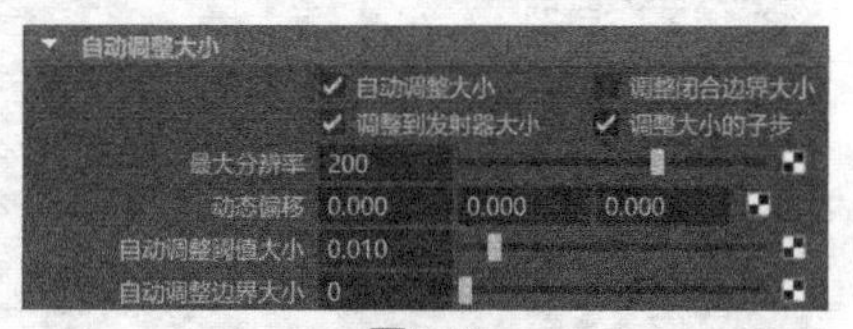

图9-58

※ 自动调整大小：如果启用，当容器外边界附近的体素具有正密度时，“自动调整大小”会动态调整2D和3D流体容器的大小。图9-59所示为该选项开启前后的流体动画计算效果对比。

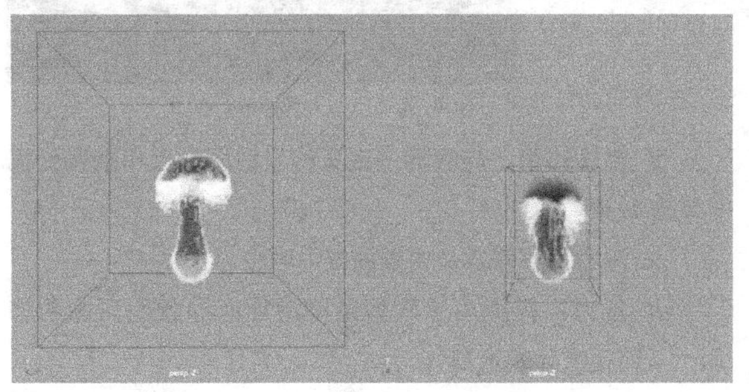

图9-59

※ 调整闭合边界大小：如果启用，流体容器将沿其各自“边界”属性设定为“无”和“两侧”的轴调整大小。

※ 调整到发射器大小：如果启用，流体容器使用流体发射器的位置在场景中设定偏移和分辨率。

※ 调整大小的子步：如果启用，已自动调整大小的流体容器会调整每个子步的大小。

※ 最大分辨率：流体容器调整大小的每侧平均最大分辨率。

※ 动态偏移：计算的流体局部空间转换。

※ 自动调整阈值大小：设定导致流体容器调整大小的密度阈值。

※ 自动调整边界大小：指定在流体容器边界和流体中正密度区域之间添加的空体素数量。

⑦“自吸引和排斥”卷展栏

展开“自吸引和排斥”卷展栏，参数如图9-60所示。

图9-60

※ 自作用力：用于设置流体的“自作用力”是基于“密度”还是“温度”计算。

※ 自吸引：设定吸引力的强度。

※ 自排斥：设置排斥力的强度。

※ 平衡值：设定可确定体素是生成吸引力还是排斥力的目标值，密度或温度值小于设定的“平衡值”的体素会生成吸引力，密度或温度值大于“平衡值”的体素会生成排斥力。

※ 自作用力距离：设定体素中应用自作用力的最大距离。

⑧“内容详细信息”卷展栏

“内容详细信息”卷展栏中分为“密度”“速度”“湍流”“温度”“燃料”和“颜色”6个卷展栏，如图9-61所示。

图9-61

“密度”卷展栏中的参数如图9-62所示。

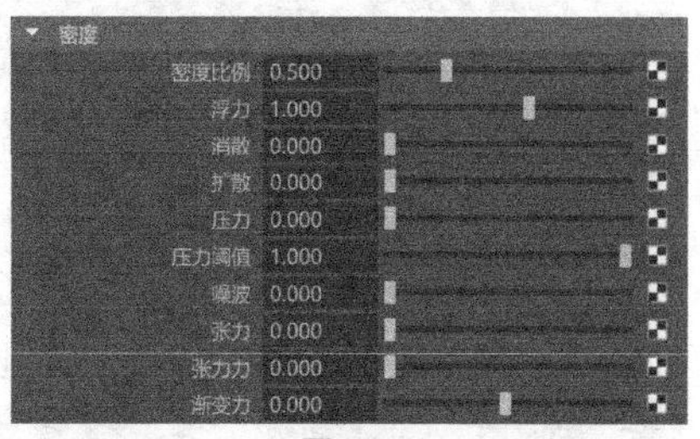

图9-62

※ 密度比例：将流体容器中的“密度”值乘以比例值，使用小于1的“密度比例”会使“密度”显得更透明，使用大于1 的“密度比例”会使“密度”显得更不透明。

※ 浮力：控制流体受到的向上的力。值越大，单位时间内，流体上升的距离越远。

※ 消散：定义“密度”在栅格中逐渐消失的速率。

※ 扩散：定义在“动态栅格”中“密度”扩散到相邻体素的速率。

※ 压力：应用一种向外的力，以抵消向前平流可能应用于流体密度的压缩效果，特别是沿容器边界，该属性会尝试保持总体流体体积，以确保不损失密度。

※ 压力阈值：指定密度值，达到该值时将基于每个体素应用“密度压力”。

※ 噪波：基于体素的速度变化，随机化每个模拟步骤的“密度”值。

※ 张力：将密度推进到圆化形状，使密度边界在流体中更明确。

※ 张力力：应用一种力，该力基于栅格中的密度模拟曲面张力。

※ 渐变力：沿密度渐变或法线的方向应用力。

"速度"卷展栏中的参数如图9-63所示。

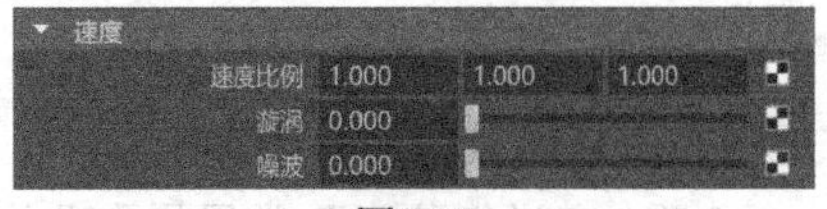

图9-63

※ 速度比例：根据流体的X/Y/Z方向缩放速度。

※ 漩涡：在流体中生成小比例漩涡和涡流，图9-64和图9-65所示为该值是0和10时的流体动画效果对比。

※ 噪波：对速度值应用随机化以便在流体中创建湍流，图9-66和图9-67所示为该值是0和1时的流体动画效果对比。

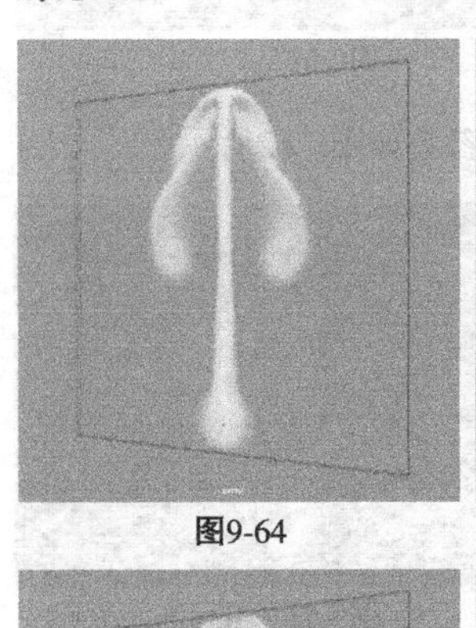

图9-64 图9-65

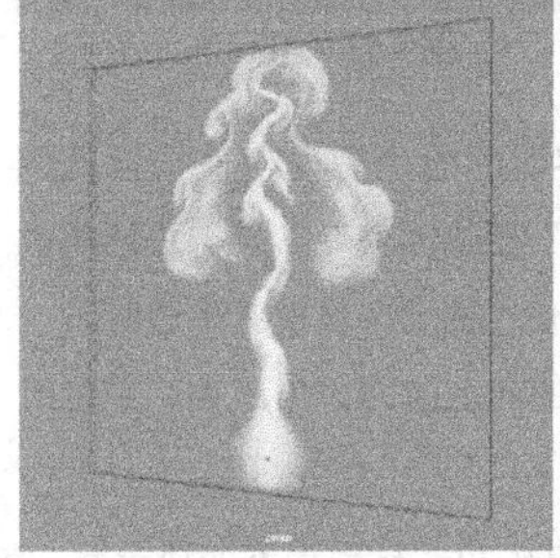

图9-66

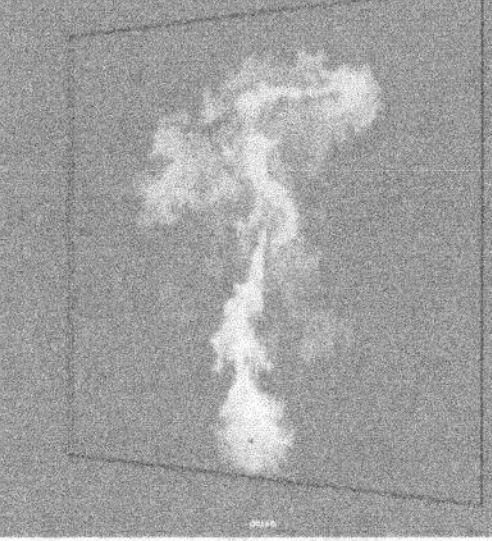

图9-67

"湍流"卷展栏中的参数如图9-68所示。

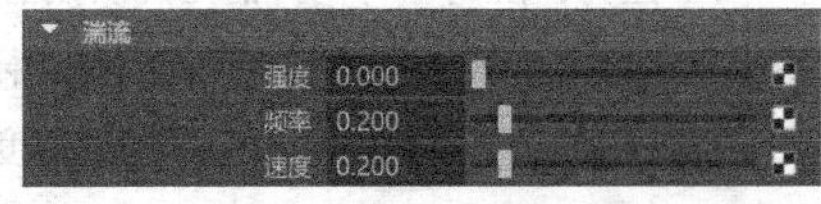

图9-68

※ 强度：增加该值可增加湍流应用的力的强度。

※ 频率：降低频率会使湍流的漩涡更大，这是湍流函数中的空间比例因子。如果湍流强度为零，则不产生任何效果。

※ 速度：定义湍流模式随时间更改的速率。

"温度"卷展栏中的参数如图9-69所示。

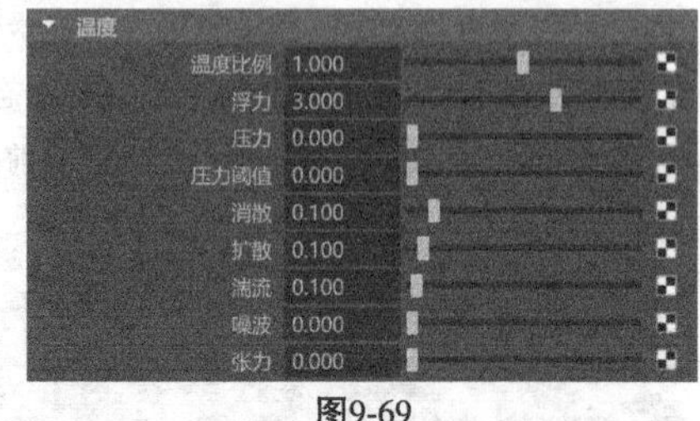

图9-69

※ 温度比例：与容器中定义的"温度"值相乘得到流体动画效果。

※ 浮力：解算定义内置的浮力强度。

※ 压力：模拟由于气体温度增加而导致的压力的增加，从而使流体快速展开。

※ 压力阈值：指定温度值，达到该值时将基于每个体素应用"压力"，对于温度低于"压力阈值"的体素，不应用"压力"。

※ 消散：定义"温度"在栅格中逐渐消散的速率。

※ 扩散：定义"温度"在"动态栅格"中的体素之间扩散的速率。

※ 湍流：应用于"温度"的湍流上的乘数。

※ 噪波：随机化每个模拟步骤中体素的温度值。

※ 张力：将温度推进到圆化形状，从而使温度边界在流体中更明确。

"燃料"卷展栏中的参数如图9-70所示。

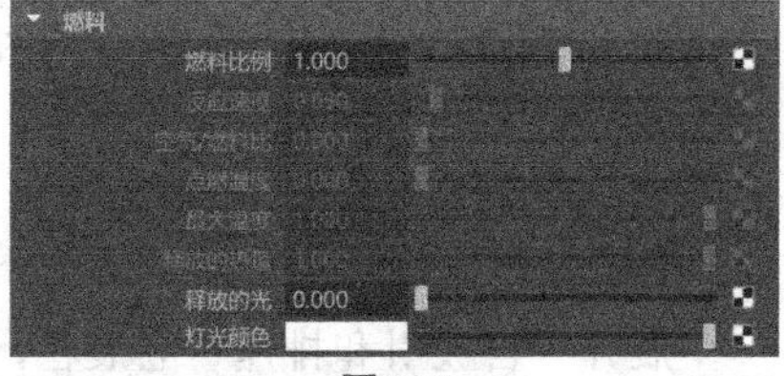

图9-70

※ 燃料比例：与容器中定义的"燃料"值相乘计算流体动画效果。

※ 反应速度：定义在温度达到或高于"最大温度"值时，反应从值1转化到0的快速程度，值为1会导致瞬间反应。

※ 空气/燃料比：设置完全燃烧设定体积的燃料所需的密度量。

※ 点燃温度：定义将发生反应的最低温度。

※ 最大温度：定义一个温度，超过该温度后反应会以最快速度进行。

※ 释放的热量：定义整个反应过程将有多少热量释放到"温度"栅格。

※ 释放的光：定义反应过程释放了多少光，这将直接添加到着色的最终白炽灯强度中，而不会输入到任何栅格中。

※ 灯光颜色：定义反应过程释放的光的颜色。

“颜色”卷展栏中的参数如图9-71所示。

图9-71

※ 颜色消散：定义“颜色”在栅格中消散的速率。

※ 颜色扩散：定义在“动态栅格”中“颜色”扩散到相邻体素的速率。

⑨“栅格缓存”卷展栏

展开“栅格缓存”卷展栏，参数如图9-72所示。

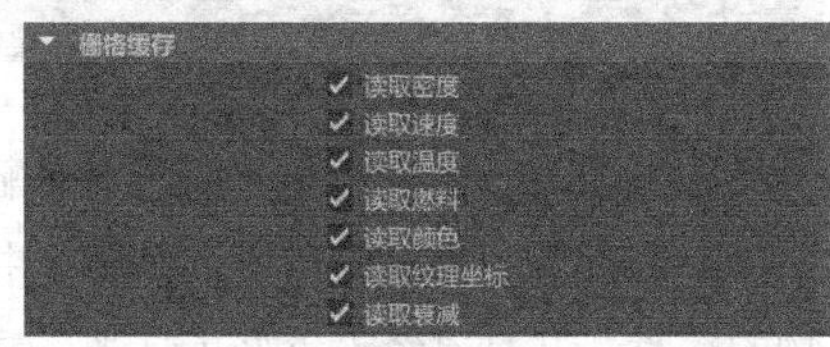

图9-72

※ 读取密度：如果缓存包含“密度”栅格，则从缓存读取“密度”值。

※ 读取速度：如果缓存包含“速度”栅格，则从缓存读取“速度”值。

※ 读取温度：如果缓存包含“温度”栅格，则从缓存读取“温度”值。

※ 读取燃料：如果缓存包含“燃料”栅格，则从缓存读取“燃料”值。

※ 读取颜色：如果缓存包含“颜色”栅格，则从缓存读取“颜色”值。

※ 读取纹理坐标：如果缓存包含纹理坐标，则从缓存读取它们。

※ 读取衰减：如果缓存包含“衰减”栅格，则从缓存读取它们。

⑩“表面”卷展栏

展开“栅格缓存”卷展栏，参数如图9-73所示。

图9-73

※ 体积渲染：将流体软件渲染为体积云。

※ 表面渲染：将流体软件渲染为曲面。

※ 硬曲面：启用“硬曲面”可使材质的透明度在材质内部保持恒定（如玻璃或水），此时材质的透明度仅由“透明度”属性和在物质中移动的距离确定。

※ 软曲面：启用“软曲面”可基于“透明度”和“不透明度”属性对不断变化的“密度”进行求值。

※ 表面阈值：阈值用于创建隐式表面。

※ 表面容差：确定对表面取样的点与“密度”对应的精确“表面阈值”的接近程度。

※ 镜面反射颜色：控制由于自发光从“密度”区域发出的光的数量。

※ 余弦幂：控制曲面上镜面反射高光（也称为“热点”）的大小，最小值为2。值越大，高光越紧密集中。

⑪“输出网格”卷展栏

展开“输出网格”卷展栏，参数如图9-74所示。

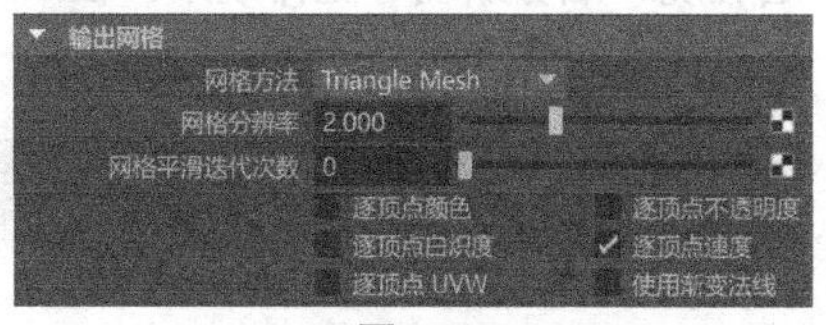

图9-74

※ 网格方法：指定用于生成输出网格等曲面的多边形网格的类型。

※ 网格分辨率：使用此属性可调整流体输出网格的分辨率。

※ 网格平滑迭代次数：指定应用于输出网格的平滑量。

※ 逐顶点颜色：如果启用，则在将流体对象转化为多边形网格时会生成逐顶点颜色数据。

※ 逐顶点不透明度：如果启用，则在将流体对象转化为多边形网格时会生成逐顶点不透明度数据。

※ 逐顶点白炽度：如果启用，则在将流体对象转化为多边形网格时会生成逐顶点白炽度数据。

※ 逐顶点速度：如果启用，则在将流体对象转化为输出网格时会生成逐顶点速度数据。

※ 逐顶点UVW：如果启用，则在将流体对象转化为多边形网格时会生成UV和UVW颜色集。

※ 使用渐变法线：启用此属性可使流体输出网格上的法线更平滑。

⑫“着色”卷展栏

展开“着色”卷展栏，参数如图9-75所示。

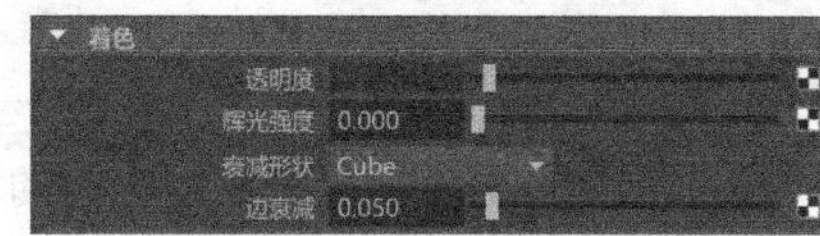

图9-75

※ 透明度：控制流体的透明程度。

※ 辉光强度：控制辉光的亮度（流体周围光的微弱光晕）。

※ 衰减形状：定义一个形状用于定义外部边界，以创建软边流体。

※ 边衰减：定义“密度”值向由“衰减形状”定义的边衰减的速率。

9.3 Bifrost流体

Bifrost流体是独立于流体系统的另一套动力学系统，主要用于在Maya中模拟真实细腻的水花飞溅、火焰燃烧、烟雾缭绕等流体效果。在Bifrost工具架中可以找到对应的工具，如图9-76所示。

图9-76

常用工具解析

※ 液体：创建液体容器。

※ Aero：将选择的多边形对象设置为Aero发射器。

※ 发射器：将选择的多边形对象设置为发射器。

※ 碰撞对象：将选择的多边形对象设置为碰撞对象。

※ 泡沫：单击该图标模拟泡沫。

※ 导向：将选择的多边形对象设置为导向网格。

※ 发射区域：将选择的多边形对象设置为发射区域。

※ 场：单击该图标创建场。

※ Bifrost Graph Editor（Bifrost图表编辑器）：单击该图标可以打开Bifrost Graph Editor面板进行事件编辑。

※ Bifrost Browser（Bifrost浏览器）：单击该图标可以打开Bifrost Browser面板获取Bifrost实例。

9.3.1 课堂案例：制作挤出番茄酱动画

场景位置	实例文件>CH09>9_2.mb
实例位置	实例文件>CH09>9_2_完成.mb
视频名称	9.3.1 课堂案例：制作挤出番茄酱动画
技术掌握	使用“Bifrost流体”制作挤出番茄酱的特效动画

本例通过制作一段挤出番茄酱的动画特效讲解“Bifrost流体”的使用技巧，最终动画效果如图9-77所示。

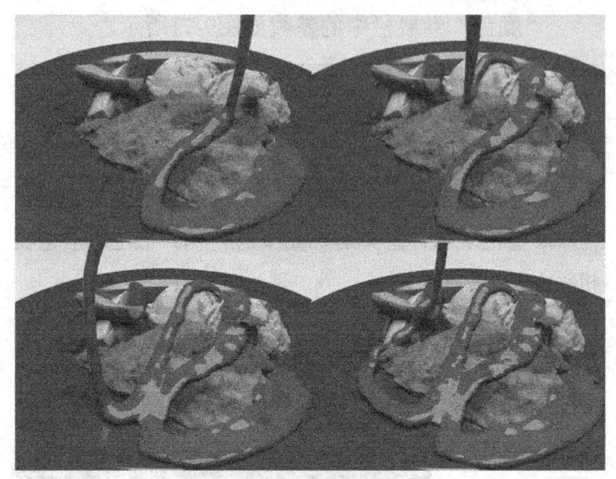

图9-77

01 启动中文版Maya 2020，打开本书配套资源场景文件“9_2.mb”，如图9-78所示，场景中是一个带有食物的餐盘，并且已经设置好了灯光、材质、摄影机和渲染参数。

图9-78

02 单击“多边形建模”工具架中的“多边形球体”图标，如图9-79所示，在场景中创建一个球体模型作为液体的发射器，并在“属性编辑器”面板的“多边形球体历史”卷展栏中设置参数，如图9-80所示。

图9-79

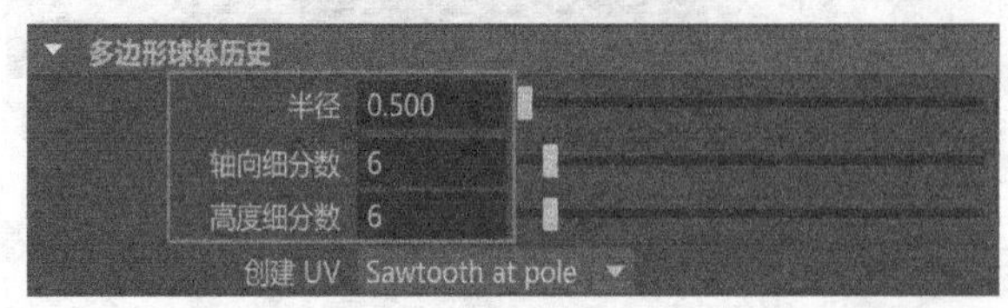

图9-80

03 先选择多边形球体，再加选场景中绘制好的曲线，在菜单栏执行“约束>运动路径>连接到运动路径”命令，将多边形球体模型约束到曲线上，如图9-81所示。

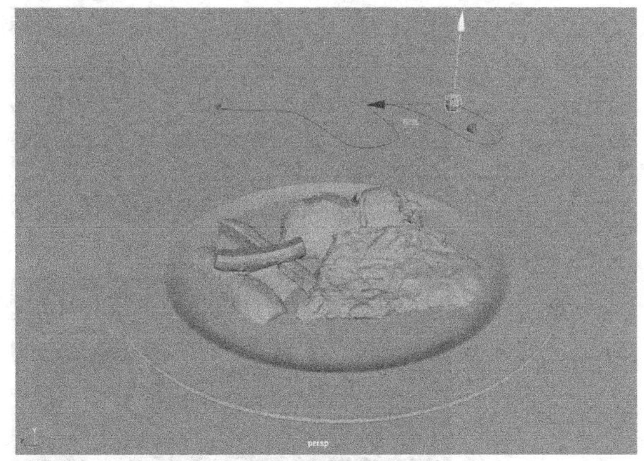

图9-81

04 选择多边形球体模型，单击Bifrost工具架中的“液体”图标，如图9-82所示，即可将选择的多边形球体设置为液体的发射器。

图9-82

05 选择液体发射器，在“属性编辑器”面板的emitterProps1选项卡中，勾选“特性”卷展栏中的“连续发射”选项，如图9-83所示。这样液体才会源源不断地发射出来。

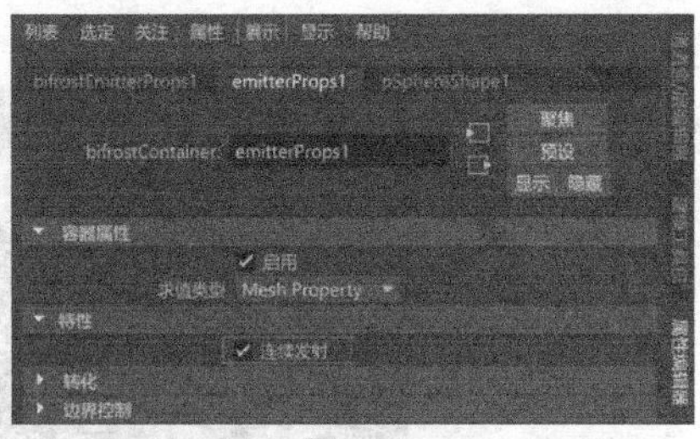

图9-83

06 选择液体，勾选liquidShape1选项卡的“显示”卷展栏中的“体素”选项，如图9-84所示。

07 选择液体，再加选盘子模型，单击Bifrost工具架中的“碰撞对象”图标，如图9-85所示。然后，以同样的方式为液体和食物模型设置碰撞关系。

图9-84

图9-85

08 设置完成后，播放动画，默认状态下液体的模拟形态效果看起来非常简单，如图9-86所示。

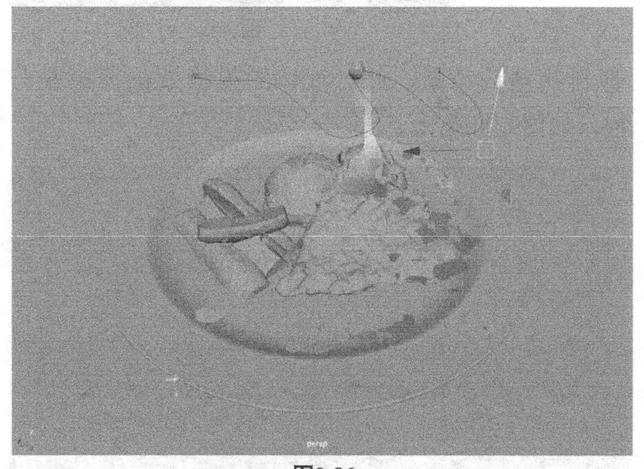

图9-86

09 在bifrostLiquidPropertiesContainer1选项卡的“分辨率”卷展栏中，设置“主体素大小”的值为0.2，如图9-87所示。

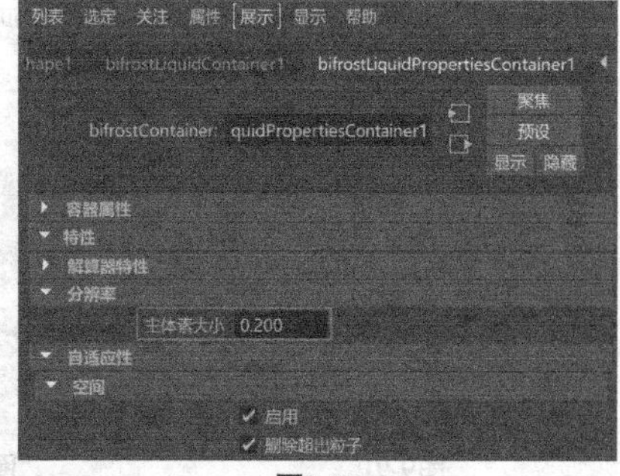

图9-87

10 再次播放动画，此时液体的模拟效果增加了许多细节，碰到盘子时会像水一样分散飞溅开，如图9-88所示。

11 在“黏度”卷展栏中，设置“黏度”的值为2000，如图9-89所示。

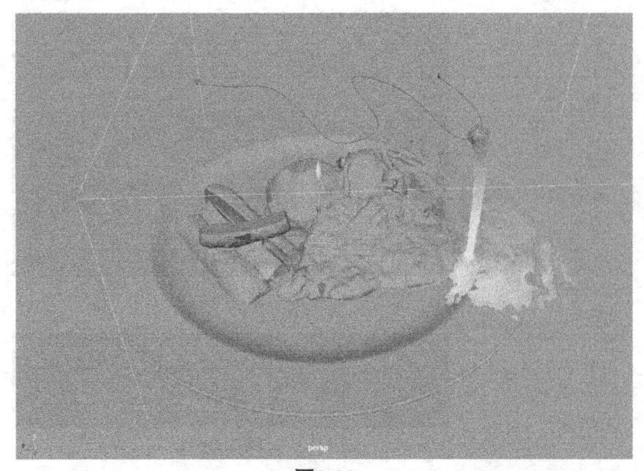

图9-88

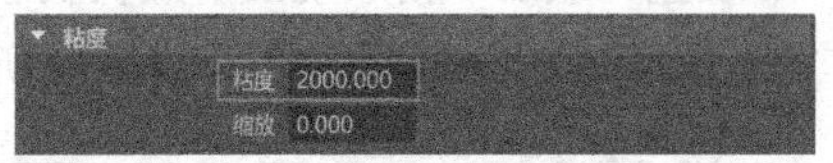

图9-89

⑫再次播放动画，此时液体的模拟效果像果酱一样，如图9-90所示。

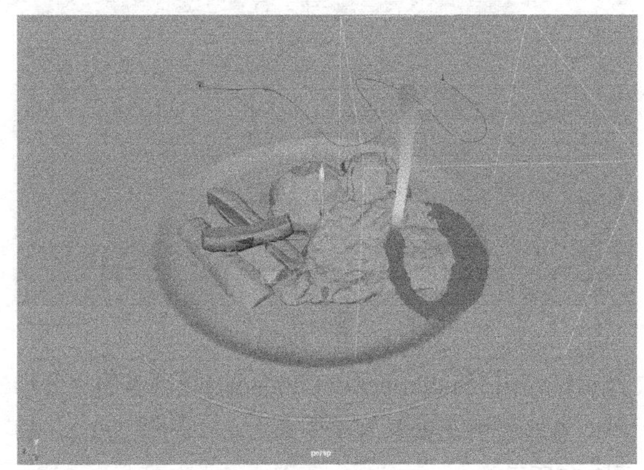

图9-90

⑬将视图切换至“摄影机视图”，观察液体模拟动画效果，如图9-91~图9-94所示。

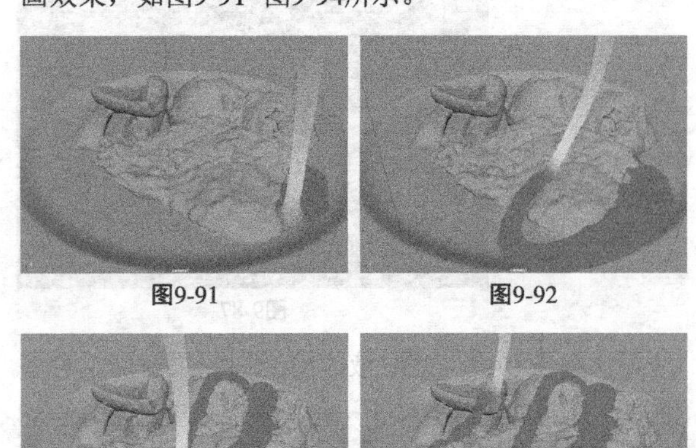

图9-91　图9-92

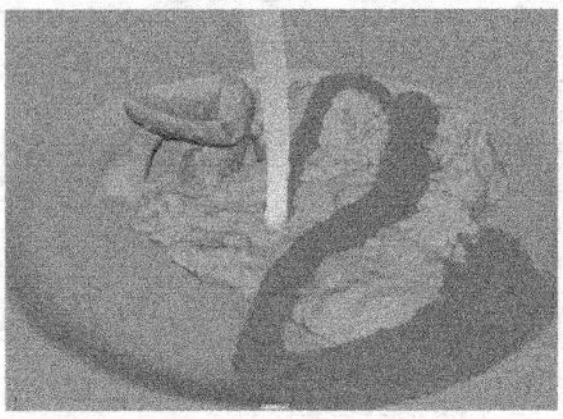

图9-93 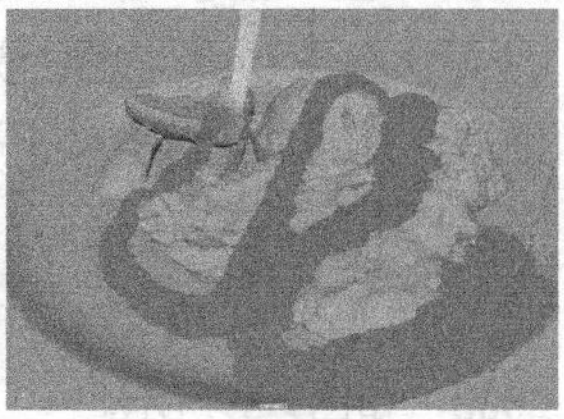　图9-94

⑭为液体添加一个“标准曲面材质”，在“基础”卷展栏中，设置“权重”的值为1，“颜色”为红棕色，如图9-95所示，“颜色”的具体参数如图9-96所示。

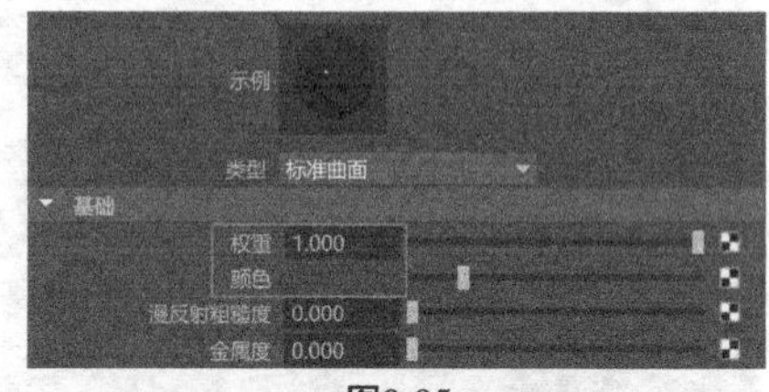

图9-95

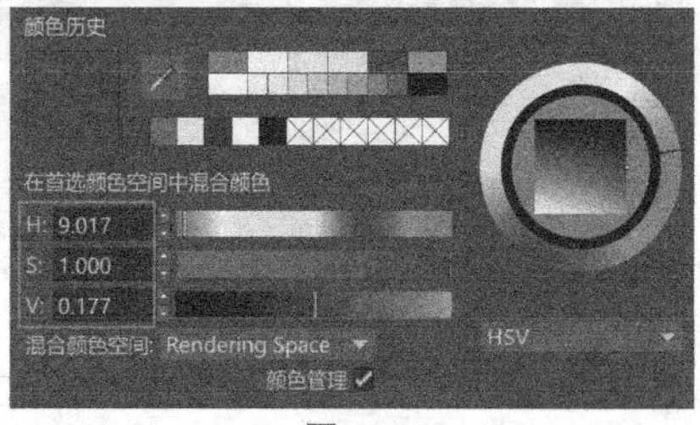

图9-96

⑮展开“镜面反射”卷展栏，设置“权重”的值为1，“粗糙度”的值为0.12，如图9-97所示。

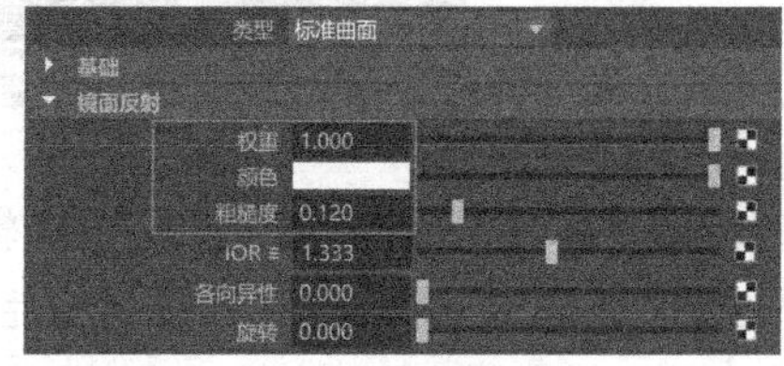

图9-97

⑯制作完成的番茄酱材质在“材质查看器”中的显示效果如图9-98所示。

图9-98

⑰渲染“摄影机视图”，效果如图9-99所示。

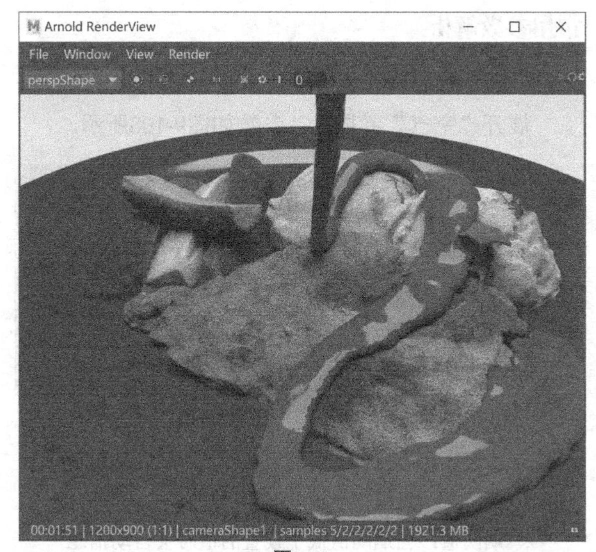

图9-99

9.3.2 创建液体

使用“液体”工具，可以将选择的多边形网格模型设置为液体的发射器，当在“属性编辑器”面板勾选“连续发射”选项时，即可从该模型上源源不断地发射液体，如图9-100所示。

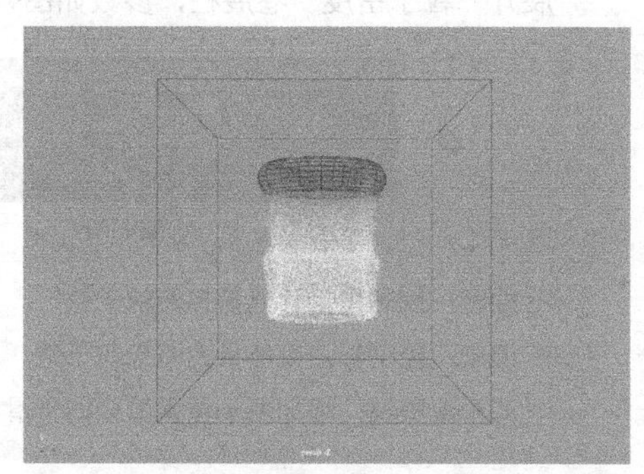

图9-100

“液体”工具的大部分参数都在“属性编辑器”面板中bifrostLiquidPropertiesContainer1选项卡的“特性”卷展栏中，如图9-101所示。

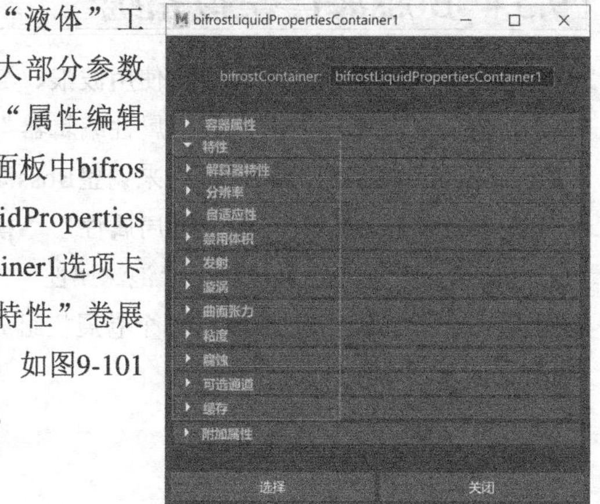

图9-101

常用参数解析

①“解算器特性”卷展栏

展开“解算器特性”卷展栏，参数如图9-102所示。

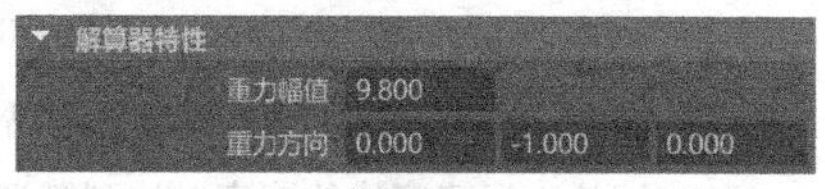

图9-102

※ 重力幅值：用来设置重力的强度，默认情况下以m/s2为单位，一般不需要更改。

※ 重力方向：用于设置重力在世界空间中的方向，一般不需要更改。

②“分辨率”卷展栏

展开“分辨率”卷展栏，参数如图9-103所示。

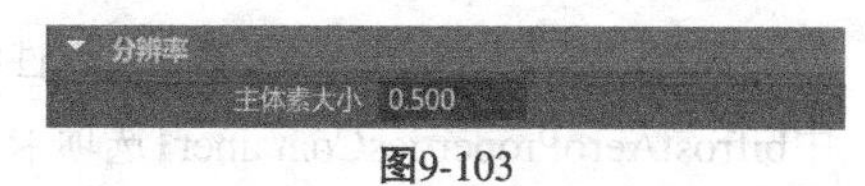

图9-103

※ 主体素大小：用于控制bifrost流体模拟计算的基本分辨率。

③“自适应性”卷展栏

展开“自适应性”卷展栏，可以看到该卷展栏下有“空间”“传输”和“时间步”3个卷展栏，参数如图9-104所示。

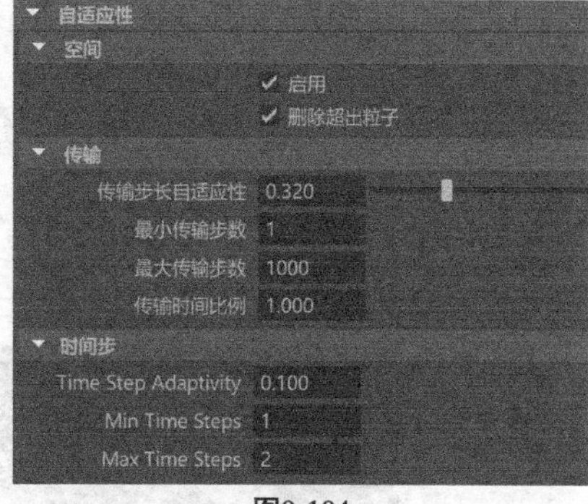

图9-104

※ 启用：勾选该选项可以减少内存消耗及液体的模拟计算时间，一般情况下无须取消勾选。

※ 删除超出粒子：勾选该选项会自动删除超出计算阈值的粒子。

※ 传输步长自适应性：用于控制粒子每帧执行计算的精度，该值越接近1，液体模拟所消耗的计算时间越长。

※ 传输时间比例：用于更改粒子流的速度。

④ **“黏度”卷展栏**

展开“黏度”卷展栏，参数如图9-105所示。

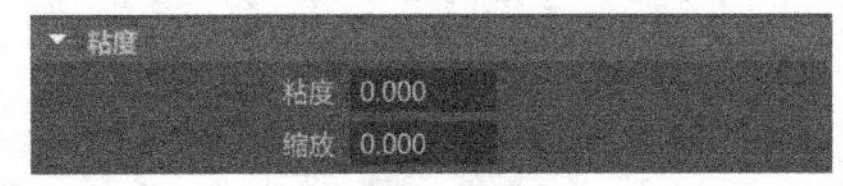

图9-105

※ 黏度：用来设置所要模拟液体的黏稠度。

※ 缩放：调整液体的速度以达到微调模拟液体的黏度效果。

9.3.3 创建烟雾

使用Aero工具，可以将选择的多边形网格模型快速设置为烟雾的发射器并用来模拟烟雾升腾的特效动画，如图9-106所示。

Aero工具的大部分参数都在“属性编辑器”面板中bifrostAeroPropertiesContainer1选项卡的“特性”卷展栏中，如图9-107所示。其中大部分卷展栏设置与“液体”工具的卷展栏相同，只是增加了“空气”卷展栏和“粒子密度”卷展栏。

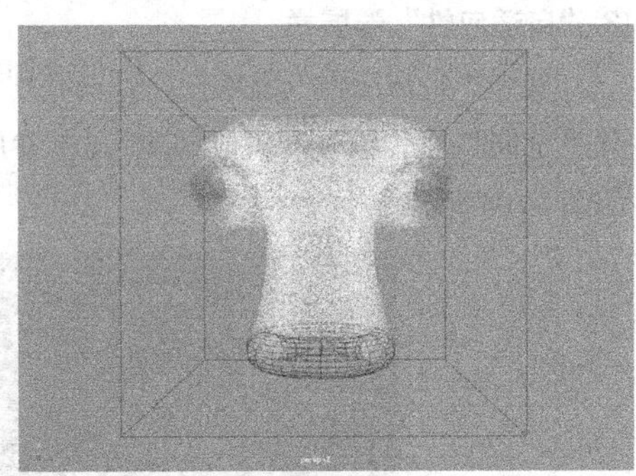

图9-106

图9-107

常用参数解析

① **“空气”卷展栏**

展开“空气”卷展栏，参数如图9-108所示。

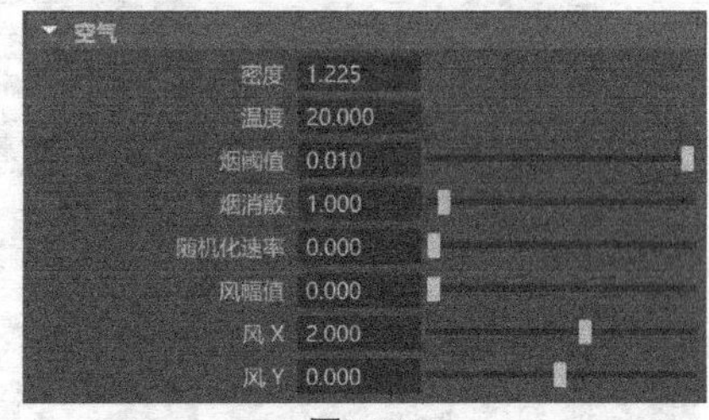

图9-108

※ 密度：用于控制烟雾的密度。

※ 温度：设置模拟环境的温度。

※ 烟阈值：当烟阈值低于设置的值时会自动消隐。

※ 烟消散：控制烟雾的消散效果。

※ 随机化速率：控制烟雾的随机变化细节。

※ 风幅值：控制风的强度。

※ 风X/风Y：控制风的方向。

② **“粒子密度”卷展栏**

展开“粒子密度”卷展栏，参数如图9-109所示。

图9-109

※ 翻转：控制用于计算模拟的粒子数。

※ 渲染：控制每渲染体素的渲染粒子数。

※ 减少流噪波：增加Aero体素渲染的平滑度。

9.3.4 Boss海洋模拟系统

Boss海洋模拟系统允许用户使用波浪、涟漪和尾迹创建逼真的海洋表面。其“属性编辑器”面板的BossSpectralWave1选项卡是用来调整Boss海洋模拟系统参数的核心部分，由“全局属性”“模拟属性”“风属性”“反射波属性”“泡沫属性”“缓存属性”“诊断”和“附加属性”8个卷展栏组成，如图9-110所示。

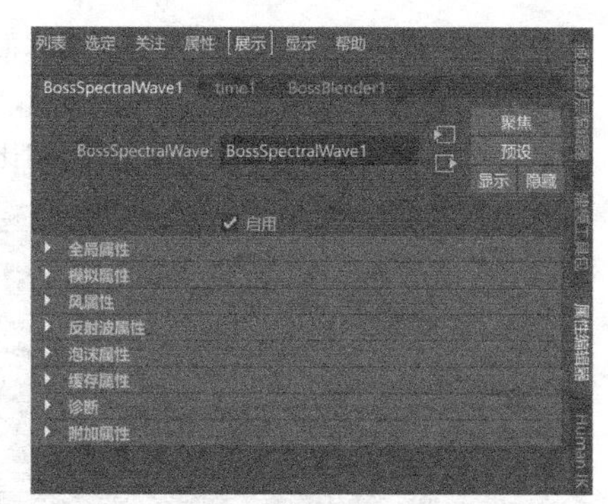

图9-110

常用参数解析

①“全局属性”卷展栏

展开“全局属性”卷展栏，参数如图9-111所示。

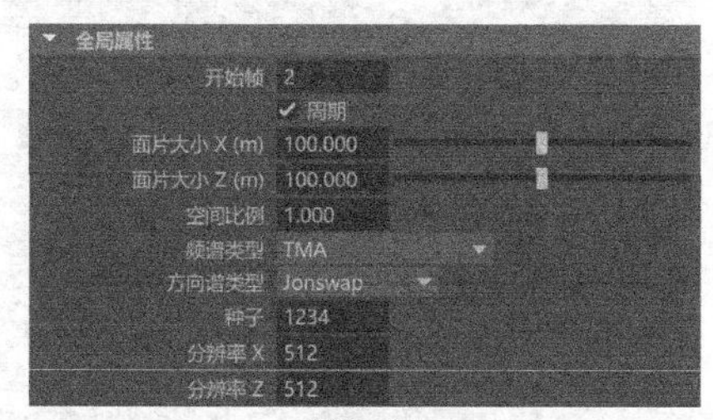

图9-111

※ 开始帧：用于设置Boss海洋模拟系统开始计算的第一帧。

※ 周期：用来设置在海洋网格上是否重复显示计算出来的波浪图案，默认为勾选状态，图9-112所示为启用“周期”选项前后的海洋网格显示效果对比。

图9-112

※ 面片大小X（m）/Z（m）：用来设置计算海洋网格表面的纵横尺寸。

※ 空间比例：设置海洋网格X和Z方向上面片的线性比例大小。

※ 频谱类型/方向谱类型：Maya有多种不同的频谱类型和方向谱类型供用户选择，用来模拟不同类型的海洋表面效果。

※ 种子：此值用于初始化伪随机数生成器。更改此值可生成具有相同总体特征的不同效果。

※ 分辨率X/Z：用于计算波高度的栅格X和Z方向的分辨率。

②“模拟属性”卷展栏

展开“模拟属性”卷展栏，参数如图9-113所示。

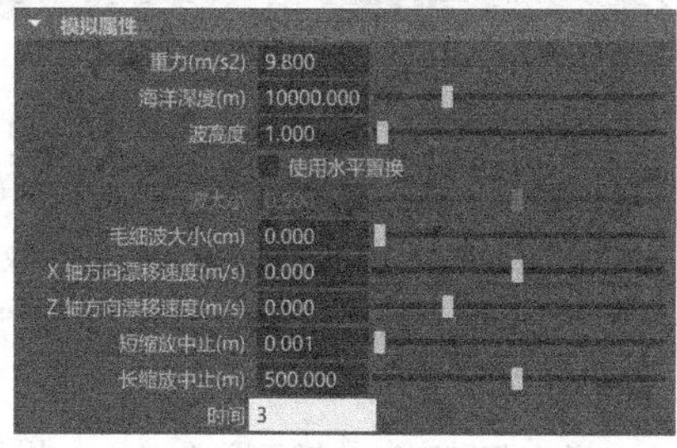

图9-113

※ 重力（m/s^2）：调整此值以更改比例，该值通常使用默认值9.8即可。值越小，产生的波浪越高且移动速度越慢；值越大，产生的波浪越低且移动速度越快。

※ 海洋深度（m）：用于计算波浪运动的水深，在浅水中，波浪往往较长、较高及较慢。

※ 波高度：用来控制波浪的高度倍增。如果值为0~1，则降低波高度；如果值大于1，则增加波高度。图9-114所示为该值为1和5时的波浪显示效果对比。

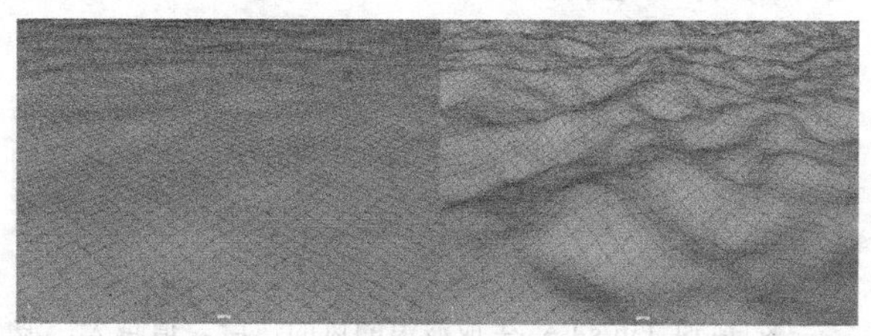

图9-114

※ 使用水平置换：在水平方向和垂直方向置换网格的顶点，这会导致波的形状更尖锐、更不圆滑。它还会生成适合向量置换贴图的缓存，因为3个轴上都存在偏移。图9-115所示为勾选“使用水平置换”选项前后的显示效果对比。

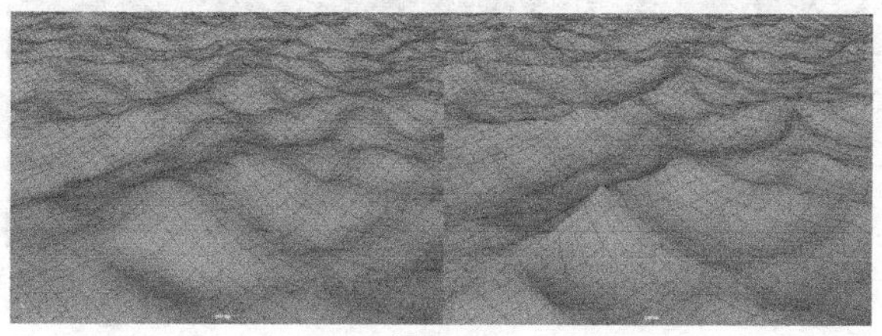

图9-115

※ 波大小：控制水平置换量，可调整此值以避免输出网格中出现自相交。图9-116所示为该值是5和12时的海洋波浪显示效果对比。

图9-116

※ 毛细波大小（cm）：毛细波（曲面张力传播的较小、较快的涟漪，有时可在重力传播的较大波浪顶部看到）的最大波长。毛细波通常仅在比例较小且分辨率较高的情况下可见，因此在许多情况下，可以让此值保留为0以避免执行不必要的计算。

※ X/Z轴方向漂移速度（m/s）：用于设置X和Z方向波浪运动，以使其行为就像是水按指定的速度流动。

※ 短缩放中止/长缩放中止（m）：用于设置计算中的最短和最长波长。

※ 时间：对波浪求值的时间。在默认状态下，该值背景色为黄色，代表此值直接连接到场景时间。用户也可以断开连接，然后使用表达式或其他控件减慢或加快波浪运动。

③“风属性”卷展栏

展开“风属性”卷展栏，参数如图9-117所示。

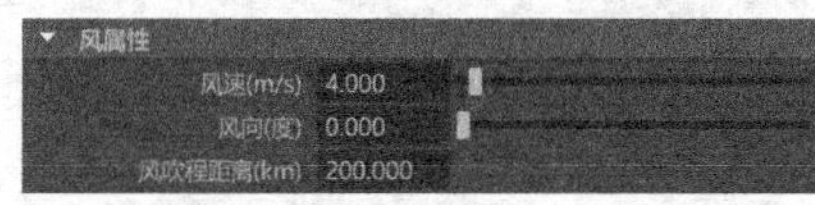

图9-117

※ 风速（m/s）：生成波浪的风的速度。值越大，波浪越高、越长。图9-118所示为“风速”值是4和15时的显示效果对比。

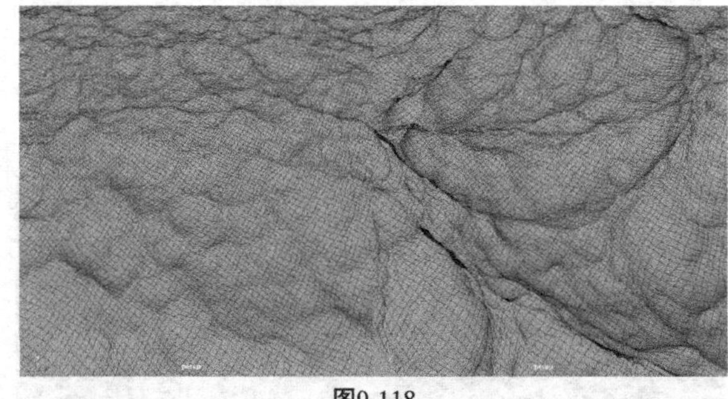

图9-118

※ 风向（度）：生成波浪的风的方向。其中，0代表-X方向，90代表-Z方向，180代表+X方向，270代表+Z方向。图9-119所示为“风向”值是0和180时的显示效果对比。

※ 风吹程距离（km）：风应用于水面时的距离。距离较小时，波浪往往会较短、较低及较慢。图9-120所示为“风吹程距离”值是5和60时的显示效果对比。

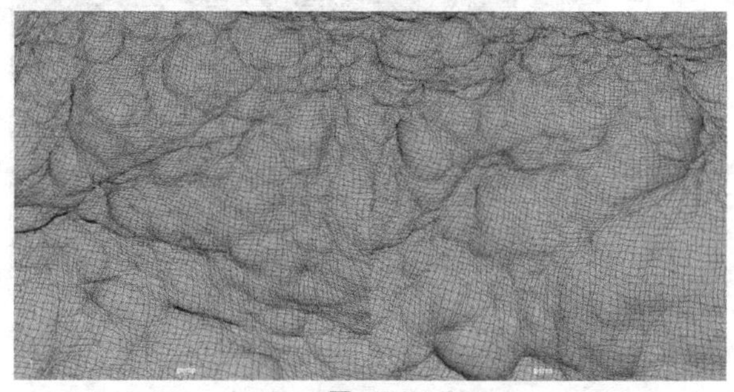

图9-119

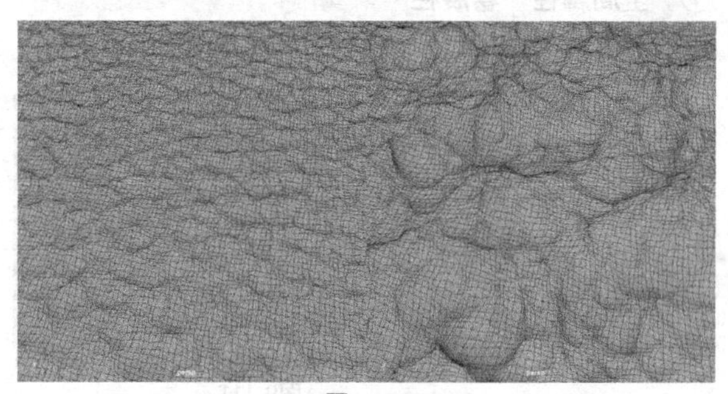

图9-120

④“反射波属性”卷展栏

展开“反射波属性”卷展栏，参数如图9-121所示。

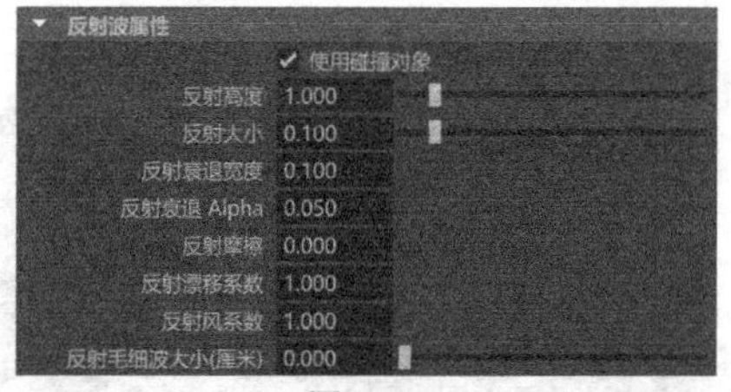

图9-121

※ 使用碰撞对象：勾选该选项开启海洋与物体碰撞而产生的波纹计算。

※ 反射高度：用于设置反射波纹的高度。

※ 反射大小：反射波的水平置换量的倍增，可调整此值以避免输出网格中出现的自相交。

※ 反射衰退宽度：控制抑制反射波的域边界区域的宽度。

※ 反射衰退Alpha：控制沿面片边界的波抑制的平滑度。

※ 反射摩擦：反射波速度的阻尼因子，值为0时波自由传播，值为1时几乎立即使波衰减。

※ 反射漂移系数：应用于反射波的“X轴方向漂移速度（m/s）”和“Z轴方向漂移速度（m/s）”量的倍增。

※ 反射风系数：应用于反射波的“风速（m/s）”量的倍增。

※ 反射毛细波大小（厘米）：反射时能够产生的涟漪的最大波长。

9.4 课堂练习：制作海洋波浪动画

场景位置	无
实例位置	实例文件>CH09>9_3_完成.mb
视频名称	9.4 课堂练习：制作海洋波浪动画
技术掌握	使用Boss制作海洋波浪特效动画

本例使用Maya的Boss海洋模拟系统制作海洋波浪的动画效果，最终效果如图9-122所示。

图9-122

01 启动中文版Maya 2020，单击“多边形建模”工具架中的“多边形平面”图标，如图9-123所示。

图9-123

02 在场景中创建一个平面模型，如图9-124所示。

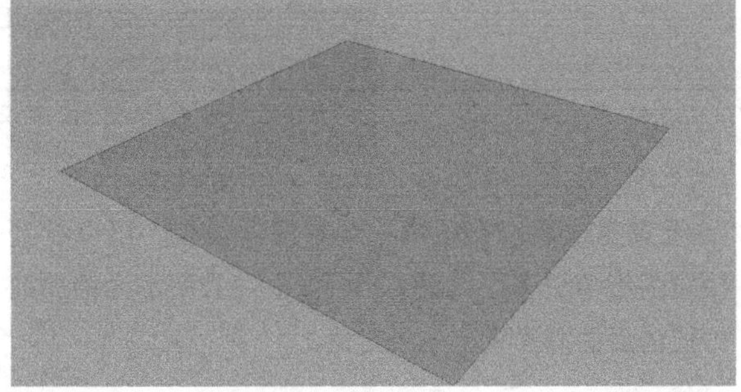

图9-124

03 在“属性编辑器”面板中，展开“多边形平面历史”卷展栏，设置平面模型“宽度”和“高度”的值均为200，“细分宽度”和“高度细分数”的值均为200，如图9-125所示。

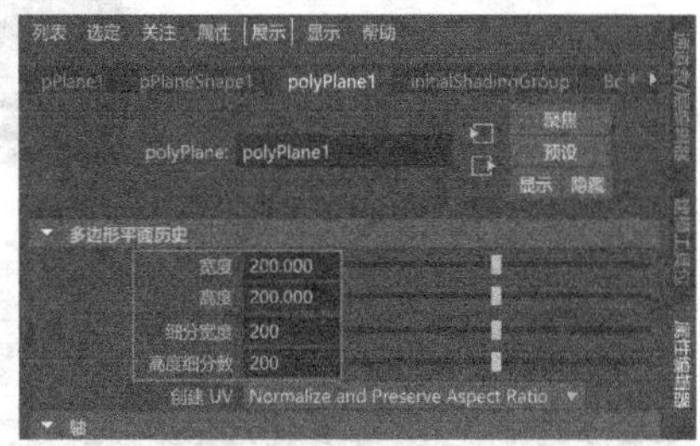

图9-125

04 设置完成后，场景中的平面模型如图9-126所示。

图9-126

05 将显示菜单切换为FX，在菜单栏执行“Boss>Boss编辑器”命令，打开Boss Ripple/Wave Generator对话框，如图9-127所示。

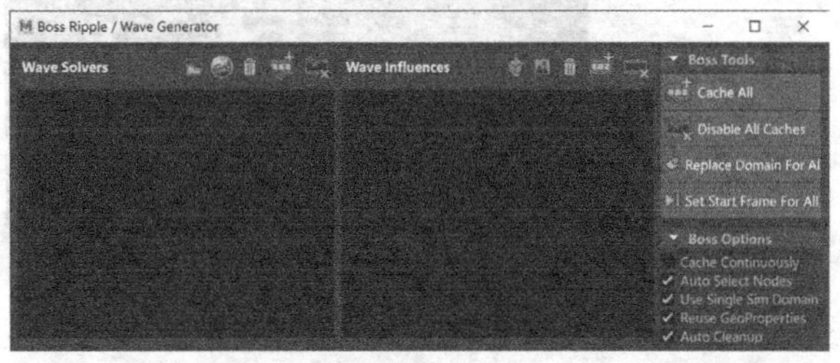

图9-127

06 选择场景中的平面模型，单击Boss Ripple/Wave Generator对话框中的Create Spectral Waves（创建光谱波浪）按钮，在“大纲视图”面板中可以看到，Maya已根据之前所选择的平面模型的大小及细分情况创建出了一个用于模拟区域海洋的新模型并命名为BossOutput，如图9-128所示，同时，隐藏了场景中原有的多边形平面模型。

07 在默认情况下，新生成的BossOutput模型与原有的多边形平面模型一样。拖曳Maya的时间帧，即可看到从第2帧起，BossOutput模型可以模拟出非常真实的海洋波浪运动效果，如图9-129所示。

图9-128

图9-129

08 在“属性编辑器”面板中找到BossSpectralWave1选项卡，展开“模拟属性”卷展栏，设置“波高度”的值为2，勾选“使用水平置换”选项，并设置“波大小”的值为8，如图9-130所示。

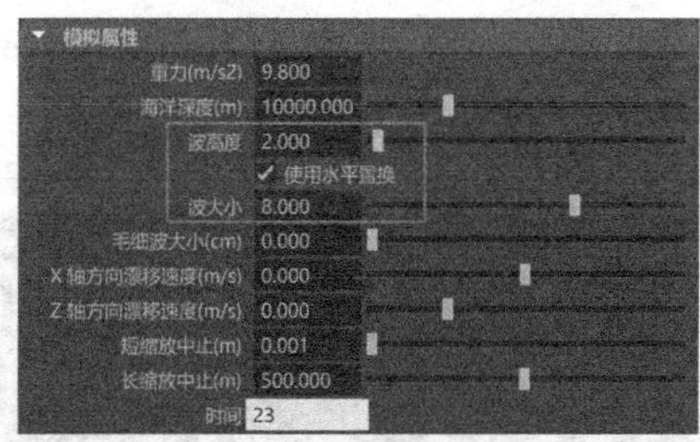

图9-130

09 调整完成后，播放场景动画，模拟出来的海洋波浪效果如图9-131~图9-133所示。

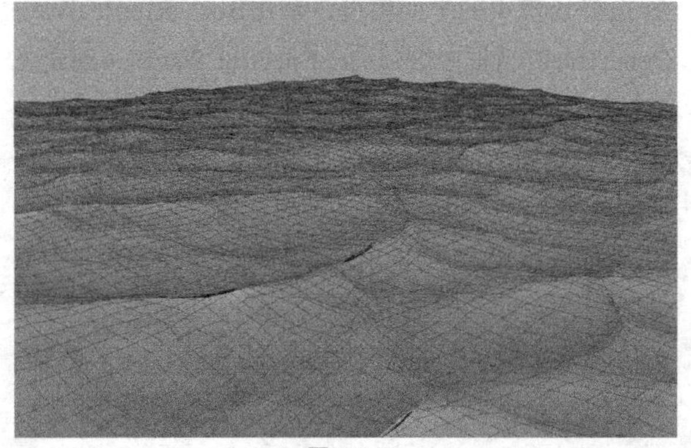

图9-131

图9-132

图9-133

10 在“大纲视图”面板中选择平面模型，展开“多边形平面历史”卷展栏，设置“细分宽度”和“高度细分数”的值均为500，如图9-134所示。注意，这时Maya 2020可能会弹出“多边形基本体参数检查”对话框，询问用户是否需要继续使用这么高的细分值，如图9-135所示，单击该对话框中的“是，不再询问”按钮即可。

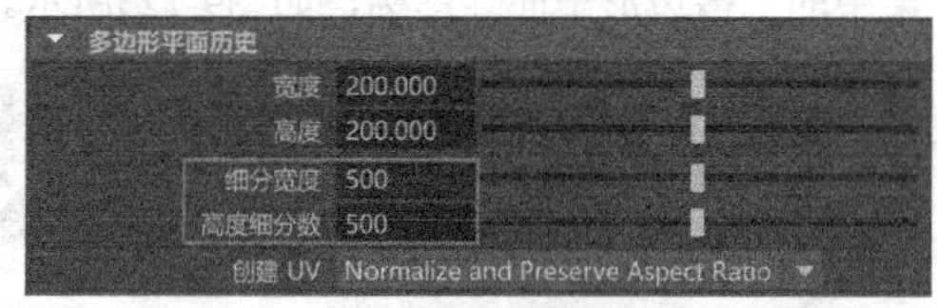

图9-134

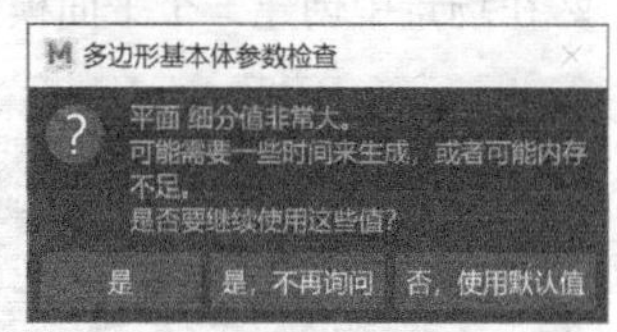

图9-135

11 设置完成后，在视图中观察海洋模型，可以看到模型的细节更多了，图9-136和图9-137所示为增加细分值前后的海洋模型效果对比。

图9-136

图9-137

⑫选择海洋模型，单击“渲染”工具架中的“标准曲面材质”图标，如图9-138所示。

⑬在“属性编辑器”面板中，设置“基础”卷展栏的“颜色”为深蓝色，“颜色”的具体参数如图9-139所示。

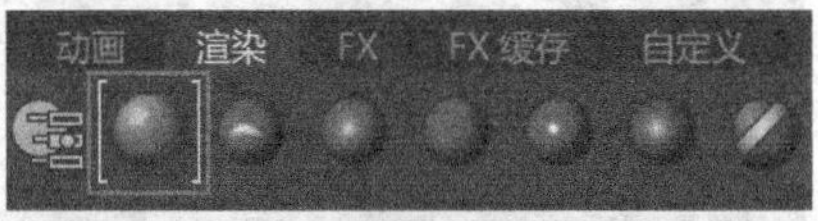

图9-138

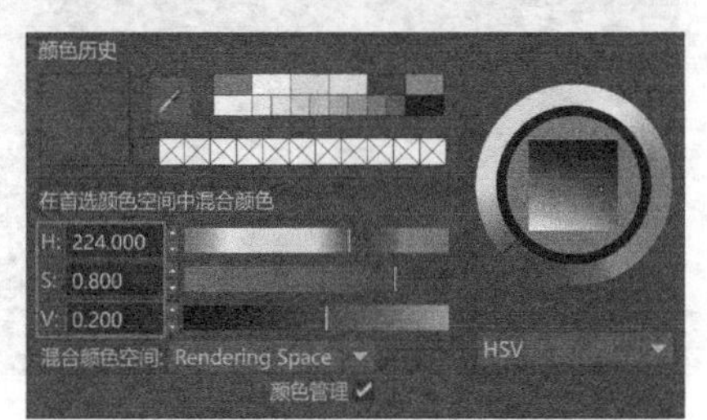

图9-139

⑭展开“镜面反射”卷展栏，设置“权重”的值为1，“粗糙度”的值为0.1，如图9-140所示。

⑮展开“透射”卷展栏，设置“权重”的值为0.7，“颜色”为深绿色，如图9-141所示。“颜色”的具体参数如图9-142所示。

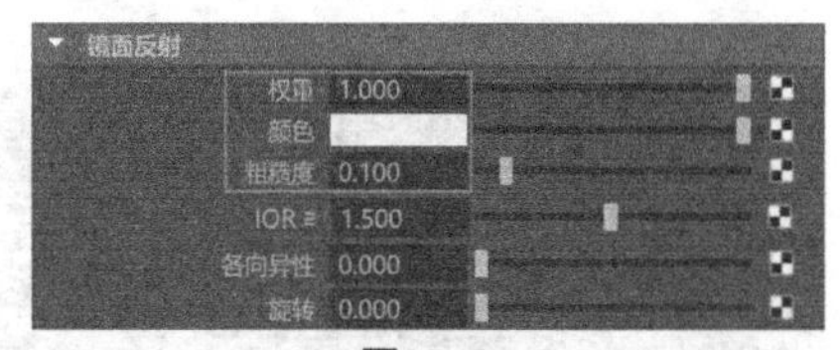

图9-140

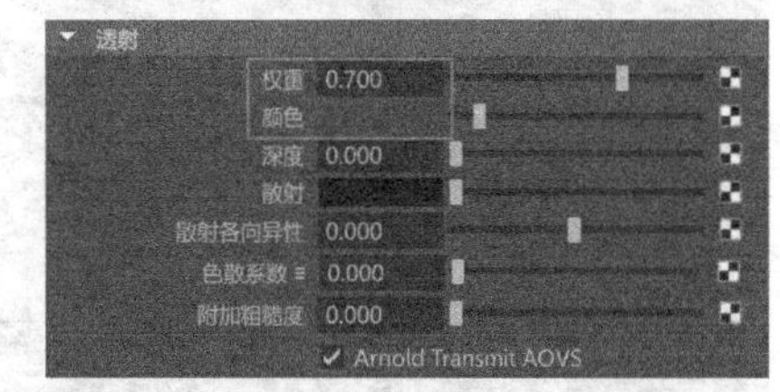

图9-141

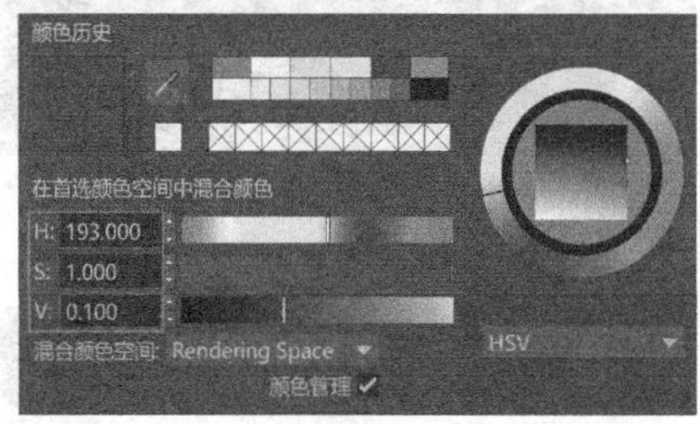

图9-142

⑯材质设置完成后，为场景创建灯光。单击Arnold工具架中的Create Physical Sky图标，如图9-143所示，在场景中创建物理天空灯光。

图9-143

⑰在Physical Sky Attributes卷展栏中，设置Elevation的值为15，Azimuth的值为200，Intensity的值为6，如图9-144所示。

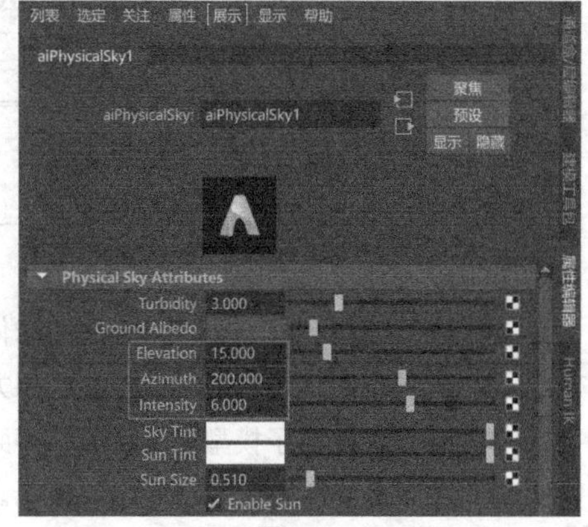

图9-144

⑱渲染场景，添加了材质和灯光的海洋波浪渲染效果如图9-145所示。

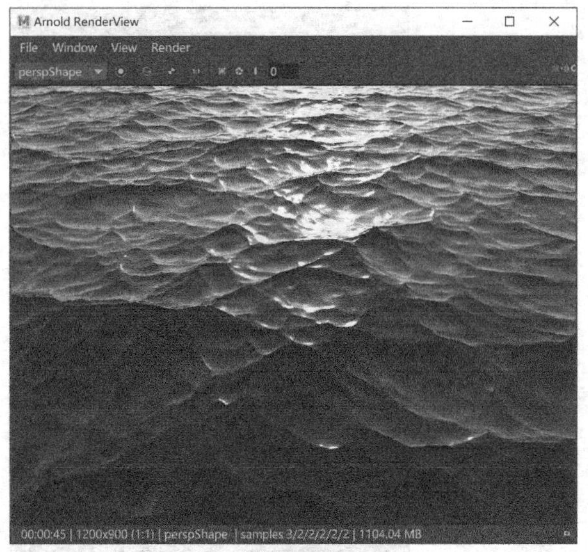

图9-145

9.5 本章小结

本章介绍了在Maya中制作流体特效动画的方法，希望读者可以反复练习，熟练掌握特效动画的制作思路及技巧。

9.6 课后习题

本节准备了两个习题供读者练习，希望读者可以掌握使用“Bifrost流体”和“2D流体容器”制作动画的技法。

9.6.1 课后习题：制作液体飞溅动画

场景位置 实例文件>CH09>9_4.mb
实例位置 实例文件>CH09>9_4_完成.mb
视频名称 9.6.1 课后习题：制作液体飞溅动画
技术掌握 使用“Bifrost流体”制作液体飞溅特效动画

操作指南

首先在场景中创建一个大小合适的球体当作液体的发射器，并使用“场”控制液体发射的方向，然后为液体与场景中的橘子模型设置碰撞，得到液体飞溅的动画效果，最终渲染效果如图9-146所示。

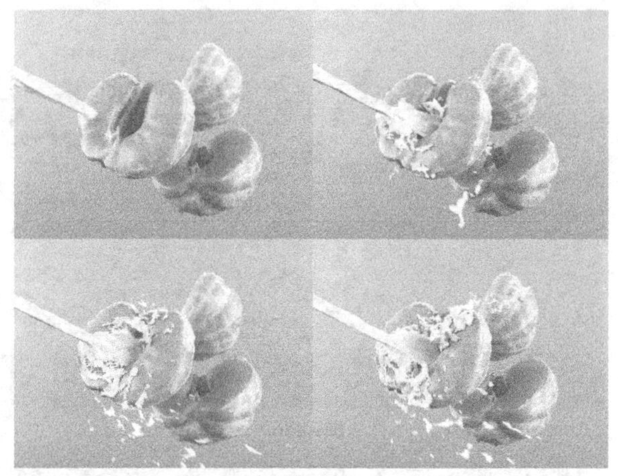

图9-146

9.6.2 课后习题：制作小球燃烧动画

场景位置 无
实例位置 实例文件>CH09>9_5_完成.mb
视频名称 9.6.2 课后习题：制作小球燃烧动画
技术掌握 使用“2D流体容器”制作小球燃烧特效动画

操作指南

首先在场景中创建一个大小合适的球体当作流体的发射器，并将其约束到曲线上，然后调整流体容器的参数值，增加流体模拟的燃烧细节，最终渲染效果如图9-147所示。

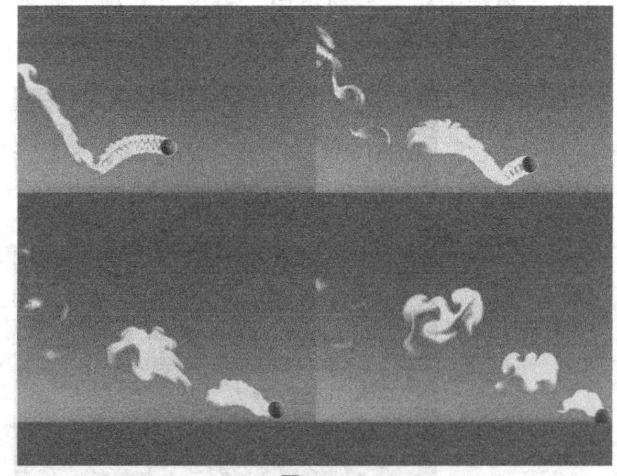

图9-147

第10章 群组动画技术

本章将介绍Maya 2020的群组动画技术，主要包含粒子系统和运动图形这两个部分。本章的知识可以用来制作鱼群、雪景，以及由大量不同模型组成的群组动画效果。本章将以较为典型的动画制作为例，为读者详细讲解群组动画的制作方法。

课堂学习目标

- 掌握粒子系统动画的制作方法
- 掌握运动图形动画的制作方法

10.1 群组动画概述

群组动画主要用来模拟大量对象一起运动的动画特效，如古代影视剧中的经典箭雨镜头、不断下落的雨点或雪花、大量物体碎片的特殊运动及文字特效动画等，如图10-1和图10-2所示。Maya中用来制作群组动画的工具主要有粒子系统和运动图形两种。这两种工具使用方法虽然差别较大，但是最终得到的动画效果却比较相似。单纯从动画的效果上来看，不太好分辨出群组动画是用什么方法制作的。

图10-1

图10-2

10.2 粒子系统

在中文版Maya 2020中，粒子系统分为n粒子系统和旧版粒子系统两个部分。由于旧版粒子系统的使用频率较低，故本章节的内容主要以n粒子系统为例进行讲解。有关n粒子的工具，可以在FX工具架中找到，如图10-3所示。

图10-3

常用工具解析

※ 发射器：创建n粒子发射器。

※ 添加发射器：将选择的对象设置为n粒子发射器。

10.2.1 课堂案例：制作树叶飘落动画

场景位置	实例文件>CH10>10_1.mb
实例位置	实例文件>CH10>10_1_完成.mb
视频名称	10.2.1 课堂案例：制作树叶飘落动画
技术掌握	使用“n粒子”制作树叶飘落特效动画

本例通过制作树叶飘落动画特效为读者详细讲解“n粒子”的使用技巧，最终动画完成效果如图10-4所示。

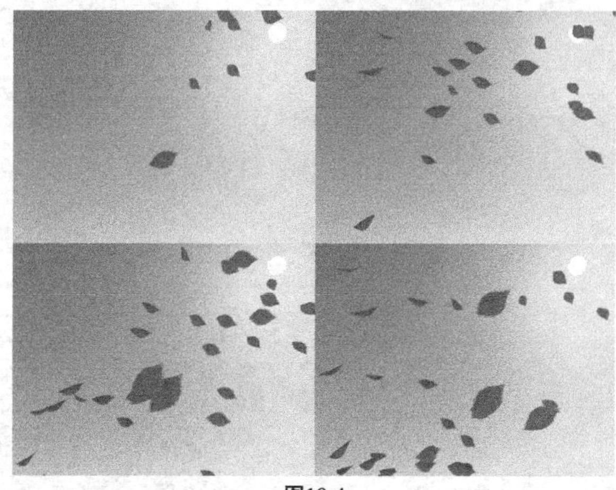

图10-4

01 启动中文版Maya 2020，打开本书配套资源场景文件“10_1.mb”，如图10-5所示，场景中有一个已添加叶片材质的树叶模型。

图10-5

02 单击FX工具架中的“发射器”图标，如图10-6所示，即可在场景中创建一个n粒子发射器、一个n粒子对象和一个力学对象。

03 在“大纲视图”面板中可以找到这3个对象，如图10-7所示。

图10-6 图10-7

04 在“大纲视图”面板中选择n粒子发射器，在“属性编辑器”面板中，将“发射器类型”设置为Volume，“速率（粒子/秒）”的值为5，如图10-8所示。

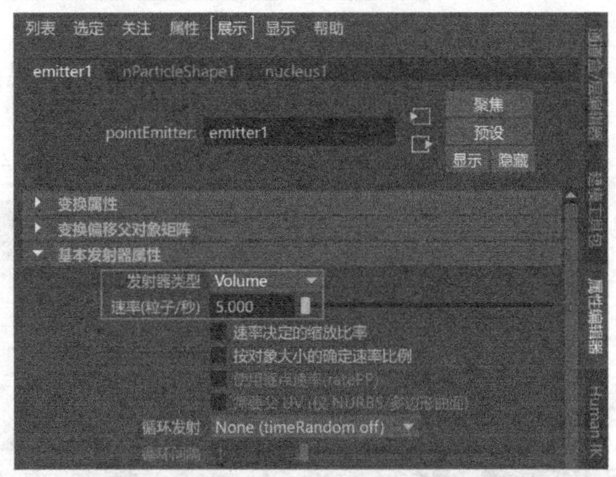

图10-8

05 在“变换属性”卷展栏中，对n粒子发射器的“平移”和“缩放”属性进行调整，如图10-9所示。

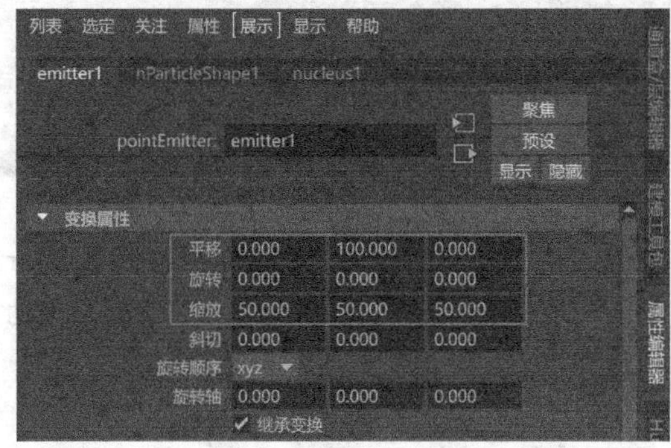

图10-9

06 播放场景动画，此时粒子的运动效果如图10-10所示。

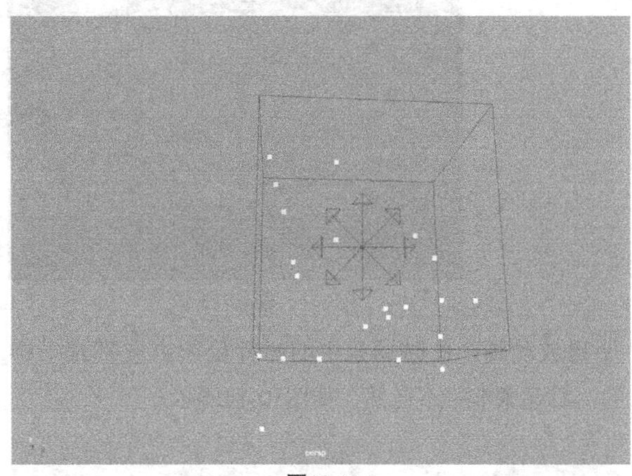

图10-10

07 先选择场景中的树叶模型，再加选场景中的粒子对象，在菜单栏执行“nParticle>实例化器”命令，如图10-11所示。

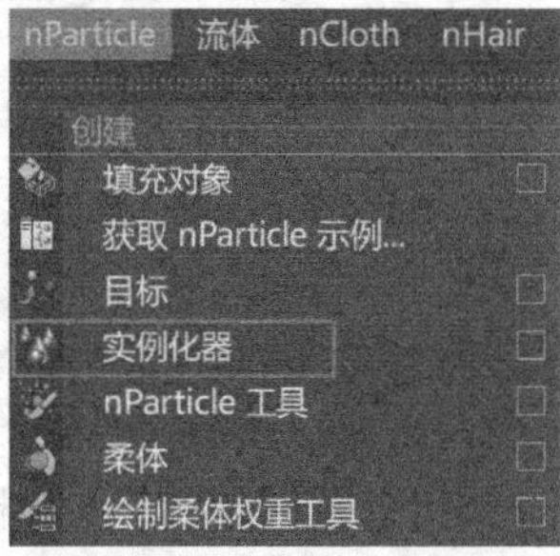

图10-11

08 此时在视图中所有的粒子形态都变成了树叶模型，如图10-12所示。

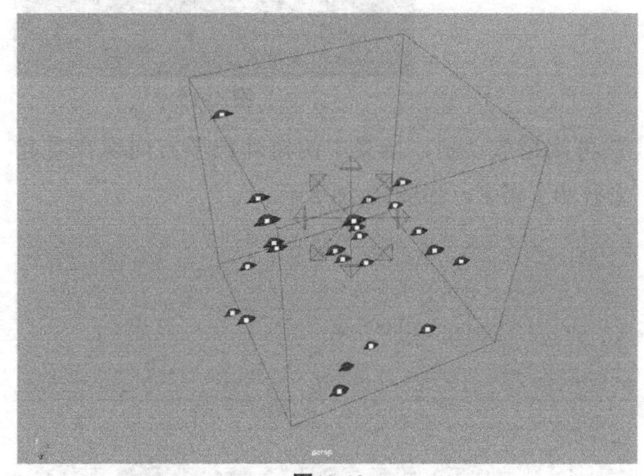

图10-12

09 在“大纲视图”面板中选择力学对象，在“属性编辑器”面板中，设置“风速”的值为50，“风噪波”的值为1，如图10-13所示，为粒子添加风吹的效果。

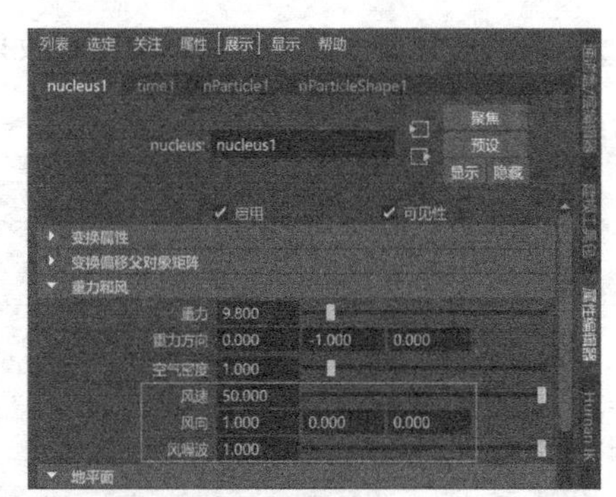

图10-13

⑩播放动画，此时场景中的树叶粒子方向都是一样的，看起来非常不自然，如图10-14所示。

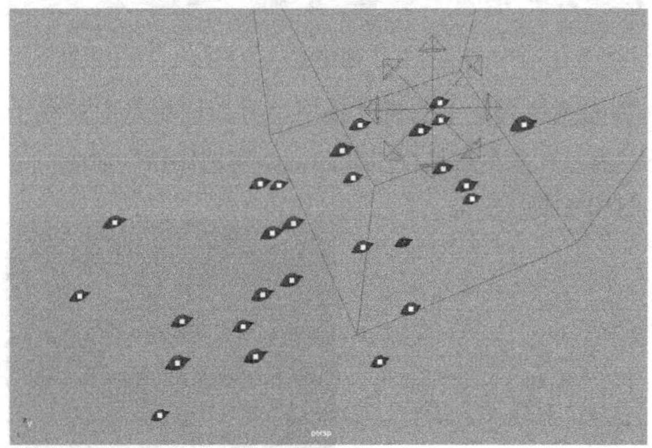

图10-14

⑪展开“旋转选项”卷展栏，设置“旋转”的选项为“位置”，如图10-15所示。

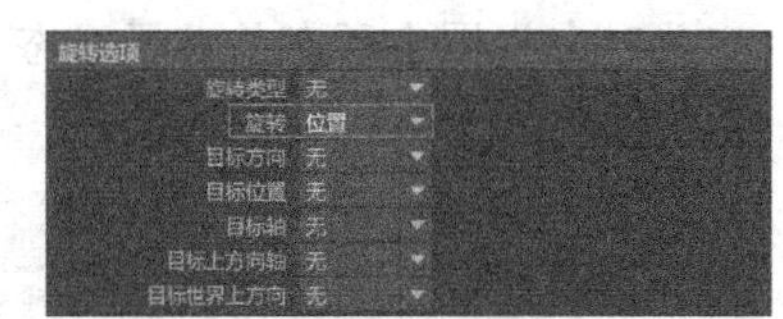

图10-15

⑫再次播放动画，场景中的树叶粒子方向现在看起来自然了很多，如图10-16所示。

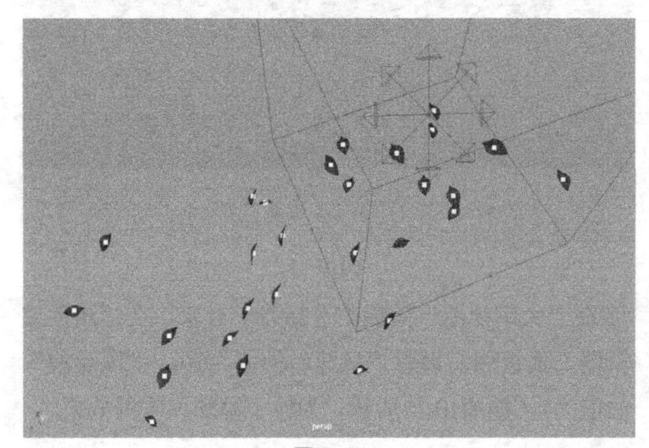

图10-16

⑬单击Arnold工具架中的Create Physical Sky图标，为场景添加物理天空灯光，如图10-17所示。

图10-17

⑭在“属性编辑器”面板中，设置灯光Intensity的值为4，增加灯光的照明强度；设置Sun Size的值为3，增加太阳的半径，如图10-18所示。

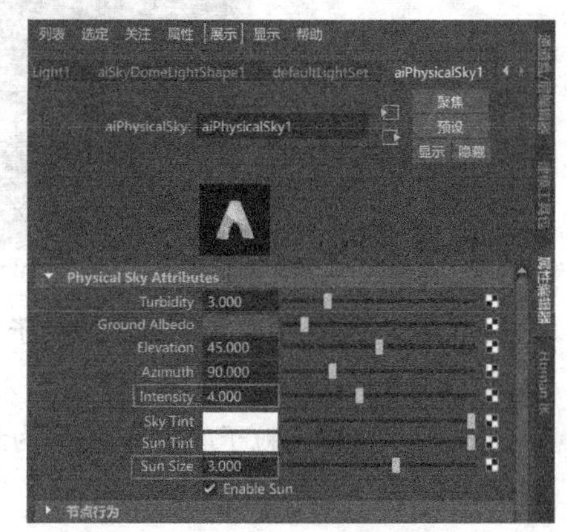

图10-18

⑮选择一个合适的仰视角度，渲染场景，效果如图10-19所示。

图10-19

⑯打开“渲染设置”对话框，展开Motion Blur卷展栏，勾选Enable选项，如图10-20所示，开启运动模糊计算。

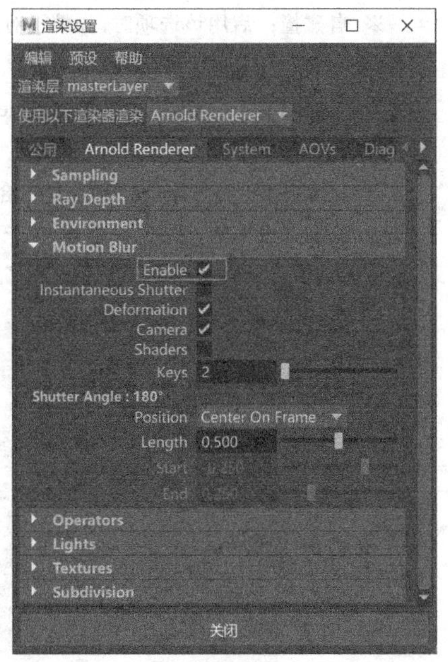

图10-20

⑰再次渲染场景，最终渲染效果如图10-21所示。

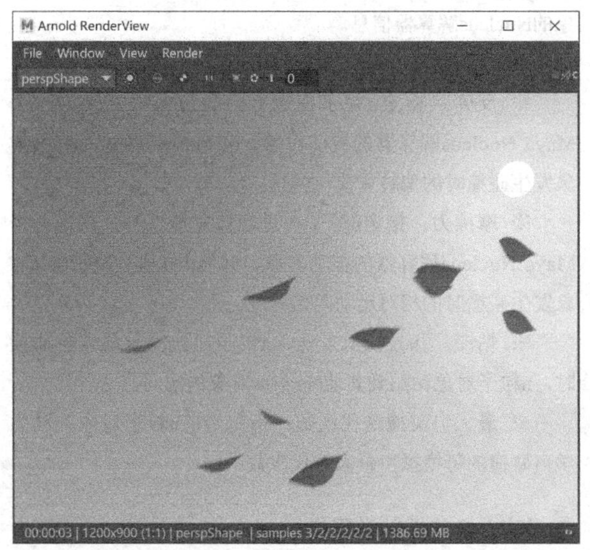

图10-21

10.2.2 n粒子属性

在“属性编辑器”面板中，可以找到有关控制n粒子形态及颜色的大部分属性参数，这些参数被分门别类地放置在不同的卷展栏中，如图10-22所示。

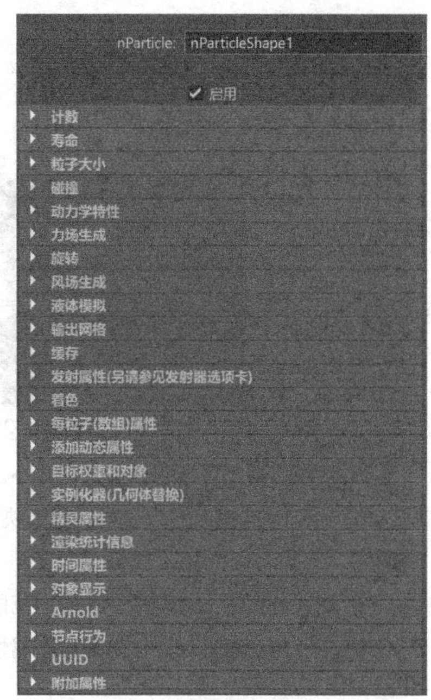

图10-22

常用参数解析

①“计数”卷展栏

“计数”卷展栏内的参数如图10-23所示。

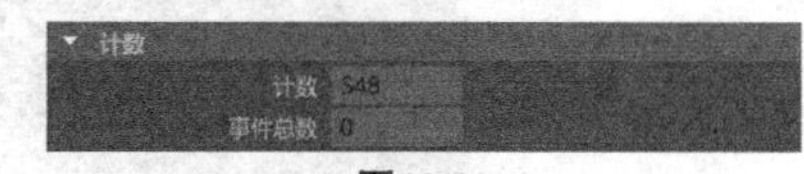

图10-23

※ 计数：用来显示场景中当前n粒子的数量。

※ 事件总数：显示粒子的事件数量。

②“寿命”卷展栏

“寿命”卷展栏内的参数如图10-24所示。

图10-24

※ 寿命模式：用来设置n粒子在场景中的存在时间，有“Live forever（永生）”“Constant（恒定）”“Random range（随机范围）”和“lifespanPP only（仅寿命PP）”4种可选，如图10-25所示。

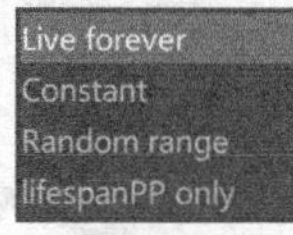

图10-25

※ 寿命：指定粒子的寿命值。

※ 寿命随机：用于标识每个粒子的寿命的随机变化范围。

※ 常规种子：表示用于生成随机数的种子。

③“粒子大小”卷展栏

“粒子大小”卷展栏内还有“半径比例”卷展栏，参数如图10-26所示。

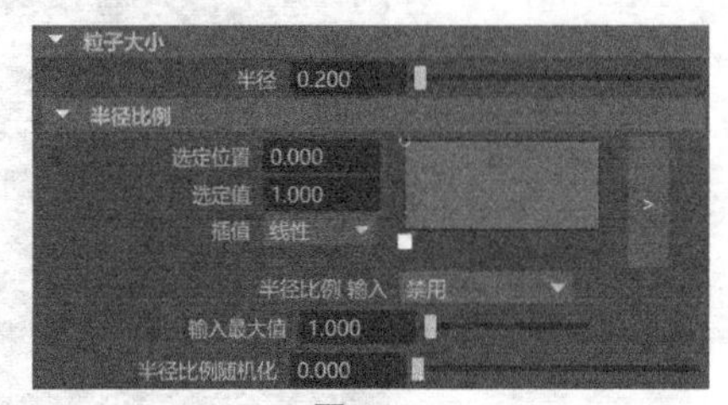

图10-26

※ 半径：用来设置粒子的半径大小。

※ 半径比例 输入：设置属性用于映射“半径比例”渐变的值。

※ 输入最大值：设置渐变使用的范围的最大值。

※ 半径比例随机化：设定每粒子属性值的随机倍增。

④“碰撞”卷展栏

“碰撞”卷展栏内的参数如图10-27所示。

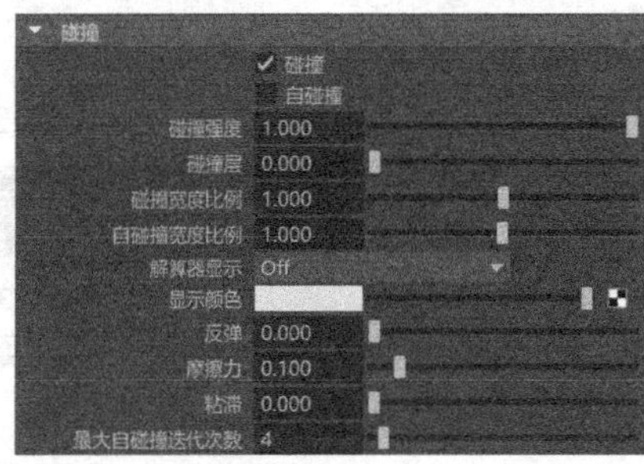

图10-27

※ 碰撞：启用该选项时，当前的n粒子对象将与共用同一个Maya Nucleus解算器的被动对象、nCloth对象和其他n粒子对象发生碰撞，图10-28所示为启用碰撞前后的n粒子运动效果对比。

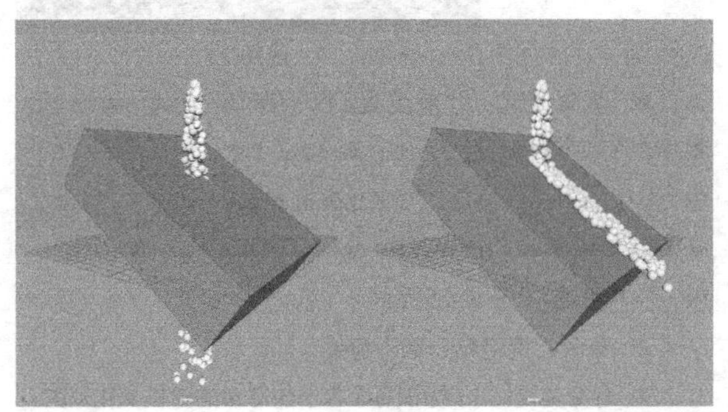

图10-28

※ 自碰撞：启用该选项时，n粒子对象生成的粒子将互相碰撞。

※ 碰撞强度：指定n粒子与其他Nucleus对象之间的碰撞强度。

※ 碰撞层：将当前的n粒子对象指定给特定的碰撞层。

※ 碰撞宽度比例：指定相对于n粒子半径值的碰撞厚度，图10-29所示为该值是0.5和5时的n粒子运动效果对比。

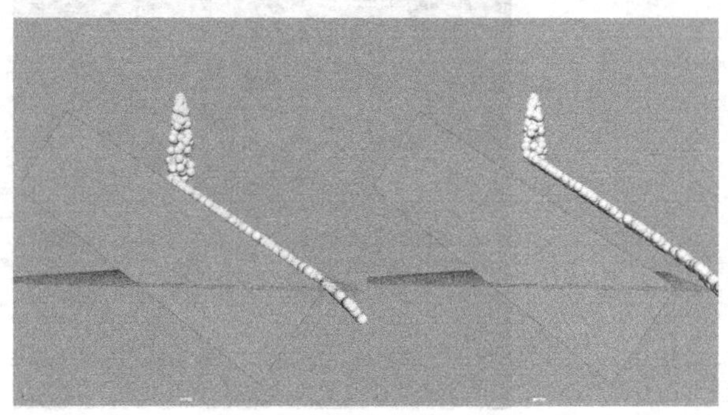

图10-29

※ 解算器显示：指定场景视图中将显示当前n粒子对象的Nucleus解算器信息。

※ 显示颜色：指定碰撞体积的显示颜色。

※ 反弹：指定n粒子在进行自碰撞或与共用同一个Maya Nucleus解算器的被动对象、nCloth或其他nParticle对象发生碰撞时的偏转量或反弹量。

※ 摩擦力：指定n粒子在进行自碰撞或与共用同一个Maya Nucleus解算器的被动对象、nCloth和其他nParticle对象发生碰撞时的相对运动阻力程度。

※ 粘滞：指定当nCloth、n粒子和被动对象发生碰撞时，n粒子对象粘贴到其他Nucleus对象的倾向。

※ 最大自碰撞迭代次数：指定当前n粒子对象的动力学自碰撞的每模拟步最大迭代次数。

⑤“动力学特性”卷展栏

“动力学特性”卷展栏内的参数如图10-30所示。

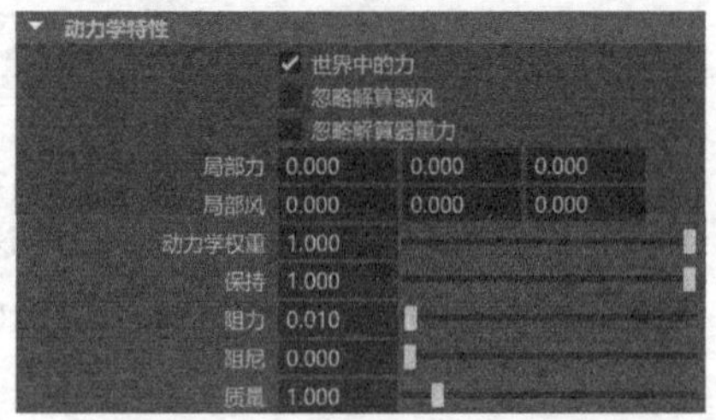

图10-30

※ 世界中的力：启用该选项可以使n粒子进行额外的世界空间的重力计算。

※ 忽略解算器风：启用该选项时，将禁用当前n粒子对象的解算器“风”。

※ 忽略解算器重力：启用该选项时，将禁用当前n粒子对象的解算器“重力”。

※ 局部力：将一个类似于Nucleus重力的力按照指定的量和方向应用于n粒子对象，该力仅应用于局部，并不影响指定给同一解算器的其他Nucleus对象。

※ 局部风：将一个类似于Nucleus风的力按照指定的量和方向应用于n粒子对象，风将仅应用于局部，并不影响指定给同一解算器的其他Nucleus对象。

※ 动力学权重：可用于调整场、碰撞、弹簧和目标对粒子产生的效果。值为0时将使连接至粒子对象的场、碰撞、弹簧和目标没有效果；值为1时将提供全效，输入小于1的值将设定比例效果。

※ 保持：用于控制粒子对象的速率在帧与帧之间的保持程度。

※ 阻力：指定施加于当前n粒子对象的阻力大小。

※ 阻尼：指定当前n粒子的运动的阻尼量。

※ 质量：指定当前n粒子对象的基本质量。

⑥“液体模拟”卷展栏

“液体模拟”卷展栏内的参数如图10-31所示。

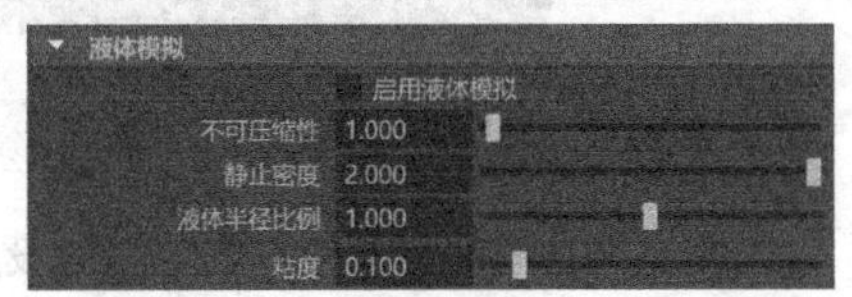

图10-31

※ 启用液体模拟：启用该选项时，“液体模拟”属性将添加到n粒子对象，这样n粒子就可以重叠，从而形成液体的连续曲面。

※ 不可压缩性：指定液体n粒子抗压缩的量。

※ 静止密度：设定n粒子对象处于静止状态时液体中的n粒子的排列情况。

※ 液体半径比例：指定基于n粒子“半径”的n粒子重叠量，较低的值将增加n粒子之间的重叠，对于多数液体而言，0.5这个值可以实现较好效果。

※ 黏度：代表液体流动的阻力，或材质的厚度和不流动程度。如果该值很大，则液体像柏油一样流动；如果该值很小，则液体像水一样流动。

⑦“输出网格”卷展栏

“输出网格”卷展栏内的参数如图10-32所示。

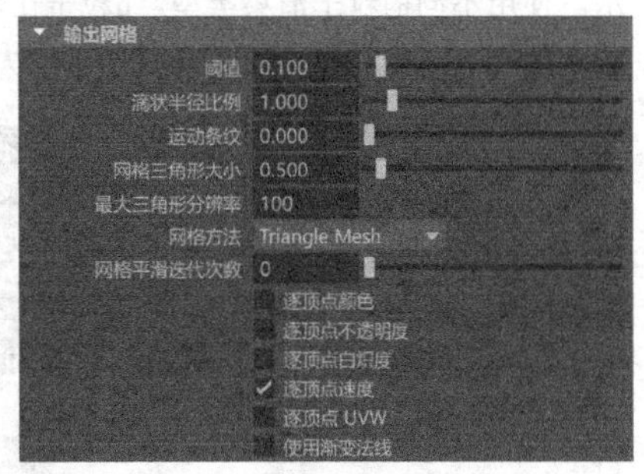

图10-32

※ 阈值：用于调整n粒子创建的曲面的平滑度。

※ 滴状半径比例：指定n粒子“半径”的比例缩放量，以便在n粒子上创建适当平滑的曲面。

※ 运动条纹：根据n粒子运动的方向及其在一个时间步内移动的距离拉长单个n粒子。

※ 网格三角形大小：决定创建n粒子输出网格所使用的三角形的尺寸。

※ 最大三角形分辨率：指定创建输出网格使用的栅格大小。

※ 网格方法：指定生成n粒子输出网格等值面所使用的多边形网格的类型，有Triangle Mesh（三角形网格）、Tetrahedra（四面体）、Acute Tetrahedra（锐角四面体）和Quad Mesh（四边形网格）4种可选，如图10-33所示。

Triangle Mesh
Tetrahedra
Acute Tetrahedra
Quad Mesh

图10-33

※ 网格平滑迭代次数：指定应用于n粒子输出网格的平滑度，平滑迭代次数可增加三角形各边的长度，使拓扑更均匀，并生成更为平滑的等值面。输出网格的平滑度随着“网格平滑迭代次数”值的增大而增加，同时计算时间也随之增加。

⑧“着色”卷展栏

“着色”卷展栏内的参数如图10-34所示。

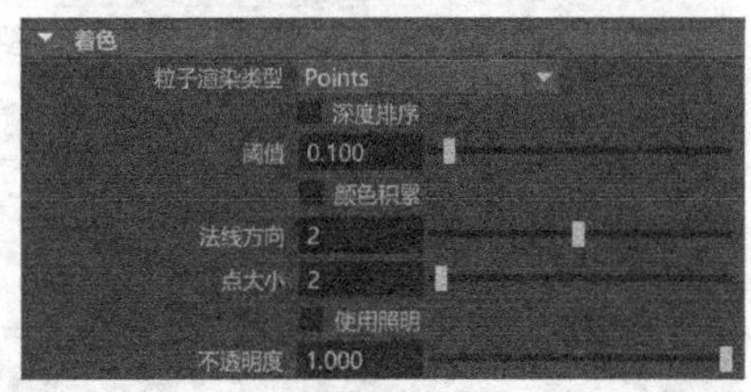

图10-34

※ 粒子渲染类型：用于设置Maya使用何种类型渲染n粒子。Maya提供了10种类型供用户选择，如图10-35所示。使用不同的粒子渲染类型，n粒子在场景中的显示不同，图10-36~图10-45所示为n粒子类型为MultiPoint（多点）、MultiStreak（多条纹）、Numeric（数值）、Points（点）、Spheres（球体）、Sprites（精灵）、Streak（条纹）、Blobby Surface（滴状曲面）、Cloud（云）和Tube（管状体）的显示效果。

※ 深度排序：用于设置布尔属性是否对粒子进行深度排序计算。

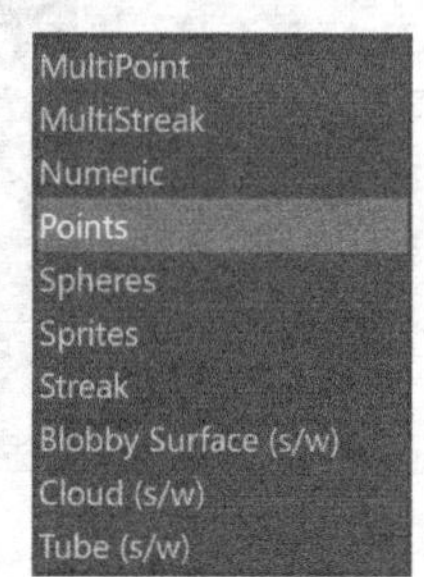

图10-35

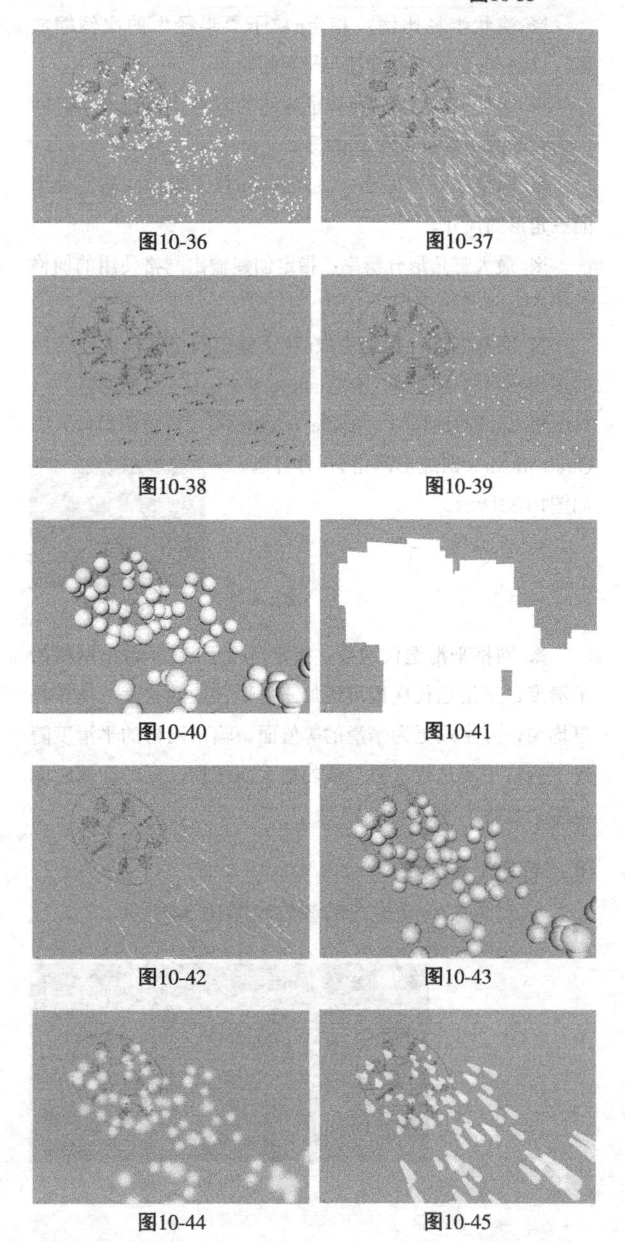

图10-36 图10-37

图10-38 图10-39

图10-40 图10-41

图10-42 图10-43

图10-44 图10-45

※ 阈值：控制n粒子生成曲面的平滑度。

※ 法线方向：用于更改n粒子的法线方向。

※ 点大小：用于控制n粒子的显示大小。

※ 不透明度：用于控制n粒子的不透明程度。

10.2.3 空气

"空气"场主要用来模拟风对场景中的粒子或nCloth对象所产生的运动影响，参数如图10-46所示。

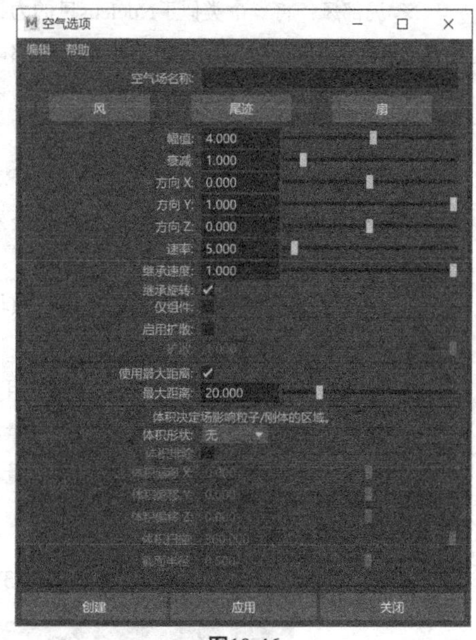

图10-46

常用参数解析

※ "风"按钮：将"空气"场属性设定为与风的效果近似的一种预设。

※ "尾迹"按钮：将"空气"场属性设定为用来模拟尾迹运动的一种预设。

※ "扇"按钮：将"空气"场属性设定为与本地风扇效果近似的一种预设。

※ 幅值：设定空气场的强度，该选项设定沿空气移动方向的速度。

※ 衰减：设定场的强度随着受影响对象的距离增加而减小的量。

※ 方向X/Y/Z：用于设置空气吹动的方向。

※ 速率：控制连接的对象与空气场速度匹配的快慢。

※ 继承速度：当空气场移动或以移动对象作为父对象时，其速率受父对象速率的百分比影响。

※ 继承旋转：空气场正在旋转或以旋转对象作为父对象时，气流会经历同样的旋转，空气场旋转中的任何更改都会更改空气场指向的方向。

※ 仅组件：用于设置空气场仅在其“方向”“速率”和“继承速度”中所指定的方向应用力。

※ 启用扩散：指定是否使用“扩散”角度，如果“启用扩散”被勾选，空气场将只影响“扩散”指定的区域内的连接对象。

※ 扩散：表示与“方向”设置所成的角度，只有该角度内的对象才会受到空气场的影响。

※ 使用最大距离：用于设置空气场影响的范围。

※ 最大距离：设定空气场能够施加影响的与该场之间的最大距离。

※ 体积形状：Maya提供了6种空气场形状以供用户选择，如图10-47所示，这6种形状的空气场如图10-48所示。

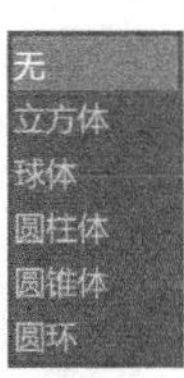

图10-47

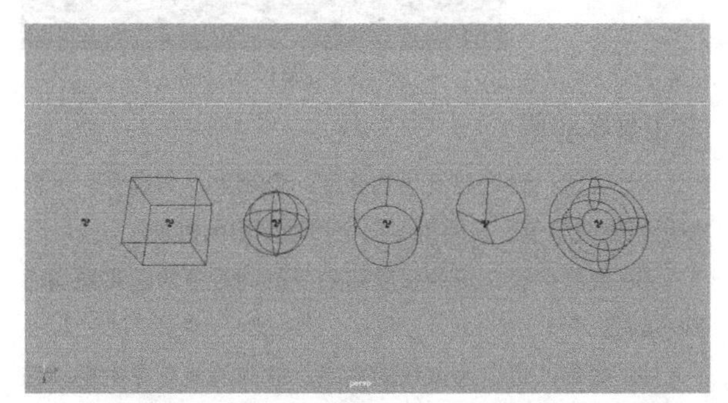

图10-48

※ 体积排除：启用该选项时，体积定义空间中场对粒子或刚体没有任何影响。

※ 体积偏移X/Y/Z：设置从场的不同方向上偏移体积。

※ 体积扫描：定义除立方体外的所有体积的旋转范围，该值可以是介于0和360度之间的值。

※ 截面半径：定义圆环体的实体部分的厚度（相对于圆环体的中心环的半径），中心环的半径由场的比例确定。

10.2.4 阻力

“阻力”场主要用来设置阻力效果，参数如图10-49所示。

常用参数解析

※ 幅值：设定阻力场的强度。幅值越大，对移动对象的阻力越大。

※ 衰减：设定场的强度随着受影响对象的距离增加而减小的量。

※ 使用方向：用于设置根据不同的方向设置阻力。

※ X/Y/Z方向：用于设置阻力的方向。

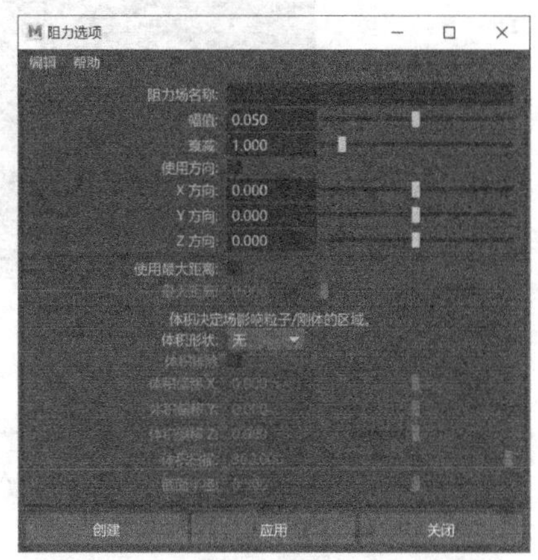

图10-49

10.2.5 重力

“重力”场主要用来模拟重力效果，参数如图10-50所示。

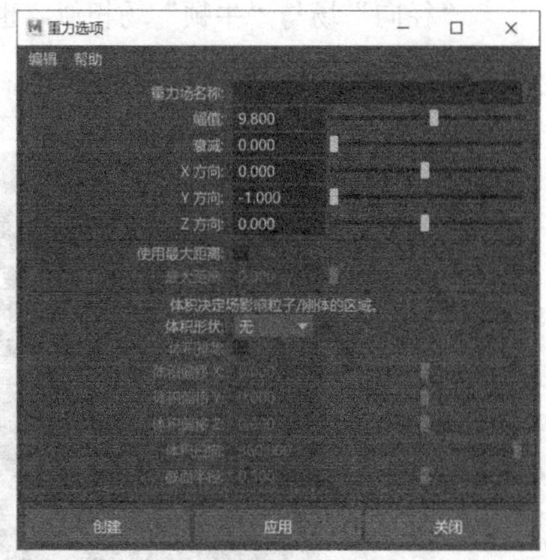

图10-50

常用参数解析

※ 幅值：设置重力场的强度。

※ 衰减：设定场的强度随着受影响对象的距离增加而减小的量。

※ X/Y/Z方向：用来设置重力的方向。

10.2.6 牛顿

“牛顿”场主要用来模拟拉力效果，参数如图10-51所示。

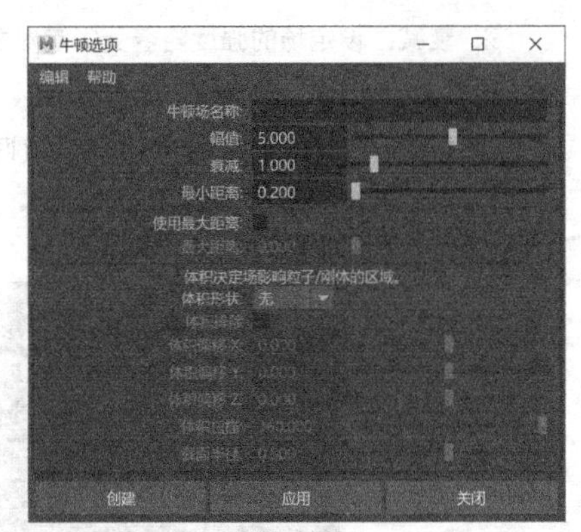

图10-51

常用参数解析

※ 幅值：设定牛顿场的强度。该数值越大，力就越强。如果为正数，则会向场的方向拉动对象；如果为负数，则会向场的相反方向推动对象。

※ 衰减：设定场的强度随着受影响对象的距离增加而减小的量。

※ 最小距离：设定牛顿场中能够施加场的最小距离。

10.2.7 径向

“径向”场与“牛顿”场相似，也是用来模拟推力及拉力的，参数如图10-52所示。

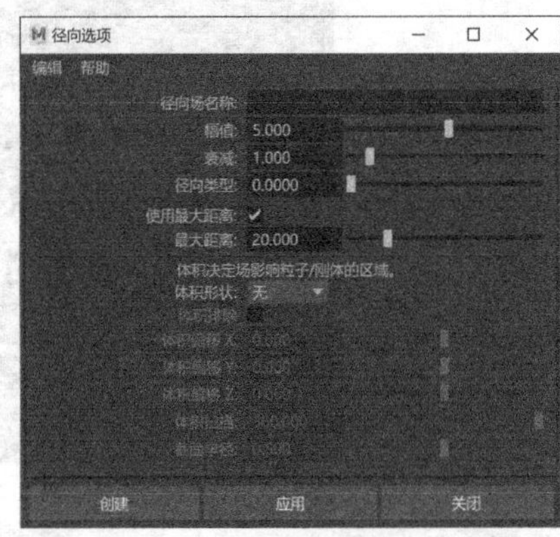

图10-52

常用参数解析

※ 幅值：设定径向场的强度。数值越大，受力越强。正数会推离对象，负数会向指向场的方向拉近对象。

※ 衰减：设定场随与受影响对象的距离的增加而减小的强度。

※ 径向类型：指定径向场的影响如何随着“衰减”减小。如果值为1，对象接近与场之间的“最大距离”时，将导致径向场的影响会快速降到零。

10.2.8 湍流

“湍流”场主要用来模拟混乱气流对n粒子或nCloth对象所产生的随机运动效果，参数如图10-53所示。

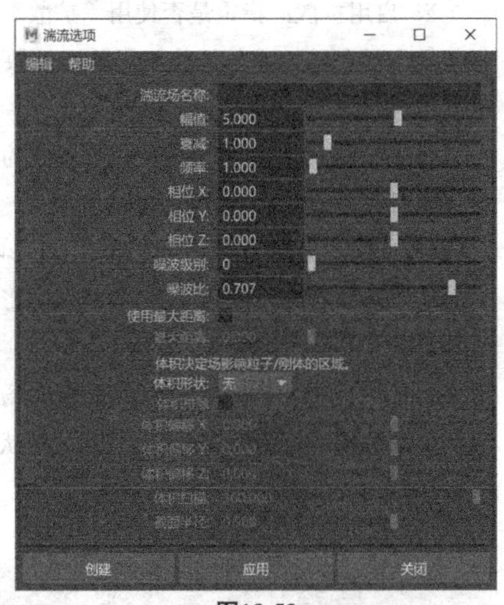

图10-53

常用参数解析

※ 幅值：设定湍流场的强度。值越大，力越强。可以使用正值或负值，在随机方向上移动受影响对象。

※ 衰减：设定场的强度随着受影响对象的距离增加而减小的量。

※ 频率：设定湍流场的频率，较高的值会产生更频繁的不规则运动。

※ 相位X/Y/Z：设定湍流场的相位移，这决定了中断的方向。

※ 噪波级别：该数值越大，湍流越不规则。

※ 噪波比：用于指定噪波连续查找的权重。

10.2.9 一致

“一致”场可以用来模拟推力及拉力，参数如图10-54所示。

常用参数解析

※ 幅值：设定一致场的强度。值越大，力越强。正值会推开受影响的对象，负值会将对象拉向场。

※ 衰减：设定场的强度随着到受影响对象的距离增加而减小的量。

※ 方向X/Y/Z：指定一致场推动对象的方向。

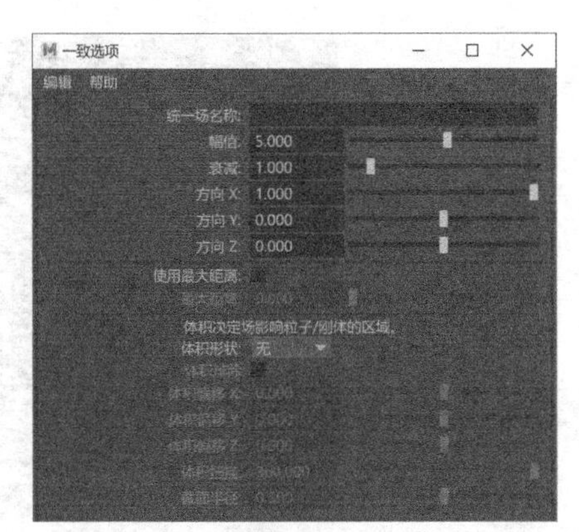

图10-54

10.2.10 漩涡

“漩涡”场用来模拟类似漩涡的旋转力，参数如图10-55所示。

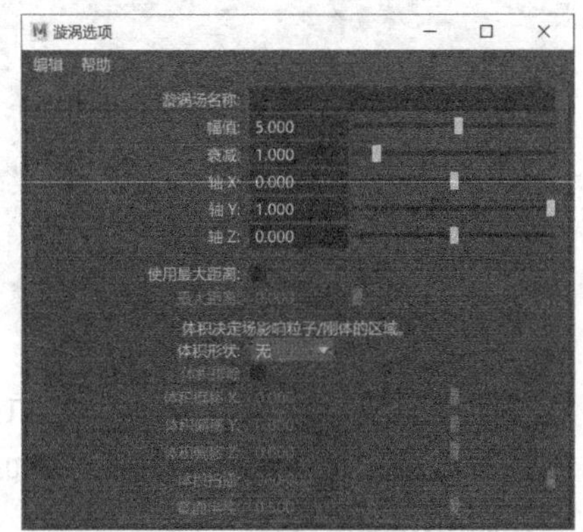

图10-55

常用参数解析

※ 幅值：设定漩涡场的强度。该数值越大，强度越强。正值会按逆时针方向移动受影响的对象，负值会按顺时针方向移动对象。

※ 衰减：设定场的强度随着受影响对象距离的增加而减少的量。

※ 轴X/Y/Z：用于指定漩涡场对其周围施加力的轴。

10.3 运动图形

运动图形也称为MASH程序动画，该动画设置技术为动画师提供了一种全新的程序动画制作思路，用来模拟动力学动画、粒子动画及一些特殊的图形变化动画。动画制作流程是先将场景中需要设置动画的对象转换为MASH网络对象，再使用系统提供的各式各样的MASH节点进行动画的设置即可。图10-56和图10-57所示为使用运动图形动画技术制作出来的创意图像。

图10-56

图10-57

10.3.1 课堂案例：制作碰撞动力学动画

场景位置	实例文件>CH10>10_2.mb
实例位置	实例文件>CH10>10_2_完成.mb
视频名称	10.3.1 课堂案例：制作碰撞动力学动画
技术掌握	使用“运动图形”工具制作碰撞动力学动画

本例通过制作碰撞动力学特效动画为读者讲解“运动图形”的使用技巧，最终动画效果如图10-58所示。

图10-58

01 启动中文版Maya 2020，打开本书配套资源场景文件“10_2.mb”，如图10-59所示。场景中有两个简单的几何体模型，并且已经设置好了材质、灯光及摄影机。

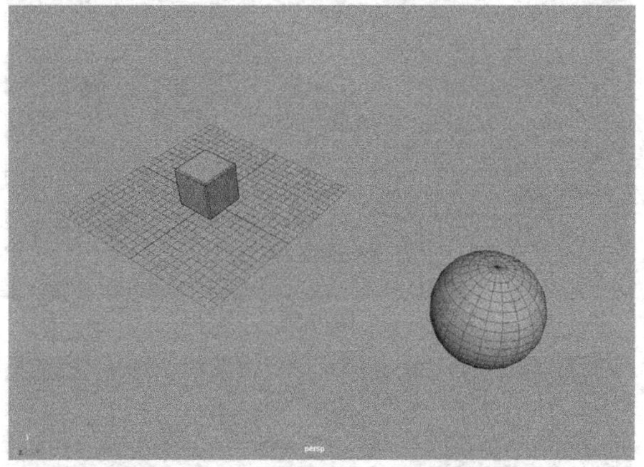

图10-59

02 选中立方体模型，单击“运动图形”工具架中的“创建MASH网络”图标，如图10-60所示。将所选择的模型设置为MASH网络对象，如图10-61所示。

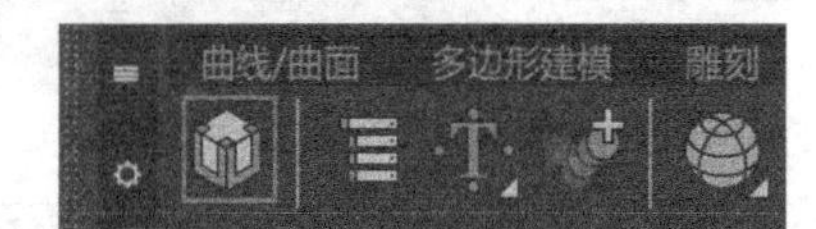

图10-60

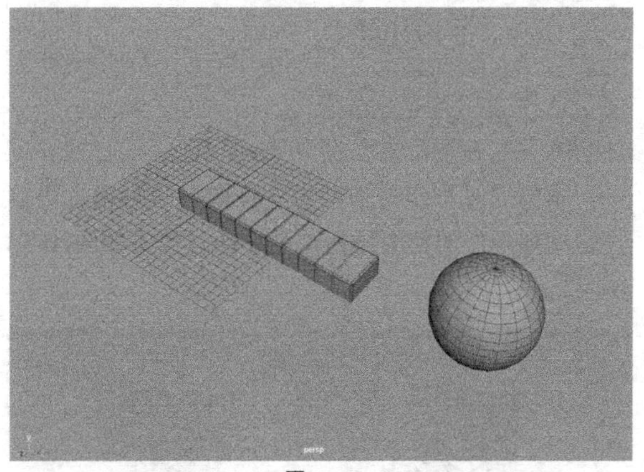

图10-61

03 在“属性编辑器”面板中，设置“分布类型”为“栅格”，“距离X”的值为5，“距离Y”和“距离Z”的值为10，“栅格X”的值为1，“栅格Y”和“栅格Z”的值为3，如图10-62所示。

04 设置完成后，MASH网络对象的视图显示效果如图10-63所示。

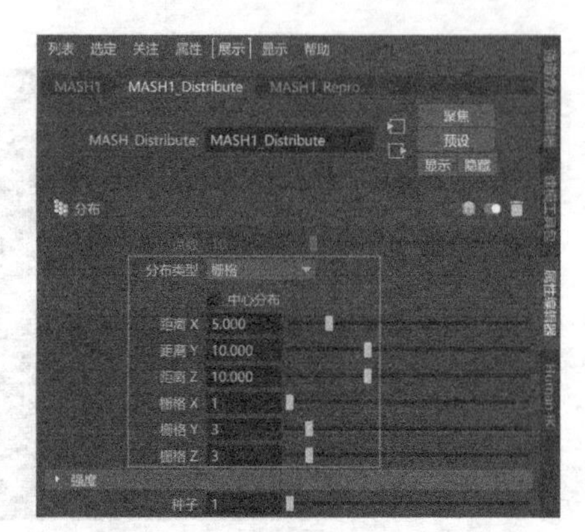

图10-62

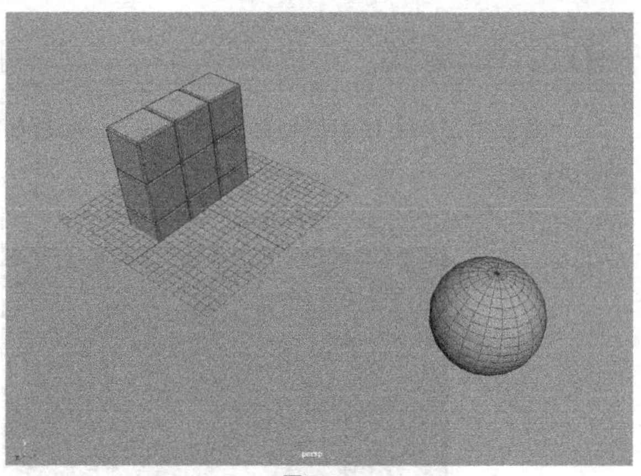

图10-63

05 在“添加节点”卷展栏中，单击Transform（变换）节点图标，并执行弹出的“添加变换节点”命令，如图10-64所示。

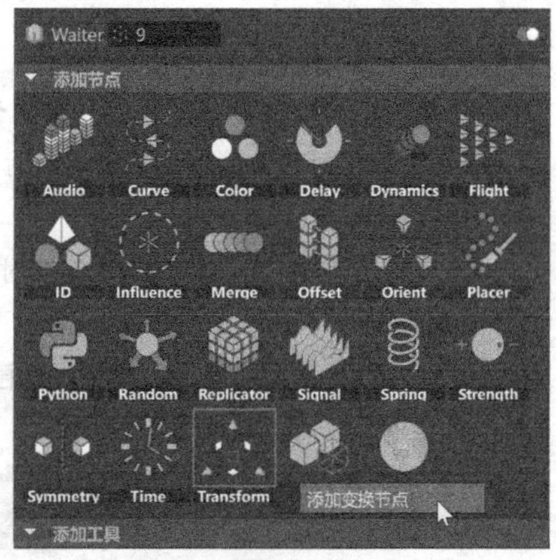

图10-64

06 设置“位置”的Y值为2.5，如图10-65所示，增加MASH网络对象在场景中的高度。

07 以同样的方式为MASH网络对象添加Dynamics（动力学）节点，如图10-66所示。

图10-65

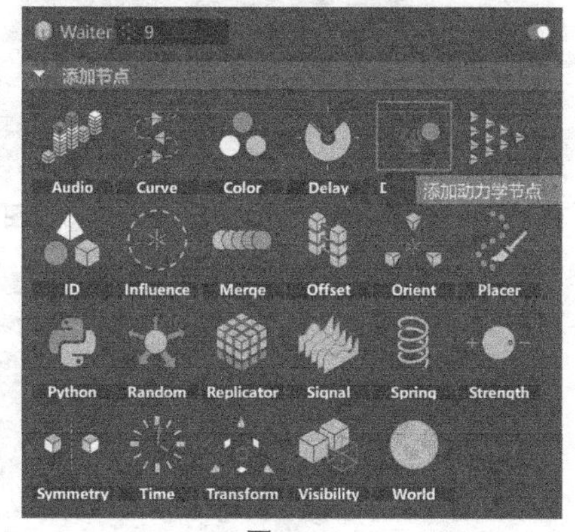

图10-66

08展开“地面”卷展栏，设置“位置”的Y值为0，如图10-67所示。

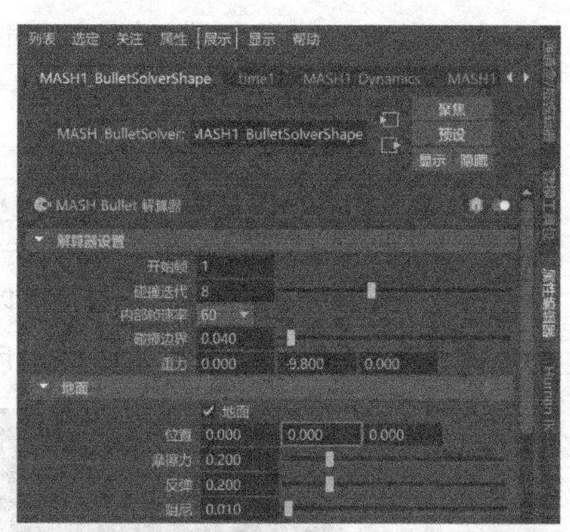

图10-67

09展开“睡眠”卷展栏，勾选“开始时睡眠”选项，如图10-68所示。这样当场景中没有其他物体与该MASH网络对象产生碰撞时，该MASH网络对象保持原始静止状态。

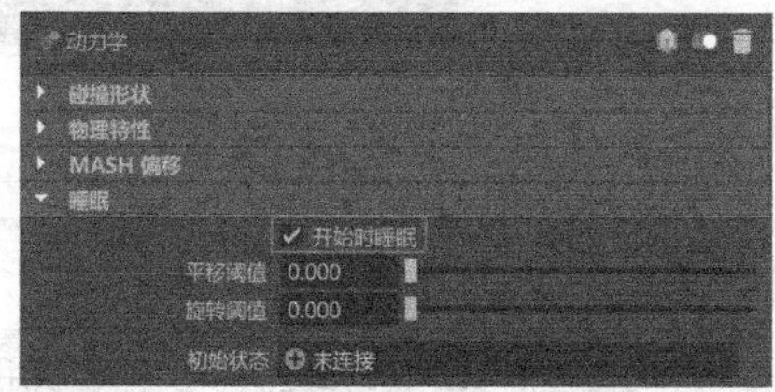

图10-68

10选择场景中的球体模型，在场景中的第1帧位置，为其“平移”属性的X值设置关键帧，如图10-69所示。

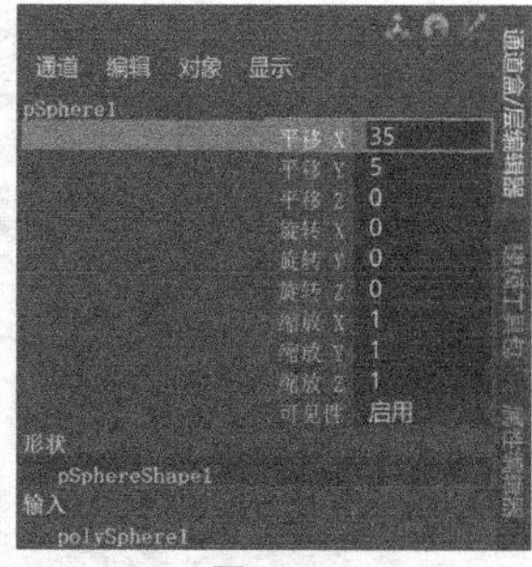

图10-69

11在场景中的第20帧位置，移动球体模型，如图10-70所示，再次为其“平移”属性的X值设置关键帧，如图10-71所示。

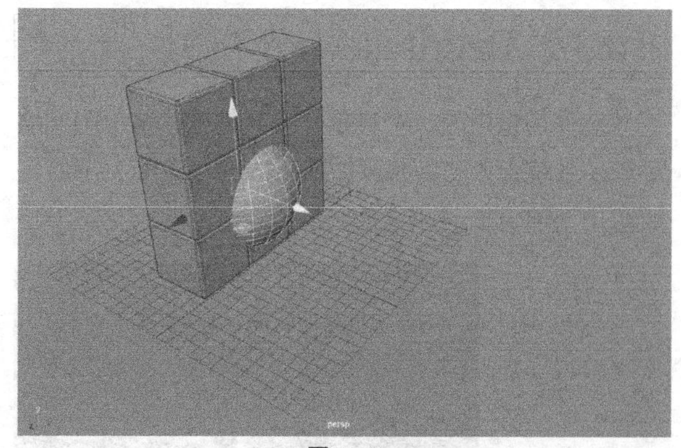
图10-70

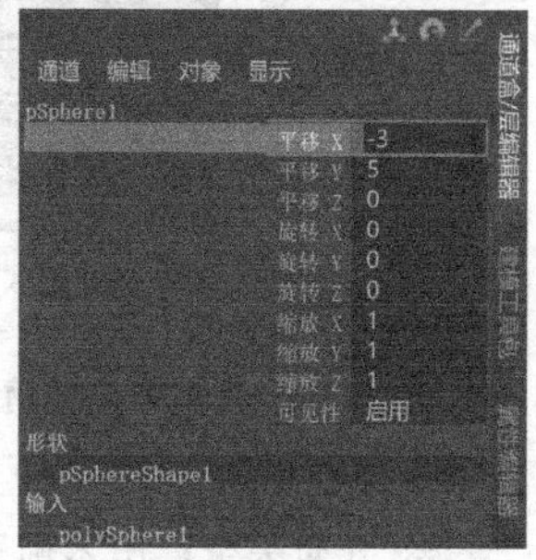

图10-71

12在“大纲视图”面板中选择MASH1_BulletSolver对象，在“属性编辑器”面板中展开“碰撞对象”卷展栏，添加进球体模型，如图10-72所示。

图10-72

⑬ 设置完成后，播放场景动画，物体碰撞动画效果如图10-73所示。

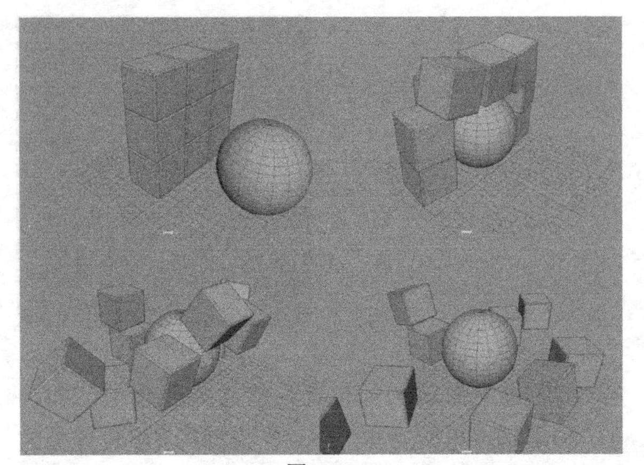

图10-73

10.3.2 Distribute（分布）

选择场景中的一个对象，将其创建为MASH网络对象，系统会自动为其添加Distribute（分布）节点，如图10-74所示。

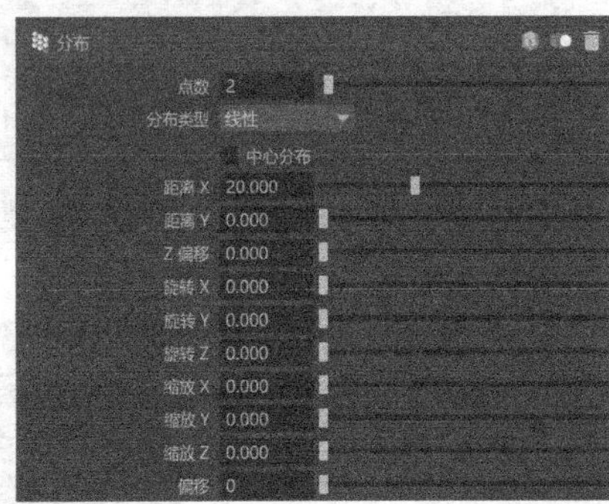

图10-74

常用参数解析

※ 点数：确定要创建MASH网络对象的点数。

※ 分布类型：用来确定分布的方法，如图10-75所示，其中“线性”“径向”“球形”“网格”“栅格”“初始状态”、Paint Effects和“体积”8种选项的分布效果如图10-76~图10-83所示。

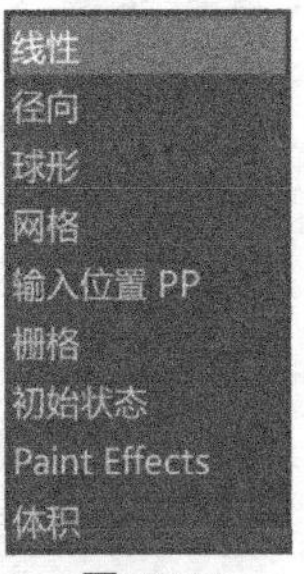

图10-75

图10-76

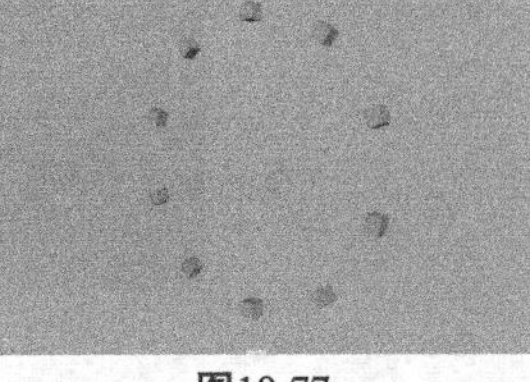

图10-77

图10-78

图10-79

图10-80

图10-81

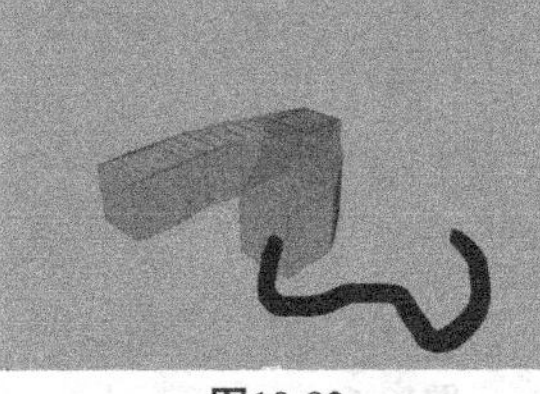

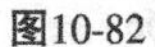

图10-82

图10-83

※ 距离X/距离Y/Z偏移：用于控制3个轴向的点间距。

※ 旋转X/Y/Z：用于控制3个轴向的旋转角度。

※ 缩放X/Y/Z：用于控制3个轴向的缩放大小。

※ 偏移：控制每个对象变换属性的增量偏移值。

10.3.3 Dynamics（动力学）

使用Dynamics（动力学）节点可以为MASH网络对象设置动力学动画，参数如图10-84所示。

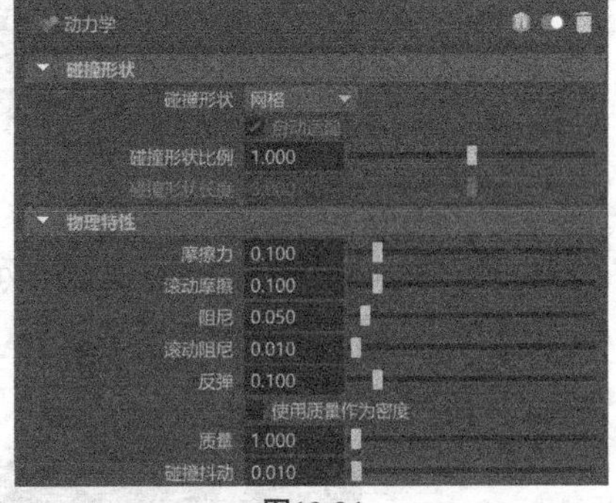

图10-84

常用参数解析

①“碰撞形状”卷展栏

※ 碰撞形状：Maya提供了多种选项用于确定MASH网络对象碰撞框的形状，如图10-85所示。

※ 碰撞形状比例：用于设置碰撞形状的大小。

※ 碰撞形状长度：用于设置碰撞形状的长度。

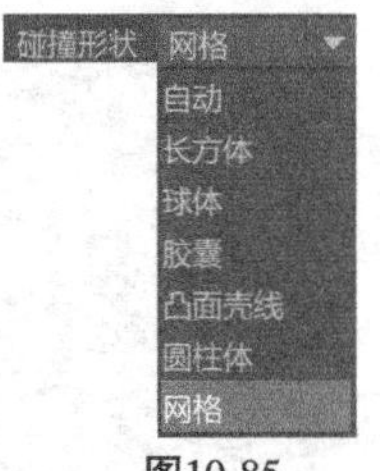

图10-85

②“物理特性”卷展栏

※ 摩擦力：用于设置MASH网络对象的曲面阻力。

※ 滚动摩擦：用于设置MASH网络对象滚动时的阻力。

※ 阻尼：控制MASH网络对象的线性速度。

※ 滚动阻尼：控制MASH网络对象滚动时的线性速度。

※ 反弹：设置MASH网络对象的反弹力。

※ 使用质量作为密度：根据MASH网络对象的体积和质量计算密度值。

※ 质量：设置MASH网络对象的质量。

※ 碰撞抖动：为MASH网络对象添加随机抖动效果。

10.3.4 Transform（变换）

使用Transform节点可以为MASH网络对象更改初始位置、旋转方向及缩放比例的大小，参数如图10-86所示。

图10-86

常用参数解析

※ 位置：设置MASH网络对象的位置。

※ 旋转：设置MASH网络对象的旋转方向。

※ 比例：设置MASH网络对象的比例大小。

※ 缩放点：随网络一起缩放各个点。

10.3.5 ID

使用ID节点可以为MASH网络对象的子对象设置不同的网格形态，参数如图10-87所示。

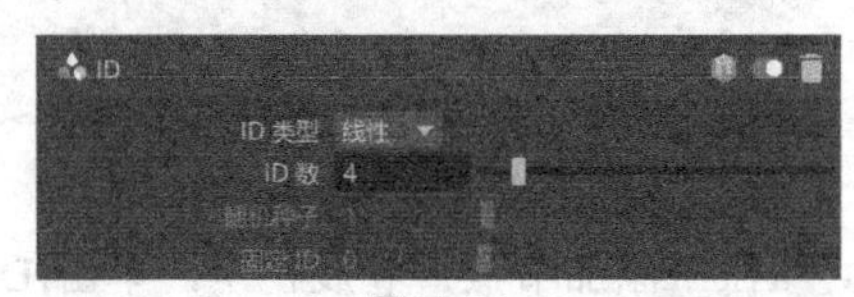

图10-87

常用参数解析

※ ID类型：用来设置ID的分布类型，有“线性”“随机”“循环”“固定”4项可选。

※ ID数：设置ID的数量。

※ 随机种子：更改MASH网络对象的子对象的随机形态。

※ 固定ID：为MASH网络对象的子对象设置统一的ID形态。

10.4 课堂练习：制作文字下落动画

场景位置	无
实例位置	实例文件>CH10>10_3_完成.mb
视频名称	10.4 课堂练习：制作文字下落动画
技术掌握	使用“运动图形”工具制作自由落体动力学动画

本例通过制作一个文字下落的动画详细讲解Dynamics节点、Transform节点和ID节点的添加及设置方法，动画最终效果如图10-88所示。

图10-88

01 启动中文版Maya 2020，单击“运动图形”工具架中的“多边形类型”图标，如图10-89所示。在场景中创建一个文字模型，如图10-90所示。

图10-89

图10-90

02 在“属性编辑器”面板中，将“文本框”内的内容更改为“Maya”，如图10-91所示。更改后视图中的文字模型会随之改变，如图10-92所示。

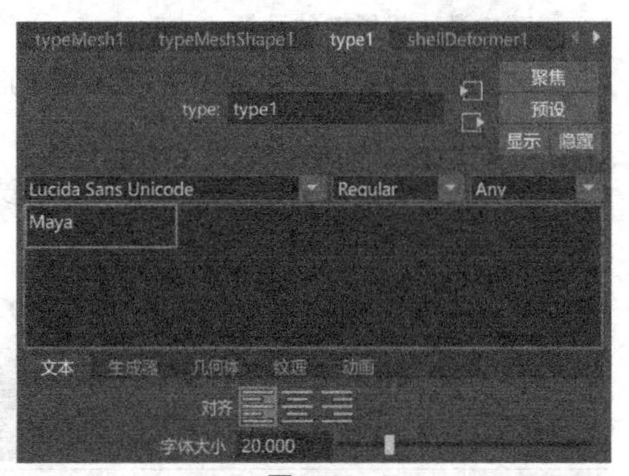

图10-91

图10-92

03 在“可变形类型”卷展栏中，勾选“可变形类型”选项，如图10-93所示。

04 选择文字模型，单击“多边形建模”工具架中的“提取”图标，如图10-94所示。

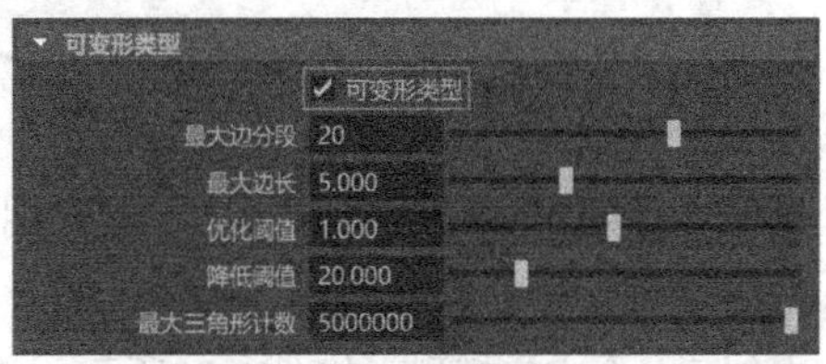

图10-93

图10-94

05 这样该文字模型会被分解成4个单个的字母模型，如图10-95所示。

06 选择场景中的所有字母模型，在菜单栏执行“修改>中心枢轴”命令，将每一个字母的轴心点都更改到模型的中心上。然后，在场景中分别调整每一个字母的位置，如图10-96所示。

图10-95

图10-96

07 选择场景中的所有字母模型，在菜单栏执行“编辑>按类型删除>历史”命令后，再单击“多边形建模”工具架中的“冻结变换”图标，如图10-97所示。

图10-97

08 在场景中，按住Shift键，按照“Maya”单词依次选择4个字母模型，单击“运动图形”工具架中的“创建MASH网络”图标，创建出MASH网络对象，如图10-98所示。

图10-98

09 在“添加节点”卷展栏中，单击ID节点图标，并执行弹出的“添加ID节点”命令，如图10-99所示。

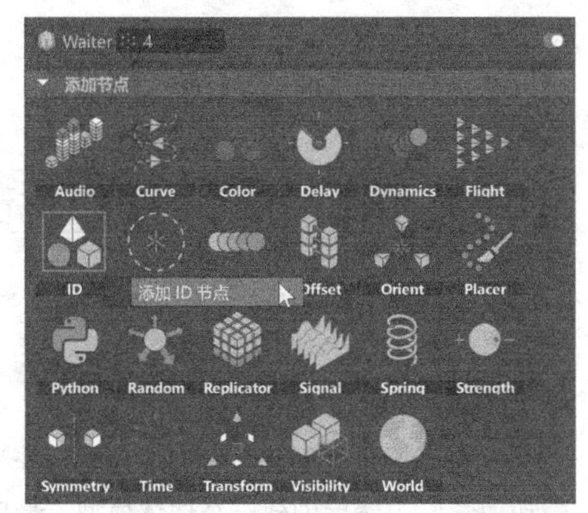

图10-99

⑩添加完ID节点后，场景中MASH网络对象的模型显示如图10-100所示。

图10-100

⑪在“属性编辑器”面板中，设置“距离X”的值为30，如图10-101所示。设置完成后，MASH网络对象的显示效果如图10-102所示。

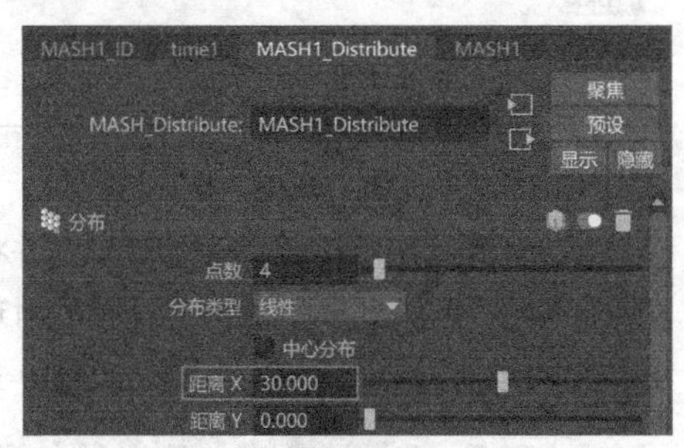

图10-101

图10-102

⑫在“添加节点”卷展栏中，单击Transform节点图标，并执行弹出的“添加变换节点”命令，如图10-103所示。

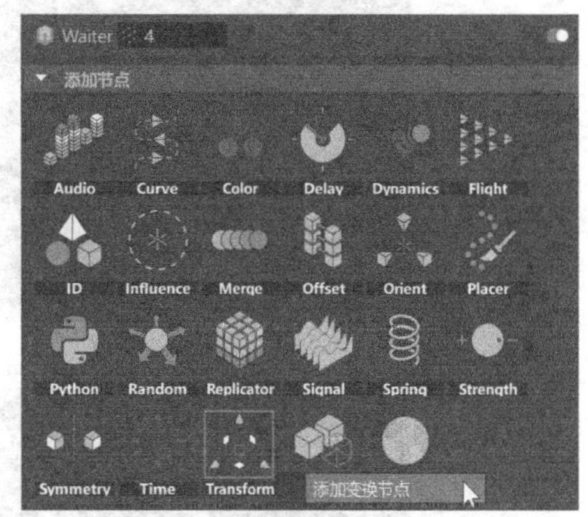

图10-103

⑬在“属性编辑器”面板中，设置“位置”的Y值为10，“旋转”的Z值为10，如图10-104所示，调整MASH网络对象的位置和旋转方向，如图10-105所示。

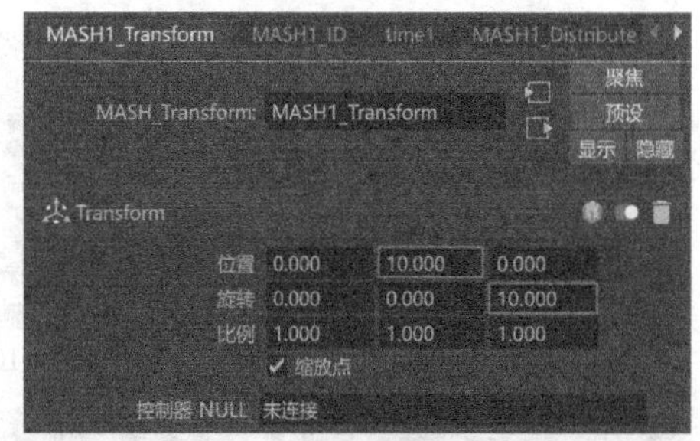

图10-104

图10-105

⑭以同样的方式为MASH网络对象添加Dynamics节点，如图10-106所示。

⑮在“属性编辑器”面板中，展开“地面”卷展栏，设置“位置”的Y值为0，如图10-107所示。

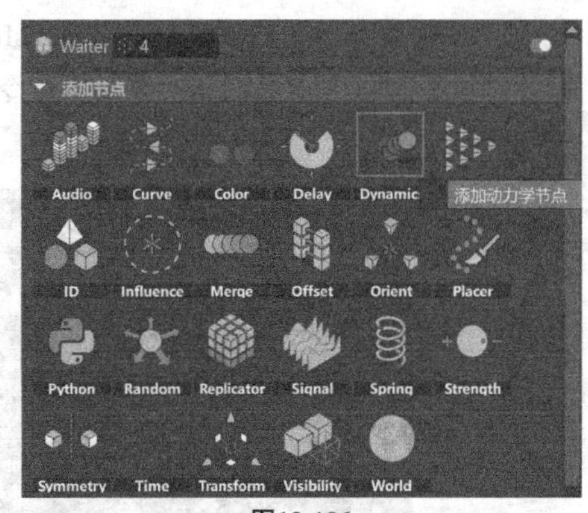

图10-106

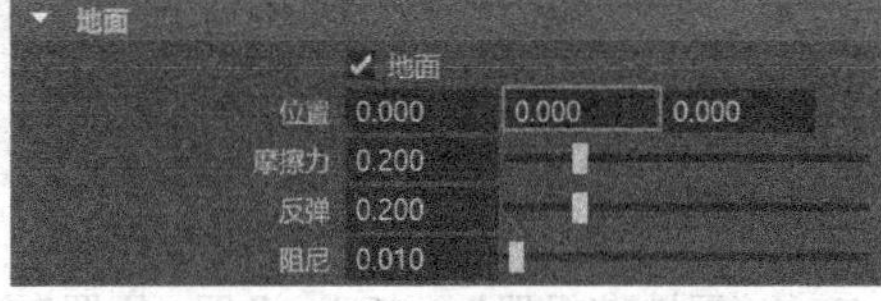

图10-107

⑯设置完成后，播放场景动画，最终动画效果如图10-108~图10-111所示。

图10-108

图10-109

图10-110

图10-111

10.5 本章小结

本章主要讲解了在Maya中制作群组动画的常用动画工具，并且通过实例分别介绍了粒子系统和运动图形工具涉及的动力学知识，希望读者可以认真学习。

10.6 课后习题

本节准备了两个习题供读者练习，练习使用“运动图形”工具和“n粒子”制作特效动画，希望读者可以掌握群组动画的制作技法。

10.6.1 课后习题：制作射击动画

场景位置 无
实例位置 实例文件>CH10>10_4_完成.mb
视频名称 10.6.1 课后习题：制作射击动画
技术掌握 使用“运动图形”工具制作射击动力学动画

操作指南

首先在场景中创建一个文字模型，并为其“添加壳动力学”，然后创建一个球体模型，最后将其设置为MASH网络对象的形态，并为其添加动力学节点制作射击效果，最终渲染效果如图10-112所示。

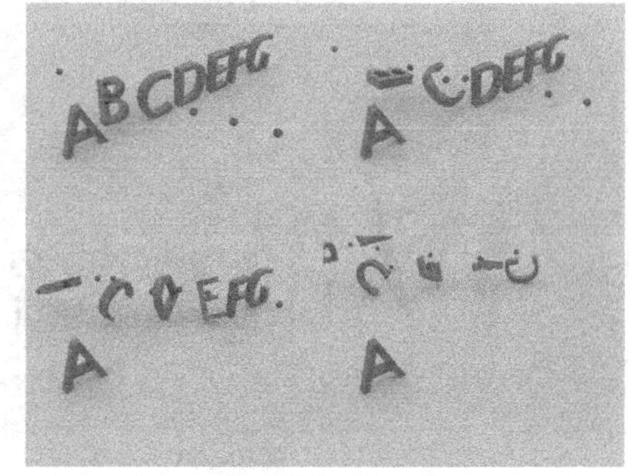

图10-112

10.6.2 课后习题：制作下雪动画

场景位置 无
实例位置 实例文件>CH10>10_5_完成.mb
视频名称 10.6.2 课后习题：制作下雪动画
技术掌握 使用“n粒子”制作下雪特效动画

操作指南

首先在场景中创建一个平面模型，并将其设置为n粒子发射器，然后通过调整n粒子的发射速度和风速控制雪的运动方向，最终渲染效果如图10-113所示。

图10-113

第11章 综合实例

本章为读者准备了一些较为典型的实例，希望读者能够通过本章的学习，熟练掌握Maya的材质、灯光、动画及渲染的相关技巧。

课堂学习目标

掌握Maya的常用材质、灯光及渲染方法

11.1 下雨动画

场景位置	实例文件>CH11>11_1>11_1.mb
实例位置	实例文件>CH11>11_1>11_1_完成.mb
视频名称	11.1 下雨动画
技术掌握	粒子动画、材质及Arnold渲染器的综合运用

本例通过制作下雨动画特效详细讲解粒子动画、材质及Arnold渲染器的综合运用技巧，最终动画效果如图11-1所示。

图11-1

11.1.1 制作下雨动画

01 启动中文版Maya 2020，打开本书配套资源场景文件"11_1.mb"，如图11-2所示。场景中是一组室外静物模型，已经设置好了材质、灯光及摄影机。

图11-2

02 单击FX工具架中的"发射器"图标，如图11-3所示。

图11-3

03 在"大纲视图"面板中选择n粒子发射器，在"属性编辑器"面板中，设置"发射器类型"为Volume，"速率（粒子/秒）"的值为500，如图11-4所示。

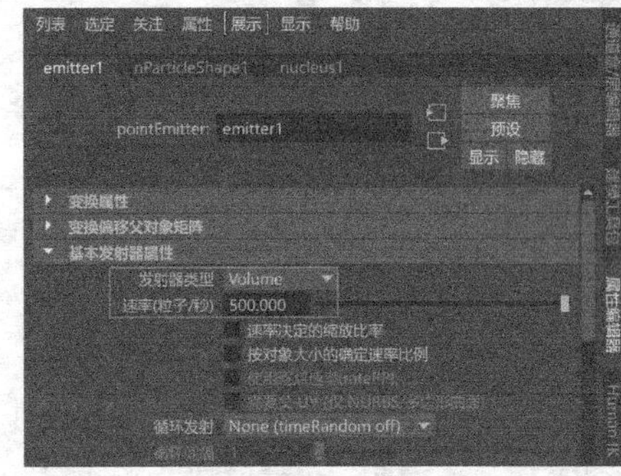

图11-4

04 对n粒子发射器进行缩放并调整位置，如图11-5所示，使其位于场景中箱子模型的上方。

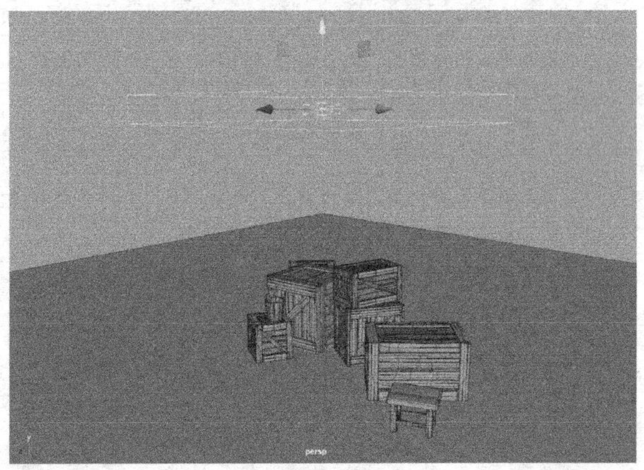

图11-5

05 选择场景中的箱子模型和地面模型，单击FX工具架中的"创建被动碰撞对象"图标，如图11-6所示，使其与粒子产生碰撞。

06 在"属性编辑器"面板中，展开"重力和风"卷展栏，设置"重力"的值为40，如图11-7所示，使粒子的下落速度变快一些。

图11-6

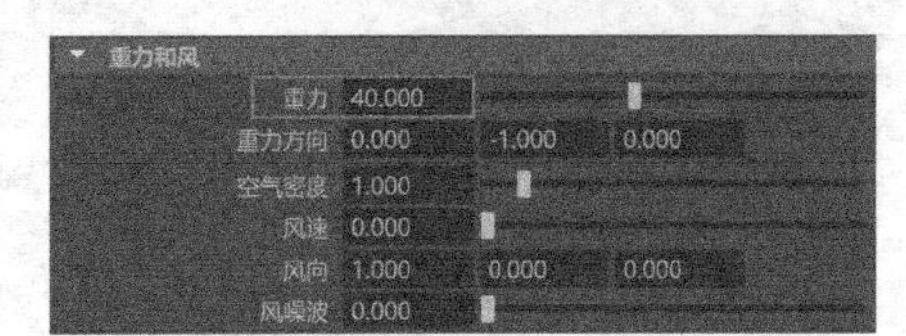

图11-7

07 播放场景动画，从右视图观察，粒子与地面发生碰撞的位置有一定的距离，如图11-8所示，给人的感觉很不自然。

图11-8

08 展开"碰撞"卷展栏，设置"厚度"的值为0，"反弹"的值为0.3，如图11-9所示。再次播放动画，此时粒子与地面的间距明显变小了，并且粒子与地面碰撞后还具有一定的反弹效果，如图11-10所示。

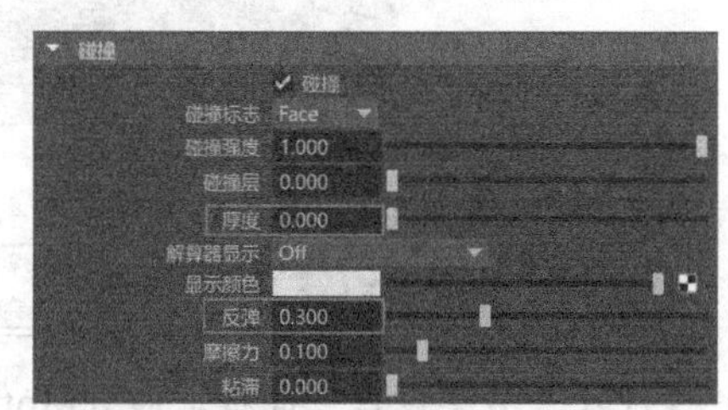

图11-9

图11-10

09 在菜单栏执行"nParticle>粒子碰撞事件编辑器"命令，打开"粒子碰撞事件编辑器"对话框，勾选"分割"和"随机粒子数"选项，设置"粒子数"的值为8，并单击该面板左下方的"创建事件"按钮，如图11-11所示。

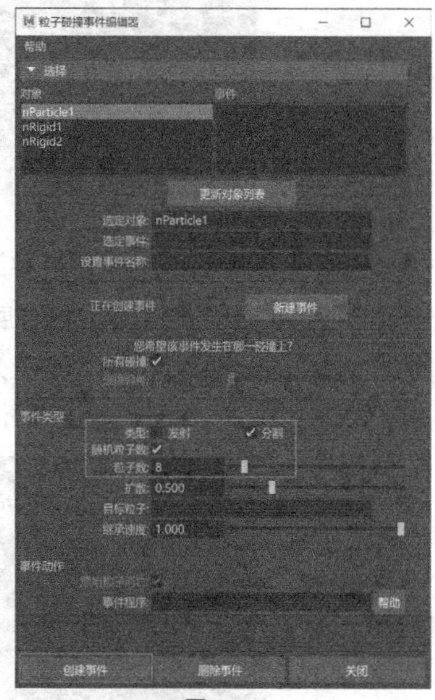

图11-11

10 再次播放动画，即可看到雨滴落到地面上还会产生水花溅起的效果，如图11-12所示。

图11-12

11 选择场景中粒子，展开"着色"卷展栏，设置"粒子渲染类型"为Spheres，如图11-13所示。

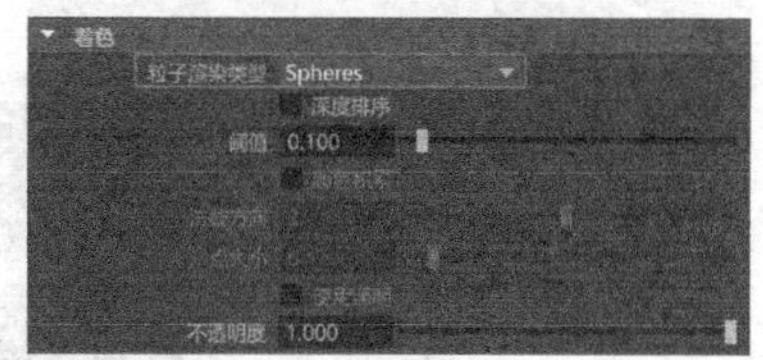

图11-13

12 在"粒子大小"卷展栏中，设置"半径"的值为0.05，如图11-14所示。

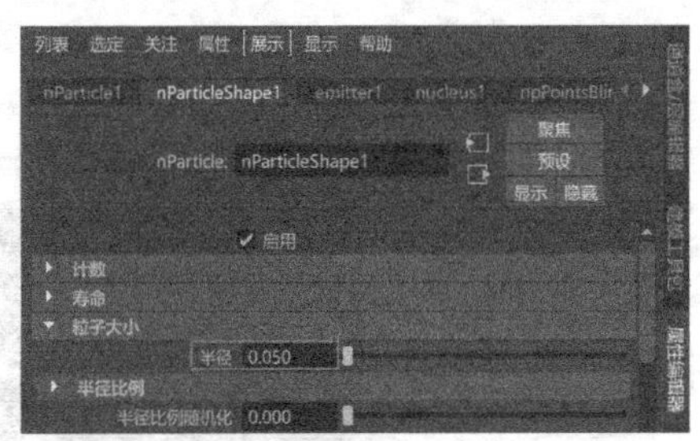

图11-14

⑬选择作为模拟水花效果的n粒子对象，在“属性编辑器”面板中，展开“寿命”卷展栏，设置“寿命模式”为Constant，“寿命”的值为3，如图11-15所示。最终动画完成效果如图11-16所示。

图11-15

图11-16

11.1.2 制作雨水材质

01在“大纲视图”面板中选择场景中的两个n粒子对象，如图11-17所示。

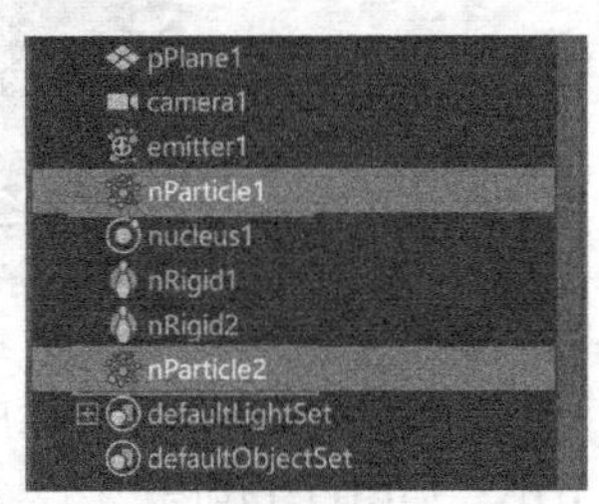

图11-17

02单击“渲染”工具架中的“标准曲面材质”图标，如图11-18所示，为选择的粒子对象指定标准曲面材质。

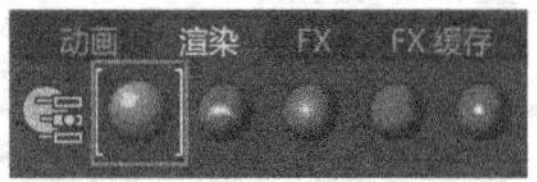

图11-18

03在“属性编辑器”面板中，展开“透射”卷展栏，设置“权重”的值为0.5；展开“发射”卷展栏，设置“权重”的值为0.5，如图11-19所示。

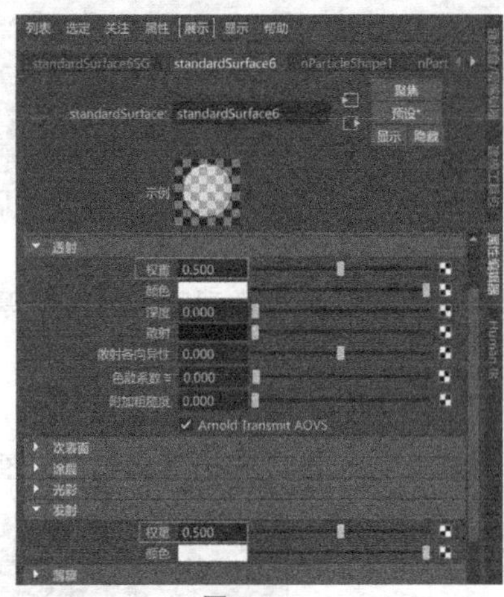

图11-19

11.1.3 渲染设置

01打开“渲染设置”面板，展开Motion Blur卷展栏，勾选Enable选项，如图11-20所示，开启运动模糊计算。

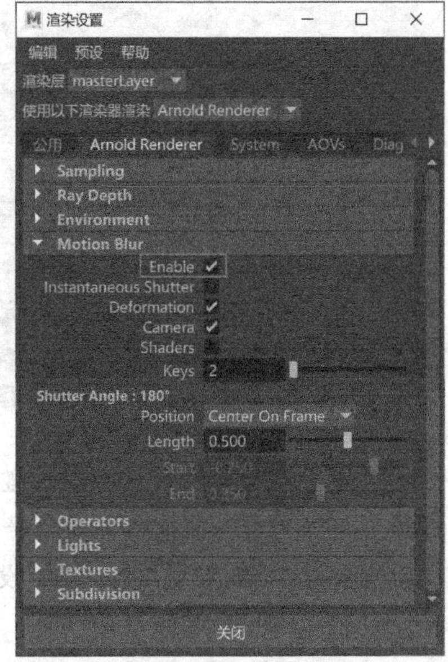

图11-20

02 设置完成后，渲染场景，最终渲染效果如图11-21所示。

图11-21

11.2 室内场景

场景位置 实例文件>CH11>11_2>11_2.mb
实例位置 实例文件>CH11>11_2>11_2_完成.mb
视频名称 11.2 室内场景
技术掌握 材质、灯光及Arnold渲染器的综合运用

Maya 2020的默认渲染器——Arnold渲染器，是一个电影级别的优秀渲染器。使用Arnold渲染器渲染出来的动画场景非常逼真，其内置的灯光可以轻松模拟出日光、天光、灯带及射灯等照明效果，完全可以胜任电视、电影中的灯光特效技术要求。本例将通过渲染一个室内场景讲解材质、灯光和Arnold渲染器的综合运用，最终渲染效果如图11-22所示。

图11-22

打开本书的配套场景资源文件“11_2.mb”，如图11-23所示。

图11-23

11.2.1 制作陶瓷材质

本例中的陶瓷材质渲染效果如图11-24所示，具体制作步骤如下。

图11-24

01 在场景中选择罐子模型，如图11-25所示。

图11-25

02 单击“渲染”工具架中的“标准曲面材质”图标，为选择的模型指定标准曲面材质，如图11-26所示。

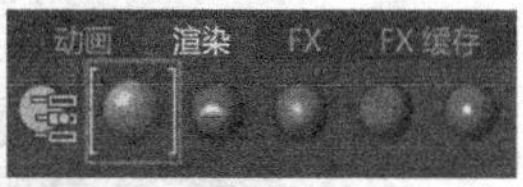

图11-26

03 在“属性编辑器”面板中，展开“基础”卷展栏，设置材质的“颜色”为绿色；展开“镜面反射”

卷展栏，设置“权重”的值为1，“颜色”为白色，“粗糙度”的值为0.1，如图11-27所示。其中，“基础”卷展栏内的“颜色”具体参数如图11-28所示。

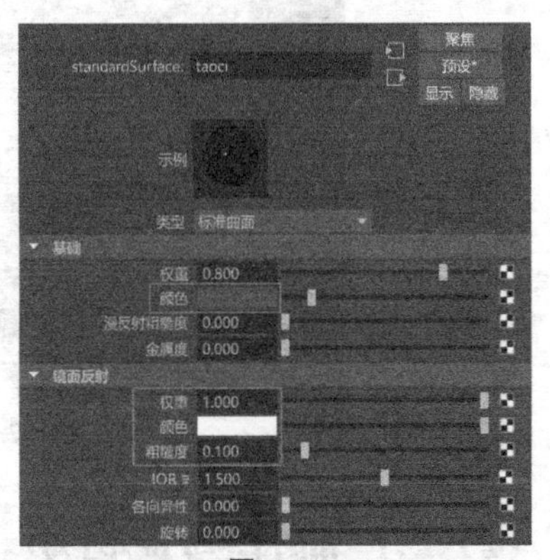

图11-27

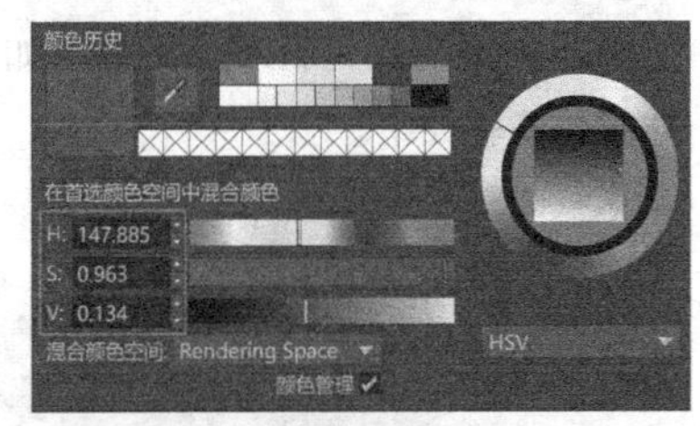

图11-28

04 制作完成的陶瓷材质球显示效果如图11-29所示。

图11-29

11.2.2 制作银色金属材质

本例中的银色金属材质渲染效果如图11-30所示，具体制作步骤如下。

图11-30

01 在场景中选择小酒壶模型，如图11-31所示，并为其指定标准曲面材质。

图11-31

02 在“属性编辑器”面板中，展开“基础”卷展栏，设置“金属度”的值为1；展开“镜面反射”卷展栏，设置“权重”的值为1，如图11-32所示。

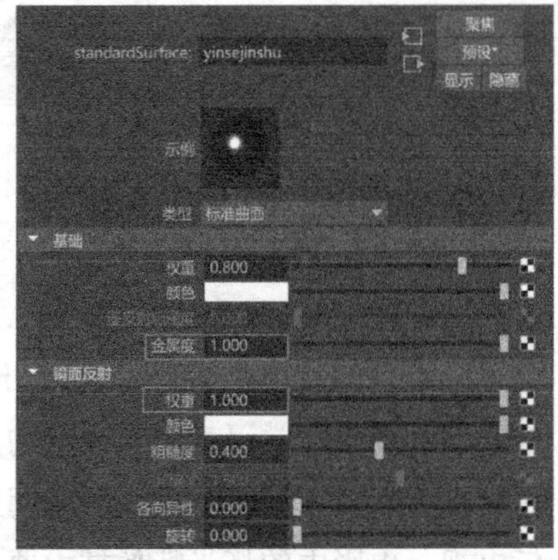

图11-32

03 制作完成的银色金属材质球显示效果如图11-33所示。

图11-33

11.2.3 制作金色金属材质

本例中的金色金属材质渲染效果如图11-34所示，具体制作步骤如下。

图11-34

01 在场景中选择床头灯灯架模型，如图11-35所示，并为其指定标准曲面材质。

图11-35

02 在“属性编辑器”面板中，展开“基础”卷展栏，设置“颜色”为金黄色，“金属度”的值为1；展开“镜面反射”卷展栏，设置“权重”的值为1，“颜色”为白色，“粗糙度”的值为0.1，如图11-36所示。其中，“基础”卷展栏中的“颜色”具体参数如图11-37所示。

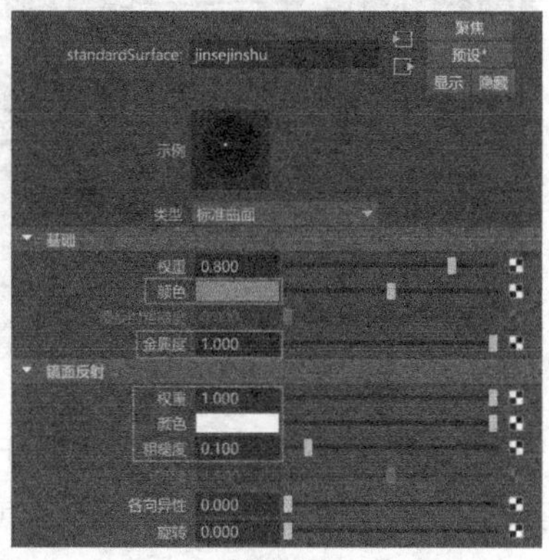

图11-36

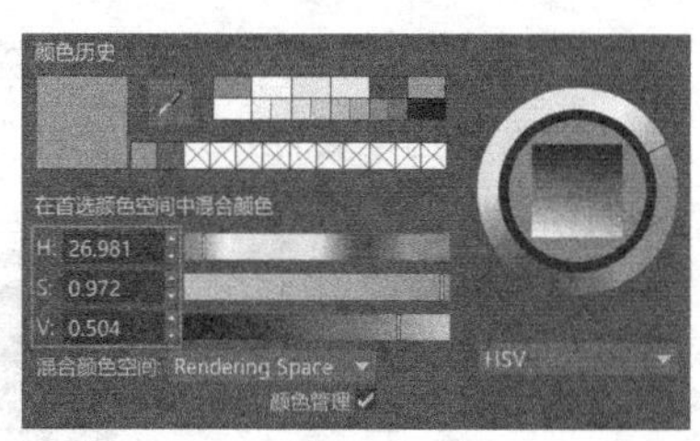

图11-37

03 制作完成的金色金属材质球显示效果如图11-38所示。

图11-38

11.2.4 制作木制家具材质

本例中的木制家具材质渲染效果如图11-39所示，具体制作步骤如下。

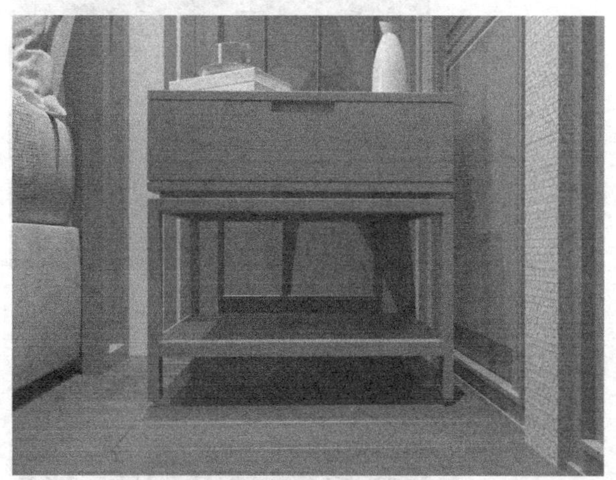
图11-39

01 在场景中选择床头柜模型，如图11-40所示，并为其指定标准曲面材质。

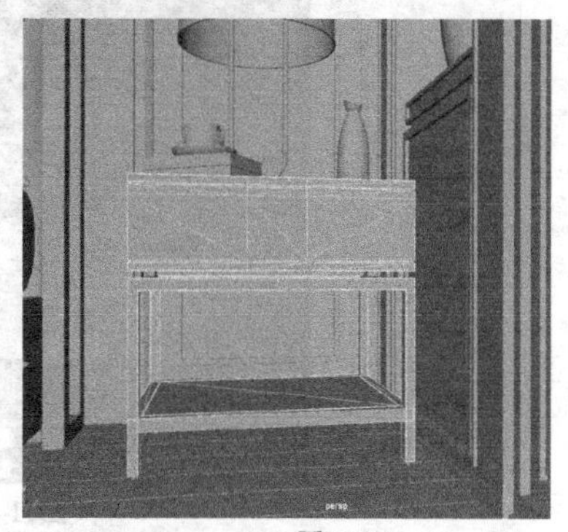
图11-40

02 在“属性编辑器”面板中，展开“基础”卷展栏，为“颜色”属性添加“文件”渲染节点，如图11-41所示。

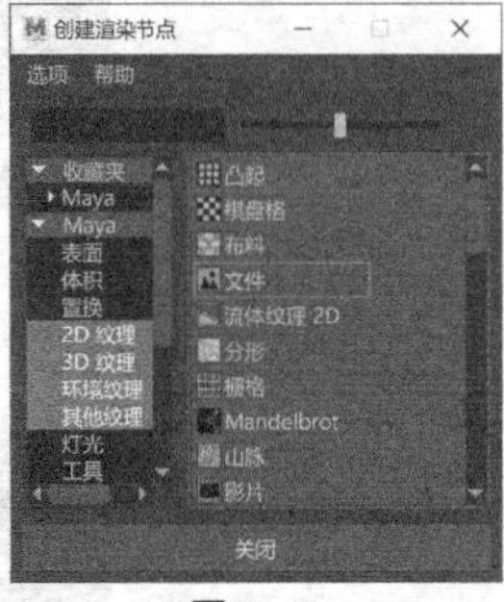

图11-41

03 在“文件属性”卷展栏中，单击“图像名称”后面的文件夹图标，浏览并添加本书配套资源“木纹.JPG”贴图文件，如图11-42所示，制作出木制家具材质的表面纹理。

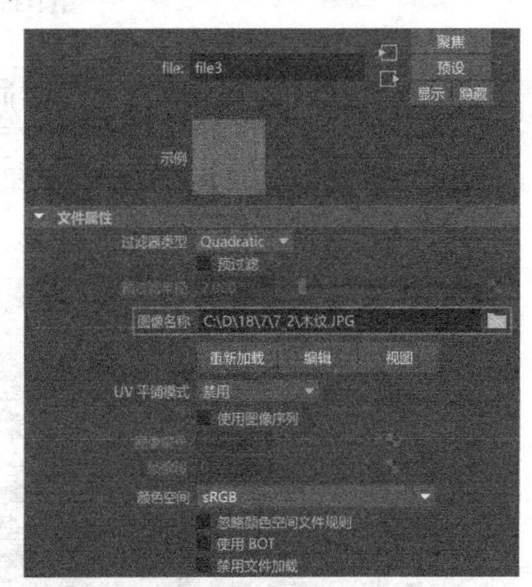

图11-42

04 在“镜面反射”卷展栏中，设置“权重”的值为1，“颜色”为白色，“粗糙度”的值为0.2，如图11-43所示。

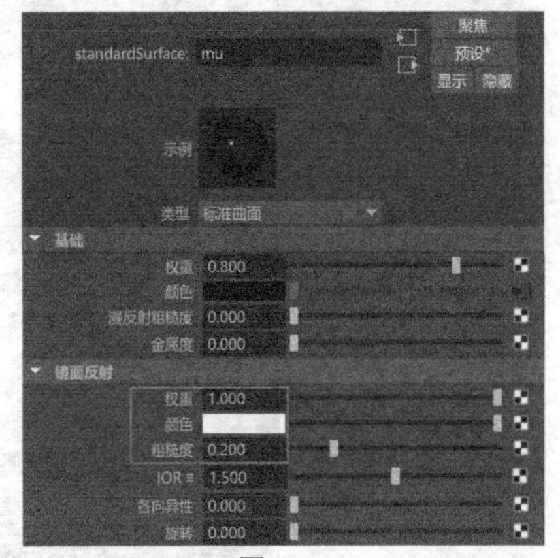

图11-43

05 制作完成的木制家具材质球显示效果如图11-44所示。

图11-44

11.2.5 制作地板材质

本例中的地板材质渲染效果如图11-45所示，具体制作步骤如下。

图11-45

01 在场景中选择地板模型，如图11-46所示，并为其指定标准曲面材质。

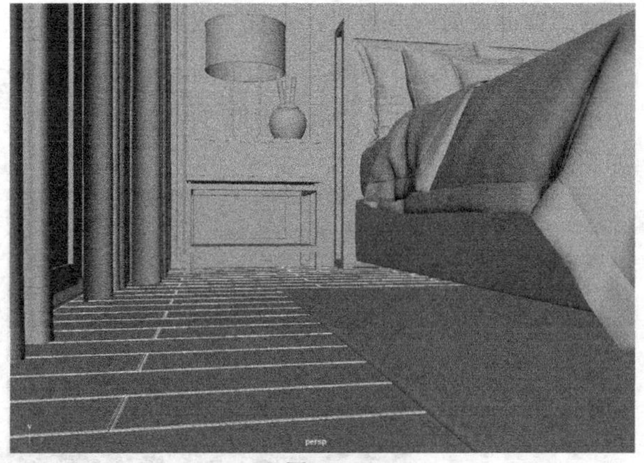

图11-46

02 在“属性编辑器”面板中，展开“基础”卷展栏，为“颜色”属性添加“文件”渲染节点，如图11-47所示。

图11-47

03 在“文件属性”卷展栏中，单击“图像名称”后面的文件夹图标，浏览并添加本书配套资源“地板.jpg”贴图文件，如图11-48所示，制作出地板材质的表面纹理。

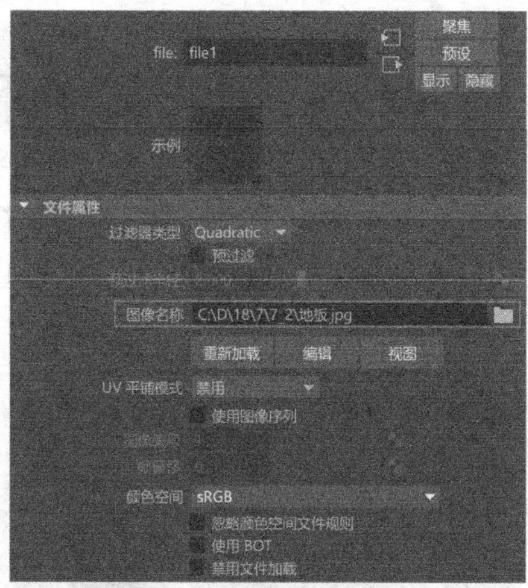

图11-48

04 在“镜面反射”卷展栏中，设置“权重”的值为1，如图11-49所示。

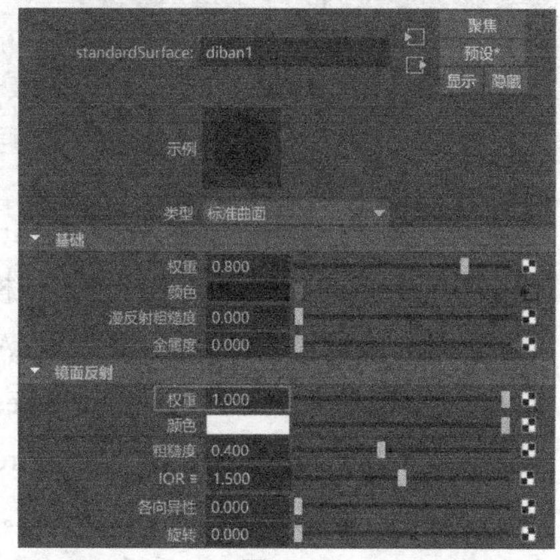

图11-49

05 展开“几何体”卷展栏，将“文件”渲染节点添加至“凹凸贴图”后的文本框内，如图11-50所示。

图11-50

06 在“文件属性”卷展栏中，单击“图像名称”后面的文件夹图标，浏览并添加本书配套资源“地板-凹凸.jpg”贴图文件，如图11-51所示，用来控制地板材质的凹凸纹理。

07 展开“2D凹凸属性”卷展栏，设置“凹凸深度”的值为2，如图11-52所示，增加凹凸的效果。

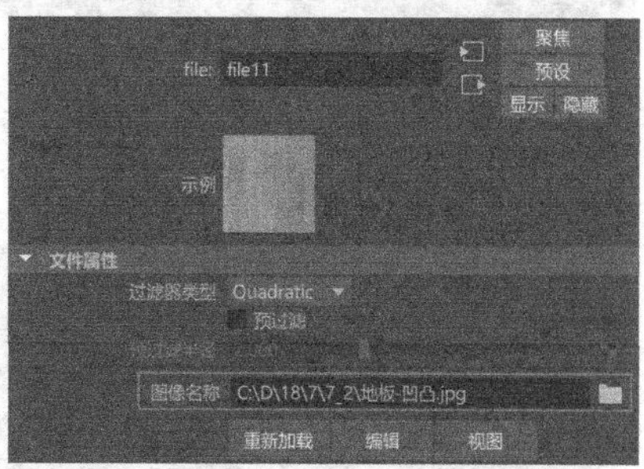

图11-51

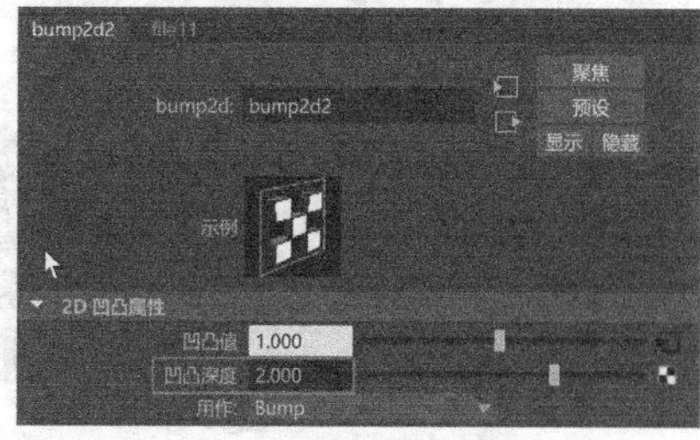

图11-52

08 制作完成的地板材质球显示效果如图11-53所示。

图11-53

11.2.6 制作布纹材质

本例中的布纹材质渲染效果如图11-54所示，具体制作步骤如下。

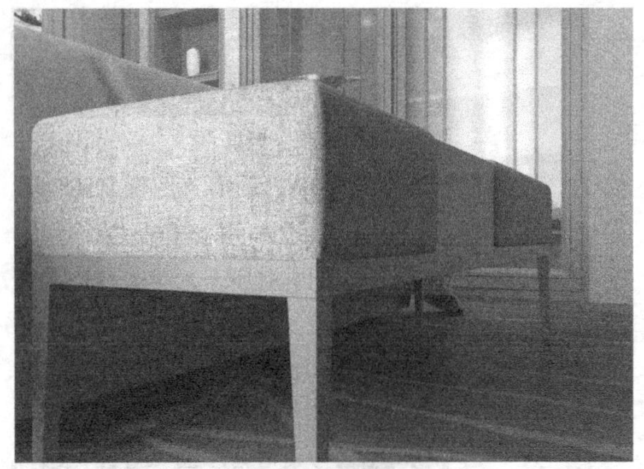

图11-54

01 在场景中选择坐垫模型，如图11-55所示，并为其指定标准曲面材质。

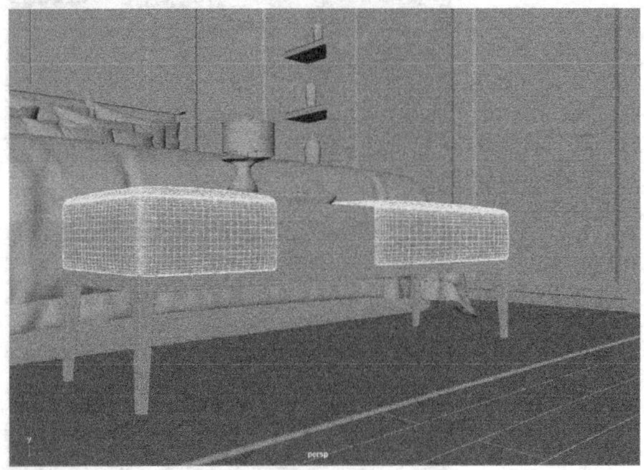

图11-55

02 在“属性编辑器”面板中，展开“基础”卷展栏，为“颜色”属性添加“文件”渲染节点，如图11-56所示。

03 在“文件属性”卷展栏中，单击“图像名称”后面的文件夹图标，浏览并添加本书配套资源“布纹.jpg”贴图文件，如图11-57所示，制作出布纹材质的表面纹理。

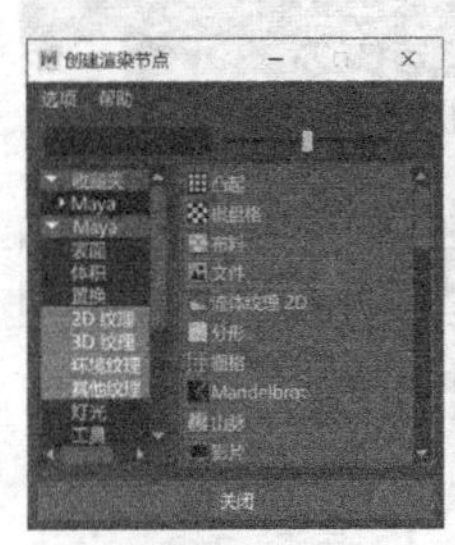

图11-56

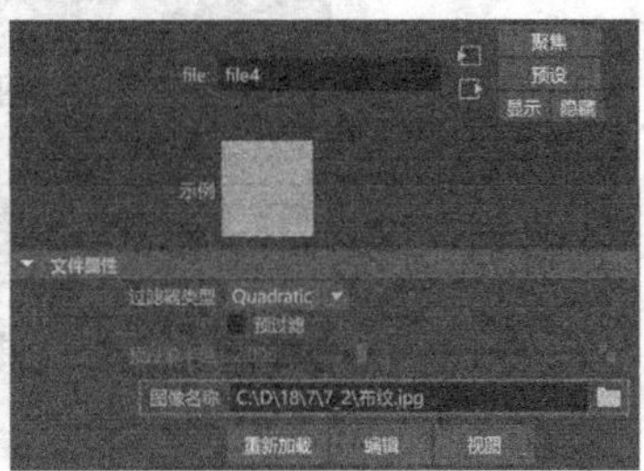

图11-57

04 制作完成的布纹材质球显示效果如图11-58所示。

图11-58

11.2.7 制作天光照明效果

01 在Arnold工具架中，单击Create Area Light图标，如图11-59所示。在场景中创建一个Arnold渲染器的区域灯光。

图11-59

02 按R键，使用“缩放工具”对区域灯光进行缩放，在左视图中调整大小和位置，如图11-60所示，与场景中房间的窗户大小相近即可。

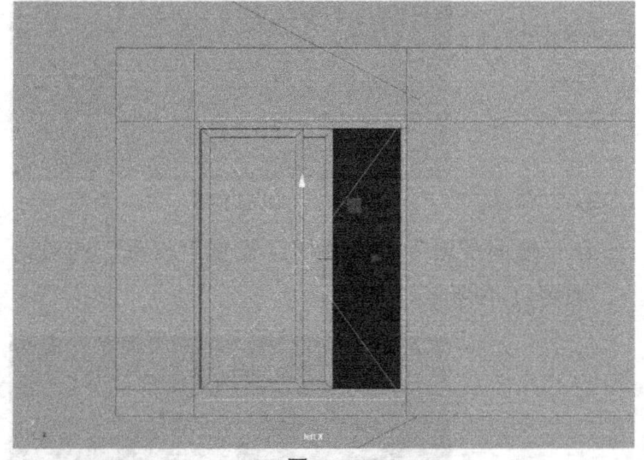

图11-60

03 使用“移动工具”调整Area Light的位置，如图11-61所示，将灯光放置在房间外窗户模型的位置。

04 在“属性编辑器”面板中，切换到aiAreaLightShape1选项卡，在Arnold Area Light Attributes卷展栏中，设置区域光的Intensity值为800，Exposure的值为10，如图11-62所示，增加区域光的照明强度。

图11-61

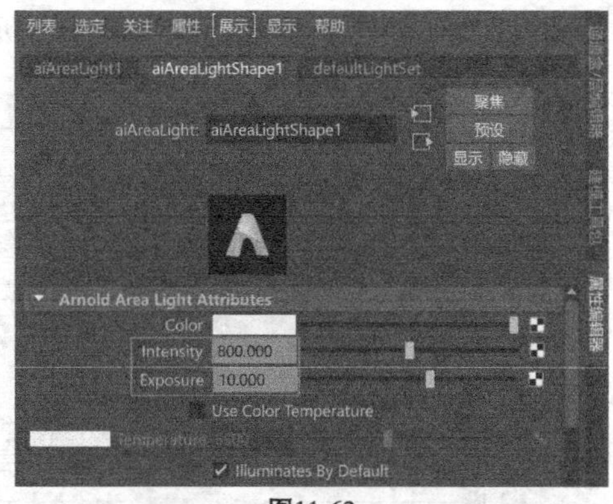

图11-62

05 渲染场景，制作完成的天光照明效果如图11-63所示。

图11-63

11.2.8 制作灯带照明效果

01 选择场景中的灯带模型，如图11-64所示。

图11-64

02 单击Arnold工具架中的Create Mesh Light（创建网格光）图标，如图11-65所示，即可将所选的模型设置为灯光。设置完成后，在“大纲视图”面板中可以看到网格灯光与灯带模型之间的关系，如图11-66所示。

图11-65

图11-66

03 在“属性编辑器”面板中，设置Intensity的值为80，Exposure的值为8，勾选Use Color Temperature选项，设置Temperature的值为3500，如图11-67所示。

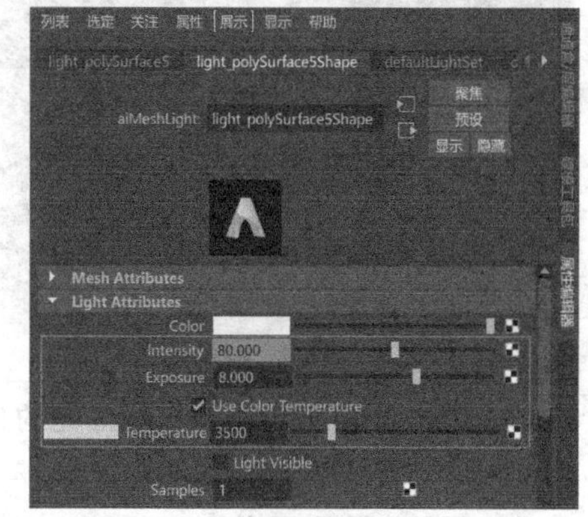

图11-67

04 设置完成后，渲染场景，制作完成的灯带照明效果如图11-68所示。

图11-68

11.2.9 制作筒灯照明效果

01 在Arnold工具架中，单击Create Photometric Light（创建光度学光）图标，如图11-69所示，在场景中创建一个Arnold渲染器的光度学灯光。

图11-69

02 在顶视图中，调整光度学灯光的位置，如图11-70所示。

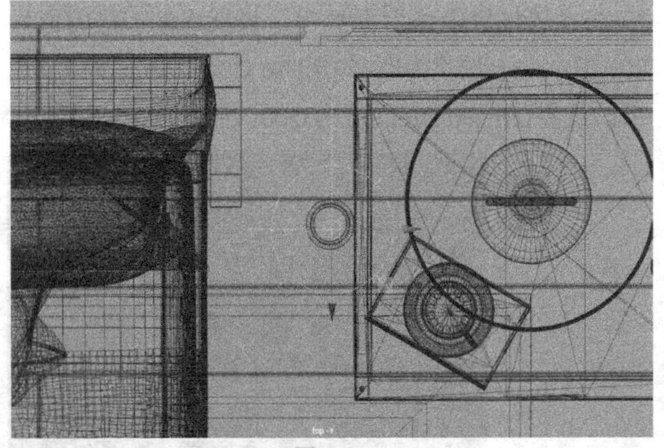

图11-70

03 在透视视图中，调整光度学灯光的位置，如图11-71所示，使之位于筒灯模型的下方。

04 在“属性编辑器”面板中，为Photometry File添加一个“筒灯.ies”文件，设置Intensity的值为300，勾选Use Color Temperature选项，并设置Temperature的值为3500，如图11-72所示。

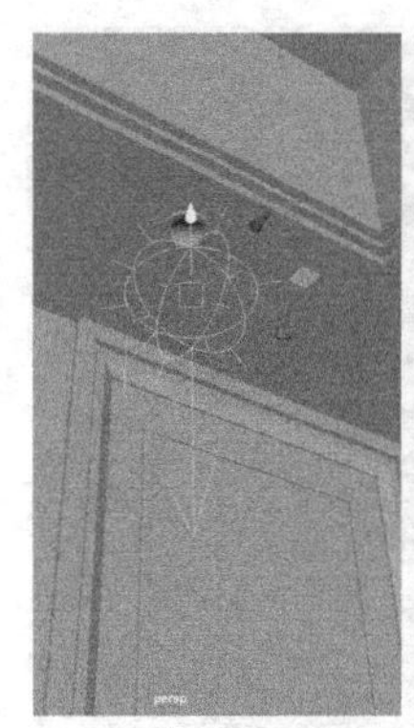

图11-71 图11-72

05 设置完成后，在“顶视图”中，对光度学灯光进行多次复制，并分别调整位置，如图11-73所示。

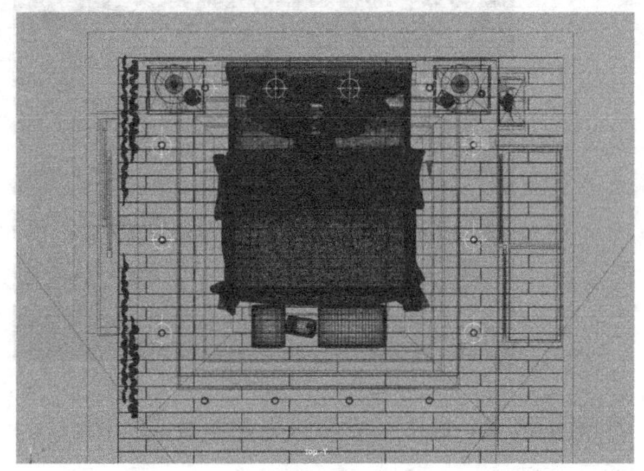

图11-73

06 设置完成后，渲染场景，制作完成的筒灯照明效果如图11-74所示。

图11-74

11.2.10 渲染设置

01 打开“渲染设置”面板，在“公用”选项卡中，展开“图像大小”卷展栏，设置渲染图像的“宽度”为2400，“高度”为1800，如图11-75所示。

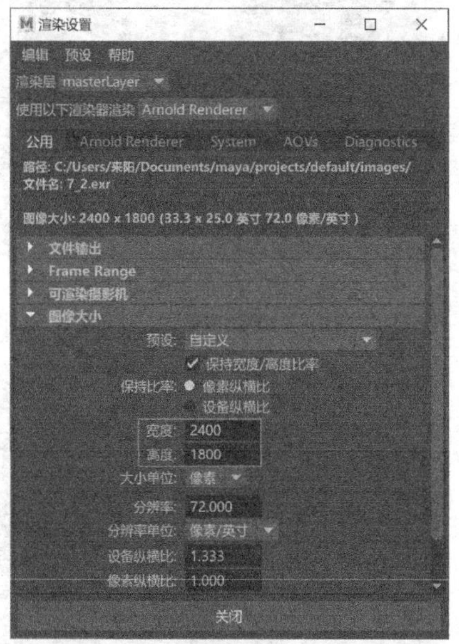

图11-75

02 在Arnold Renderer选项卡中，展开Sampling卷展栏，设置Camera（AA）的值为9，如图11-76所示，提高渲染图像的计算采样精度。

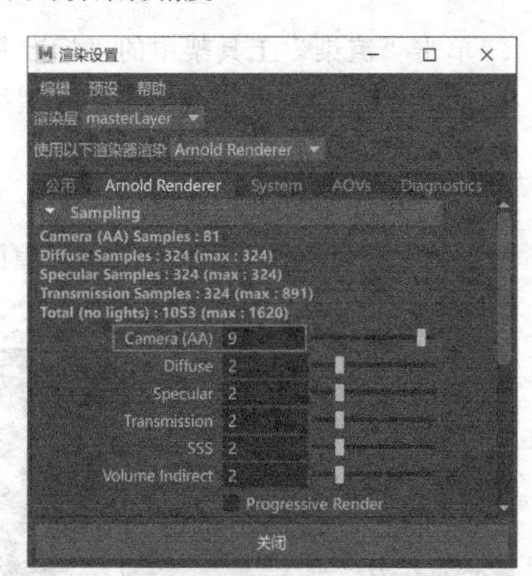

图11-76

03 设置完成后，渲染场景，渲染效果看起来稍暗，如图11-77所示，需要调整渲染图像的亮度，增强层次感。

04 在Arnold RenderView右侧的Display选项卡中，设置渲染图像的Gamma值为1.5，Exposure值为0.3，View Transform的选项为sRGB gamma，如图11-78所示。最终渲染效果如图11-79所示。

图11-77

图11-78

图11-79

11.3 室外建筑场景

场景位置	实例文件>CH11>11_3>11_3.mb
实例位置	实例文件>CH11>11_3>11_3_完成.mb
视频名称	11.3 室外建筑场景
技术掌握	材质、灯光及Arnold渲染器的综合运用

本例将通过渲染一个室外建筑场景讲解Maya材质、灯光和Arnold渲染器的综合运用，最终渲染效果如图11-80所示。

图11-80

打开本书的配套场景资源文件“11_3.mb”，如图11-81所示。

图11-81

11.3.1 制作砖墙材质

本例中的砖墙材质渲染效果如图11-82所示，具体制作步骤如下。

图11-82

01 在场景中选择别墅的外墙模型，如图11-83所示。

图11-83

02 单击“渲染”工具架中的“标准曲面材质”图标，如图11-84所示，为选择的模型指定标准曲面材质。

03 在“属性编辑器”面板中，展开“基础”卷展栏，为“颜色”属性添加“文件”渲染节点，如图11-85所示。

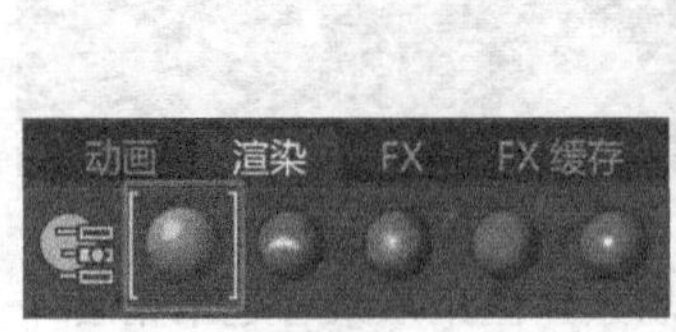

图11-84

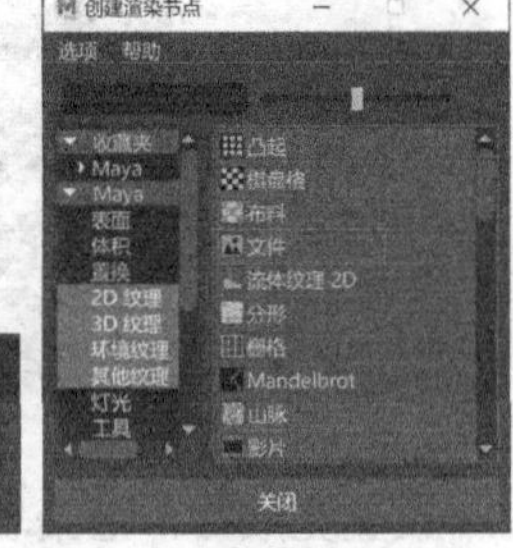

图11-85

04 在“文件属性”卷展栏中，单击“图像名称”后面的文件夹图标，浏览并添加本书配套资源“砖墙B.bmp”贴图文件，制作出砖墙材质的表面纹理，如图11-86所示。

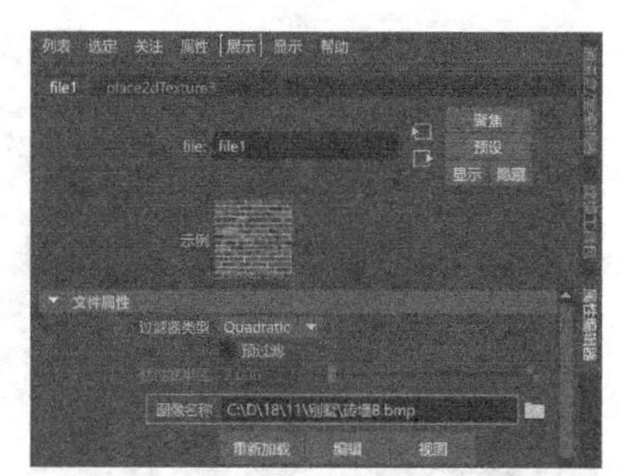
图11-86

05 在“镜面反射”卷展栏中，设置“权重”的值为1，“颜色”为白色，“粗糙度”的值为0.4，如图11-87所示。

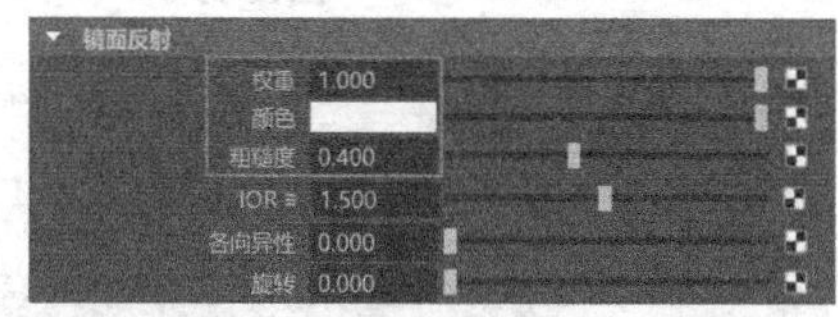
图11-87

06 在“几何体”卷展栏中，将“基础”卷展栏内“颜色”的渲染节点名称复制并粘贴至“凹凸贴图”后的文本框内，如图11-88所示。

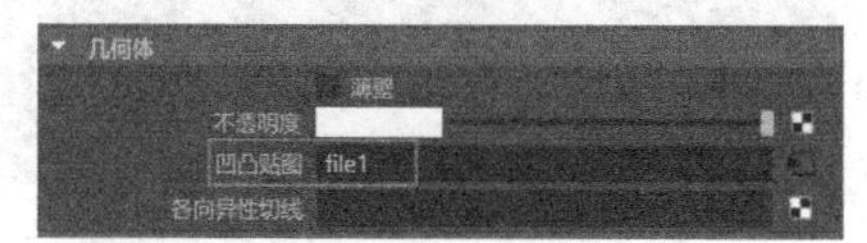
图11-88

07 在弹出的“2D凹凸属性”卷展栏中，设置“凹凸深度”的值为-100，如图11-89所示，增加砖墙材质的凹凸质感。

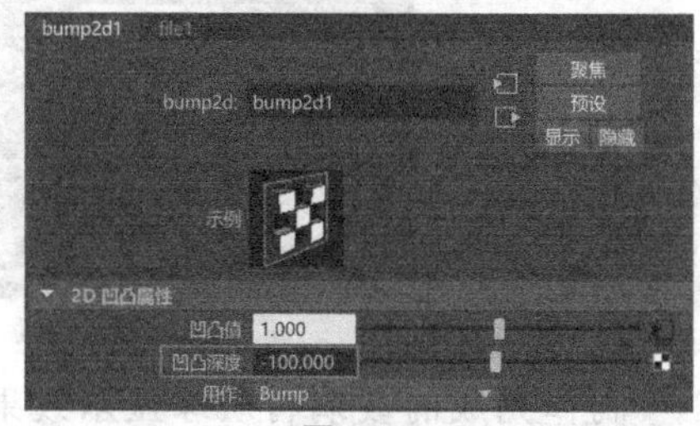
图11-89

08 制作完成的砖墙材质球显示效果如图11-90所示。

图11-90

11.3.2 制作瓦片材质

本例中别墅屋顶上的瓦片材质渲染效果如图11-91所示，具体制作步骤如下。

图11-91

01 在场景中选择屋顶模型，如图11-92所示，并为其指定标准曲面材质。

图11-92

02 在“属性编辑器”面板中，展开“基础”卷展栏，为“颜色”属性添加“文件”渲染节点，如图11-93所示。

03 在“文件属性”卷展栏中，单击“图像名称”后面的文件夹图标，浏览并添加本书配套资源“瓦片.jpg”贴图文件，如图11-94所示，制作出瓦片材质的表面纹理。

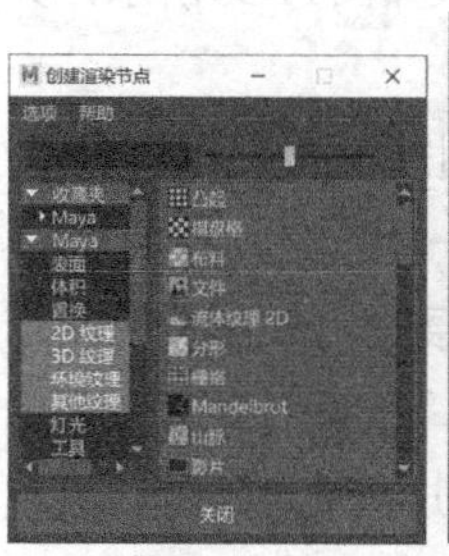
图11-93

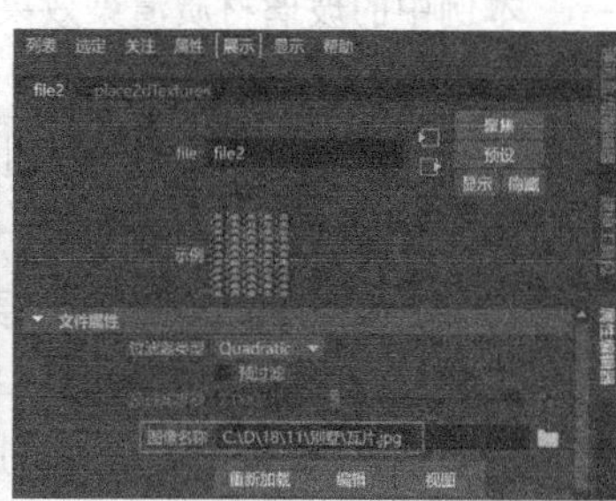
图11-94

04 在“镜面反射”卷展栏中，设置“权重”的值为1，“颜色”为白色，“粗糙度”的值为0.2，如图11-95所示。

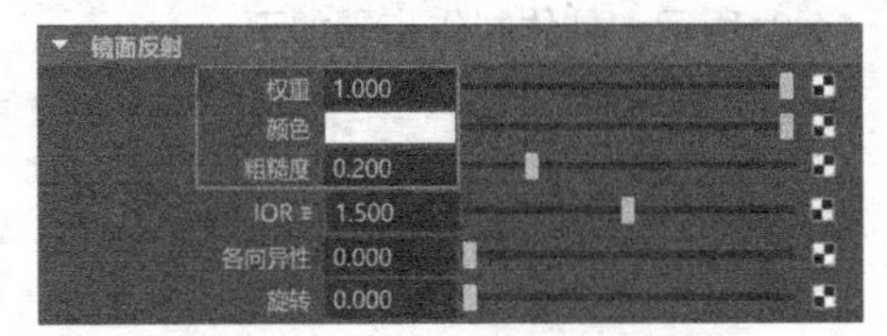

图11-95

05 在“几何体”卷展栏中，将“基础”卷展栏中“颜色”的渲染节点名称复制并粘贴至“凹凸贴图”后的文本框内，如图11-96所示。

图11-96

06 在“2D凹凸属性”卷展栏中，设置“凹凸深度”的值为100，如图11-97所示，增加瓦片材质的凹凸质感。

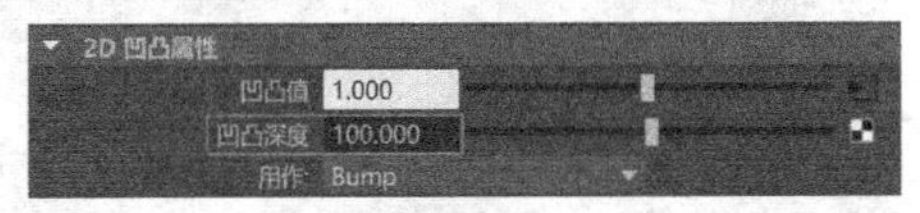

图11-97

07 制作完成的瓦片材质球显示效果如图11-98所示。

图11-98

11.3.3 制作玻璃材质

本例中的玻璃材质渲染效果如图11-99所示，具体制作步骤如下。

01 在场景中选择玻璃模型，如图11-100所示，并为其指定标准曲面材质。

02 在“属性编辑器”面板中，展开“镜面反射”卷展栏，设置“权重”的值为1，“颜色”为白色，“粗糙度”的值为0.05；展开“透射”卷展栏，设置“权重”的值为0.99，如图11-101所示。

图11-99

图11-100

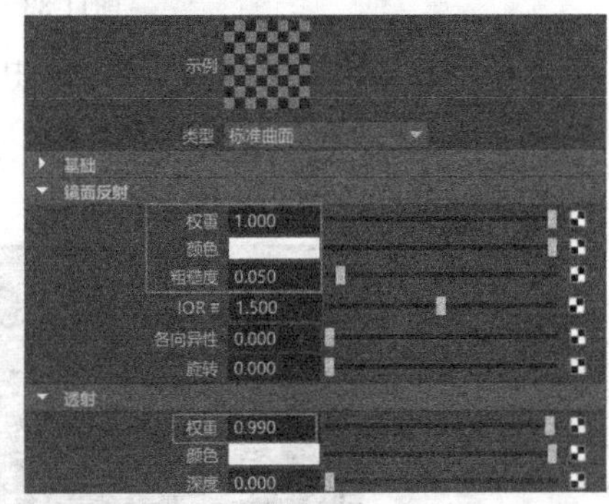

图11-101

03 制作完成的玻璃材质球显示效果如图11-102所示。

图11-102

11.3.4 制作栏杆材质

本例中的栏杆材质渲染效果如图11-103所示，具体制作步骤如下。

图11-103

01 在场景中选择栏杆模型，如图11-104所示，并为其指定标准曲面材质。

图11-104

02 在“属性编辑器”面板中，展开“基础”卷展栏，设置“颜色”为灰色，“金属度”的值为1，如图11-105所示。其中，“颜色”的具体参数如图11-106所示。

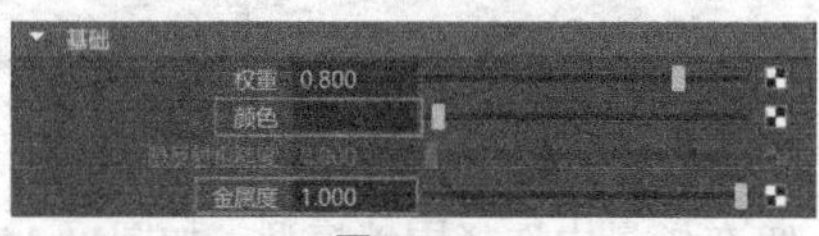

图11-105

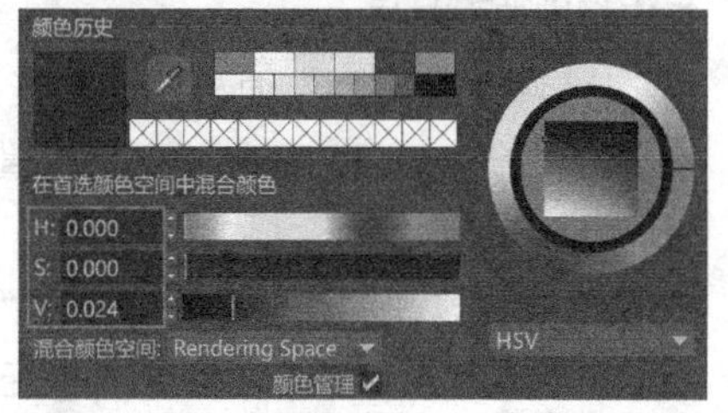

图11-106

03 在“镜面反射”卷展栏中，设置“权重”的值为1，“颜色”为白色，“粗糙度”的值为0.4，如图11-107所示。

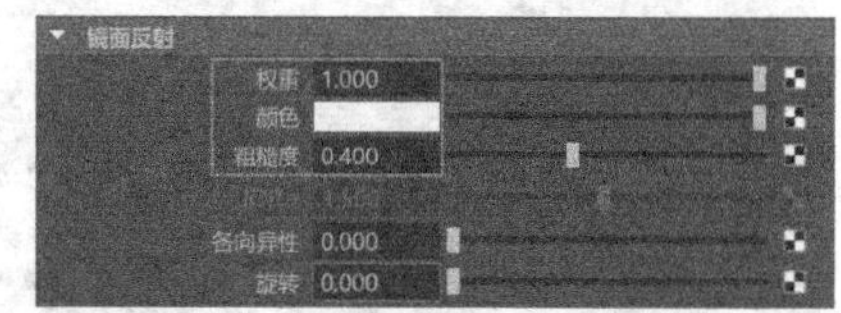

图11-107

04 制作完成的栏杆材质球显示效果如图11-108所示。

图11-108

11.3.5 制作树木材质

本例中的树木材质渲染效果如图11-109所示，具体制作步骤如下。

图11-109

01 在场景中选择树木模型，如图11-110所示，并为其指定标准曲面材质。

02 在“属性编辑器”面板中，展开“基础”卷展栏，为“颜色”属性添加“文件”渲染节点，如图11-111所示。

03 在“文件属性”卷展栏中，单击“图像名称”后面的文件夹图标，浏览并添加本书配套资源“树叶.jpg”贴图文件，如图11-112所示，制作出树木材质的表面纹理。

图11-110

图11-111

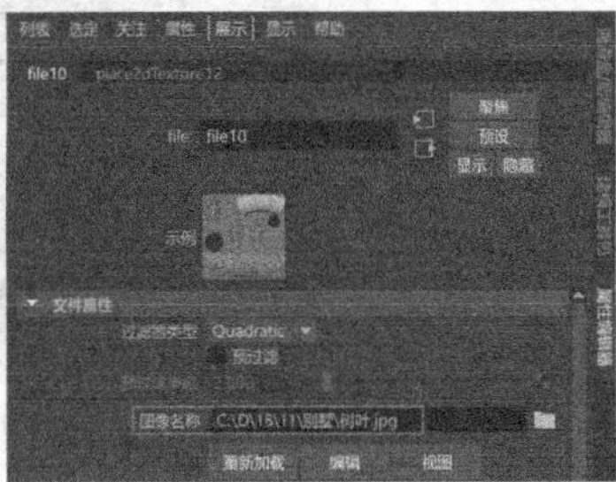

图11-112

04 在“镜面反射”卷展栏中，设置“权重”的值为1，“颜色”为白色，“粗糙度”的值为0.4，如图11-113所示。

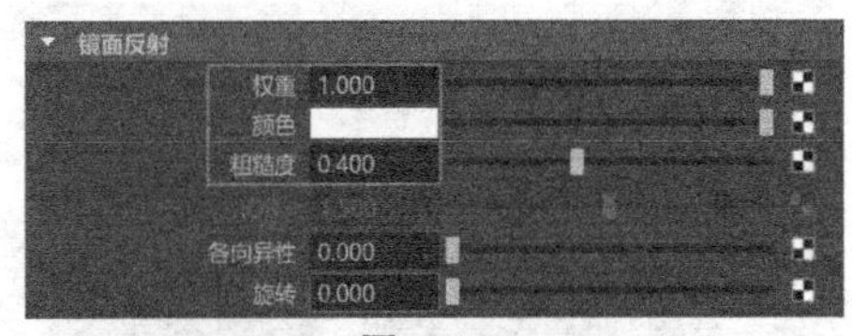

图11-113

05 在“几何体”卷展栏中，为“不透明度”设置“文件”渲染节点，如图11-114所示。

图11-114

06 在“文件属性”卷展栏中，单击“图像名称”后面的文件夹图标，浏览并添加本书配套资源“树叶-不透明.jpg”贴图文件，如图11-115所示，用来控制树木材质的不透明度效果。

07 制作完成的树木材质球显示效果如图11-116所示。

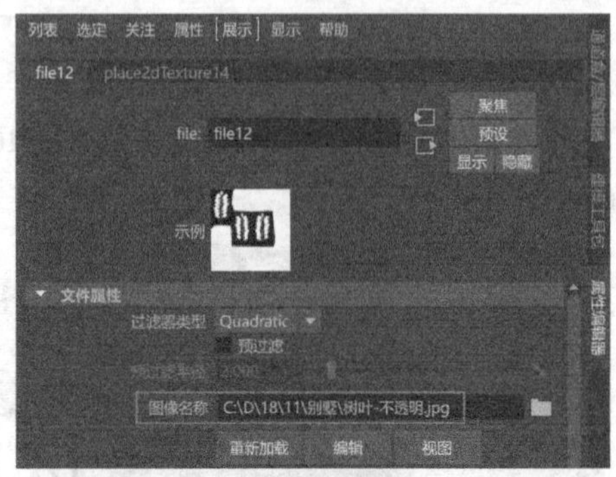

图11-115

图11-116

11.3.6 制作围墙材质

本例中的围墙材质渲染效果如图11-117所示，具体制作步骤如下。

图11-117

01 在场景中选择围墙模型，如图11-118所示，并为其指定标准曲面材质。

02 在“属性编辑器”面板中，展开“基础”卷展栏，为“颜色”属性添加“文件”渲染节点，如图11-119所示。

03 在“文件属性”卷展栏中，单击“图像名称”后面的文件夹图标，浏览并添加本书配套资源“砖墙

A.jpg”贴图文件，如图11-120所示，制作出围墙材质的表面纹理。

图11-118

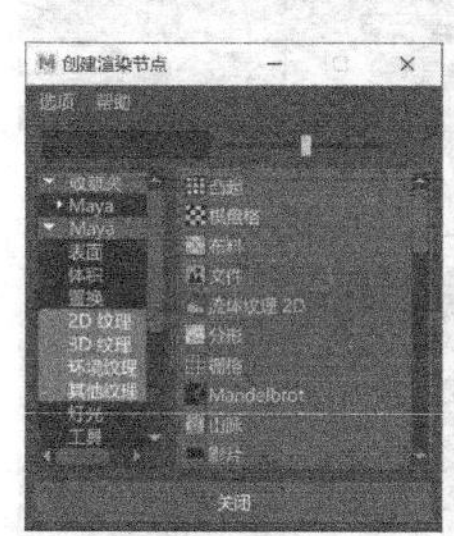
图11-119

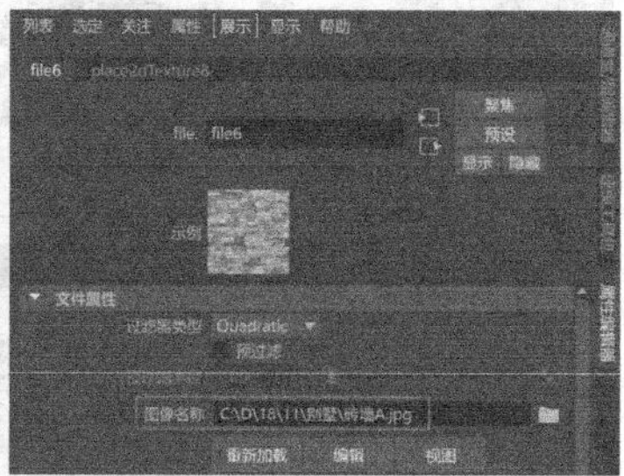
图11-120

04 在“镜面反射”卷展栏中，设置“权重”的值为1，“颜色”为白色，“粗糙度”的值为0.4，如图11-121所示。

05 在“几何体”卷展栏中，将“基础”卷展栏内“颜色”的渲染节点名称复制粘贴至“凹凸贴图”后的文本框内，如图11-122所示。

06 在“2D凹凸属性”卷展栏中，设置“凹凸深度”的值为100，如图11-123所示，增加围墙材质的凹凸质感。

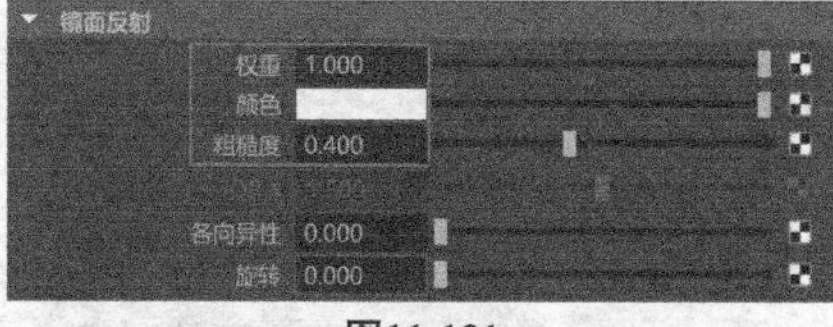

图11-121

图11-122

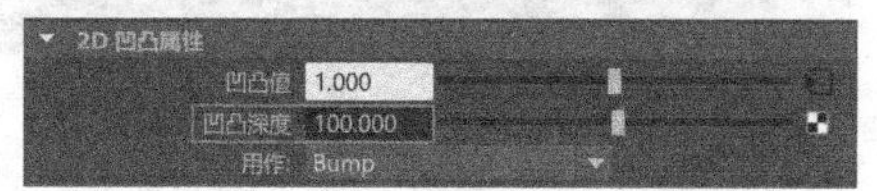

图11-123

07 制作完成的围墙材质球显示效果如图11-124所示。

图11-124

11.3.7 制作日光照明效果

01 在Arnold工具架中，单击Create Physical Sky图标，如图11-125所示。在场景中创建一个Arnold渲染器的物理天空灯光，如图11-126所示。

图11-125

图11-126

02 在“属性编辑器”面板中，展开Physical Sky Attributes卷展栏，设置Elevation的值为35，Azimuth的值为130，Intensity的值为5，Sun Size的值为3，如图11-127所示。

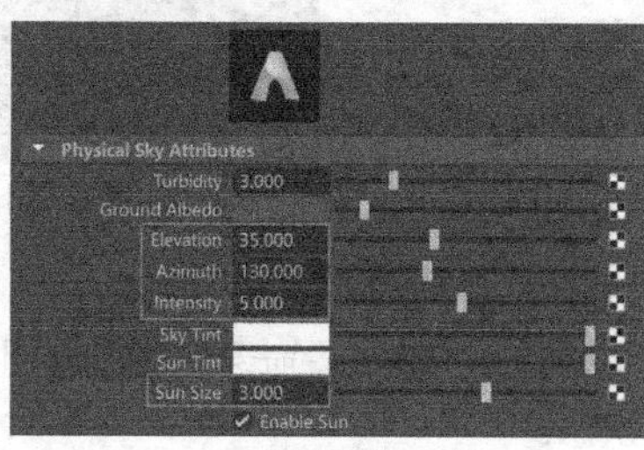

图11-127

11.3.8 渲染设置

01 打开“渲染设置”面板，在“公用”选项卡中，展开“图像大小”卷展栏，设置渲染图像的“宽度”为2400，“高度”为1800，如图11-128所示。

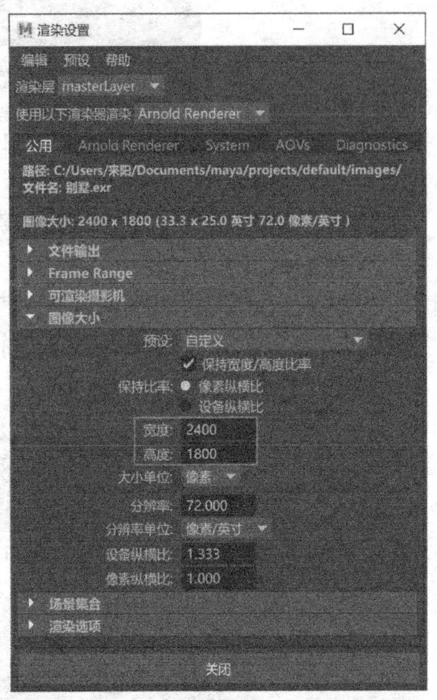

图11-128

02 在Arnold Renderer选项卡中，展开Sampling卷展栏，设置Camera（AA）的值为8，如图11-129所示，提高渲染图像的计算采样精度。

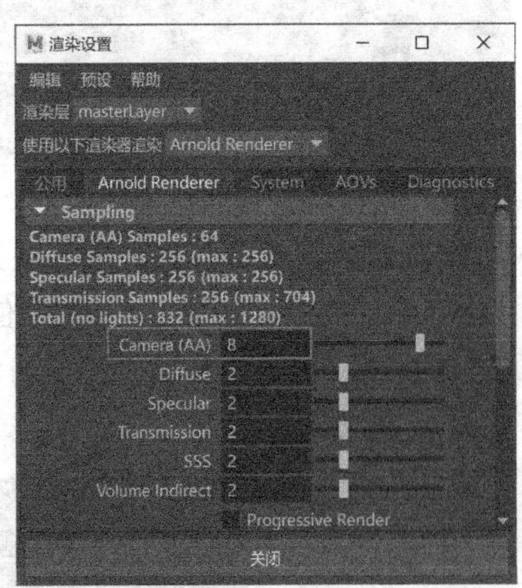

图11-129

03 设置完成后，渲染场景，渲染效果看起来稍暗，如图11-130所示，需要调整渲染图像的亮度，增强层次感。

04 在Arnold RenderView窗口右侧的Display选项卡中，设置渲染图像的Gamma值为1.3，Exposure值为0.2，View Transform选项为sRGB gamma，如图11-131所示。最终渲染效果如图11-132所示。

图11-130

图11-131

图11-132